5.x增訂版

WordPress架站的12堂課

網域申請x架設x佈景主題x廣告申請

透過萬能的 WordPress 完成無數美好的事

本書自出版以來，已被各級學校及單位指定為教科書或推薦書目，距離第二版問世，已有三年的時間，為求與時俱進，同時以入門但完整的 WordPress 工具書自許，在架構不變情況下，進行了大幅度的內容更新且增加諸多論述。

2020 年全球發生 COVID-19 疫情，時至今日已有所趨緩，希望大家都能平安健康，因疫情造成工作型態的改變，讓眾人有更多時間駐足於網路中，是大家研究架設網站的好時機，也使得 WordPress 的架站需求日益升高。WordPress 的應用範圍包羅萬象，可以淺顯至個人部落格，也可以深入架設複雜線上商城等，希望本書在所謂「後疫情時代」能給予讀者們架設網站的幫助。

筆者架網站的初衷，是想架網站給全世界看，而我也藉著 WordPress 完成夢想，除此之外還出乎意料地完成許多從未想過的目標，所以我真誠的推薦 WordPress 給舊雨新知，不論你從什麼時候接觸到 WordPress；不論你是否會寫程式；不論你是從什麼管取得這本書，抑或是什麼契機翻開這本著作，相信我，透過萬能的 WordPress 真的能完成無數美好的事！

充滿著感恩，並憑藉大家的努力，本書方得以順利出版。以下我要感謝本書的共同作者何敏煌老師；感謝出版本書的碁峰資訊全體同仁協力完成編輯與精緻的排版；感謝為本書提供主機支援的戰國策網路科技；最後也最感謝閱讀本書的所有讀者。而本書之校對，承我的心上人韋又禎及出版社同仁等細心協助，使本書減少諸多錯誤，但或有文字、圖片等誤植，仍應由作者負責，歡迎給予批評指教。

張正麒 (Kirin Chang)

想要做個有趣的網站，本書就是你最好的選擇！

網路的應用環境不斷地更替，許多的免費資源消逝在時間的長河中，但也有許多的服務持續地興起，而 WordPress 也從一開始我們介紹的 3.x 版，來到了目前的 5.x 版，對使用者來說，顯而易見的差異主要在於編輯器功能的強化，更加穩定的系統，以及更加強大的外掛，許多的改變我們都在這個版本中加以更新，讓讀者也可以跟我們一樣跟上時代的腳步。

到目前為止，WordPress 仍然在內容網站的架設領域中一支獨秀，獨領風騷，而且看起來還會一直持續下去。由於中文化的優勢，使它成為目前技術型高中和科技大學商務網站設計相關課程主要的教學內容之一，學會 WordPress 及相關的網站架設技術，也是一項非常重要的就業技能。

秉持著做中學的信念，本書自初版起即提供購書的讀者免費的主機空間，讓讀者可以有一個立即上手的學習環境，在閱讀完本書的同時也馬上擁有一個正式的可上線網站。

本書前兩版的免費主機空間是由筆者個人維護的代理主機，由於申請的讀者眾多，比較無法提供即時的技術支援。為了能讓本書的讀者可以更快地取得專業的技術服務以及未來能夠無縫地把學習中的網站轉換成正式的商用網站，筆者特別和戰國策集團（https://www.nss.com.tw/host-service/）合作，為購買本書的讀者提供 8 個月的主機免費試用服務以及未來的主機升級折扣（規格、時效、優惠細節及申請辦法請參考本書讀者服務網頁上的說明），開通之後即可利用商用主機規格練習架站，相信可以提升讀者們的學習效率，讓你的理想網站可以更順暢地上線運作。

網際網路從最初在學術界中的公益使用性質一路演變，到現在已成為現代人生活中不可或缺的一部份，也衍生出幾乎無法估算的龐大商業規模，在每個人隨時 Google 一下的動作所帶來的，也有可能是你架設網站的商機之一。「學習」從來就不是一件簡單的事，但是一旦「學會」了像是 WordPress 這種有用的技術，在現代資訊社會裡，你就多了一項謀生的技能，筆者希望本書就是你學習上最佳的助力。

從 2016 年和張正麒先生合著本書出版上市之後，陸續透過本書接觸了許多在各種職場上努力的夥伴，這些朋友們因為各種理由開始學習使用 WordPress 建置了許多有趣實用的網站，其中包括了電子報自媒體、線上教學、駕訓班教練、民宿業者、公益服務、咖啡烘焙等等，充份印證了 WordPress 的簡單、易學以及實用的特性。

此外，也感謝各高中職、職訓單位、大專校院辛苦的老師們使用本書作為網站架設的教材。筆者服務於科技大學，也利用此書作為非資訊科系同學商務網站程式設計課程、微學分、工作坊的教材，從教學的過程中看著同學們從什麼是網址、網站的概念都不清楚的情況下，循序漸進地一步步架設出各式各樣的網站並逐步充實內容，最終的結果總是令人感到驚艷。想要做個有趣的網站嗎？本書就是你最好的選擇！

何敏煌

基本概論

網域申請

01 認識 WordPress

1.1 什麼是 WordPress / 1-2

1.2 架站平台何其多，為什麼選 WordPress？ / 1-6

1.3 WordPress 的優勢及缺點 / 1-9

1.4 兩種 WordPress / 1-13

02 註冊網域名稱

2.1 網域名稱 Domain Name 介紹 / 2-2

2.2 如何取得免費的網址 / 2-7

2.3 到 PCHOME 購買在地網域 / 2-13

2.4 到 GoDaddy 購買國際網域 / 2-18

2.5 到中華主機網 zhhosting 購買國際網域 / 2-24

安裝架設

租用網站主機 03

3.1 什麼是網站主機 / 3-2

3.2 如何取得免費的主機空間 / 3-4

3.3 如何取得附書的免費主機空間 / 3-17

3.4 網站主機的規格與租用 / 3-18

安裝 WordPress 04

4.1 安裝 WordPress 前的準備工作 / 4-2

4.2 在自己的電腦安裝 WordPress（Windows 篇）/ 4-5

4.3 在自己的電腦安裝 WordPress（Mac 篇）/ 4-11

4.4 在網路主機上手動安裝 WordPress / 4-17

4.5 在網路主機上一分鐘自動安裝 WordPress / 4-19

4.6 網站搬家指南 / 4-28

基本管理

WordPress 的基本設定 05

5.1 WordPress 操作介面初探 / 5-2

5.2 新增以及編輯文章 / 5-14

5.3 CSS 格式化指令的運用 / 5-26

5.4 如何使用小工具擴充網站功能 / 5-33

5.5 如何使用其他的網路服務 / 5-37

5.6 從主機端看 WordPress 網站 / 5-49

WordPress 外掛程式篇 06

6.1 WordPress 外掛 / 6-2

6.2 如何安裝、啟用、刪除、更新 WordPress 外掛？ / 6-7

6.3 強化網站功能 / 6-17

6.4 後台必備外掛 / 6-27

6.5 社交網路精選 / 6-35

6.6 備份安全通吃 / 6-47

6.7 提升網站效能 / 6-74

07 佈景主題篇｜打造個性化風格

7.1 什麼是 WordPress 佈景主題 / 7-2

7.2 如何新增及切換 WordPress 佈景主題 / 7-3

7.3 如何修改現有的 WordPress 佈景主題 / 7-9

7.4 購買 WordPress 佈景主題的注意事項 / 7-15

7.5 如何打造自己的佈景主題 / 7-20

08 進階改造篇｜讓您的網站與眾不同

8.1 使用 CSS 進一步優化網頁外觀 / 8-2

8.2 留言區設定與 LINE Notify 通知 / 8-10

8.3 在網站上加入即時通訊系統 / 8-16

8.4 把部落格變成手機 App / 8-21

人流金流

搜尋引擎最佳化｜網站經營的必修課 09

9.1 什麼是 SEO？為什麼 SEO 重要？如何學？ / 9-2

9.2 SEO 的原則：如何提升網站人氣 / 9-15

9.3 幫助你 SEO 的工具 / 9-23

WordPress 電商篇｜使用 WooCommerce 10

10.1 使用 WordPress 建立電子商店的基本觀念 / 10-2

10.2 WooCommerce 的安裝與設定 / 10-4

10.3 折價券設定與新增付款選項 / 10-14

10.4 設定運送方式與上架商品 / 10-22

10.5 WooCommerce 訂單處理流程 / 10-30

10.6 打造全功能電子商店 / 10-40

社群參與

11 利用網站廣告賺取咖啡基金

11.1 申請廣告賺錢 / 11-2

11.2 如何讓人捐獻 / 贊助網站 / 11-13

11.3 在網站中插入廣告 / 11-17

12 善用網路資源解決問題

12.1 遇到問題如何正確找到解決方法 / 12-2

12.2 WordPress 線上資源 / 12-7

12.3 WordPress 社群 / 12-15

01 認識 WordPress

基本概論

網域申請

安裝架設

基本管理

外掛佈景

人流金流

社群參與

1.1 什麼是 WordPress

1.2 架站平台何其多，為什麼選 WordPress ？

1.3 WordPress 的優勢及缺點

1.4 兩種 WordPress

1.1 什麼是 WordPress

WordPress 是一款能讓你建立出色網站的開放原始碼軟體，也是世界上最成熟結合網站與部落格的內容管理系統（CMS），全世界有 40% 的網站是使用 WordPress 建立的，所以很高興你也想參與其中！

筆者很喜歡一句話來說明 WordPress，那就是「WordPress 兼具免費及無價兩種特質」。簡單來說，WordPress 是一個完全免費，能讓使用者自行架設網站的工具，你可以用視覺化的方式輕鬆架設好各式網站，強調可訪問性、性能、安全性和易用性，所以讀者們完全不用擔心自己對電腦不靈光。在官方的理念中，偉大的軟體應該在最少的設定下運行，這樣大家就可以專注於自由地分享自身的故事、產品或服務。WordPress 這個架站軟體十分簡單，加上有本書的輔助，任何人皆可輕鬆上手。所以，免費的 WordPress 包含之功能為你在網站世界中成長及成功提供了最價值連城的基石。

早期 WordPress 主要被用來架設部落格相關網站，但是由於它的開放原始碼架構以及可以依個人需求安裝外掛程式（參考本書第 6 章）、佈景主題的方式（參考本書第 7 章），適合各行各業透過 WordPress 架設，包含部落格、電商、付費內容等功能網站（參考本書第 10 章），WordPress 社群都是歡迎且包容的，所有貢獻者的激情推動著 WordPress 的成功，而這又反過來幫助你用網站達成你的目標，本書在最後也會告訴你如何參與 WordPress 在台灣的社群。

圖 1-1-1、1-1-2 WordPress 標誌

WordPress 的組成簡單來說就是：

一種網頁開發語言（PHP）+ 資料庫 = WordPress

可能會有讀者說：「我不會任何網站語言（像是寫出 WordPress 的 PHP 程式語言），那該怎麼辦？」你大可以放心，使用 WordPress 的大多數時候，完全不用理會 PHP，唯有在進階開發 WordPress 時才有機會用到 PHP，所以不必擔心。

為了避免讀者迷失在書的最前端，本文先在這裡用三個步驟讓大家知道 WordPress 如何運行，希望讀者在學習時見樹也要見林，了解自己學習的重點：

1. 購買適合自己的主機以及網域，獨一無二的名稱將有助於網站未來的識別性。
2. 下載並安裝 WordPress，體驗著名的「5 分鐘快速安裝」。
3. 後續經營，閱讀各類教學，讓你自己成為專家，不管是誰都會對你刮目相看！

而本書的功能就是讓完全不懂 PHP 或其他網頁開發程式語言的你，可以有系統地學習 WordPress，往專家之路邁進，輕鬆上手 WordPress！

WordPress 發展簡史

圖 1-1-3　最早的 WordPress 版本（0.7）

- 西元 2001 年：WordPress 開始開發。
- 西元 2003 年 5 月：共同創辦人 Matt Mullenweg 及 Mike Little 公開釋出了第一個版本的 WordPress。
- 西元 2005 年：WordPress 開始有了佈景主題可使用，隨後由 WordPress 核心開發人員所組成的公司 Automattic 正式成立，Automattic 管理 WordPress.com（1.4 節會詳細介紹），WordPress 基金會維護開發 WordPress，WordPress 有了更強力更安心的開發維護團隊。
- 西元 2009 年：根據開源內容管理系統市場占用率報告指出 WordPress 在開源內容管理系統中（CMS）最為有名。
- 西元 2021 年：全世界有 40% 的網頁使用了 WordPress。

WordPress 命名

各版代表爵士樂手及發佈日期

WordPress core developers share a love of jazz music, and all our major releases are named in honor of jazz musicians we personally admire. Here's a list of releases and the musicians they were named for. You can listen to a Last.fm station of all the musicians we named a release for.

版本	代表音樂家	發佈日期
5.6	Nina Simone	2020 年 12 月 8 日
5.5	Billy Eckstine	2020 年 8 月 11 日
5.4	Nat Adderley	2020 年 3 月 31 日
5.3	Rahsaan Roland Kirk	2019 年 11 月 12 日
5.2	Jaco Pastorius	2019 年 5 月 7 日
5.1	Betty Carter	2019 年 2 月 21 日
5.0	Bebo Valdés	2018 年 12 月 6 日
4.9	Billy Tipton	2017 年 11 月 15 日
4.8	Bill Evans	2017 年 6 月 8 日

圖 1-1-4 各版代表爵士樂手及發佈日期

而 WordPress 也就這樣從 0.71 版本茁壯到了現在的 5.X 版本，而說到 WordPress 版本，則有個特別的命名方式不得不提，由於 WordPress 的核心開發人員都相當熱愛爵士樂，所以主要版本的開發代號都是以他們所崇拜的爵士樂手做為命名，如果你有興趣聽聽這些爵士樂手的演奏，可以到 Last.fm 電台收聽。

- 用以命名的各音樂家清單：https://tw.wordpress.org/about/history/
- Last.fm 收聽上述樂手演奏：https://www.last.fm/tag/wordpress-release-jazz

WordPress 正體中文在地化

圖 1-1-5　WordPress Taiwan 正體中文

WordPress 在許多志願者的協助下，正體中文的介面相當完整，而其他知名佈景主題、外掛程式也有良好的中文支援，所以大家可以毫無語言障礙的進入 WordPress 世界。

近年由於有專業軟體翻譯人士的加入，WordPress 介面的整體翻譯水準可說是大幅上升，不僅翻譯品質把關嚴謹，用語也相當在地化。除了使用介面本身的在地化外，WordPress 也擁有豐富的在地化資源，像是台灣各地舉辦的小聚（一種 WordPress 愛好者們互相交流的聚會，最後一章節會介紹參與的原則以及如何參與），也有 2018 年、2019 年在台北舉辦的 WordCamp（也是 WordPress 愛好者的聚會，但人數大於 50 人，整體形式更為正式，一樣後面會進行敘述）。

1.2 架站平台何其多，為什麼選 WordPress？

在社群平台已經流行超過十年的今日，需要一個官方網站、商城，或是屬於自己文字分享平台的需求也日益增加，相信不少人應該也看過在寫作平台 Medium 上的心得文章，或是看到小型網站會使用 Wix 或是 Weebly 等線上工具，建立自己網站，上述除了 WordPress 平台外，都有各自的優點，而本節就是對於上述平台，以一個 WordPress 愛用者的角度來分析，筆者為何向大家推薦 WordPress 作為長久架網站的不二人選。

個人品牌

以 Medium 作為一個專注於分享文字的部落格平台為例，有許多優秀人士使用這個平台分享自身經驗，筆者也從這個平台受惠許多，但許多使用者並沒有屬於自己的個人品牌，在這個自媒體當道的時代，實屬可惜。許多使用者對於沒有個人專屬網站的文章會產生「不夠專業」的形象，可能對於網站未來推廣有不利之影響，所以其他平台或許能讓你的文章被限度的看見，但無法讓大家看見你；除此之外，幾乎沒有平台會讓使用者能免費地使用自己網域，所以以長遠角度來說，我會十分建議使用 WordPress 角度架站，會減少後期的痛苦。

而 WordPress 不會有這個問題！

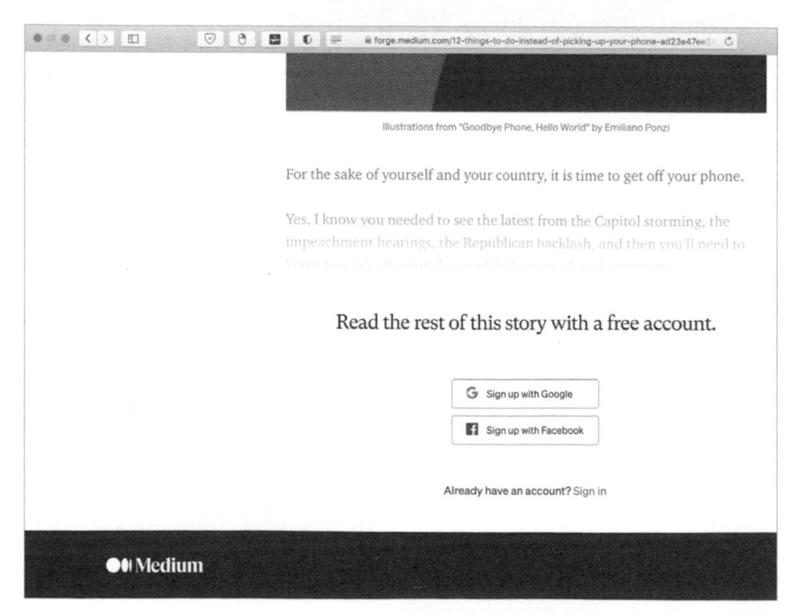

圖 1-2-1
Medium 無中文介面，且對文章推廣有不同層級限制，再加上無法使用自己的網域，不利於經營自己的網站品牌。

不自由

不自由應該是 WordPress 以外的現成架站或是部落格平台的最大痛點，就以相對較多人使用的 Medium 為例，Medium 因為平台上擁有各種風格的文章，所以使用族群眾多。然 Medium 對中文內容並不友善，中文文章幾乎不會出現在 Medium 首頁中，此外 Medium 付費牆機制的建立，其演算法排擠了免費閱讀文章，所以在 Medium 上，文章的推廣並不如預期理想。

此外，許多平台都無法置入屬於自己的廣告，或是對於自訂功能限制重重。假如你的網站或文章是建立在 Medium 或痞客邦的網站上，想要搬離並不容易，也無法讓網站有完全自由的改造空間，基本上你的網站可能會跟其他使用者的看起來差不多，缺乏特色，而一般該網站也缺乏完整的帳號權限，例如許多網站會想要有管理員以及編輯等不同功能的網站設定，但一般平台皆無法達成，而 WordPress 能簡單輕鬆的加入這些功能，甚至還能加上金流導購的功能。

再以 Weebly 或是 Wix 為例，這兩個網站許多人使用，但也因平台上各網站良莠不齊等因素，故 SEO 表現不佳，也無法對網站進行速度的最佳化，因此更不推薦類似平台的使用。

而 WordPress 不會有這個問題！

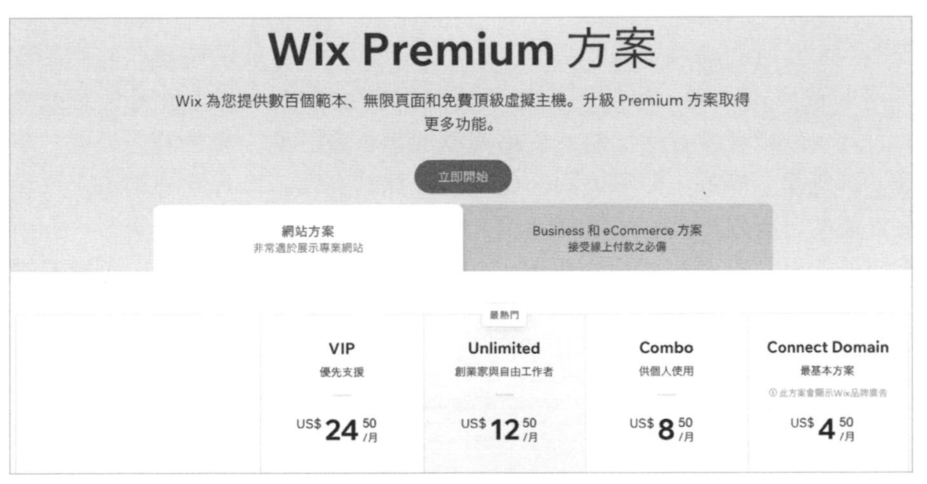

圖 1-2-2 在 Wix 中，想要追蹤訪客數據？每個月要付 375 元台幣！

廣告

廣告問題幾乎是所有其他平台的的通病。廣告層面分為兩個問題：一個是其他平台會強制在你所申請的網站中強制置入屬於他們的廣告，而你如果想要移除這些廣告，唯一方法就是付費升級，廣告雜亂無比，且網站上可能出現跟你網站無關的其他內容，有時候甚至是競爭對手的文章，當你網站閒置一陣子還會有佔整個版面的廣告，而且無法控管廣告類型，影響美觀、部落格速度，而且廣告收益多歸於平台業者，辛苦寫文章的我們可是拿不到錢的；另一個問題則是放自己的廣告的問題，滿多平台不允許使用者放自己的廣告，不然就是有諸多限制，或是需要花錢才能讓自己文章有上鎖功能等等。**而 WordPress 不會有這個問題！**

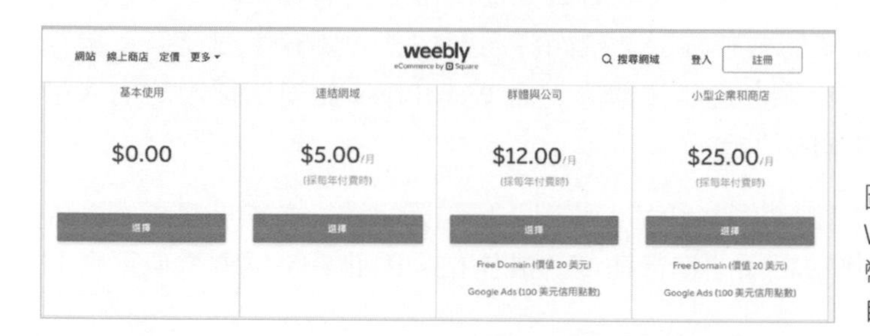

圖 1-2-3
Weebly 中，每月要付 360 元台幣（12 美金）才能移除 Weebly 自身廣告。

缺乏保障

使用其他免費平台，直白的講就是毫無保障。簡單來說其他平台能隨時更改他們的政策，可能今天是收費模式改變，也能明天是某種文章禁止發佈，再來就是任意改變演算法等等。而且一般讀者會直接忽略的使用條款通常也會註明「發生若干意外，本公司恕不賠償」等等類似條款，簡單來說，就是萬一你的文章或圖片意外消失，平台業者是不需負責任的。所以一旦發生這種情況，再加上自己沒有辦法備份資料，你所有用心經營出來的人氣、文章可能會在瞬間消失，一切歸零。**而 WordPress 不會有這問題！**

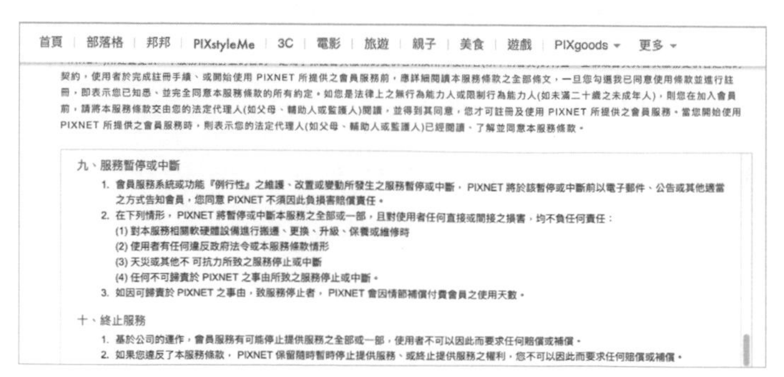
首頁 | 部落格 | 邦邦 | PIXstyleMe | 3C | 電影 | 旅遊 | 親子 | 美食 | 遊戲 | PIXgoods | 更多

契約，使用者於完成註冊手續、或開始使用 PIXNET 所提供之會員服務前，應詳細閱讀本服務條款之全部條文，一旦您勾選我已同意使用條款並進行註冊，即表示您已知悉、並完全同意本服務條款的所有約定。如您是法律上之無行為能力人或限制行為能力人(如未滿二十歲之未成年人)，則您在加入會員前，請將本服務條款交由您的法定代理人(如父母、輔助人或監護人)閱讀，並得到其同意，您才可註冊及使用 PIXNET 所提供之會員服務。當您開始使用 PIXNET 所提供之會員服務時，則表示您的法定代理人(如父母、輔助人或監護人)已經閱讀、了解並同意本服務條款。

九、服務暫停或中斷

1. 會員服務系統或功能『例行性』之維護、改置或變動所發生之服務暫停或中斷， PIXNET 將於該暫停或中斷前以電子郵件、公告或其他適當之方式告知會員，您同意 PIXNET 不須因此負損害賠償責任。
2. 在下列情形， PIXNET 將暫停或中斷本服務之全部或一部，且對使用者任何直接或間接之損害，均不負任何責任：
   (1) 對本服務相關軟硬體設備進行搬遷、更換、升級、保養或維修時
   (2) 使用者有任何違反政府法令或本服務條款情形
   (3) 天災或其他不 可抗力所致之服務停止或中斷
   (4) 任何不可歸責於 PIXNET 之事由所致之服務停止或中斷。
3. 如因可歸責於 PIXNET 之事由，致服務停止者， PIXNET 會因情節補償付費會員之使用天數。

十、終止服務

1. 基於公司的運作，會員服務有可能停止提供服務之全部或一部，使用者不可以因此而要求任何賠償或補償。
2. 如果您違反了本服務條款， PIXNET 保留隨時暫時停止提供服務、或終止提供服務之權利，您不可以因此而要求任何賠償或補償。

圖 1-2-4
痞客邦服務條款：「基於公司的運作，會員服務有可能停止提供服務之全部或一部，使用者不可以因此而要求任何賠償或補償。」

1.3 WordPress 的優勢及缺點

了解一般部落格服務的問題後，緊接著來瞭解使用 WordPress 的優勢以及可能的缺點。任何一個軟體大家不會盲目的推薦，能讓全世界網路超過 40% 網站一同使用它最大的原因就是：WordPress 就是無與倫比！以下就是選擇 WordPress 的優勢、缺點及其理由。

優點

開源並且完全免費：WordPress 免費提供給大家使用，這點應該是吸引大家使用 WordPress 的一個極大誘因，因為它的 GPL 專利[1]，WordPress 將會永遠免費，不像一些軟體雖然免費下載，但你不付費就不給你使用完整功能。GPL 能讓我們站在巨人的肩膀上，享用前人提供的資源，任意修改發布。[2]

圖 1-3-1 WordPress 系統提供所有的原始程式碼供我們下載參考

---

1 詳情可參考中文說明：https://2018.taipei.wordcamp.org/2018/08/29/gpl-primer/

2 雖然想要好的網域名稱、主機，還是需要付費，不過主機和網域費用其實也不高一般人絕對負擔的起，真心想要架好網站的你，這些錢絕對是高報酬率的必要投資，但就 WordPress 本身它是完全免費的，而且本書讀者也可以享有我們與主機商戰國策合作的「WordPress 經濟型主機」免費試用八個月功能，且後續還有主機折扣優惠，讓你不花錢就能輕鬆玩通 WordPress。

更新改版快速：WordPress 擁有熱心廣大的使用者進行本身核心的維護，對於 WordPress 的 Bug、漏洞都能非常快速的找到問題並且透過更新檔修復他們，根據 WordPress 官方說明，預計每四個月就會有一個大版本的更新，而 WordPress 在 3.7 以後的版本已經加入了安全性更新自動安裝，讓 WordPress 因為程式漏洞而入侵的機率更加降低，除了系統本身更安全的運行，還有 WordPress 在每次大更新都新增更多更實用的功能，像是本次 WordPress 5.0 更新就加入了革新式的 Gutenberg 文章編輯器等等。

發佈版本

這個頁面為 WordPress 核心程式的各個版本留下記錄，並提供對應的安裝套件檔案。
除了目前正在持續維護及開發的最新 5.6 及其更新版本外，其他版本在使用上並不安全。

如需進一步瞭解我們以哪位爵士樂手為各個主要版本命名，請參閱〈發展沿革〉。

最新版本

5.6.2	2021 年 2 月 22 日	zip (md5 | sha1)	tar.gz (md5 | sha1)

5.6 版分支發佈版本

5.6.2	2021 年 2 月 22 日	zip (md5 | sha1)	tar.gz (md5 | sha1)
5.6.1	2021 年 2 月 4 日	zip (md5 | sha1)	tar.gz (md5 | sha1)
5.6	2021 年 2 月 3 日	zip (md5 | sha1)	tar.gz (md5 | sha1)

圖 1-3-2 WordPress 的版本發佈訊息

使用族群龐大：截至 2021 年 2 月，光 WordPress 的 5.6 一個版本下載次數就來到了五千萬次，而全世界的任何類型網站中，使用 WordPress 架站的比例佔了總體的 40.4%，比本書第一版時的 24.4% 以及第二版時的 31.7% 高了不少，大約五分之二。而在內容管理平台（CMS）中，WordPress 有超過 64.4% 的市佔率，是同類型 CMS 系統中領頭羊，且也比往年數據提升，由此可見 WordPress 仍然持續茁壯（參考資料：https://w3techs.com/technologies/details/cm-wordpress），小至個人部落格，大至單日瀏覽量破萬的企業網站，甚至是商業購物網站也能由 WordPress 來架設，WordPress 能可靠的應付各類型網站，這邊舉例國外使用 WordPress 的網站：賓士汽車、時代雜誌、華特迪士尼、Facebook 新聞中心、微軟新聞中心、Vogue 雜誌、紐約郵報等等（國外使用 WordPress 的網站名單：https://wordpress.org/showcase/）。

國內也不乏許多不同類型網站使用 WordPress 來架設的例如：免費資源網路社群、國家地理雜誌中文版官網、國立臺北大學法律學系官網、國立中興大學秘書室等等，也因為使用的人數多，所以許多專業部落客透過分享 WordPress 教學得到更多認同，從中學習別人的技巧，WordPress 的線上資源可參考最後一章列出推薦的線上資源，大家可以在裡面學習到更多 WordPress 的進階使用技巧方法。

圖 1-3-3 WordPress 5.6 版下載次數網頁

外掛擴充功能豐富：WordPress 將大多數擴充功能發展成獨立的外掛程式項目，外掛數量十分龐大（截至 2021 年 2 月，目前官方外掛頁面已經蒐錄了超過 58,558 個外掛，其中還不包括一些私人未上傳的外掛程式呢！），想要的功能 WordPress 幾乎都能幫你實現，而且熱心的 WordPress 開發者仍然不斷的為外掛程式推陳出新、維護，覺得內建的功能不夠完善，你不需要學習開發方法，只要學會搜尋、蒐集你想要的外掛功能即可，透過外掛程式絕對能讓你的網站符合你的需求。（在第六章也會有筆者推薦的 WordPress 外掛可供讀者選擇使用）

佈景主題實用：就跟 WordPress 外掛一樣，佈景主題也是獨立成一個項目，而佈景主題就是讀者看到的網站版型，好的佈景主題不但能吸引讀者的來訪，還能建立良好的網站第一印象，網路上有著非常多的不管是免費還是付費 WordPress 佈景主題，你不用有設計開發網站的經驗，只要下載並且啟用就能快速將你的網站改頭換面一番，所以對於沒有網頁設計基礎的人是一大福音，而如果你有能力的話，WordPress 在控制台提供了非常便利的主題編輯器，讓使用者快速完成佈景主題的修改，你也能在佈景主題中加入一些自己的巧思，就能讓自己的佈景主題更加特別，甚至自己從頭到尾開發一個屬於自己風格的佈景主題也是沒有問題的！

圖 1-3-4 在 WordPress 網站中搜尋外掛

圖 1-3-5 在 WordPress 官網中檢視佈景主題數量

在地化資源完善：WordPress 擁有豐富的多語言支援，開放使用者為 WordPress 進行在地化的翻譯工作，而除了正體中文語系外，目前官方支援 180 種不同語言的 WordPress（翻譯完全的則有 50 ～ 60 種語言），各地的 WordPress 愛好者共同維護、翻譯自己的語言，而在 WordPress Taiwan 正體中文網站中則提供了官方認證的 WordPress 正體中文版，只要你選擇正體中文 WordPress，就可以在你的

圖 1-3-6 正體中文翻譯團隊成員

WordPress 中享受完全正體中文化的介面，方便使用者上手，也方便讀者操作，完全不用擔心語言上面的隔閡，而現在也越來越多台灣的 WordPress 使用者釋出自行開發的佈景主題、外掛供大家使用，也有為數頗多的專家撰寫一系列的 WordPress 教學，讓大家輕鬆學習 WordPress。

讓網站能有好的 SEO：SEO，Search Engine Optimisation 是搜尋引擎最佳化的英文縮寫，簡單來說就是透過這個方式，能讓你的網站出現在搜尋引擎比較前面的結果，後續章節也會有更詳細的介紹。而 WordPress 是簡單方便適合 SEO 的選擇，在 2009 年的 WordCamp 聚會上，Google 前負責搜尋引擎演算法的工程師 Matt Cutts 在活動上說了以下這段話：WordPress 是個好選擇，WordPress 自動解決了大量的 SEO 問題，WordPress 可以解決 80 ～ 90% 的搜尋引擎最佳化問題。相信對於想讓自己網站有更多曝光的讀者們而言是個好選擇。

Google 已於 2020 年 9 月全面實施行動版內容優先索引系統，也就是以行動版網站的條件作為主要的搜尋結果排序之依據，因此，能夠在手機上有良好呈現效果的響應式網頁設計極為重要，可說是現代網站不可或缺的要素，而 WordPress 多數的佈景主題都支援響應式設計，故有良好的 SEO 結果。

圖 1-3-7 在 WordPress 中支援 SEO 的功能性外掛

缺點

檔案臃腫：WordPress 擁有許多優秀的功能，但隨之而來的問題就是網站整體較為臃腫，如果沒有好好設定的話，可能會有網站不夠快速的問題，但相信透過正確的使用外掛，並且對於網站最佳化進行設定，這個缺點將不再會是問題。

不支援其他資料庫：現階段 WordPress 只支援 MySQL 資料庫，有使用者在討論讓 WordPress 支援其他資料庫，例如 PostgreSQL 或 NoSQL 類型，然就目前情況，要讓 WordPress 完美相容其他資料庫，還需要不少時間，不過這個問題對於一般使用者來說，並不會造成任何影響。

1.4 兩種 WordPress

WordPress 有兩種架站模式，一種就是前面介紹過的 WordPress，而什麼是另一種 WordPress 呢？這邊就來比較以下兩者的差異以及介紹他們的命名差異，以下部分內容摘錄自：https://wptw.org，如果有朋友無法分辨這兩者的差異，也可以將上述網址直接貼給他們看！

圖 1-4-1 引用自 wptw.org 上的比較說明

WordPress 不是 WordPress.com

網域名稱結尾的 .com 出現與否代表不同服務——它有著關鍵的區別。當你的意思是指 WordPress.com 時，省略「.com」是不正確的，如同你要說「洗車」時省略「洗」這個字。兩者不一樣。WordPress 是一個自由軟體專案。

WordPress 讓你全權掌握，你可以下載 WordPress 程式並客製化。你可以從 WordPress 官網下載後安裝於網頁伺服器，透過它建立一個網站，完全免費。不過你必須向你選擇的第三方主機提供商支付你的網域名稱及伺服器空間費用。你的資料永遠是你的。

本書所介紹的是可以自行架設的 WordPress 架站軟體，關於 WordPress 組成以及它是什麼就不在此贅述，大家可以翻回 1-1 複習一下，而這種自行架設的 WordPress 我們一般稱之為 WordPress.org，因為它的官方網站網址就是 WordPress.org，也叫做 self-hosted WordPress，算是一種自行託管主機的 WordPress 網站。

圖 1-4-2

WordPress.com 是基於 WordPress 的服務

而另外一種 WordPress.com，是基於 WordPress 自由軟體的服務，由 Automattic Inc. 持有，一家總部設在舊金山的公司。Automattic 擁有數百名員工和合作廠商，其中一部分也為自由軟體 WordPress 做出貢獻（官方網站網址是：WordPress.com），它其實就與前面章節所提過的平台一樣，與痞客邦、Blogger、Wix、Weebly 沒有太大的差異，一樣能免費申請帳號後就能立即使用部落格服務，差異比較大的就是這個 WordPress.com 採用的是 WordPress 的架站環境來建立部落格，使用者一樣可以發表文章，但請把它想像成一個限制非常多的 WordPress 網站，許多進階功能都要額外付費，不能自行開發修改程式碼，沒有付費也無法隨意插入 JS 程式碼，佈景主題不夠豐富，想要修改佈景主題 CSS 也要付費。

圖 1-4-3 WordPress.com 中的許多功能皆要付費

兩者差異

兩者最大差異 WordPress.org 是自架，WordPress.com 則是別人架設維護，簡單來說就是自由度差很大。而 WordPress.com 會在台灣開始被大家注意到除了是 WordPress.org 的熱門程度外，另外是在 2010 年時，微軟關閉自家 Windows Live Space 部落格服務後，建議台灣用戶轉往 WordPress.com 以及痞客邦，也因為如此，現在 WordPress.com 在台灣也有一些愛好者。而看這本書的你，不外乎就是想要學好 WordPress 自行架設網站，相信你一定也希望在網站方面有更高的自由程度，因此本書的重點將會擺在自架 WordPress（WordPress.org）上面！

就算你搞混 WordPress 和 WordPress.com，沒人會責怪你。誰會以相同名稱來命名兩件不同的事情，對吧？然而，現在你懂了！

02 註冊網域名稱

基本概論

網域申請

安裝架設

基本管理

外掛佈景

人流金流

社群參與

2.1 網域名稱 Domain Name 介紹

2.2 如何取得免費的網址

2.3 到 PCHOME 購買在地網域

2.4 到 GoDaddy 購買國際網域

2.5 到中華主機網 zhhosting 購買國際網域

2.1 網域名稱 Domain Name 介紹

什麼是網域名稱

在網路的世界中為了要能夠讓所有連上網路的電腦（也包括所有可以連上網路的裝置）可以彼此找到對方，每一台電腦一定至少要有一個位址，這個位址是由四組 0 ～ 255 的數字所組成（這是以前的 IPv4 格式，後來 IPv6 的格式並不一樣，不過目前的電腦作業系統和 IPv4 還是相容可以使用的），看起來像是 168.95.1.1 或是 8.8.8.8。

然而，此種數字型式的位址對於人們來說並不容易理解及記憶，所以，後來電腦工程師發明使用一串英文字（也可以夾雜數字以及減號）所組成的網址識別方式，像是 tw.yahoo.com、pixnet.net、google.com 這樣的形式。此種用來識別網路電腦主機的名稱，就叫做 Domain Name，通常把它翻譯成「網域名稱」或是「領域名稱」，也有人把它叫做「功能變數」。個人電腦或連網裝置只要有 IP 位址就可以了，但是如果是要作為提供網路服務的網站，除了有 IP 位址之外，最好還要再設定網域名稱，以方便人們的記憶與運用。

如前所述，個人電腦或網站如果要連上網路就要有自己的 IP 位址或是網域名稱，當所有的裝置都連在網路上時，為了避免名稱或位址重複以致於無法找到特定的電腦，不管是 IP 位址或是網域名稱都需要由統一的機構進行管理，任何人或是機關團體、公司行號想要有一個自己的 IP 位址或是網域名稱，都須要經過申請及登記註冊的手續，才能取得合法使用的 IP 位址或網域名稱。

IP 位址資源有限，所以幾乎都是由政府單位或委派的機構來管理配發，要申請並不容易（除非你經由網路公司來購買，那麼只要有錢就行），而事實上，在大部份的情形下，我們實在也不需要有自己的專屬 IP 位址，使用由網路服務業者提供的非固定浮動 IP 就可以上網了。

但是如果像是讀者們閱讀本書的目的一樣，想要擁有一個可以讓別人來瀏覽的網站，那麼就要有固定的 IP 位址（但不一定是要專屬的，可以許多用戶共用一個同樣的IP），以及有一個網域名稱就才可以。

因為一台網路主機雖然可以設定的 IP 位址有限（其實也不需要同一台主機附加上太多的 IP 位址，除非有特殊的功能需求），但卻可以附加無限多個網域名稱。而且，主機也會幫我們把每一個不同的網域名稱連結到不同的資料夾上。因此，只要有一個網域名稱，找到一台主機並對應上去，在對應到的資料夾中放置我們的網站資料，也可完成架站的工作。目前這樣的技術已非常成熟，網路上不管是免費還是付費的網站空間都有提供自動化設定的功能，想要架站的朋友不需要去注意這麼多細節也沒有關係。

相對於資源有限的 IP 位址，網域名稱由於是一連串英文字以及數字的組合，所以理論上數量是用不完的，也因此只要不和別人的重複，符合申請機構的要求，就可以使用任何你想要的名字。

不過，讀者們可能有注意到，在前文中我們有時候提到的是「網址」，有時候又說是「網域名稱」，這究竟有什麼不一樣呢？在此簡單說明一下。一般來說，「網址」就是某一個特定網站的位址，例如義守大學的官方網址是 www.isu.edu.tw，他們的檔案傳輸服務主機則是 ftp.isu.edu.tw，另外，他們也有一台郵件主機的網址是 mail.isu.edu.tw。前面的 www.isu.edu.tw，ftp.isu.edu.tw 以及 mail.isu.edu.tw 都是網址，每一個網址都代表著某一部特定的、提供某些網路服務的網站。

另外，你有注意到嗎？前面這三個網址，只有第一個字是不一樣的，後面的 isu.edu.tw 都一樣？！這三個網址後面共同的部份，就是我們說的「網域名稱，Domain Name」。所有的網域名稱都由 ICANN（http://www.icann.org）管理，這個機構只管理領域名稱種類的制定、管理與派發，然後以分層負責的方式，由不同的機構（網址註冊商或各國政府單位）分別負責不同的網域，而且所有的機構都是透過統一的分散式管理資料庫來避免重複命名的情形的發生。至於同一個網域之內的網站名稱，就由取得該網域名稱使用權利的人，來自行管理名稱的設定。整個過程，是由管理單位的資料庫以及分層負責的 DNS（Domain Name Server）領域名稱伺服器（或稱網域名稱伺服器）來決定。

綜上所述，對我們這些初學架站的朋友來說也不需要想得那麼複雜，我們只要從瞭解網域名稱的命名原則開始即可。以前面提到的義守大學網域為例，它的全球資訊網（主要的學校入口網站）是：

https://www.isu.edu.tw

其中，https:// 是網路的服務協定，是一般大眾所認定的全球資訊網服務，通常都會和 www 這個字連在一起。但是也由於 www 實在是太常用了，所以現在大部份的情形下，www 總是被省略，所以我們在網址列輸入 https://www.isu.edu.tw 和 https://isu.edu.tw，其實代表的是相同的意義。

在 www 後面的 isu 是義守大學的校名縮寫，這是由申請網址的單位自訂的，也就是當初義守大學校方在申請網址時決定（這個網址，應該是跟教育部電算中心申請的），最後面的 edu 代表的是教育單位，而 .tw 則是台灣的國碼。這兩個類別則是由 ICANN 派發，如果你不是政府的正規的教育單位，基本上是申請不到這類型網址的（edu.tw）。

網址最後面的那組文字是網站所屬的分類或國碼，在之前的文字就可以自訂，只要屬於某一個國家的國碼，該國碼的申請方式和規則，由該國政府制訂，但是如果不屬於任何一個國家的網址（也就是最後面的文字不是國碼），則由 ICANN 所授權的一些商業公司接受申請註冊，而各國的網址，除了 gov 以及 edu 或 mil 等政府專用的網址之外，也大多委託給商業機構來受理申請及代為註冊。

以台灣的網址為例，一般的民眾可以申請 idv.tw、.tw、game.tw、甚至是中文的網址乃至於「. 台灣」的網域名稱，而申請 com.tw、net.tw、org.tw 則需要附上相關的證明文件才行。但是，大部份國家的國碼（如 .cc，.pw，.es，.to 等等）以及沒有特定國碼的 .com，.org，.net 等，卻沒有什麼限制，只要你願意出錢，而且你選的名稱沒有人使用過，就可以取得該網址了。

為什麼架設網站要先從網域名稱談起？

講了這麼多，那網域名稱到底和 WordPress 架站什麼關係呢？原來所有的網站都必須要有一個自己的網址才能夠順利地被別人透過瀏覽器或是手機來瀏覽你的網站（否則你就必需要準備一個獨自擁有的 IP 位址），所以，要架站，當然要有一個屬於你的網站的專屬網址。

有申請痞客邦或類似免費部落格經驗的朋友應該會發現，如果你在申請帳號時，使用的 id 名稱叫做 skynettw，那麼你在痞客邦的部落格網址應該會是：

skynettw.pixnet.net

從這個網址可以看出幾個點，首先，它們（痞客邦）的網址在最後面並沒有加上國碼，而是以 .net 結尾，可以看做是沒有特定屬於任何一個國家的通用網路業者使用的頂層網域名稱。這種類型的網域任何人均可申請，但因為是通用的，已被非常多網站註冊使用（因為全世界的人或公司都可以申請），要申請到短且易記的 .net 網址並不容易。

另外，pixnet 是痞客邦的網址自訂名稱，所以，痞客邦它們申請到的網域，就是 pixnet.net，這種在網域類型之後直接接上網站自訂名稱的網域，我們就叫做直屬於頂層域名（Top-Level Domains，TLDs）下的一級網域，或叫做主網域。當我向痞客邦申請自己的部落格時，它就在主網域 pixnet.net 之下再配發一個 skynettw 給我，合稱 skynettw.pixnet.net，那麼這個網址就叫做 pixnet.net 之下的子網域，也叫做二級網址。

由於痞客邦自己註冊了 pixnet.net，所以他們有這個主網域的管理權，可以在 pixnet.net 之下建立各式各樣的子網域甚至是子網域的子網域，只要他們自己做好內部管理，並正確地設定他們自己的 DNS 即可。

如果你有一個自己的網域，例如筆者自己申請了一個網域叫做 min-huang.com，我就可以自己建立一個 blog.min-huang.com 來當做是部落格網站，shop.min-huang.com 來當作是電子商店，mail.min-huang.com 來提供電子郵件服務，當然，在建立電子郵件帳號時，我也可以使用 ho@min-huang.com 或 contact@min-huang.com，這樣子對於你的個人形象與專業度來說，一定會有加分的效果。所以，在架設自己的網站之前，想一個好名字，並且趕快去申請，是建立一個成功的網站很重要的第一步喔！

如何取一個好的網域名稱

經由上述的說明，相信讀者們對於網域名稱和網址應該有一個大致上的瞭解，而且想必隱約知道，一個好的網址好像是成功的網站很重要的第一步。那麼，如何選擇一個好的網域名稱呢？以下是幾個通用的原則：

- 網域的類型，儘量能夠符合你的網站訴求內容
- 網址的名稱，越短越好
- 名稱以有意義為主，例如直接就使用公司或個人的名字或縮寫
- 可以使用數字來斷字並增加可讀性，例如 4u 或 2me 等等
- 以華人為主的網站，可以考慮使用中文的諧音或幸運數字，例如 taobao
- 可以的話，以 .com 為第一選擇，使用的人多，而且價格相對便宜
- 儘量不要使用符號
- 避免會引起混淆的字（像是英文的複數型，要不要加 s 很困擾）或是經常被拼錯的英文字
- 以英文和數字為主，儘量不要使用中文當做是網址，很多網站的系統在處理中文上還是會有一些問題，而且老外也不會打中文

關於網域名稱的小叮嚀

在開始準備註冊屬於自己的網址之前，和網址相關的網站經營問題，筆者還是要在這邊叮嚀一下。

最重要的觀念是，網址是一個成功網站最重要的部份，一旦選定並開始架站之後，就不要隨意變更。不管你的網址選得好或壞，維持一致的網址且認真經營你的網站內容，只要內容夠有料，日子久了再差的網址都會有人來瀏覽，更何況本書還會教你提高網站能見度的方法。

讀者可以回想自己的上網習慣就可以有大致上的概念。你常去的網站的網址，其實你也記沒幾個吧？！大部份都還是透過搜尋引擎、我的最愛書籤或是經由別人的網址連結過去的吧！這就對了，當網站成功之後，網址的內容反而就成為次要的了。只要搜尋引擎能夠找得到就可以。想當初筆者開始架站時，不知道取名字的重要性，註冊了一個網址 toolbox.madoupt.com，相信大家並不會很容易記憶這個網址，而且它的文章連結還是使用最不好看也沒有意義的格式（?p=xxx），但是因為網站的內容是許多人經常需要參考的內容，所以每天還是會有約 500 人次透過搜尋引擎找到這個網站，因此，就算是後來筆者自己取得了比較好的網址，也不會隨便更動這個網站的網址了。

承續上述的內容，不管你網址好壞，但是重點是，這個網址一定要是自己的！！這點很重要，所以這裡打了兩個驚嘆號！！網址，是一個成功網站的品牌，就好像是你開了一家很有名的餐廳，在打響了知名度之後，你的餐廳名字就是你最好的識別標誌，當有一天，如果有人禁止你使用經營了很久的餐廳名字，那你的損失會有多嚴重呢？！這一點在網站來說更是影響深遠。

因為只要你把網站依照一些基本的原則（我們在後續的章節中會有教學）建立好並提交到搜尋引擎之後，搜尋引擎就會在一定的時間內把你的文章內容以網址和關鍵字為依據收錄到它們的資料庫中，如果你的網站內容能夠吸引人們經常去點閱，這些文章的排名也會前來愈前面，你要知道，能夠在某些關鍵字上列名到搜尋引擎的第一頁，會帶來多少自然的流量（訪客），這可是很多站長們的夢想。而這些搜尋的索引連結，就是這些文章的網址。你可以想像嗎？如果有一天，你的網址換掉了，這等於是在搜尋引擎那邊的收錄以及權威性全部得重來，對於一個苦心經營的朋友來說，是非常不好的情況。想想之前無名小站的例子，除非你是一個非常知名的人物，否則因為一個網站經營的問題而停止營運，而你本來在無名的網址像是 http://wretch.cc/blog/ooxx 就這樣不見了，你該如何讓原來的訪客轉移到你的新網址去呢？

網址本身就是一個資產，不管你的網站內容是放在哪台主機，世界的任何角落，搬來搬去也沒關係，只要所有網站內的結構都沒有改變，別人就可以透過搜尋引擎找到你。想要認真經營網站的朋友，你的網址一定要是自己透過註冊的方式取得，並且要使用 WHOIS（https://whois365.com）這一類的網址查詢服務去檢查註冊人是不是你自己（如圖 2-1-1 所示，以確保你可以永久地擁有這個網址（當然，擁有網址是要付費的）。網路上許多提供免費二級網址（大部份的免費主機服務）甚至免費一級網址的服務網站（如 http://dot.tk）認真來說只是借網址給你使用而已，如果有一天他們收回網址或是結束營運，你的網站人氣也就隨之煙消雲散，只能從頭來過了。

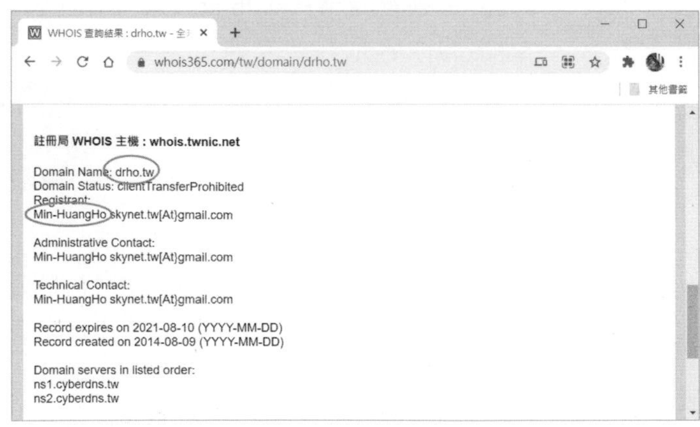

圖 2-1-1 使用 whois365.com 查詢網址的擁有人

既然網址是成功經營網站的第一步，在你想好要申請的網址之後，下一節就來教大家如何註冊並擁有自己的網域名稱。

2.2 如何取得免費的網址

關於免費網址的申請

前一節提到了網址的重要性，如果你的網站想要長期經營的話，免費網址並不是好選項。如果你只是想要用來作為練習的話，其實所有的免費主機空間也都有提供附帶的免費二級網址，所以，在大部份的情況下你並不需要另外申請免費的網址。

如果，你想要的是註冊一個好的網址，那麼請直接前往下一節，第 2.3 節之後會有幾個在不同網站註冊網址的例子。假如你只是想要一個練習用的網址，請直接前往下一章，在下一章所申請的主機，也都會附帶有免費的二級網址可以直接使用。

不過，在大部份的情況下，免費主機附帶的網址基本上是不太能夠自由選擇自己想要使用的網址名稱，因此在有些時候，一些提供免費申請註冊的網址服務，多少能夠有一些自由選擇的彈性，所以，這些免費的網址註冊也是有一些存在的必要，本節將介紹網站上常見的免費網址註冊服務網址給讀者們參考。

申請免費網址服務的注意事項

在正式到免費網址申請網站註冊之前，還是要叮嚀各位讀者，免費的網址只供練習使用，如果你打算建立正式的網站，千萬不要使用免費的網址。愈多人使用的網址對你的網站愈不利。第一個原因我們在第 2.1 節已經提過，網址是網站最重要的資產，一定要自己擁有，以避免日後被收回以至於無法使用而必須全部重來的窘境，甚至有些看起來很大的網站服務後來也都關門倒閉，所有在那些網址註冊的網址也當然全部都付之東流水囉（例如本書第一版時介紹的 uni.me、cu.cc 現在也都不見踪影了）。

其二，免費網址的認證鬆散，有非常多非法的網站都使用免費網址來當做是網站名稱。意思是，你的網站會有很多壞鄰居。有這麼多壞鄰居的網址群們，你覺得，如果你是搜尋引擎業者的話，會認真看待這些類似網址群的網站嗎？所以，使用免費網址的網站，想要獲得好的搜尋引擎排名非常不容易。

其三，免費網址的服務供應商為了賺取廣告利潤，有時候會把你的網址導到廣告網站甚至是成人網站，也就是說，使用免費網址的網站，有時候就算是輸入了正確的網址，也會跑到成人站台去，這對於一個網站的形象來說是非常嚴重的傷害，除非你就是要開成人網站，那當然另當別論了，呵呵。

瞭解了以上這三點之後，請在有心理準備的情況下，我們就來申請目前網路上最著名的 freenom.com 的免費一級網域吧！

免費一級網域 freenom.com

申請網址：https://freenom.com

freenom.com 提供了 .tk（托克勞），.ml（馬里），.ga（加彭），.cf（中非共和國），.gq（赤道幾內亞）這幾個國家的國碼免費給網友申請註冊，每次最長的有效期間為 12 個月，到期可以續約，但是並不保證在續約時一定會再續給你，也不保證下一次續約時還是維持免費，所以你也可以選擇付款使用，確保你對於該網址的擁有權。

基本上 freenom.com 本身就是一個可以購買任何網址的網站，除了免費的網域之外，你也可以選擇付費購買其他類型的網址，但是上述的五種頂層網域的大部份網址提供免費註冊，對於初學者來說，倒是一個不錯的練習選擇。進入網站首頁之後，馬上會看到網域名稱（簡體中文稱為「功能變數」）的可用性檢查畫面，如圖 2-2-1 所示。

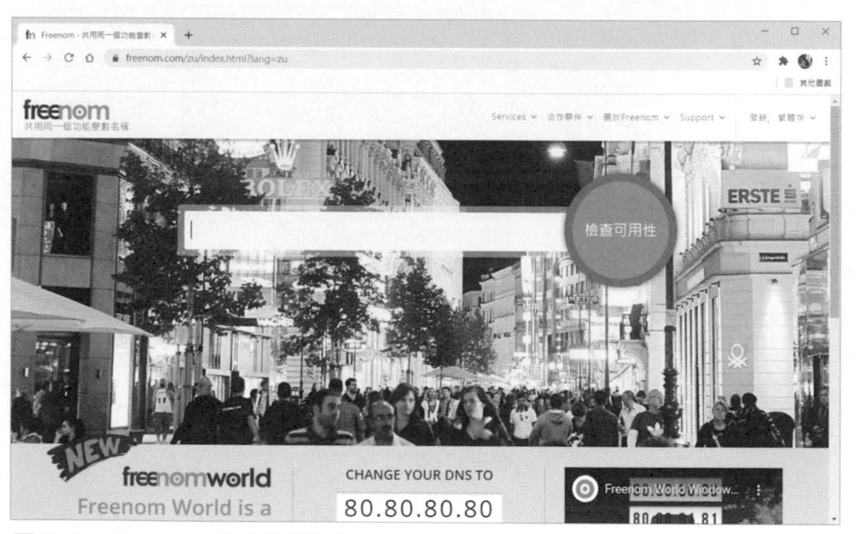

圖 2-2-1 freenom 的首頁畫面

請輸入你想要檢查的網址 id，在此例我們輸入 wpgogo 這個 id，然後按下「檢查可用性」按鈕之後，就可以看到如圖 2-2-2 所示的畫面。如果這個名稱是一般的名稱就是免費的，但如果是一些特殊好記的 ID 如 easyshop 等，則會列出它們的價格。通常，免費的網址會有五種頂層網域可以申請。

圖 2-2-2
輸入 wpgogo 之後出現的畫面

如圖 2-2-2 的畫面中所示，只要按下「馬上獲取」即可加入購物車中。除了這些免費的網址之外，也有其他正規的（如 .com，.net，.org，.me 等等）需要付費才能註冊的選擇。只要把畫面往下捲動即可看到，如圖 2-2-3 所示。

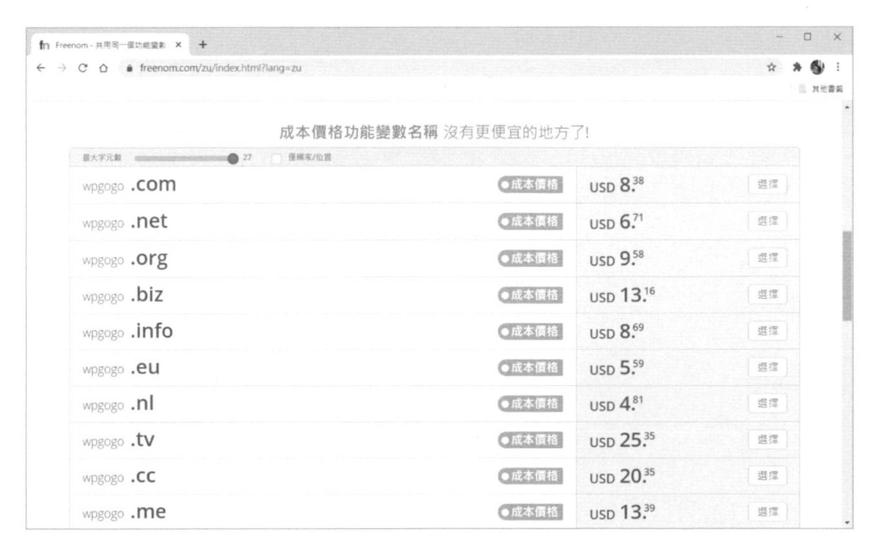

圖 2-2-3
freenom 的付費註冊網域種類及價格

要注意的是，freenom 只是把這些種類的網址列出來，是否真的沒人用，要等你按下「選擇」按鈕後才能正式確認。當然本節的重點在免費申請，所以回到圖 2-2-2 的畫面，選取我們想要的網址，再按下「馬上獲取！」按鈕，如圖 2-2-4 所示。

圖 2-2-4
選取了想要的網址之後的畫面

此時請按下右上角的「付款」按鈕，即會出現一個摘要的畫面，在這個畫面中你可以在箭頭所指的地方選擇想要註冊的期限，每一個網址的後面均有一個下拉選單可以選擇，如圖 2-2-5 所示。

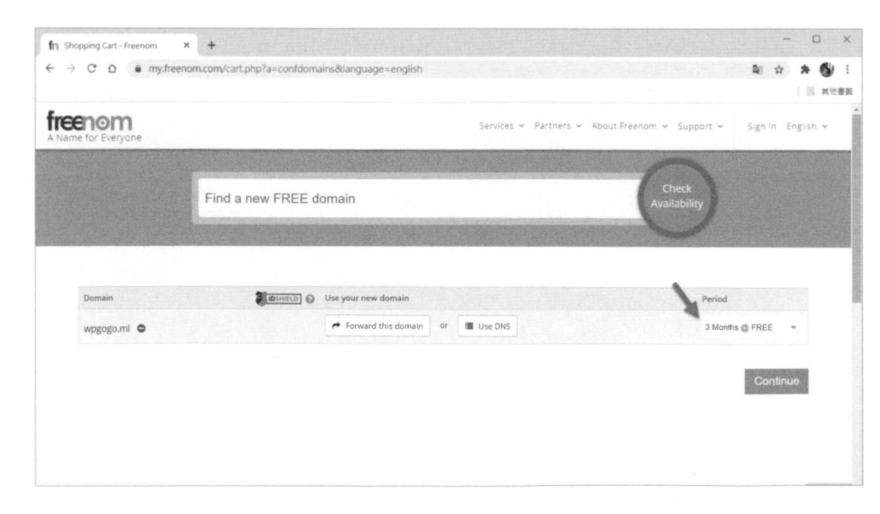

圖 2-2-5
freenom 中每一個網址均可以選擇註冊的時間長短

在下拉式選單中可以看到，12 個月以內都不用收費，如果一次註冊一年以上，就會有不同的價格。

有朋友會想，有必要一次註冊那麼多年嗎？不是每年再續約即可？其實，如果這個網址是你喜歡，而且打算長久使用的話，一次註冊多年有些好處，其一是可以確保擁有的年限，其二是把款項一次付清避免日後漲價，再來是，年限愈長的網址對網站的 SEO（搜尋引擎最佳化）是有加分效果的。

不過，免費的網址因為先天上 SEO 最佳化的劣勢，建議還是拿來練習就好。在這邊的例子，我們只選擇註冊 12 個月的時間，然後按下「Continue」按鈕，會出現如圖 2-2-6 所示的結帳畫面。

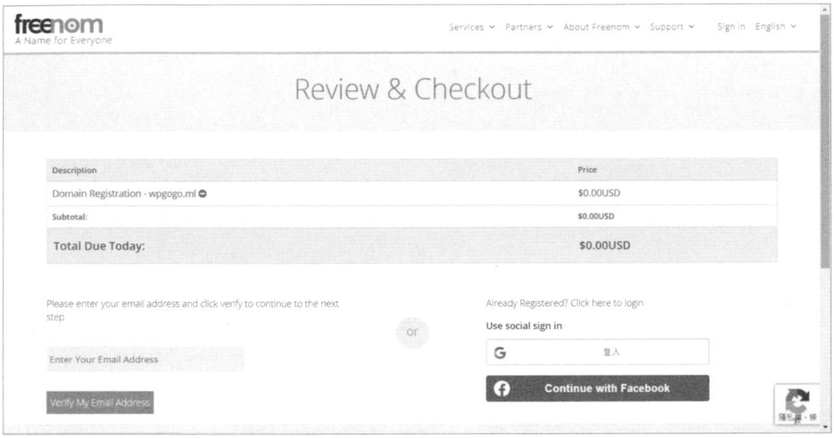

圖 2-2-6 結帳前之摘要畫面

首次使用的使用者接下來就要進行註冊的動作。如果你對於英文環境不太適應的話，網站的右上角也可以把網站的介面語言切換成繁體中文。利用原有的 Google 帳號或是 Facebook 即可輕易地完成註冊，在註冊之後，別忘了再回來購物車（View cart）選項中才可以看到如圖 2-2-7 所示的結帳畫面。

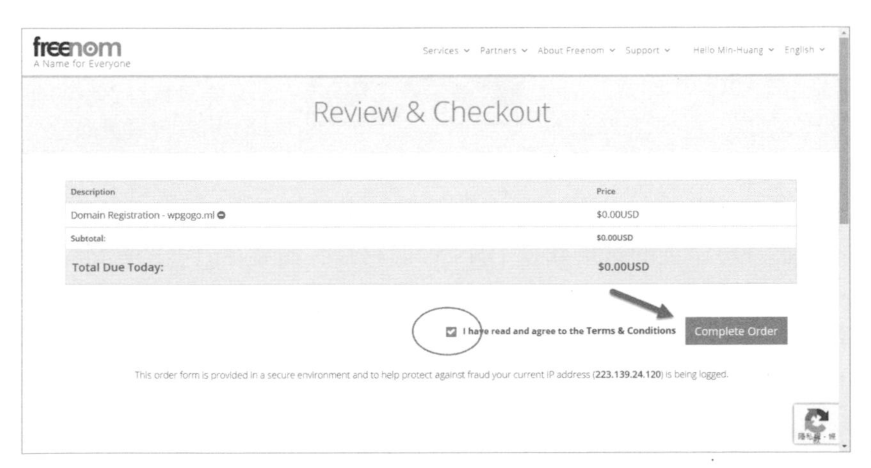

圖 2-2-7 註冊登入之後的結帳畫面

如圖 2-2-7 所示，先打勾同意使用條款，再按下「Complete Order」按鈕即可完成結帳。圖 2-2-8 是帳單完成的畫面。

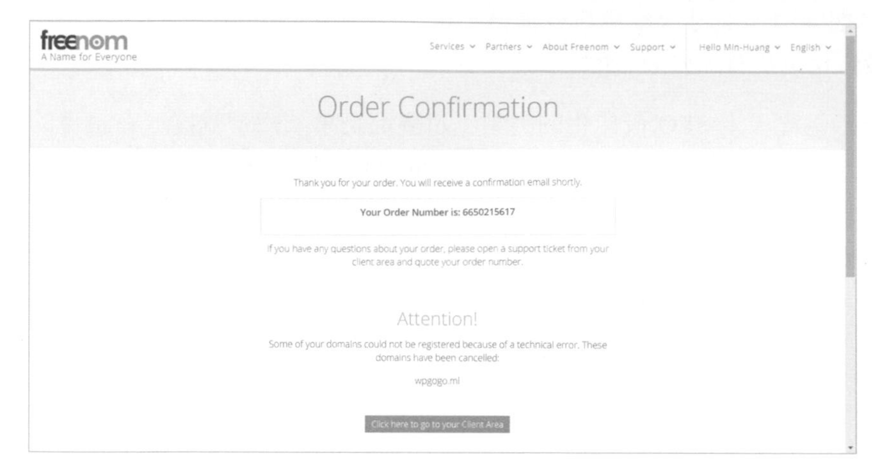

圖 2-2-8
帳單完成之畫面

此時，按下底下的按鈕，即可離開此頁面，回到使用者的首頁，如圖 2-2-9 所示，此畫面中的上方，即可透過網站提供的功能進行網址的設定作業。

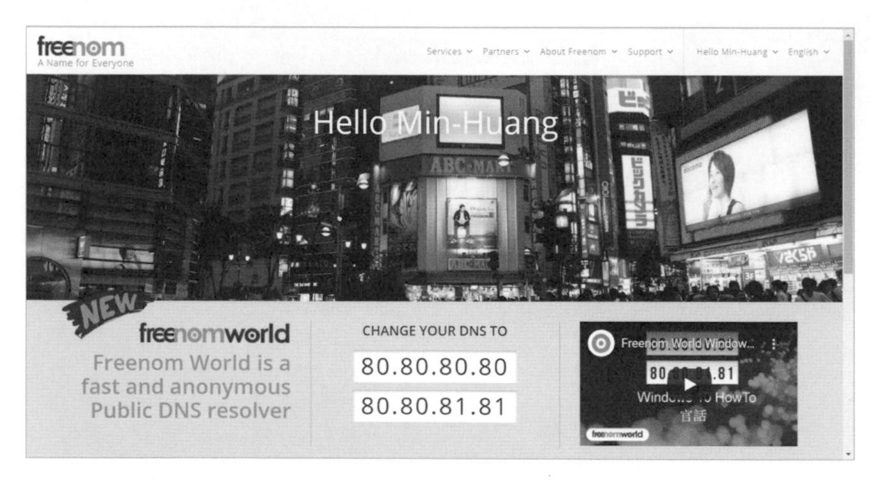

圖 2-2-9
完成帳單之後的使用者首頁畫面

取得網址就好像拿到的店面的招牌，接下來要做的就是把這個招牌拿到店面所在的位置掛上去，這個動作在網址設定上的意義就是 DNS 管理服務。如果在自己的網址之下要自行設定每一個子網域的對應，就是藉由網址註冊商所提供的介面進行設定，如果要把整個網域全部指向到另外一台主機空間的話，就等於是把網址的「DNS 設定」設為主機商所提供的 DNS 伺服器，此點在後續的章節中會再加以說明。

2.3 到 PCHOME 購買在地網域

為什麼不建議使用免費的網域

如果你架站只是為了練習，那使用誰提供的網域都沒有關係。但是，如果你決定要建立一個長久使用的網站，去註冊一個屬於自己的網域則是最重要的第一步，因為只要透過合法授權的網站註冊到的網域，你就可以擁有最優先的續約權，完全不用擔心你的網址忽然無法使用的問題，也不用擔心別人連結網站時，會被隨機轉址到廣告或不當內容的網站。

可以到哪裡註冊（購買網域）？

全世界的網域都是由一個叫做 ICANN 的組織統一管理，但是他們授權給許多的機構（通常都是私人公司）代為辦理註冊的手續，並收取每一年的註冊租約費用，有非常多的公司及網站都可以受理網址的註冊申請，不論是國內或是國外都有，而且在大部份的情形下，要透過這些網站來註冊網域也不用出門，只要能夠在家裡完成付款的程序就可以了（在台灣也可以使用超商付款）。

國內有非常多的網站接受網址的註冊，筆者比較常用的是國內知名的入口網站 PCHOME。他們提供的網址雖然不是最便宜以及最優惠的，但是因為付費管道多元，而且是中文介面，在購買以及設定上都很方便，非常適合初學者入門。所以，我們就先從 PCHOME 開始教大家，如何去搶一個自己喜歡的網址。

不過，在註冊前還是提醒讀者，在 PCHOME 可以註冊國外內大部份的網址，但是對於國際網址的註冊，有許多國外的註冊商可以註冊到超低價的網域，第一年的促銷價經常低於 10 美元，如果你有可以付款到國外的管道（如信用卡或 Paypal），也可以到這些國外的網站（例如 Namecheap、GoDaddy 等）逛逛比較一下。

PCHOME 買網址註冊步驟

http://myname.pchome.com.tw

使用瀏覽器連線到上述的網址，就可以看到如圖 2-3-1 所示的畫面。

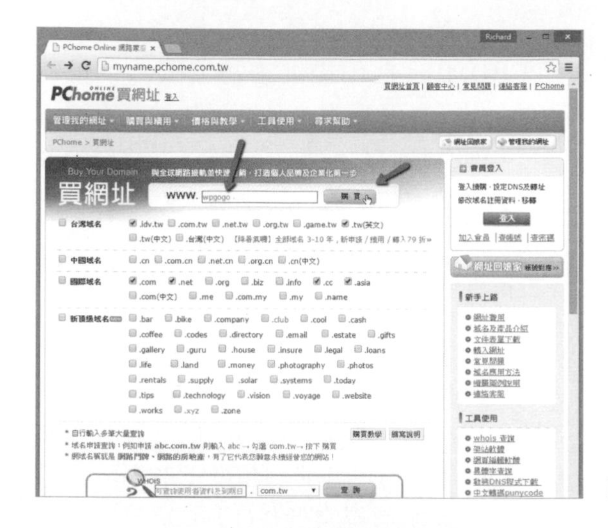

圖 2-3-1 PCHOME 買網址註冊主畫面

在圖 2-3-1 中，請在箭頭所指的位置輸入你想要註冊的網址（在此例，輸入了 wpgogo），並在下方勾選網域的類型，勾選了 .idv.tw、.tw（英文）、.com、.net、.cc、以及 .asia。你可以勾選任何想要的類型。不過，如果要註冊的話，每一種類型都算是獨立的網域，每一個都要付錢。在選擇完畢之後，請按下「購買」按鈕，即會進入下一步，如圖 2-3-2 所示。

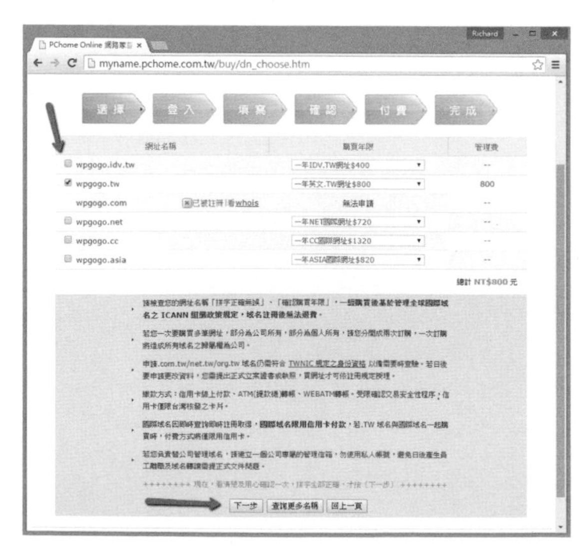

圖 2-3-2 查詢之後所列出的可購買網址

在圖 2-3-2 中會列出所有可以購買的網址，已經有人註冊過的網址會在後方顯示「無法申請」字樣。在我們選用的網址中，只有 wpgogo.com 不能註冊，其他的都可以。由於每一個網域註冊都要另外計算費用，所以在此只選擇 wpgogo.tw，費用 800 元台幣（第一年），你也可以一次註冊多年，取得優惠價格，而且確保不會被隨意漲價。選定之後，即可按「下一步」，開始輸入帳號密碼或是進入註冊 PCHOME 會員的步驟。如圖 2-3-3 所示。

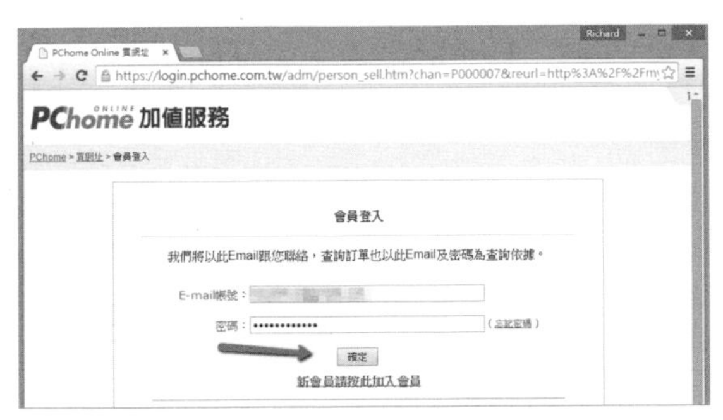

圖 2-3-3 登入 PCHOME 會員才能購買網址

由於 PCHOME 是台灣屬一屬二的線上購物商城，相信很多人都有它的帳號了。在登入之後，就會進入填寫網址註冊資料的部份，如圖 2-3-4 所示。

圖 2-3-4 購買網址前所填寫的註冊人資料表單

如圖 2-3-4 所顯示的內容所示，在台灣想要註冊網址需要填寫非常詳細的註冊資料，連身分證字號都要填，如果申請個人網址（如 .tw，.idv.tw）的話，只要填完資料付完款之後就算完成了，接著他們就會寄給你啟用信，如圖 2-3-5 所示。但是，如果你購買的網址是 .com.tw 或是 .org.tw 等等，還需要付上相關的證明文件，審核通過之後才算是註冊完成喔！

取得網址使用權通知 d.tw 收件匣 x PCHOME x

PChome買網址 <return@mail.value.pchome.com.tw>
寄給 我、

親愛的 先生/小姐 您好：

感謝您對《PChome 買網址》服務的支持，這是一封網域名稱開通的確認郵件，您無須再回覆。

您的加值服務帳號：s

網域名稱： tw
開通時間：2012-10-24 19:42:35
網址到期日：2013-10-24

圖 2-3-5 在 PCHOME 購買網域之啟用信內容

收到啟用信之後回到 PCHOME，登入「管理我的網址」頁面可以看到所有在 PCHOME 購買的網域，如圖 2-3-6 所示的樣子。

網址	網址到期日	目前設定模式	DNS設定與修改	註冊資料修改
	2015-10-16	自管DNS	進入	修改
	2015-10-24	自管DNS	進入	修改
.tw	2016-04-28	自管DNS	進入	修改
iz	2016-06-11	PChome代管DNS	進入	修改
	2016-08-10	自管DNS	進入	修改

圖 2-3-6 筆者在 PCHOME 購買的網域摘要列表

在圖 2-3-6 中可以看到每一個網址的到期日以及其他操作連結。對於要自己架站的我們來說，域名的 DNS 有兩種使用方式，一種是「自管 DNS」，也就是自己準備 DNS 來做後續的網域管理，我們會使用這種方式，因為每一個虛擬主機空間都會提供 DNS 給我們使用。

如果你這個網址是拿來結合其他的線上快速網頁建置服務（如 Weebly，Wix，WebNode 或是 Google Apps for Work 服務），那麼你可能只要使用 PCHOME 代管 DNS 服務，在 PCHOME 的介面中自行輸入網址和主機 IP 位址的對應即可。使用自管 DNS 設定的介面如圖 2-3-7 所示，而使用 PCHOME 代管 DNS 服務的話，介面看起來像是圖 2-3-8 所示的樣子。

圖 2-3-7 PCHOME 設定自管 DNS（以 iPage 主機為例

圖 2-3-8 PCHOME 代管 DNS 設定 Google Apps for Works 及 wordpress.com

2.4 到 GoDaddy 購買國際網域

為什麼要買國際網域

以筆者的定義，只要不是以 .tw 結尾的網域，都視為國際網域（相對於台灣人來說）。使用國際網域的好處在於不需要特別的身分查證，任何人均可以申請註冊 .com 或是 .net 甚至是 .org 的網址，而你不必是公司或是網路業者，也不用是某組織的網站。

此外，申請國外的網域，只要你有付錢，資料的正確性大都不會特別做查證，所以，你當然也不用把你的身分證字號交給別人，對於許多朋友來說，也比較安心。再者，由於國際網址的代理業者非常多，是一門競爭相當激烈的生意，所以你經常會在一些網站上看到促銷，有時候瘋狂價第一年竟然只要不到 1 美元（當然第二年之後續約會恢復原價，但是也不會惡意漲價），所以，只要這些網站是在做正當生意的網站，趁促銷時去註冊網域，何樂而不為呢？

前往 GoDaddy 購買網域

https://tw.godaddy.com

GoDaddy 是筆者最常用的網址註冊商之一，主要原因是價格實在且系統穩定，操作介面也非常方便好用，網站支援中文介面，甚至還提供中文客服。付款方式為信用卡線上刷卡或 PayPal 帳號付款。

進入網站之後，首先會看到一個幫助你想網址的介面，如圖 2-4-1 所示，在實際註冊網址之前，也可以先來找找看有沒有適合你的網址。

圖 2-4-1 GoDaddy 的官網首頁

在圖 2-4-1 中，可以在「找出完美網域」的文字框中輸入想要選用的單字（正規的網址名稱也可以是數字及減號），然後按下「搜尋網域」按鈕，等一下子之後，它們的網站就會幫你把所有可以註冊的網域全部列出來給你，如圖 2-4-2 所示。

圖 2-4-2 列出所有可能的網域給使用者選擇

以輸入「wpgogo」為例，在畫面上會列出非常多前面 id 是 wpgogo，後面冠上各種可用的頂級網域域名以及價格提供參考，把畫面再下捲動可以看到更多的參考網域，以及系統幫你根據輸入的文字組合出的各種網域名稱，如圖 2-4-3 所示。

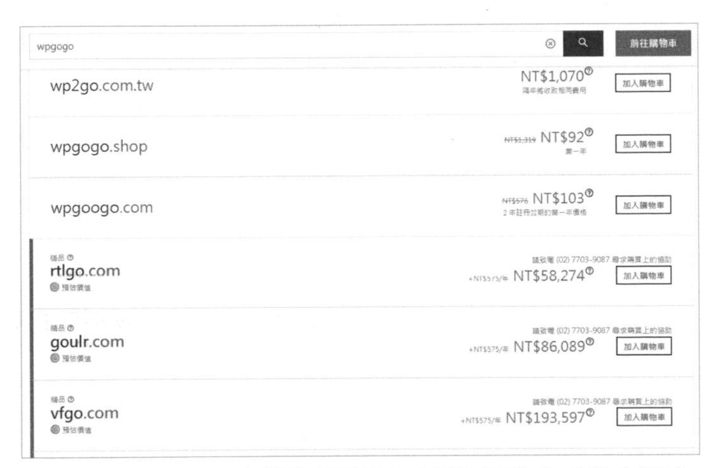

圖 2-4-3 GoDaddy 會幫我們列出許多種不同的字元組合網域提供參考

不同的網域都有它自己的報價，要留意的是，台灣的網域在國內的網站買就好了，使用國外的網站買台灣的網域，價格通常會高一些（一般的網域正常價格大約是 800 元台幣左右）。如圖 2-4-3 所示，有些網域是促銷的關係，第一年很便宜，居然不到台幣 100 元就可以買到了。

假設我們想要註冊的是 wpgogo.net,，請按下網域名稱後面的「加入購物車」按鈕，畫面會如圖 2-4-4 所示，在右方出現一個購物籃，提醒我們目前在購物車中的項目。

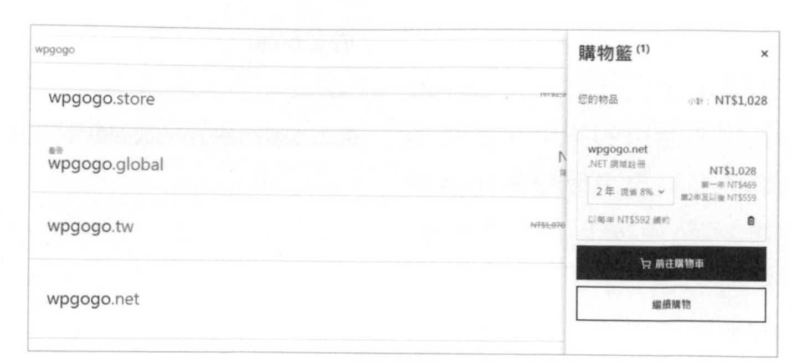

圖 2-4-4 把 wpgogo.net 加入購物車之後的畫面

如果不再選購其他的網域，則請按下右上角的「前往購物車」即可進入下一個選購附加功能的畫面，如圖 2-4-5 所示。在附加功能的地方，可以為這個網址購買隱私權的保護、加上可以發送大量 Email 的能力、以及順便買個虛擬主機等等。

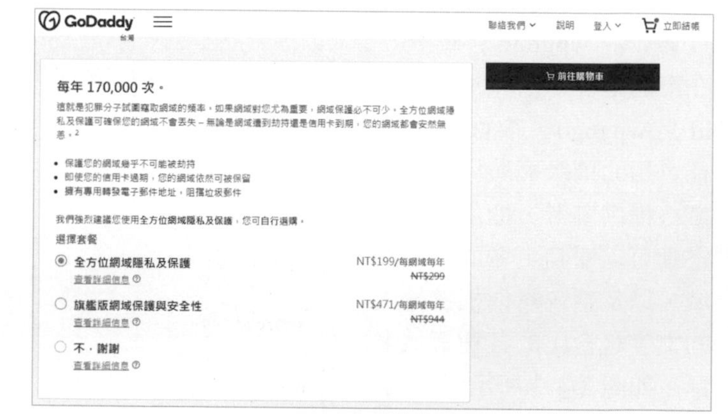

圖 2-4-5 GoDaddy 網域附加功能的選購畫面

為了單純示範起見，我們直接按下右上方的「前往購物車」按鈕，所有的附加功能通通不買。如此就會進入如圖 2-4-6 所示的畫面。

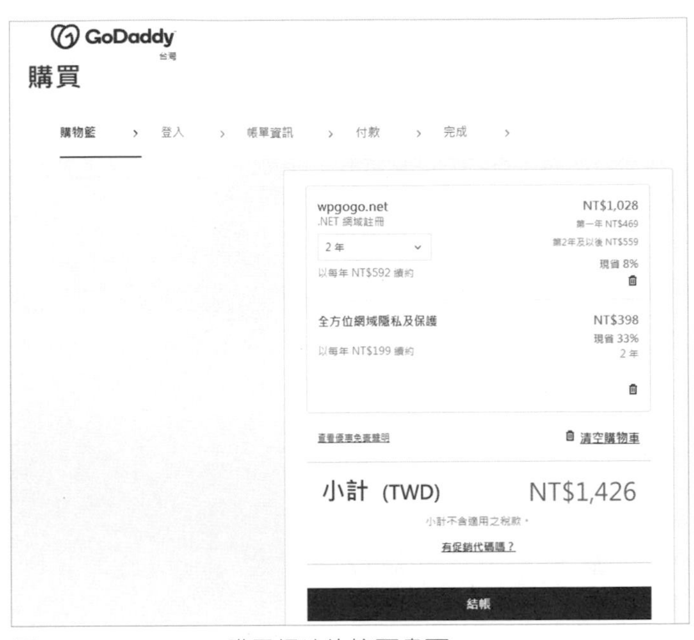

圖 2-4-6 GoDaddy 購買網址的摘要畫面

在這一頁中我們要確定的是購買的年限以及金額是否正確，尤其是網域名稱買下去之後就不好反悔了，一定要仔細看好不能有任何拼錯字的情形。沒問題之後，再按下「結帳」。當然如果你是第一次使用的話（如果買過的話也不會看這一段了），還要先註冊會員才行，如圖 2-4-7 所示。

現在大部份的網站都支援利用 Google 或是 Facebook 帳號進行登入及註冊，但本書還是建議初學者利用底下的電子郵件、用戶名、密碼自行設定，日後如你的帳號需要請別人協助時，才不會因為被綁在社群帳號上而造成登入上的困擾。

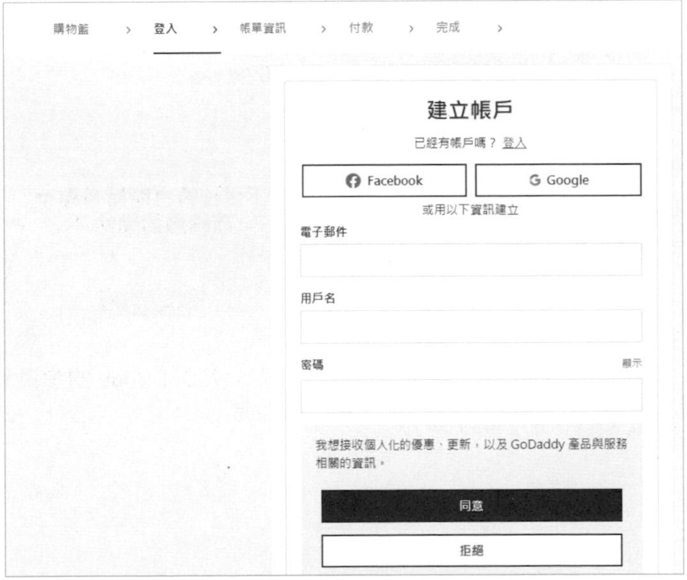

圖 2-4-7 GoDaddy 要求登入帳號或是註冊新會員

註冊帳號請輸入你的電子郵件、用戶名、設定一個密碼（自己要記得），然後按下「同意」(或「拒絕」) 之後再按下「建立帳戶」即可。此時如發現無法按下按鈕，應該是前面輸入的內容並未符合規範，請再重新檢視並調整即可。如果順利的話，即可看到如圖 2-4-8 所示的帳單資訊畫面。

圖 2-4-8 帳單資訊畫面

如你所看到的，如果你有 PayPal 帳號的話，直接按下 PayPal 按鈕即可，如果沒有的話，還要輸入以下的帳單資訊，然後利用信用卡等方式進行線上刷卡結帳，後續的方式就不在此進行示範了。

購買完畢之後，日後在登入 GoDaddy 之後，即可在網頁的右上角看到你的名字的下拉式選單，在選單中可以找到「我的產品」選項，可以列出所有購買的產品（含網域），如圖 2-4-9 所示。

圖 2-4-9 GoDaddy 的會員網站中列出所有購買產品的選項位置

點擊任何一個網域之後把畫面往下捲動，就會看到許多設定的功能，當然有些是要另外付費才能啟用的功能，但是對要架站的我們來說，如圖 2-4-10 中箭頭所指的地方，「管理 DNS」才是我們要特別留意的地方。

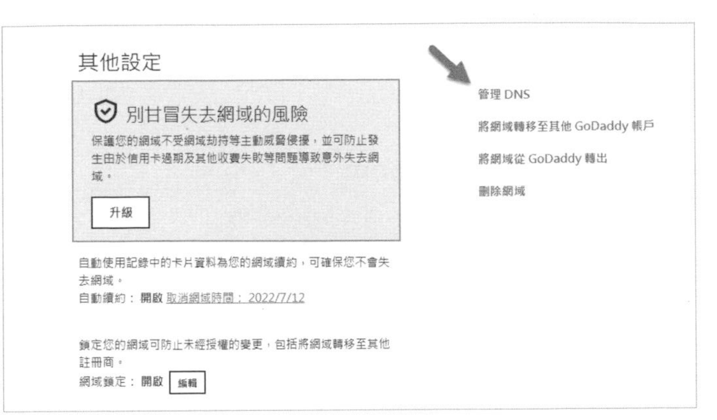

圖 2-4-10 GoDaddy 網頁進入 DNS 管理介面的連結

只在要箭頭所指的地方，按下「管理 DNS」連結，就可以設定自己（網路主機業者在你購買主機帳號時所提供的 DNS 服務器位址）的 DNS 網址，讓這個網址可以直接指向我們自己架站的網站，也可以自行在此介面中管理每一個主機的子網域位址，如圖 2-4-11 所示。

在圖 2-4-11 的例子中，我們把這個網域的 DNS 管理功能以另行指定 DNS 伺服器的方式交給 DNSimple.com 代管，畫面上的那 4 台主機即為 DNSimple.com 所服務的 DNS 伺服器。

圖 2-4-11 在 GoDaddy 網站中設定已購買網域的 DNS 主機

每一個主機商（包括 2.3 節中介紹的 PCHOME）都有自行管理網域的功能，但不同主機商所提供的網址變更生效時間長短不定，一般的主機商在變更完 DNS 的網址內容之後（例如建立一台主機和子網域的對應，或是建立一個子網域等等），通常都需要 12~72 小時才能在網際網路上查詢得到更新後的結果，但是 DNSimple 這個網站服務使用了一些特殊技巧，讓它託管的網域變更可以在數分鐘內完成，這也是筆者選用此服務的原因。如果讀者們有興趣使用的話，這裡有一個轉介紹連結可供讀者使用：https://dnsimple.com/r/1613ef54c6cbbc。

2.5 到中華主機網 zhhosting 購買國際網域

http://go.zhhosting.com

優點：筆者代理的虛擬主機網站，台灣的使用者可以使用轉帳的方式付款，經常有低於 3 美元的促銷價，而且全部都是中文介面，方便華文地區的使用者。 缺點：使用介面雖有中文，但是網址搜尋功能比較陽春。

因為筆者經常協助朋友建立網站，需要註冊各式各樣的網域，於是乾脆直接代理美國的網域註冊商，建立全中文支援的網站提供華人地區的網友註冊使用，所以在此也介紹給本書的讀者們。如果你有看到喜歡的網址正好在促銷，別忘了趕快下手搶購。查看促銷的網址為：http://go.zhhosting.com/domain-registration/promos.php，可以隨時去看看。

進入首頁之後，可以看到如圖 2-5-1 的網址搜尋介面，全部都是中文介面，非常容易瞭解。由於本網站目前尚未提供 SSL 連線，所以如果瀏覽器出現警告訊息，可選用進階功能繼續瀏覽即可。右上角的「COMBO OFFERS（組合套餐）」提供初學者或是對於網頁空間需求不高的站長可以有一個和網址搭配比較便宜的方案。

圖 2-5-1 中華主機網 zhhosting.com 的首頁

在右上角有國旗的地方，可以切換使用的幣值，台灣的朋友請選擇新台幣即可，這樣看起來會比較有感覺，如果是海外的朋友則選擇美金，因為海外支援 PayPal 以及信用卡付款，全部以美金計價。在此，我們以本書的支援網站網域 wpnet.pw 為例來說明購買的過程。首先，請在文字框的內容中，輸入 wpnet.pw，如圖 2-5-2 所示。

如圖 2-5-2 所示，在輸入完畢之後，直接按下「GO」按鈕，會進入如圖 2-5-3 所示的搜尋網域介面。

雖然我們輸入的是網域的全名，但是系統還是貼心地為我們檢查看看 wpnet.com 是否可以使用，不過在這個例子中顯然是不行。除了我們輸入的 wpnet.pw 之外，其他的域名也會被列在下方提供給我們做參考，看過一遍之後，也許會有更滿意的也不一定。不過因為在這邊我們只打算申請 wpnet.pw（此書撰寫時 .pw 網址正在特價，只要台幣 40 多元而已，這是帛琉的國碼），所以就按了網址後面的「選擇」按鈕，並按下「結賬」按鈕，如圖 2-5-4 所示。

圖 2-5-2 輸入想要註冊的網域

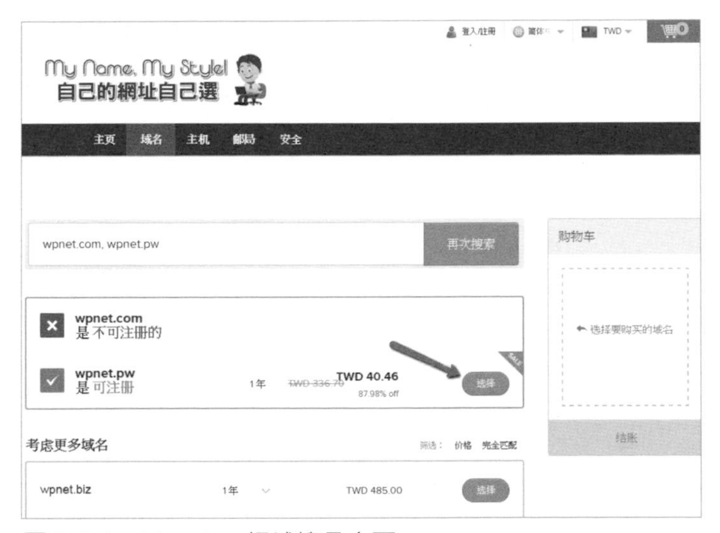

圖 2-5-3 zhhosting 網域搜尋介面

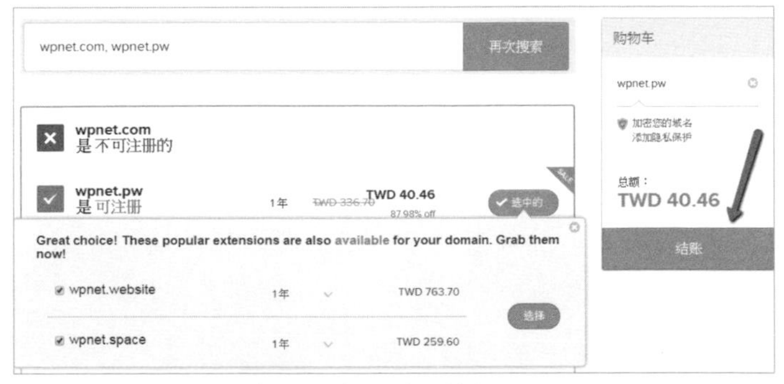

圖 2-5-4 選定網址之後，按下結賬按鈕

在按下結賬按鈕之後，即會進入如圖 2-5-5 的畫面，詢問使用者在購買網址之外，是否需要加購主機。

還是一樣，我們在這裡也先不考慮主機（其實同時買主機有一個好處，就是你不用再費心設定網域，因為是一併購買，系統會自動幫你做好整合設定的工作），選擇下方的按鈕「不，謝謝，繼續結帳」，繼續下一個步驟，如圖 2-5-6 所示。

圖 2-5-5 zhhosting 會詢問使用者要不要加購虛擬主機

圖 2-5-6 網域訂購摘要，在此建立帳戶

還沒有帳戶的朋友，請按下「10 秒創建帳戶」按鈕，進入下一個步驟，如圖 2-5-7 所示。

同樣的，因為是要透過國外的代理商註冊網域，所以帳戶的內容請都是以英文填寫，所有標記上「*」記號的欄位通通都要填寫才行。填寫完畢再按下「創建帳戶」即可。當你有了帳戶之後，就會進入付帳的選擇畫面，如圖 2-5-8 所示。

和外國的代理商不一樣的地方在於，台灣的使用者除了在線支付（透過信用卡或 PayPal 帳號完成付款）之外，也可以選擇線下付款，先通過訂單，然後再利用郵局或銀行轉帳的方式付款，等待審核之後即可開通網域的註冊。差別在於使用在線支付功能可以在完成付款之後馬上開通使用，而使用線上支付選項時，完成付款後會必須通知 zhhosting 管理人員，等他們核帳之後以人工的方式開通啟用。

圖 2-5-7 zhhosting 創建帳戶的畫面

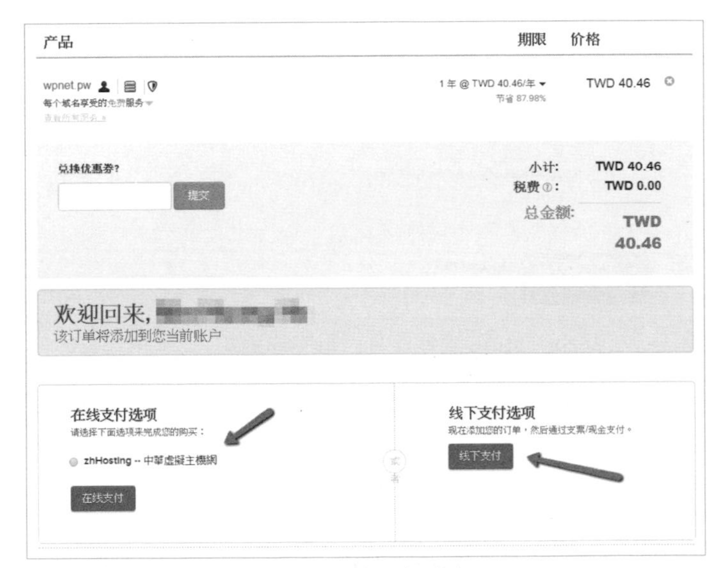

圖 2-5-8 zhhosting 的付款方式選擇畫面

我們在此示範線下支付選項。完成訂單之後，會在你的電子郵件中收到註冊成功的訊息，如圖 2-5-9 所示的兩封電子郵件。

圖 2-5-9 訂單完成之後的通知信件

但因為是線下支付，並不會立刻收到網域的啟用通知。如果你使用的是在線付款（刷信用卡或是 PayPal），此時會馬上收到網域啟用通知信 。以我們線下支付的例子，打開圖 2-5-9 所示的上方那封信件，內容如圖 2-5-10 所示的樣子。

圖 2-5-10 zhhosting 網域購買訂單完成通知

如圖 2-5-10 所示的內容，點擊箭頭所指的按鈕，即可以進入付款的說明畫面，但是如果你已經登出帳號的話，那麼還會先看到客戶登陸的畫面，如圖 2-5-11 所示。

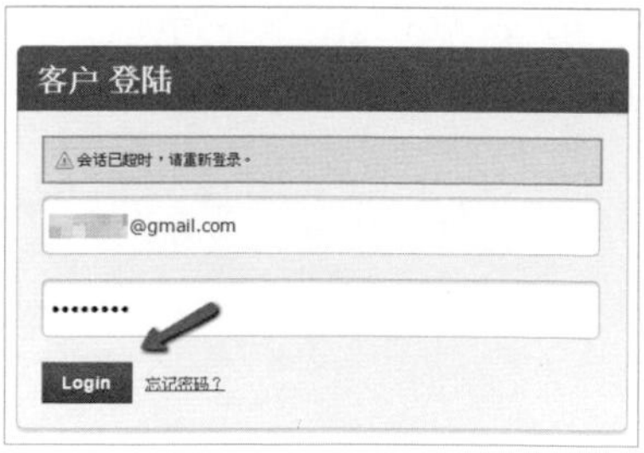

圖 2-5-11 客戶登陸畫面

進入付款說明頁面之後，請注意下方用線框起來的地方，台灣地區專用的銀行（郵局）轉帳方法說明。如圖 2-5-12 所示。

轉帳之後，再透過表單或電子郵件或電話簡訊（也可以直接打電話，但是比較不划算，因為一通行動電話的費用，不小心講久一點說不定還會超過一年的促銷網址費用），或開支援單（ticket）通知站長查核入帳情形即可。由於本網站是筆者工作室代理的，所以使用中文通知即可。在專人幫你開通之後，就會收到如圖 2-5-13 所示的註冊啟用電子郵件。

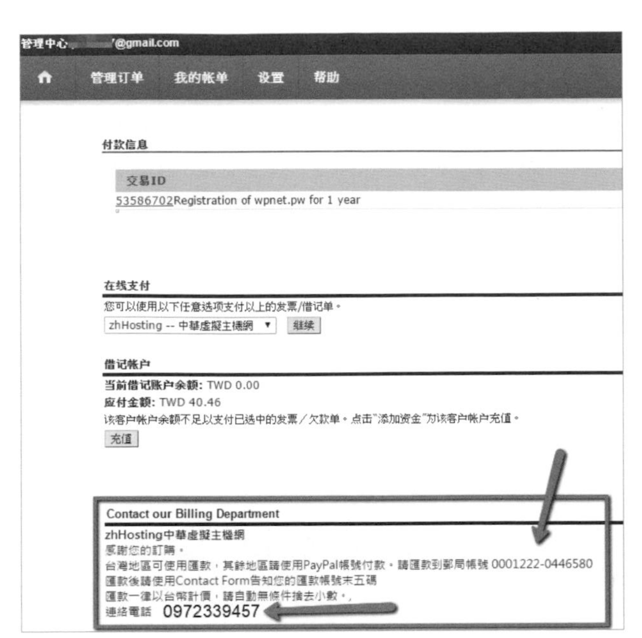

圖 2-5-12 zhhosting 轉帳支付網域款項的說明畫面

圖 2-5-13 zhhosting 網域啟用的通知電子郵件內容

有了網域之後，接下來的動作當然是進入控制面版，如圖 2-5-14 所示。

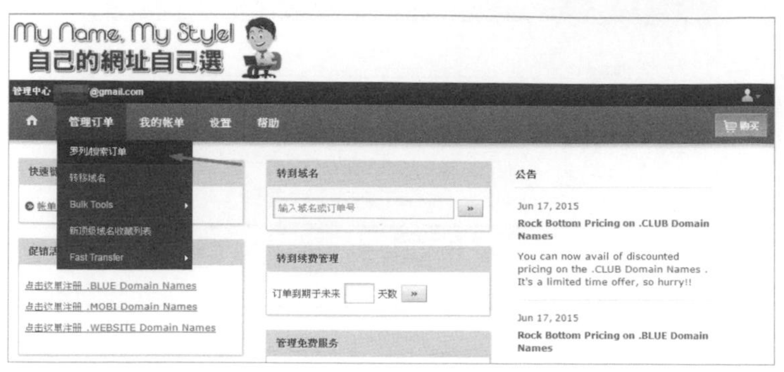

圖 2-5-14 zhhosting 的網域管理控制面板

到「管理訂單 / 羅列搜尋訂單」的選單，就可以看到之前購買以及註冊的網域了，如圖 2-5-15 所示。

圖 2-5-15 zhhosting 列出訂單的畫面

在這個介面當中，我們就可以設定自己的 DNS 伺服器，方便把網域指向我們自己架設的網站喔。

除了中華主機網之外，另外一個 https://goto.buyname4.me 網站也是筆者經常購買網址及虛擬主機的地方，此網站除了全中文介面之外，還提供台灣的市內電話可供連絡查詢，購買以及服務的部份還算是方便，這個網站會在第 3.4 節加以介紹。

03

租用網站主機

基本概論

網域申請

安裝架設

基本管理

外掛佈景

人流金流

社群參與

3.1 什麼是網站主機

3.2 如何取得免費的主機空間

3.3 如何取得附書的免費主機空間

3.4 網站主機的規格與租用

3.1 什麼是網站主機

為什麼架站需要網站主機

開一個網站就是希望能夠有非常多的訪客前來瀏覽，一天 24 小時，隨時都歡迎。這表示你的網站必須隨時待命，以便應付來瀏覽的訪客們，此種情況當然不可能把你自己放在家裡的個人電腦 24 小時開機，並連上網路提供給別人來連線（要這樣做也是可以，但是怎麼算都不划算）。

考量到電腦開機以及網路連線的成本，當然是要向網路主機商租用電腦主機來放置網站資料是比較合理的。因為他們的機房是 24 小時連線，有極高的網路頻寬與專業的工程人員、管理人員負責維護軟硬體設備。不管是商業還是個人用途，電腦主機公司負責維護機房，提供網路頻寬以及主機空間（不一定要是一台單獨的主機，原理在後續的文章中會有說明），我們只要租用適當的容量即可。

網站主機有哪些種類

要分類網站主機種類其實不太容易，因為只要能夠提供一個在網路上可以放置資料的空間，同時在此空間中可以執行某些網路的服務，都可以算是網路主機。最簡單的方式是提供網站伺服器服務程式（如 Apache 或是 IIS 等等）把放在指定目錄中的網頁提供給瀏覽器，但也有一些是直接提供可以執行後端程式或 Framework 的環境（如 Ruby On Rail，Django for Python，NodeJS 等等），讓網站開發的朋友自行安裝或設置各種網路應用服務。對於初學 WordPress 架站的朋友來說，只要使用現有的 Apache 或 IIS 的 WWW 伺服器應用即可。

虛擬主機的分類

以作業系統來分類，可以分為 Linux 和 Windows Server 兩種。這兩種不同的作業系統所提供的功能不完全相同，而且提供的操作介面也不一樣，但是對於要使用 WordPress 來架設自己的網站的朋友，倒是沒有什麼特別的差別。如果你除了要安裝 WordPress 之外還要再安裝其他的網路應用服務，Linux 系統所提供的選擇會比較多。也因為 Linux 作業系統本身是免費的，而且在其上的開放軟體也非常多，部署上也相對容易，因此在市面上 Linux 虛擬主機要比 Windows 主機便宜多了。

對於初學者來說，提到網路主機這個名詞，感覺上好像是一台實體的機器，但是在電腦的虛擬化技術成熟之後，各種主機型式不斷地被提出，基本上主機業者是以不同程度及虛擬化技術的方式來把實體機器切割出不同的磁碟空間和執行環境提供給站長們購買，所以在計價方面大部份都是以磁碟空間的多寡和提供的資源來決定，在使用者看到是一個帳號，而這個帳號所連結到的是哪一個磁碟空間、用什麼樣的伺服器來執行、使用何種虛擬化或雲端技術，這些都是主機業者的機房管理員

要處理的事。但是，不同的技術所提供的功能、速度、資源穩定性其實也不太一樣，這也是為什麼在選購主機時會出現那麼多不同價位及商品的原因。

如何選購主機

初學架站的朋友，要開始選購主機時，基於預算上的考量，當然不是資源越多越好，只要選擇目前適用的即可，因為日後升級對於網站系統來說是非常容易的，原有的內容並不需要重做，直接沿用再加以擴充即可，就算是不同的平台，也可以請主機商的工程師協助處理，一間好的主機商在這方面是不會有問題的。因此，購買超出所需的主機資源，反而是浪費。

此外，除了 WordPress 的網站，還會再想架設其他的網站嗎？是多一個或是多很多個？這都會影響到你要選擇的專案類型。另外，你的英文程度，也會影響到選購主機的對象。這麼說好了，如果你不排斥看英文字，也不介意用破英文（或者是你的英文很好那當然更沒問題）和老外透過電子郵件溝通的話（放心，幾乎所有的事都只要透過電子郵件或網站上以文字對話處理即可，沒有機會透過電話，不需要英文口說能力），選擇歐美的主機，會讓你省非常多錢。

主要的原因是歐美國家幾乎全民都會架站，主機業是一個非常具有規模的產業，也可以說競爭非常激烈，再加上歐美（尤其是美國）的網路設備基礎建設非常完善，所以他們主機業者的網路頻寬相對於台灣來說非常地便宜，也由於規模夠大，使得他們能夠在非常便宜的價格帶中提供非常好的規格給使用者選擇。但是，這一切如果你對於英文非常排斥的話，那就不用考慮了。

因此，簡單地說，本書中所使用的架站用主機，其實指的就是一個「由主機業者所提供的網路伺服器上的共享式磁碟空間」。租下這個空間，此主機空間的環境中會有執行中的網頁伺服器服務程式（通常都是 Apache），以及一些架站會用到的資料庫伺服程式，只要我們把網站的程式以及資料檔案放在該磁碟空間中，就可以執行想要的功能。至於你要租用或免費申請多大的空間、以及可以建立多少的網站的帳號，取決於你所選用的主機業者以及你的預算。

3.2 如何取得免費的主機空間

免費主機空間使用的注意事項

網路上當然會有免費的資源，但是，這可不是慈善事業，所以免費主機空間在使用上多少都有一些需要留意的地方。除了規格上可能會比較不好之外，在許多的地方也都會加以限制，因為提供免費主機的網站除了本身要有廣告的收入之外，也有許多是主機商讓你試用的專案，等你用滿意了，或者是覺得規格不夠了，再選擇付費升級，這些才是他們的利潤所在。都不收費的網站，一定不會太穩定，而且網站的內容可能隨時會被刪除，這是使用免費網站一定要有的心理準備。

免費主機可能會有的問題，第一個可能會在你的網站上放他們的廣告、或是有時候會把你的網站轉往他們的贊助商。來瀏覽你的網站的網友，可能有時候會被導向這些廣告的網站去。

第二個可能的問題是規格不好，許多的地方都會有所限制（例如上傳的檔案大小的限制、後台介面比較陽春、筆者甚至還曾遇到過 WordPress 無法安裝某些外掛的情形），這些如果需要用到，不是得想辦法用別的方法代替，就是要付費升級，贊助一下廠商。

第三個可能的問題是系統不穩定。這個經常發生在受歡迎的免費主機上。因為申請容易，很多人都在上面做任何想要做的事，有些還有可能是違法的行為（或是因為疏於管理導致資安問題的發生），免費主機的實際主機規格並沒有付費主機來的得好，頻寬可能也有所限制，因此當有任何一個位於同一個網段或是同一台主機的帳戶出問題，其他的主機帳號也可能同時遭殃（別忘了，一台實體伺服器上可能多達有數 10 個甚至數百個共享的帳號），那一段時間就無法提供穩定的連線了。

最後，因為你沒有付錢，自然客服就不會那麼殷勤了，回答以及解決問題的時間也沒有那麼急迫，因此，有可能你的網站所遭遇到的問題是主機本身的問題，但是你卻只能等待客服人員（如果有的話）的處理，練習的主機也就算了，如果是正式上線的主機，那可以說是叫天天不應，叫地地不靈，你所受的損失，恐怕會超出你省下來的預算。

綜上所述，依筆者的經驗，免費的主機就是提供個人練功之用，如果是正式的網站，還是找一個可靠的主機業者為宜，不會花你太多錢的。

當然，如果你是本書的購買者，我們和國內知名的主機業者「戰國策」合作，透過專屬的網頁申請，可以有八個月的免費主機試用，用滿意再付費即可，這段時間已經夠大家練習之用了。

如何申請免費 yabi.me 主機空間

http://yabi.me

優點：中文化。10GB 磁碟空間容量夠大，100GB 頻寬也符合大部份朋友的使用，又有快速安裝網站系統軟體的自動化安裝系統 Softaculous，提供的網址 yabi.me 短又好記，後台使用是最受歡迎的 cPanel 主控台。

缺點：系統有時並不太穩定，記得要為你的網站做好備份，而且目前已缺乏專人管理，放在這上面的網站要有隨時被停用的心理準備。

申請 yabi.me 的方法很簡單，請依照下列的步驟和圖例操作即可。

步驟 1：連線到主網頁 http://yabi.me。並點擊箭頭所指的「註冊免費主機」連結。

圖 3-2-1 yabi.me 主網頁

步驟 2：在註冊的網頁中，請依序輸入你要使用的帳戶名稱（請注意，不要太長，而且千萬不要使用底線符號）、密碼、電子郵件位址（一定要再三核對，因為他們沒有給你修改的機會）、網站種類（選擇個人用途即可）以及驗證碼，最後再按下「註冊」按鈕即可。

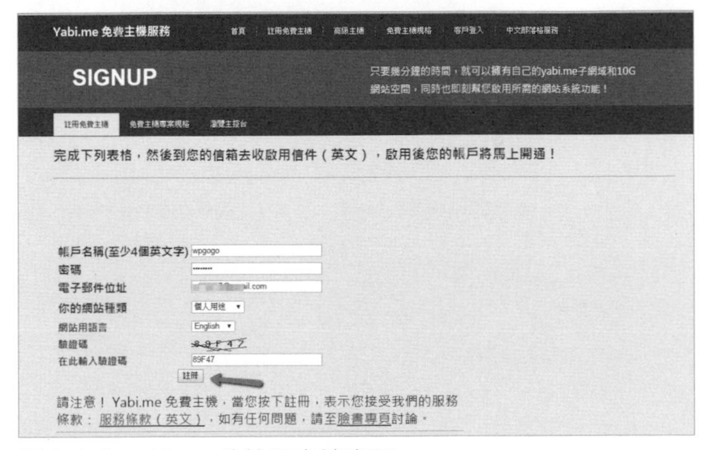

圖 3-2-2 yabi.me 的註冊申請畫面

如果你申請的網址沒有人使用，而且輸入資料都正確的話，系統就會出現一個注意事項的表格，提醒你要留意網站的用途，避免對網站做不當的使用，以致於遭到停權的命運。此畫面如圖 3-2-3 所示。

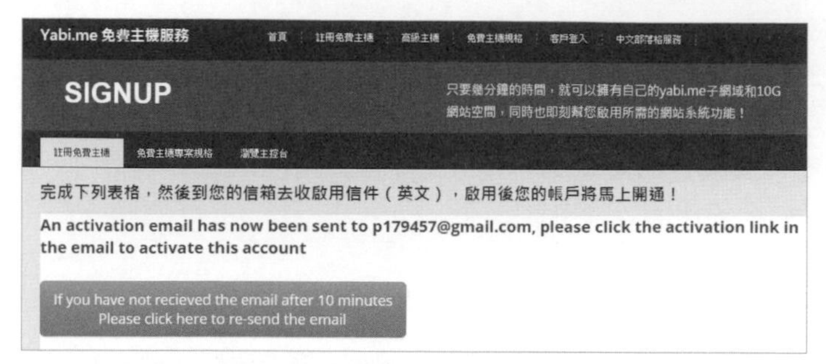

圖 3-2-3 資料填寫完畢之後的注意事項畫面

步驟 3：到電子郵件中去收啟用信。如果在收件夾中沒看到，也許要到垃圾信箱中找找，如果真的找不到，就要回到圖 3-2-3 的畫面中，按下按鈕請系統再重送一次。所有的啟用信幾乎都一樣，把最長的連結按下去就可以了。

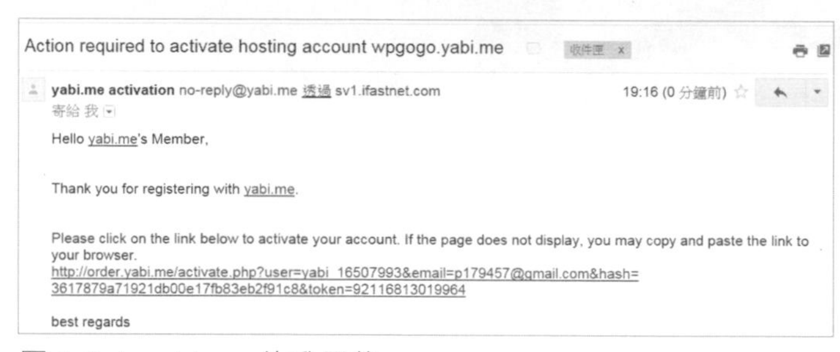

圖 3-2-4 yabi.me 的啟用信

步驟 4：如果你的網站順利啟用的話，其實申請就算完成了。你將會看到如圖 3-2-5 所示的摘要畫面。在這裡面你要留意的是你的帳號以及網址。至於其他的資料，yabi.me 會再一次寄一封通知信給你，裡面有架站所需要全部的訊息。別忘了，這封信非常重要，一定要好好保存。

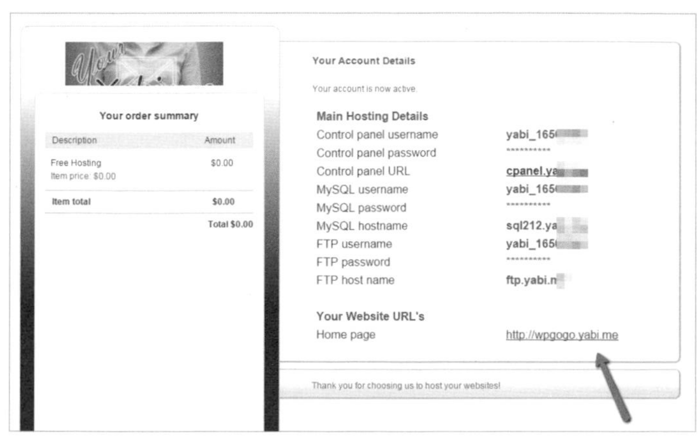

圖 3-2-5 yabi.me 啟用成功的摘要畫面

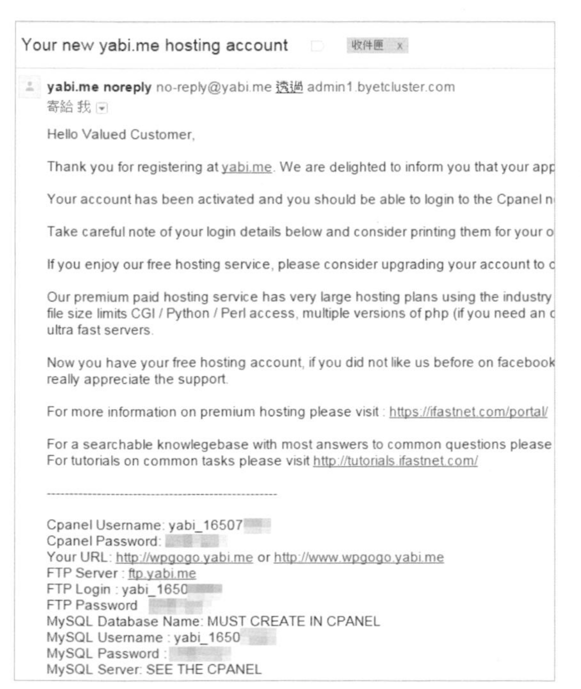

圖 3-2-6 yabi.me 免費帳號申請成功的通知信

在此例中，我們使用 wpgogo 來當做是網站 ID，所以我們的網址就會是 http://wpgogo.yabi.me，非常好記，而且網站馬上就啟用了。如圖 3-2-7 所示就是初始畫面。

圖 3-2-7 wpgogo.yabi.me 的初始網站畫面

在此畫面中，有一個連結「Control Panel」可以直接進入控制台，你也可以使用 http://cpanel.yabi.me 進入，如圖 3-2-8 所示。

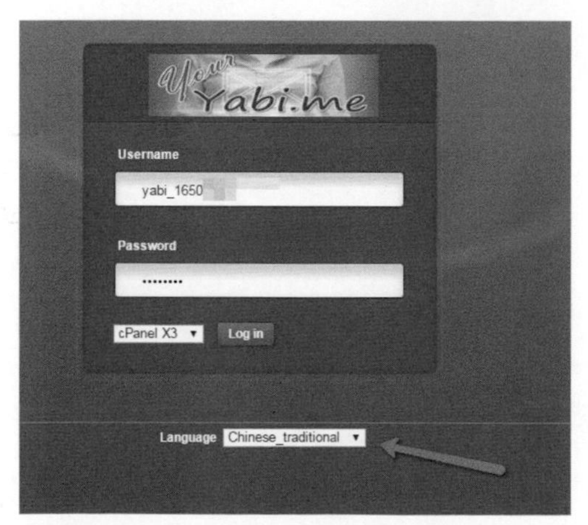

圖 3-2-8 yabi.me 的免費主機的控制台登入畫面

在登入之前，如果你是習慣使用中文介面的朋友，別忘了在帳號密碼下方可以選擇不同的語言，當然包括繁體中文，選好之後再 Log in 喔。進入 cPanel 之後，會先看到一個教學的歡迎視窗，按下「No, I'm fine. Thanks!」即可。如圖 3-2-9 所示。

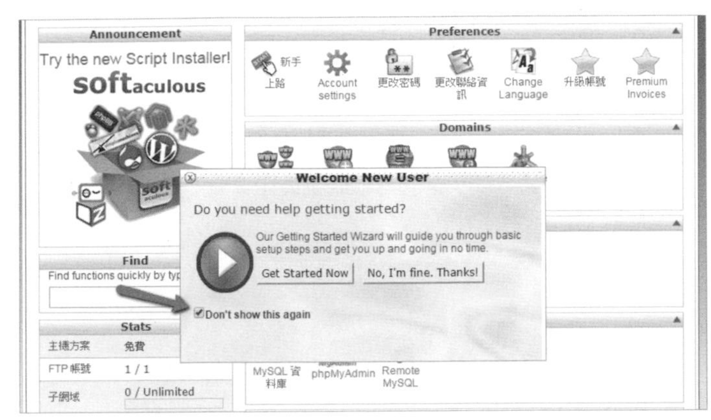

圖 3-2-9 首次登入 yabi.me 的 cPanel 控制台的畫面

然後，在圖 3-2-10 就可以直接操作 yabi.me 主機的控制台了。如圖 3-2-10 所示。

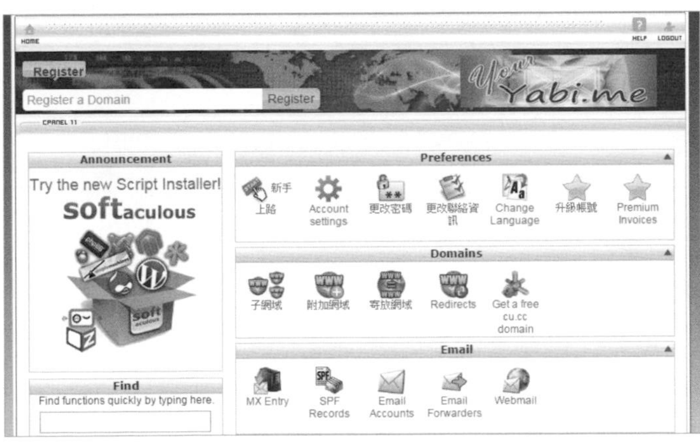

圖 3-2-10 yabi.me 的 cPanel 主控台

其他的操作，我們在後續的章節中再加以介紹。接著再來看另外一個也是很強大的免費網站空間提供者——000webhost.com。

如何申請免費 000webhost 主機空間

https://www.000webhost.com/

> 優點：網路上相當老牌的免費主機商，目前已加入 Hostigner 公司，可以隨時升級，但是仍然可以選擇永久免費使用。
>
> 缺點：後台的升級廣告很多，有些時候會讓人覺得困擾。

申請 000webhost.com 的方法很簡單，請依照下列的步驟和圖例操作即可。

步驟 1：連結上該網站 https://www.000webhost.com/，會出現如圖 3-2-11 所示的官網畫面。

步驟 2：請直接點選中間最明顯的「GET STARTED」按鈕，即可進入產品的比較畫面，如圖 3-2-12 所示。

如圖 3-2-12 所示，在最左側的「Free Web Hosting」選項即為免費方案，在每一個方案的下方都可以看到規格比較，對初學者來說最大的限制應該是 300MB 的磁碟空間，這個空間限制對於 WordPress 網站來說真的是只能提供練習之用。

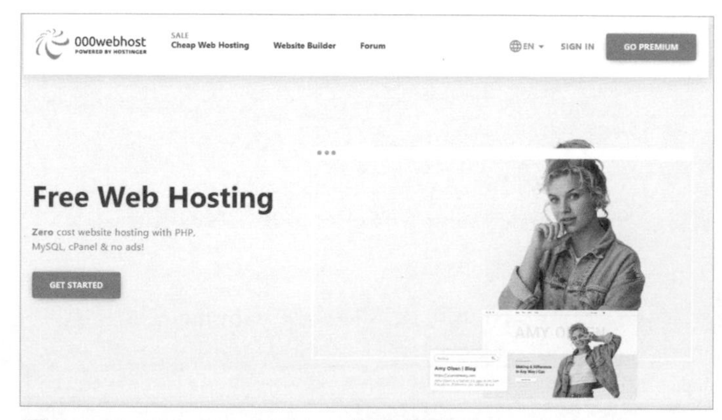

圖 3-2-11 000webhost.com 官網畫面

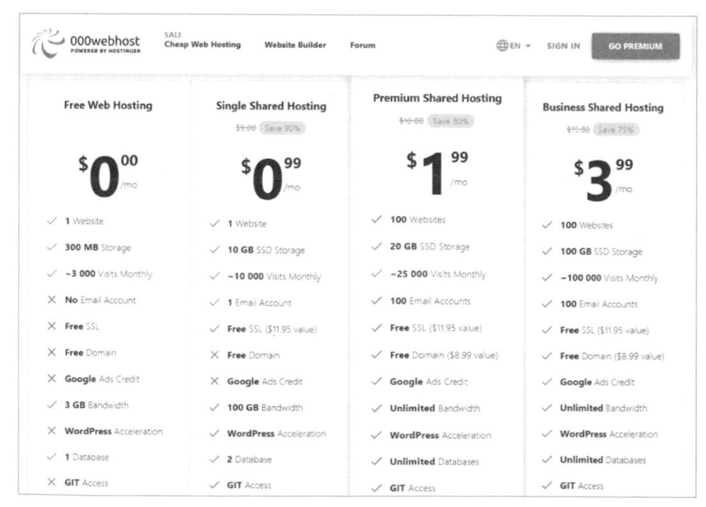

圖 3-2-12 可以選用的方案比較

步驟 3：當我們選擇了最左側的免費方案之後，請把畫面捲動到下方即可看到「SELECT」按鈕，在按下該按鈕之後即可看到會員註冊的畫面，如圖 3-2-13 所示。

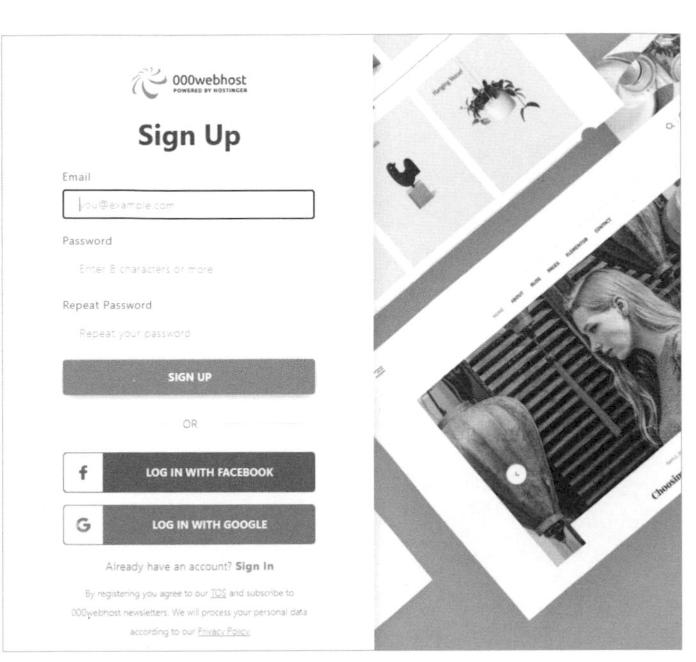

圖 3-2-13 000webhost 的會員註冊畫面

步驟 4：在註冊畫面中，你可以使用 Facebook 或是 Google 帳號直接連結即可，但是為了單純起見，我們還是使用電子郵件的方式來申請。依序填入電子郵件信箱（也是不要填錯）以及密碼（一定要記得），然後按下「SIGN UP」按鈕。如果你輸入的內容沒有問題，就會進入圖 3-2-14 的畫面，並會在畫面下方提醒你該是去收啟用信的時候了。

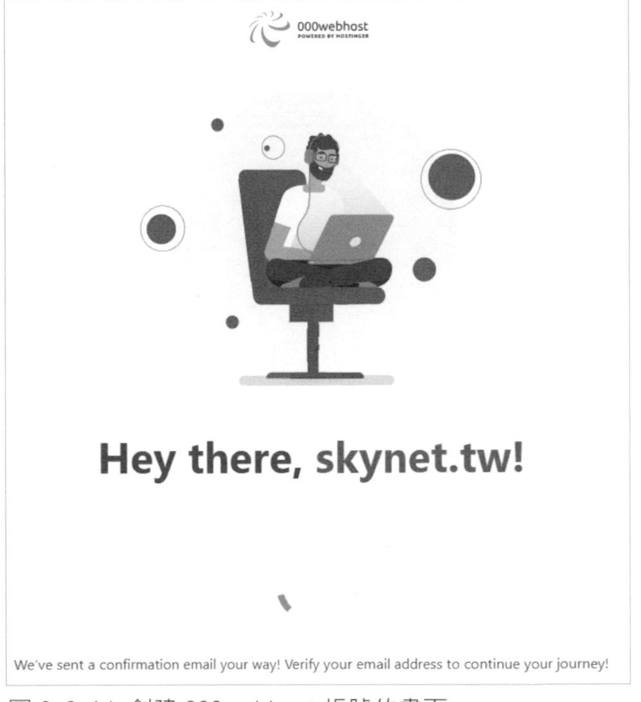

圖 3-2-14 創建 000webhost 帳號的畫面

步驟 5：圖 3-2-15 是啟用信的內容，只要按下中間的「Click To Verify Email」按鈕即可。

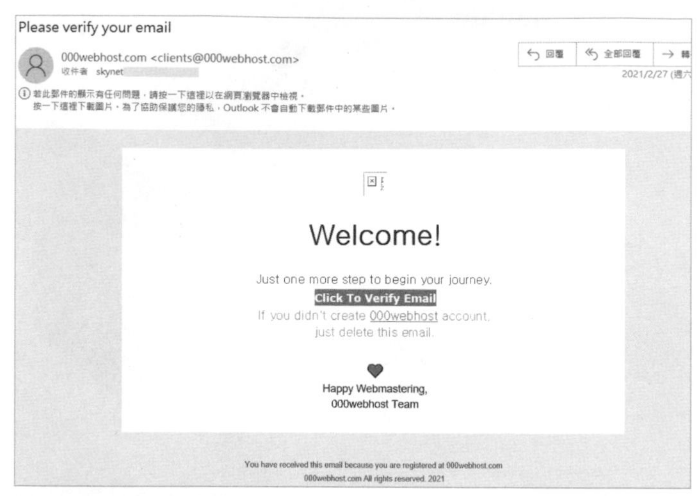

圖 3-2-15 啟用信的內容

步驟 6：圖 3-2-16 即為按下啟用按鈕之後的網頁畫面，此時只要按下「GET STARTED」按鈕即可，接著網頁即會前往如圖 3-2-17 所示的畫面。

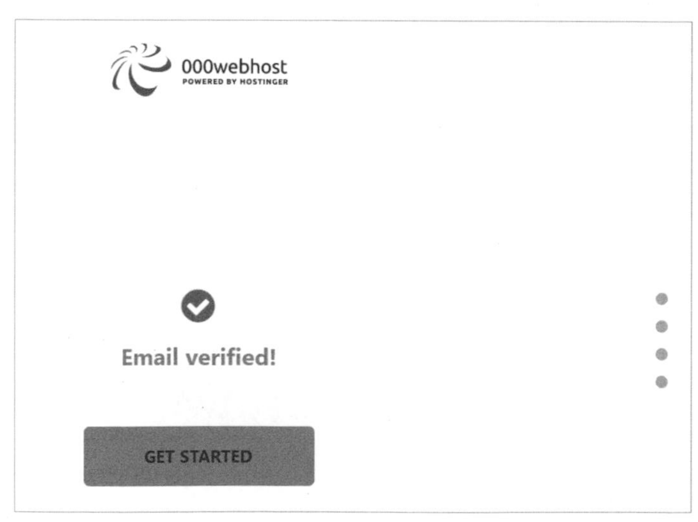

圖 3-2-16 啟用信成功之通知

步驟 7：如圖 3-2-17 所示，在此畫面中是讓首次申請者選擇申請此免費主機方案的目的，種類包括開發網站、建立線上商店、建立網頁設計、建立部落格或是其他。在此請點選「Start a Blog」下方的「Select」按鈕，即會出現如圖 3-2-18 所示的畫面。

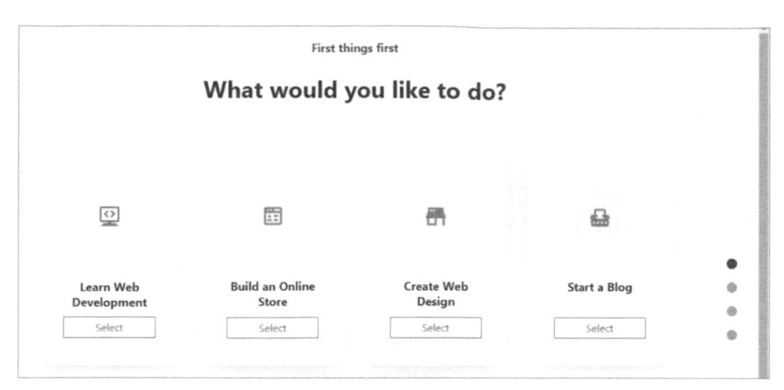

圖 3-2-17 選擇一個要使用主機的目的

步驟 8：選擇任一個類別點選之後，會再看到一個 Chrome 安裝的廣告畫面，如圖 3-2-19 所示。

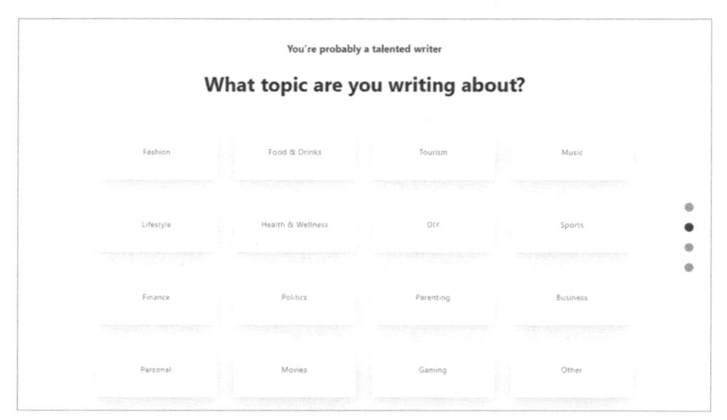

圖 3-2-18 選擇一個部落格的方向

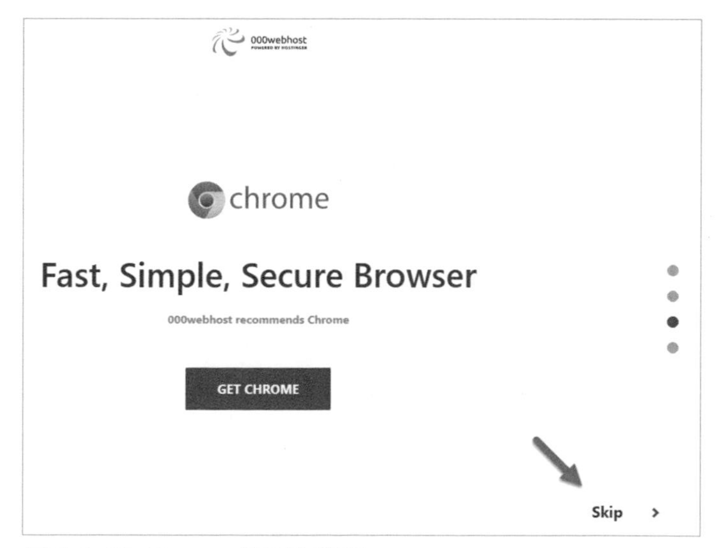

圖 3-2-19 Chrome 的廣告畫面

步驟 9：此時請按下「Skip」連結，即會出現如圖 3-2-20 所示畫面，此畫面即為真正安裝系統的畫面。

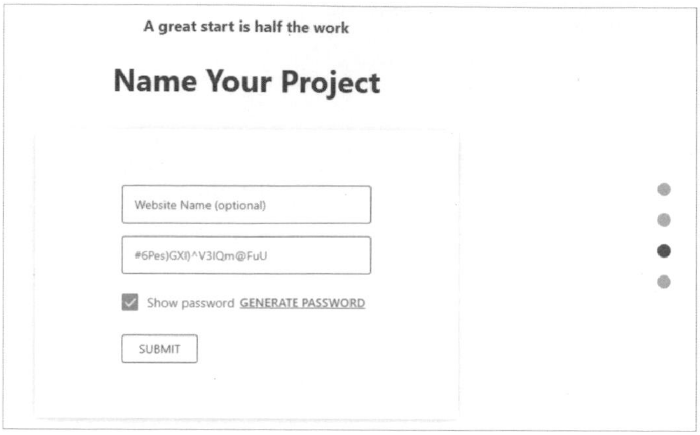

A great start is half the work
Name Your Project
Website Name (optional)
#6Pes)GXI)^V3IQm@FuU
Show password GENERATE PASSWORD
SUBMIT

圖 3-2-20 建立專案的畫面

步驟 10：在圖 3-2-20 所示的畫面中，請把密碼欄中的密碼複製下來供日後使用，也可以自行設定一個符合規範的密碼。記下了密碼之後，請按下「SUBMIT」按鈕進行主機申請的作業，上方的網站名稱可暫時先不寫。接著，會出現如圖 3-2-21 所示的畫面，有三種方式可以建立你的第一個網站。

Here is your tool box
Choose your weapon of mass creation
BEST FOR YOU
Use Our Website Builder
Select
Install WordPress
Select
Upload your site
Select

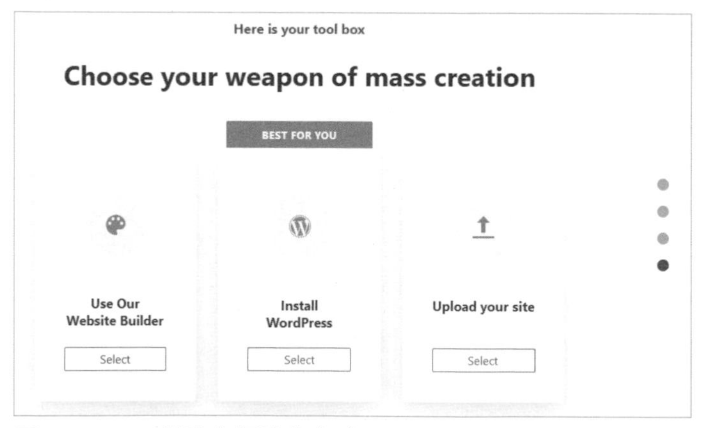

圖 3-2-21 三種建立網站的方式

步驟 11：在圖 3-2-21 所示的三種方式中，中間的方式即為建立 WordPress 網站的方法，也是本書要教學的內容，讀者們可以直接選擇中間的「Select」按鈕，直接進入 WordPress 的安裝作業。安裝 WordPress 的第一步即為建立管理者名稱以及設定密碼和語系，如圖 3-2-22 所示。

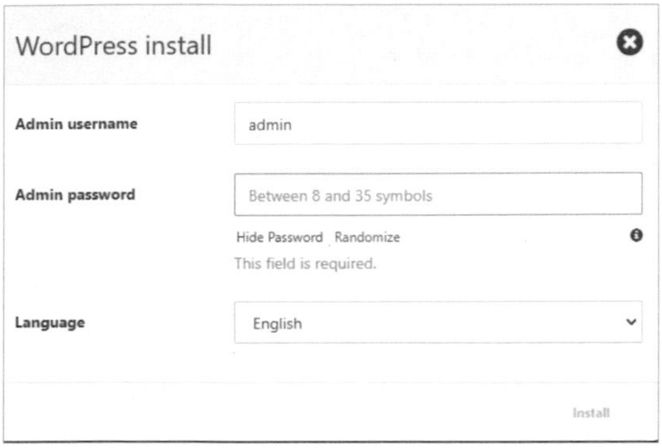

WordPress install
Admin username
admin
Admin password
Between 8 and 35 symbols
Hide Password Randomize
This field is required.
Language
English
Install

圖 3-2-22 設定 WordPress 的管理員帳號和密碼

步驟 12：如圖 3-2-22 中的設定，輸入管理者帳號（預設 admin），密碼、以及語系，語系請設定為 Chinese (Taiwan)。填寫完資訊之外，請按下右下角之「Install」按鈕，如圖 3-3-23 所示。

WordPress install
Admin username
admin
Admin password
#6Pes)GXI)^V3lQm@FuU
Hide Password Randomize
Language
Chinese (Taiwan)
Install

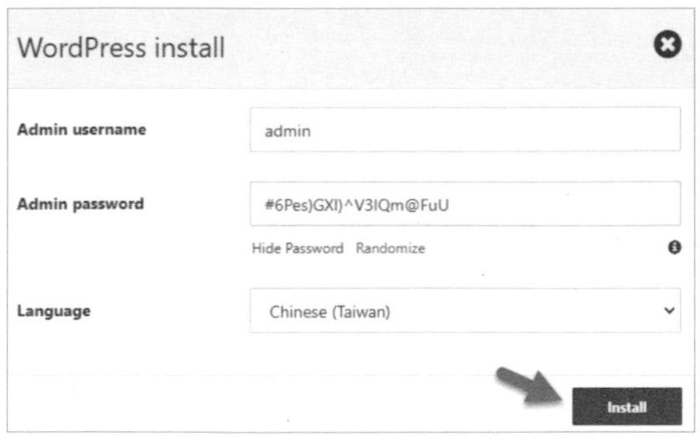

圖 3-2-23 填寫管理者資訊之後按下「Install」按鈕

完成上述的所有步驟之後，即可看到一個正在安裝 WordPress 的進度畫面，如圖 3-2-24 所示。圖 3-2-25 為安裝完成之畫面。

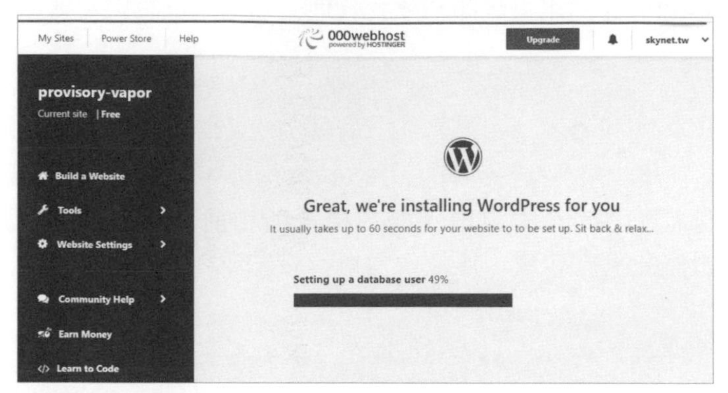

圖 3-2-24 WordPress 安裝進度畫面

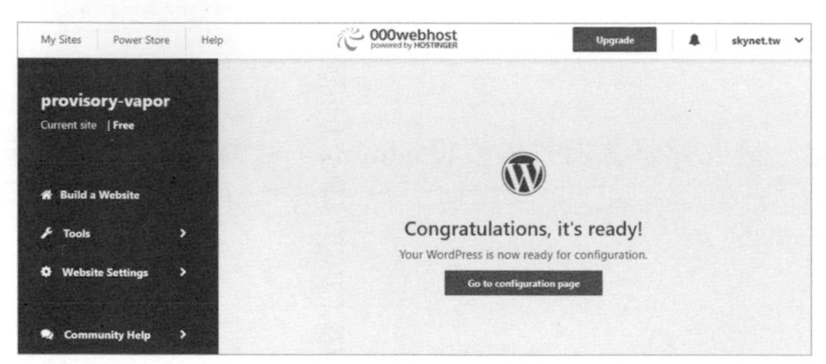

圖 3-2-25 WordPress 安裝完成之畫面

此時按下中間的「Go to configuration page」，即可看到進入 WordPress 控制台的登入介面，如圖 3-2-26 所示。

此時左上角的網址（在此例為：provisory-vapor.000webhost.com）即為這個免費網站的網址，至此，所有的 000webhost 免費主機申請作業就大功告成了。

圖 3-2-26 登入 WordPress 控制台的畫面

3.3 如何取得附書的免費主機空間

為了服務讀者，筆者特別提供購買本書的讀者國內著名主機商「戰國策集團」的免費試用帳號，優惠的內容以及相關的規範及期限，請讀者們前往本書服務網站 http://wpnet.pw 參考相關網頁之說明內容，優惠的規格及內容以網頁上的說明為準。

目前市面上的主機商所提供的主機如前面的章節所述，主要分為 Linux 以及 Windows 作業系統兩大宗，而其中又以 Linux 主機為主流。

在註冊申請了主機之後，申請到的主機需要透過管理頁面前往設定主機相關服務以及調整一些功能項目，而網頁主機管理頁面（統稱為控制台或主控台）也有不同的套件可以用，市面上又以 cPanel 以及 Plesk 這兩種系統為主，但也有些主機商自行設計它們自己的介面。

yabi.me 申請到的免費主機之主控台為 cPanel，這是目前最多主機商採用的主機控制台系統，而戰國策的試用版主機帳號提供的則是 Plesk，另外，在 000webhost 中申請到的主機，則和前面二者又不一樣，比較像是自行設計或客製化的控制台介面。

不過，不管是哪種主機的主控台，一定要留意一點：主機的主控台和 WordPress 的控制台是完全不一樣的兩個地方，初學架站的朋友一定要分清楚才行。主機的主控台主要的目的是為了設定主機帳戶相關的資訊，也提供瀏覽主機磁碟空間、檔案系統、建立子網域、建立網站服務、設定主機電子郵件帳號等等功能，但是 WordPress 的控制台，它的目的只是負責 WordPress 網站的後台維護，無法操作到主機的設置。

3.4 網站主機的規格與租用

如前面的章節中所提到的，歐美（尤其是美國）的主機業已經是規模龐大的產業，所以有能力以比國內便宜非常多的價格提供高規格的主機服務，因此，如果你不介意把主機放在海外（其實對於大部份的網站來說，速度並不會差太多，更何況你的網站也不全都是來自台灣的訪客），以及可能的客服是英文電郵往來的話，基於預算及 CP 值的考量，海外的主機是架站初學者最佳的選擇。

本節將先針對大部份架站上比較會用到的虛擬主機規格為大家做簡要的解析，讓讀者在購買主機空間之前能有一個比較清楚的瞭解，這些規格在國內以及國外的虛擬主機都適用。本節的最後以 Buyname4me 這家以 GoDaddy 系統為基礎的主機商以及台灣知名入口網站 PCHOME 來做主機租用的教學與說明。

主機空間和虛擬主機

網路主機的種類非常多，本書所提及之架站用的主機空間，經常被稱為「虛擬主機（Virtual Host）」，指的是主機商所提供的一個被劃分出來的網路磁碟空間，此磁碟空間有自己的 IP 位址（但是大部份都和其他的主機帳號共用），可以設定自己的網域，可以有自己的資料庫存取能力（大部份是 MySQL），當然這個空間中已執行網頁伺服器（通常都是 Apache 或是 IIS），你也可以在上面放置 PHP 等伺服器網頁程式語言，透過這樣的環境，你可以在空間中放置網頁資料，或是安裝網站服務系統。因為大部份的資源都是和其他人的帳戶共享的，所以又稱為共享式網站主機（Shared Web Hosting）。

虛擬主機和實體主機不同的地方在於，實體主機指的是一台實體的電腦（或是由許多台機架式刀鋒伺服器所組成的一整組電腦），在這些電腦中可以使用系統軟體技術劃分出許多獨立的虛擬主機出來，這些虛擬主機雖然都被放在同一台（組）電腦中，但是對於帳戶使用者來說，從遠端上看起來就好像是自己擁有該台電腦一般，只要透過所謂的後台介面（plesk 或是 cPanel 等等）以網頁瀏覽的方式來管理即可。也就是說，不管你的主機業者的主機是放在世界的哪一個角落，除了連線速度有些許差別之外，其他的功能是沒有差異的。

規格 1：磁碟空間 Disk Space

大部份的站長最關心的就是網站空間是多少 GB（少數的免費空間還是以 MB 為計量單位），這是直接關係到網站可以放多少資料的最重要規格數據。除非是以大量的圖片和影片為主的網站，不然的話，一般的部落格其實佔的磁碟空間有限，大部份的情形 5GB 或 10GB 就夠用了。

如果你確定網站空間會使用到的空間不大，購買適合你的專案就可以，就算以後

需求增加，只要再升級即可，不一定要一口氣買到最多的磁碟空間，畢竟網站磁碟空間價格昂貴。

大部分的主機商在你升級之後，會使用原來的空間，所以根本不用去變更任何的網站設定。就算是移到另外的主機，主機商也會幫你搬到滿意為止，升級動作通常可以在一天之內完成，有些則是立即生效，因此也不用擔心時效性的問題。

由於歐美的主機商競爭激烈，所以市面上在促銷的大部份都是無限容量（unlimited）的主機方案，但是精確地說，unlimited 並不是無限容量的意思，只是不會事先限制你的磁碟空間使用量。意思是說，它們並不預設對你的主機空間限制可以儲存的檔案空間，但是也不會一次把所有的容量都劃分給你，它們的磁碟空間是彈性分配的，只要在運用上符合他們訂定的使用規範，基本上就不需要擔心磁碟空間上的問題。而筆者自己架設過各式各樣的網站，也還沒有因為磁碟空間的問題被限制過，但是在網路上倒是有看過有人因為檔案數量過多而被他的主機商發信警告。

綜上所述，如果你遇到有比較便宜的方案，當然可以選用不限制容量的方案，但是對於要長久經營的網站，要特別留意不限制容量的方案第二年續約以後的正式價格，以避免營運成本的增加。選用適用於自己的容量方案即可，一般來說，除非你要儲存非常多圖片以及影片檔案，不然的話，WordPress 的系統並不會佔用太多的磁碟空間，10GB 以內應該是非常夠用。

規格 2：資料流量（Data Transfer）

對於大部份初架站的朋友來說，網站流量並不會太大，所以資料流量一般來說都是夠用的，更何況很多的主機方案也不會限制資料流量。筆者很久以前租用國內有限制流量的主機，唯一一次被我超出當月資料流量的原因，居然是被我自己上傳和下載系統的備份檔案所用完的。主機方案所指的資料流量，指的是一個月累積的流量，並不是瞬間流量的大小。在主機帳號的主控制台中都會有流量統計的功能，有各式各樣不同的統計圖表可以參考，也可以拿來做為流量估計參考。

規格 3：子網域數量（SubDomains）

如果我們有一個網址叫做 yourname.com，那麼 a.yourname.com 以及 b.yourname.com 或是 blog.yourname.com 都叫做 yourname.com 的子網域。有許多比較便宜的主機促銷方案會限制使用者能夠自行建立的子網域數量，目的當然是希望你有需求的時能夠多付一些錢。每個子網域都可以建立一個獨立的網站，也就是建立出來的網站被搜尋引擎是看做成不同的網站並獨立給予權重，就像是國內著名的部落格網站痞客邦 pixnet 一樣，每一個部落格都會有自己獨立的網址，但是都是以 pixnet.net 網域為結尾。

也就是說，在架設 WordPress 網站時，你可以選擇建立一個子網域，例如叫做 wp1.yourname.com，然後把網站放在上面，也可以直接新增一個叫做 wp1 的資料夾，把網站架在其中成為 yourname.com/

wp1，第二個網站可以是 wp2.yourname.com，也可以是 yourname.com/wp2。對於大部份的搜尋引擎和網站流量分析程式來說，wp1.yourname.com、wp2.yourname.com 和 yourname.com 是不同的網站，而 yourname.com、yourname.com/wp1、yourname.com/wp2 則都算成是同一個網站。

規格 4：附加網域和停放網域（Addon Domain & Parked Domain）

前面提到的子網域可以用來建立獨立的網站，也就是說，我可以在 blog.yourname.com 建立 WordPress 的網站，在 www.yourname.com 建立網頁伺服器，在 bbs.yourname.com 建立電子佈告欄系統等等。但是，因為後綴的網域都一樣，所以就訪客的直觀認定，上述這些網站都屬於同一個公司或組織，是有關係的一群網站。如果我們擁有一個以上的網址，其實是可以把這些網址使用 Addon Domain 或是 Parked Domain 的方式附加到同一個主機空間，讓同一個主機空間看起來有不同網址的網站。但是，使用 Addon Domain 和 Parked Domain 的附加方式有不同的結果。Addon Domain 可以把網域附加到主機空間的任何一個資料夾中，但是 Parked Domain 基本上只能附加到根目錄。

進一步說，Parked Domain 的目的在於讓兩個不同的網域指向同一個網站空間，讓他們看起來一模一樣（所以又叫做網站別名）。例如主網域 abc.com 的空間如果使用 Parked Domain 把 abc.net 附加過去，那麼不管瀏覽者輸入 abc.com 或是 abc.net，看到的都是同一個網站，沒有區別，因為它們就是指向同一個網站空間。

但是，如果我們使用的是 Addon Domain，附加時還要指定是要附加到主機空間的某一個特定目錄（資料夾）上，如果沒有那個目錄還必需再幫助其新增該目錄。由於大家的目錄都不一樣，自然就可以建立各自的網站而不會相互影響。因此，你就可以在同一個網站空間（主機帳號）中建立 abc.com、xyz.com、def.net …等網站，在外人看起來，並不會察覺它們是位於同一個主機商的同一個主機帳戶中。

由此可知，Addon & Parked Domain 的數目，有一定程度決定了你可以在某個主機帳戶中建立多少個不同網域的網站數量，就看你的架站數量需求而定。

規格 5：資料庫數量（MySQL Databases）

大部份的主機商提供的都是以 MySQL 為主，也有少部份的主機商提供 Postgresql。一般靜態的網站基本上用不到資料庫，所以你要建立多少個網站其實和資料庫數量並沒有關係。但是，如果你要建立的是像 WordPress 這一類的 CMS（Content Management System，內容管理系統）網站，它們最重要的就是要透過資料庫來儲存網站中的所有資訊，每一個 CMS 系統至少都需要使用到一個資料庫，並在該資料庫中建立許多的資料表，因此，你的主機帳號可以建立多少個 CMS 網站，主機帳號限制你可以新增資料庫的數量就是其中很大的關鍵。

規格 6：免費網域（Free Domain）

有主機空間，一定要有一個網域才能夠建立出別人可以方便瀏覽的網站，尤其是對於主機商這種共享式網站來說更是非有網域不可。也因此，大部份的主機商在你申請（或購買）空間帳號之後，都會給你（或是順便賣你）至少一個網域，或是要求你購買或指定已購買的網域。免費空間大部份都是提供二級網域（例如 yourname.yabi.me），大型的主機商有些會提供免費的一級網域（例如 yourname.com）給你使用。

但是要留意的是，它們提供給你的免費網域，是第一年免費（很多都是這種）或終身免費，這點很重要，因為主機商提供的續約網域價格通常都較貴，如果你自己本身本來就有網域，或許不用貪圖第一年的免費網域。

此外，主機帳號通常我們都會在不同的主機業者間換來換去，如果有一天你不打算使用它們的主機空間，那麼他們送你的網域已經被你使用很久而在搜尋引擎那邊有一些重要性或權威性了，接下來要續約網域或是要轉移網域都是比較麻煩的事。（轉移網域真的很麻煩，也要花上很多天的時間），因此要不要使用免費的網域，需要自行好好的斟酌。筆者的建議是單獨購買自己要長久經營的網域，把這個網域的設定和主機業者脫勾，以增加日後的彈性。

規格 7：專屬 IP（Dedicated IP）

初次架站的朋友，大部份都沒有注意到 IP 的問題。比起磁碟空間來說，因為 IP 是非常珍貴的資源，所以大部份的主機方案提供的都是共享的 IP，也就是同一個 IP 有非常多帳號共同使用。這樣的方案當然比較便宜，但是除了私有 SSL 等設定的問題之外，還有一個可能的風險是，如果和你使用同樣 IP 的主機帳號做了一些違反網路行為規範的不法活動，很多的主機是以擋 IP 的方式來阻止該帳號的進一步存取，那時，你的網站也就跟著遭殃了。所以，要不要花錢提升你的主機方案等級，就看你個人的需求。

大致瞭解上述的主機規格之後，接下來就以 BuyName4me 和 PCHOME 為例，分別示範如何購買自己架站用的網站空間。

到 BuyName4me 購買網站主機

https://goto.buyname4.me

這裡以筆者使用中的 BuyName4me 做例子，為讀者們示範如何購買歐美主機。不過，在購買之前，你的付款方式通常只能選擇 PayPal 帳號或是在線上刷信用卡（有卡直接刷，不需要註冊任何帳號），看你覺得哪一種比較方便。

步驟 1：前往 BuyName4me 首頁，可以馬上看到所有主機方案的價格以及規格資訊，由於它們的產品線很多，也有網域可以購買，所以一開始的介面多是以一個網域搜尋的文字框作為大多數架站人士開始的第一步。本網站提供了非常多國家的語言系統可以切換，如果一開始進入時出現的是你不熟悉的語言（例如英語），請使用滑鼠點選畫面右上角地球符號的連結，即可變更網站的語言介面，此網站有「台灣 - 繁體中文」的選項可用。

圖 3-4-1 BuyName4me 的首頁畫面

步驟 2：此網站的上方主機選單中，可以選購的主機包括如下：

- cPanel：以 cPanel 主控台為主的共享式主機空間。
- Plesk：以 Plesk 主控台為主的共享式主機空間。
- WordPress：特別針對 WordPress 網站進行優化的主機空間。
- 商業版：提供更強大規格的主機空間。
- VPS：以虛擬技術建立出來的專屬規格之網站主機，它的規格不和其他帳戶共用，可以保證提供應有之執行速度以及網路頻寬。此方案提供專屬之 Linux 伺服器，用戶可自由在此伺服器中安裝及建立任何所需要的功能及服務。
- 專屬伺服器：提供實體的機器，用戶可自由地建立所需要的任何軟體服務。

價格方面由上而下越來越貴，當然規格也越來越好，但對初學者來說，還是以選擇 cPanel 共享式主機為主，待日後網站的流量提升之後，再往下升級即可。圖 3-4-2 是 BuyName4me 網站的 cPanel 主機方案。

檢視幾個不同的方案可以發現，其中最主要的差異為可以建立網站的數量、儲存空間以及其他的附加功能等，當然在背後運行的速度也會因為不同方案所被放置實體主機效能而有所差異。

圖 3-4-2 BuyName4me 的 cPanel 主機方案選擇畫面

步驟 3：以最便宜的初級版為例，它每個月的費用是台幣 83 元，只要按下「加入購物車」按鈕，即可完成選購，並進入購買的購物車檢視畫面，在此畫面中可以選擇要購買的期間長度，以及是否購買其他附加的功能，如圖 3-4-3 以及圖 3-4-4 所示。

您已新增初級版主機方案。

選取期間長度

好好把握您的優惠，享受多年期服務。

○ 1 個月	NT$83/月
◉ 12 個月	NT$83/月
○ 24 個月	NT$83/月
○ 36 個月	NT$83/月

訂單摘要

初級版 Linux 主機 (含 cPanel)	NT$995 12 個月
總計	NT$995

小計不含適用之稅款。
結帳前可調整期限。

向下捲動以繼續前往購物車

圖 3-4-3 選擇購買期間長度

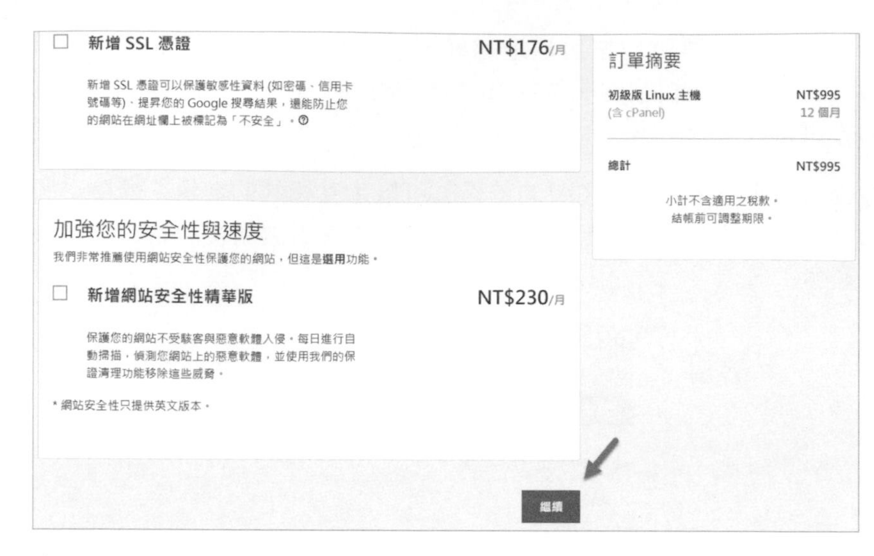

圖 3-4-4 購買附加功能的選項

步驟 4：選擇了想要購買的年限，然後把畫面往下捲動，看到如圖 3-4-4 所示的箭頭所指處之「繼續」按鈕，按下即可進入下一個步驟，如圖 3-4-5 所示。

步驟 5：如圖 3-4-5 所示，檢視內容之後如果沒有問題的話，接下來的步驟就是登入或註冊帳號，提供帳單資訊，最後完成付款作業即可。以使用 PayPal 付款方式為例，在最後結帳前還有一個檢視的畫面，如圖 3-4-6 所示。

圖 3-4-5 結帳前的摘要畫面

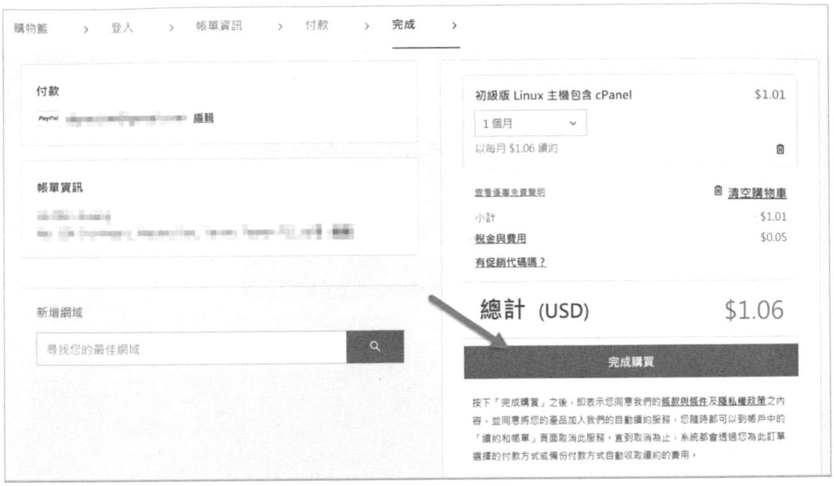

圖 3-4-6 檢視購買的內容和價格

步驟 6：結帳完畢之後網站即會轉換到如圖 3-4-7 所示的頁面，除了在右上角顯示已寄出如圖 3-4-8 所示的收據之外，也在畫面中提示使用者要連結本網站之網址選擇畫面。如果你之前有在本網站中購買過網址，這些網址即會列在畫面中的下拉式選單畫面處。也可以選擇下方的自行輸入網域或子網域的選項，讓我們在別的地方註冊的網域可以使用在這個主機帳號空間中。

圖 3-4-7 完成結帳後的畫面

圖 3-4-8
主機訂購完成之通知信

步驟 7：假設我們選用了下方的輸入網域或子網域功能（以此例為 myname.wpgo.in），在按下「下一步」按鈕之後，即可看到如圖 3-4-9 所示的「選擇資料中心的頁面」。

圖 3-4-9 選擇一個資料中心

步驟 8：在此例中選擇「亞洲」資料中心，即會出現如圖 3-4-10 所示，詢問是否在此時要直接架設 WordPress 網站。

圖 3-4-10 選擇是否直接架設 WordPress 網站

步驟 9：在此選擇「謝謝，現在還不要」，接著網頁就會顯示開始佈置主機，並在完成之後出現如圖 3-4-11 所示的頁面，此頁面用來提醒我們自選的網域，需到該網域的註冊商完成以下的 DNS 設定，如此該網域才能夠順利地指向這個主機空間，請擷取此畫面留存，以備日後設定網域之用，通常網域設定到生效還需要一些時間，請耐心等候。

我的主機

感謝您的訂購！
我們已透過電子郵件將您的收據寄送至 skynet.tw@gmail.com。
訂單總額：$1.06
檢視收據

連結您的網域
連接網域之前，您需要登入該網域註冊的提供商，並變更 DNS 記錄。
這是什麼意思?
須透過提供商新增/修改的 DNS 記錄

類型	姓名	超值版	TTL
A	@	[illegible]	3600
A	admin	[illegible]	3600
A	mail	[illegible]	3600
CNAME	www	mytest.wpgo.in	3600
CNAME	cpanel	mytest.wpgo.in	3600

圖 3-4-11 連結網域之資訊

步驟 10：以上步驟全部完成之後，網頁即會返回到主機的主儀表板位置，下次登入時也可以看到此網頁，如圖 3-4-12 所示。一些主機的相關設置以及 cPanel 主控台的登入介面均可以在此頁面中完成操作。

圖 3-4-12 BuyName4me 的主機儀表板畫面

到 PCHOME 購買網站主機

http://webhosting.pchome.com.tw

國內也有許多的主機租用服務，在租用和購買時交易方式就和一般的商品沒有什麼區別，除了可以使用信用卡刷卡之外，在國內還可以使用 ATM 轉帳以及超商付款，使用信用卡還可以分期，而中文客服對於不喜歡使用英文的朋友算是福音一件，只是中文的客服有些公司並不是 24 小時的，這一點要留意（許多歐美的大型主機商均提供有 24 小時的線上客服）。

至於主機放在國內而且使用國內的線路有好有壞（要看他們投資了多少網路的頻寬以及備載容量而定，小公司總頻寬有限，但是大公司的價格又較高），因為國內的主機市場相對於歐美來說規模算小，所以整體來說價格當然比起來是比歐美的高多了。一般來說，初學架站的朋友只要購買夠用的基本型主機就好了，不然在成本的負擔上會比較高。

因為 PCHOME 的購買方式比較容易（就像是在線上購物一樣），我們就以它做例子來說明。進入 PCHOME 虛擬主機的網站首頁，如圖 3-4-13 所示，看到的就是幾個方案的簡要規格摘要和價格，以規格和價格同時比較，你可以發現真的比美國的主機貴非常多（不過國內也有許多其他家的主機商，如本書的合作廠商戰國策等，訂價不盡相同，讀者們也可以去參觀比較），以初學者最常選用的 Linux 主機來說，入門型 5GB 的磁碟空間和 50GB 的資料流量如果架一個網站來說的話，勉強算是夠用，但是它的價格在歐美已經可以租用到無限容量的主機了。

圖 3-4-13 PCHOME 在 2015 年 8 月 12 日的虛擬主機主網頁內容

再仔細看「入門型」虛擬主機的內容，如圖 3-4-14 所示。

圖 3-4-14 PCHOME 入門型主機的內容說明

可以建立專屬的電子郵件帳號 5 個，並支援 PHP 程式以及 MySQL 資料庫，這表示除了可以安裝 WordPress 之外，我們也可以建立個人網域的電子郵件帳號（例如筆者的電子郵件帳號是 ho@min-huang.com，完全可以顯示自己的名字在電子郵件上，看到的朋友應該都會印象比較深刻一些）。再往下看更詳細的規格比較，如圖 3-4-15 所示。

Linux 虛擬主機 規格比較表			
主機方案	入門型	標準型	進階型
■ 基本規格			
總空間	5000 MB	6000 MB	7000 MB
專屬電子郵件	5 個	10 個	25 個
網站流量	50 GB	75 GB	100 GB
CPU 使用率	5%	5%	5%
年繳(含稅)	NT $2,999	NT $4,500	NT $6,000
■ 網域服務			
次網域設定	1 組	5 組	10 組
DNS 代管	✔	✔	✔
■ 網站工具			
網站管理介面	PLESK 國際專業管理平台	PLESK 國際專業管理平台	PLESK 國際專業管理平台
網站流量報表	✔	✔	✔
網站空間用量顯示	✔	✔	✔

圖 3-4-15 PCHOME 的 Linux 主機規格比較

如同我們在本節前面所說明的各種主機規格，入門型次網域（子網域）只提供一組，表示只能建立一個子網站，而 Email 每個帳號的空間只有 50MB，實用性不大。MySQL 資料庫也只支援 1 個，那表示這個帳號在一般的情形之下你只能建立一個 CMS 類型的網站。規格相當有限。最後再把畫面移到本頁的最下方，如圖 3-4-16 所示。

在圖 3-4-16 的注意事項中可以看到，原來 PCHOME 所配合的主機商是匯智，這裡有他們相關的客服電話。當然你也可以乾脆就到匯智的網頁上租用主機。只不過在 PCHOME 上購物結帳算是比較方便簡單，而且付款方式也比較多元。在按下「立即購買」按鈕之後，接下來就是和一般線上購物的程序一樣，在此就不再多加敘述了。

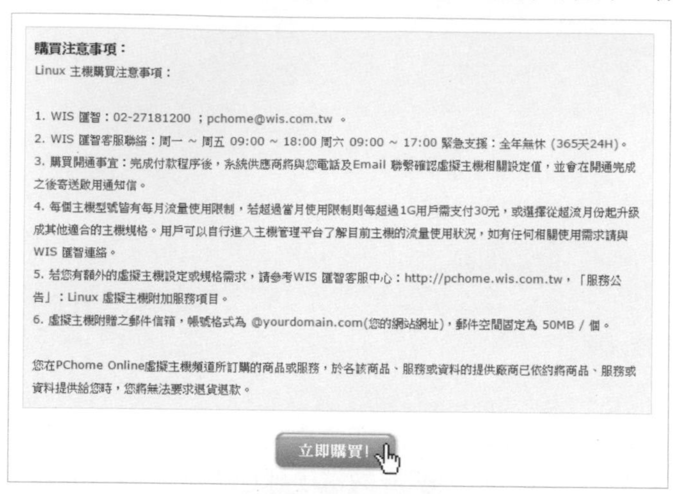

圖 3-4-16 PCHOME 主機的購買注意事項

完成購買之後，會有一小段系統開通的時間，開通完成之後會寄給我們一封啟用信，如圖 3-4-17 所示。

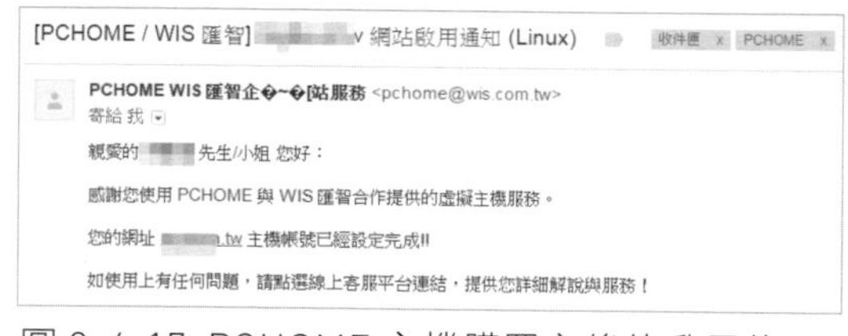

圖 3-4-17 PCHOME 主機購買之後的啟用信

在啟用信中就有所有的主機帳號密碼等相關設定。要注意地方是，此主機方案沒有贈送任何的網域，在購買之前你須要準備好你的網域，他們會教你如何設定。他們提供了中文的客服電話，有什麼事直接找他們的客服工程師即可，這點是許多購買國外主機所比不上的（當然，如果你英文還不錯，也可以用 Skype 撥打海外客服專線）。

以筆者的角度來看，如果你是大公司有足夠的預算要架網站，而且預期會有非常高的國內網路流量，或是一定要開國內的發票以利報帳，那麼就可以直接找國內相關的主機業者洽談。如果是一般預算有限的個人或小商號來說，租用歐美的虛擬主機，應該是比較划算的選擇。

04

安裝 WordPress

基本概論

網域申請

安裝架設

基本管理

外掛佈景

人流金流

社群參與

4.1 安裝 WordPress 前的準備工作

4.2 在自己的電腦安裝 WordPress（Windows 篇）

4.3 在自己的電腦安裝 WordPress（Mac 篇）

4.4 在網路主機上手動安裝 WordPress

4.5 在網路主機上一分鐘自動安裝 WordPress

4.6 網站搬家指南

4.1 安裝 WordPress 前的準備工作

不那麼嚴格地看，WordPress 是一套以 PHP 撰寫的 CMS（Content Management System）系統，所以不管是哪一台電腦要能夠順利執行 WordPress，前提是必需要有一個能夠執行 PHP 語言的網頁伺服器，此外，因為它是以 MySQL 資料庫為存取資料的後台資料庫伺服器，所以在系統環境中也要有 MySQL 資料庫伺服器才行。這就是為什麼在上一章我們在教讀者們檢視網路虛擬主機規格的時候，會提到主機帳戶允許 MySQL 資料庫數量的原因。在一般的情況之下，一個 WordPress 網站就需要有一個獨立的資料庫。

在網路主機環境中，目前最廣為採用的網頁伺服器（WWW 伺服器）還是以 Apache 為主，幾乎所有的虛擬主機提供的都是 Apache。除了網路主機之外，個人電腦也可以安裝並啟用 Apache 服務，而且方法非常簡單，在第 4.2 以及 4.3 節均會有介紹。

綜上所述，要建立自己的 WordPress 網站有非常多種可以選擇的方案，視不同的應用環境而定。以下是幾種可行的方案說明：

- 前往 wordpress.com 申請帳號：wordpress.com 是一個以 WordPress 系統為架構的商業公司，如同國內的痞客邦一樣，他們提供一般使用者申請免費帳號，在帳號中建立預設的 WordPress 網站，所有的程序就是申請並註冊該網站的帳號，你的網站即可在短時間內架設完成。但是免費的網站有許多的限制，要解除限制增加功能均要收取額外的費用。
- 在自己的電腦中架設 WordPress 網站：在自己的筆電或桌機上安裝網頁伺服器 Apache 及 MySQL 資料庫伺服器，建立 PHP 執行環境，之後即可在自己的電腦中建立 WordPress 網站。以此種型式建立的網站在功能上沒有任何的限制，也完全不用花費任何金錢，但是因為個人電腦的效能問題，所以即使有固定 IP 或利用 IP 轉址的方式提供外界瀏覽，其瀏覽效能也會非常不好，此法僅能作為練習之用。
- 申請虛擬主機空間，在虛擬主機中架設 WordPress 網站：這是大部份網站選用的方式，以預算內的費用租用到 CP 值佳的虛擬主機空間，利用主機主控台介面安裝 WordPress 網站，是筆者最推薦的架站方式。
- 申請 VPS 虛擬主機，在 Linux 作業系統中架設 WordPress 網站：如果需要較高的流量且有足夠的預算，可以租用 VPS 主機，但是 VPS 主機本身是一台空的 Linux 作業系統，而且大部份都沒有提供主控台介面，需要以連線登入的方式，利用命令列的方式管理及維運主機，安裝方法亦較為困難，不建議初學者使用。如需使用此類主機建立網站，管理者必需具備 Linux 作業系統管理能力。

至於要如何開始，以及接下來的建議架站步驟，請參考以下的流程順序，這是一般比較正規的安裝手續：

1. 如果目前架的網站僅供個人練習使用，並不打算把練習中的網站內容公佈在網際網路上，那麼只要安裝在自己的個人電腦即可，網址以及主機都不用操心。所有建立的網站，到時候要搬到網路虛擬主機上也很容易，在後面的章節會有相關的教學。

2. 如果要建立的是馬上可以上網瀏覽的網站，不想再經過網站搬家的程序，那麼就請先準備好網址以及虛擬主機空間。（請參考前面兩章的教學，在大部份的情況下，網址和主機是可以一併購買的，不想先花錢的讀者，可以申請本書附贈的免費主機空間，或是申請免費的網站空間）由於目前 WordPress 網站幾乎是所有人架站的第一考量，如果你申請的主機空間剛好在申請主機時即有 WordPress 的安裝服務，請直接選用即可，後面的步驟就都可以省略不看了。

3. 前往 https://tw.wordpress.org/releases/ 下載最新版本的 WordPress 中文版。

4. 如果你不想把 WordPress 網站建立在主網域，而是要在子網域中安裝你的 WordPress，那麼在進入以下的安裝操作之前，先要建立好子網域。例如主網域如果是 wpgogo.tk，可以建立一個子網域叫做 blog.wpgogo.tk，專門用來建立 WordPress 部落格之用。建立子網域之後，該子網域會有自己專屬的資料夾。但是要注意的是，子網域要生效，通常要等數個小時甚至超過一天的時間，剛建立好時的子網域，儘管你把 WordPress 檔案資料都放到正確的資料夾，也不一定會馬上可以瀏覽。

5. 在網路主機的主控台中，透過 phpMyAdmin 資料庫管理介面，建立一個 WordPress 專用的資料庫以及具有所有操作這個資料庫權限的使用者。

6. 在網路主機的主控台中，上傳 WordPress 系統檔案到主機（或是你的電腦）資料夾中。如果你的網路主機支援線上解壓縮，直接上傳壓縮檔速度會快非常多。

7. 把 wp-config-sample.php 更名為 wp-config.php，並設定 wp-config.php 的 WordPress 環境配置，把資料庫的相關資訊設定進去。或是在複製好系統檔案之後直接執行第 8 步驟亦可。

8. 瀏覽相對應的網址（例如 http://wpgogo.tk/wordpress），即可進入系統安裝的程序。

9. 安裝完畢之後，即可使用 http://wpgogo.tk/wp-admin 的網址，進入 WordPress 的控制台。

以上的手續看起來很麻煩，其實現在大部份主機商的主控台均有提供自動化安裝程序，你只要準備好一個子網域，再來就是選用自動化安裝，做些簡單的設定（網站的相關資訊，例如網站的名稱以及管理者的帳號和電子郵件帳號等等，總是要自己設定的）之後，短短不到一分鐘的時間就可以完成安裝作業。

簡單的自動化安裝步驟會在第 4.5 節中說明，如果你租用的是歐美的主機，請直接跳到該節即可。接下來第 4.2 節和第 4.3 節會介紹如何在自己的電腦（Windows 和 macOS 作業系統）中安裝練習用的 WordPress，而在第 4.4 節教大家如何用手動的方式去網路主機上安裝 WordPress。至於第 4.5 節則介紹最受歡迎的自動化安裝程序。如果你購買的是付費主機，或是使用本書附贈的練習用主機，請直接前往第 4.5 節即可。

4.2 在自己的電腦安裝 WordPress（Windows 篇）

如果只是要做為練習之用，其實不需要申請網路虛擬主機，直接使用自己的個人電腦就可以安裝 WordPress 了，所有的功能一模一樣。

要讓 WordPress 可以順利運作需要以下三個條件：

- 網頁伺服器（Apache）。
- MySQL 資料庫伺服器。
- 可以執行 PHP 程式語言的環境。

這三者在 Windows 作業環境下簡稱為 WAMP（Windows + Apache + MySQL + PHP）；在 Mac OS 作業系統下叫做 MAMP（MacOS + Apache + MySQL + PHP）；在 Linux 作業系統下當然就叫做 LAMP（Linux+Apache+MySQL+PHP）。很棒的是，前兩種環境都有人幫我把打包好應用程式，只要直接下載安裝，一次步驟就可以全部到位。本節會介紹 Windows 下的 WAMP 安裝，在下一節我們會介紹 MacOS 下的 MAMP 安裝方式。

本節要介紹的 WAMP 是筆者認為最簡單的安裝版本 Bitnami，它把所有環境 WordPress 系統一併整合成一個應用程式，只要下載這個應用程式在 Windows 作業系統之下安裝此程式即可。請參考以下的步驟說明。

Bitnami 官網網址：https://bitnami.com/

步驟 1：前往 Bitnami 官網，如圖 4-2-1 所示。

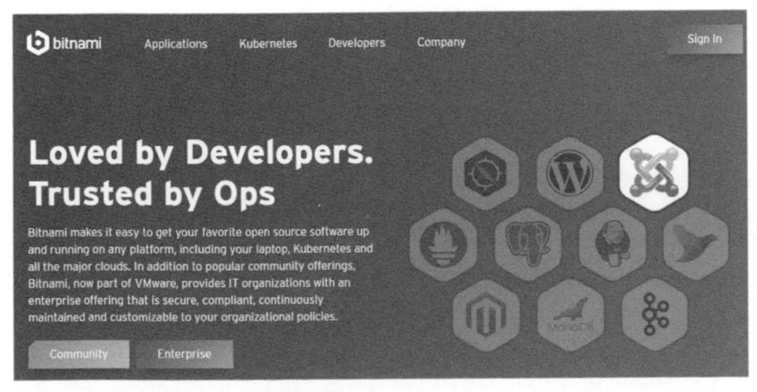

圖 4-2-1 Bitnami 官網首頁

步驟 2：點選上方的「Applications」選單，即可看到如圖 4-2-2 所示的畫面，在此畫面的下方列出了所有 Bitnami 所支援的應用程式，因為 WordPress 是目前市面上最受歡迎的 CMS 系統，很明顯地被放在第一個位置處。

圖 4-2-2 Bitnami 所支援的 Applications 列表

步驟 3：在此畫面中請選擇 WordPress 的圖示，即可進入如圖 4-2-3 所示的 WordPress 的說明畫面。

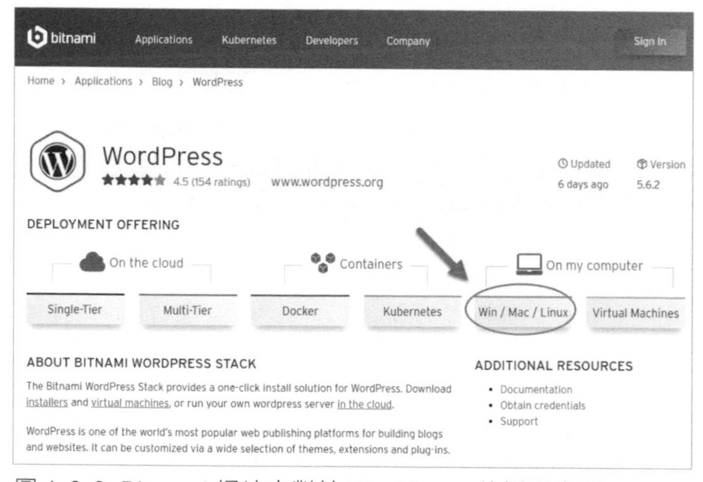

圖 4-2-3 Bitnami 網站中對於 WordPress 的說明畫面

如圖 4-2-3 所示，在說明頁中可以看到在 Bitnmai 所支援的應用程式中，共有三種主要的安裝方式，分別是：

- On the cloud：把 WordPress 放置在雲端主機，如 Microsoft Azure、Amazon Cloud 以及 Google Cloud 等等，當然這些是要收費的。
- Containers：在你的電腦或雲端上使用容器技術來提供已架設好的 WordPress 網站，在使用上更具有彈性。
- On my computer：直接把 WordPress 網站安裝在自己的電腦中，依作業系統分成 MacOS、Windows、以及 Linux 三種應用程式。

步驟 4：此時請如圖 4-2-3 所示，選擇 On my computer 選項，即可看到如圖 4-2-4 所示的三種作業系統選項，選擇「Download for Windows」按鈕，即可下載 Bitnami 在 Windows 下的安裝程式。

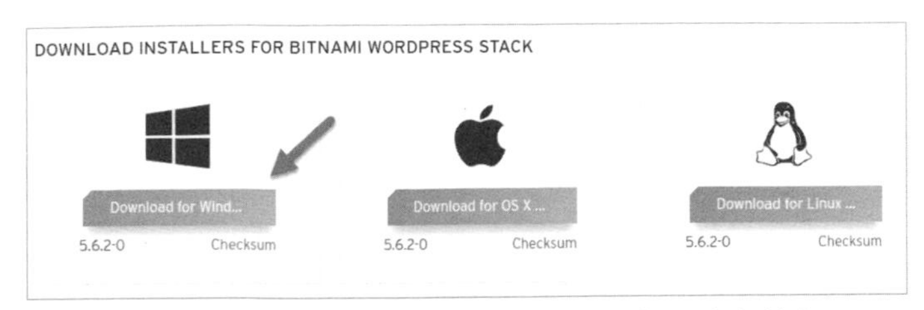

圖 4-2-4 下載 WordPress for Windows 安裝程式之按鈕

步驟 5：按下按鈕之後有一個註冊的畫面，請直接點選如圖 4-2-5 上箭頭所指的位置，按下「No thanks，just take me to the download」連結，即可下載。

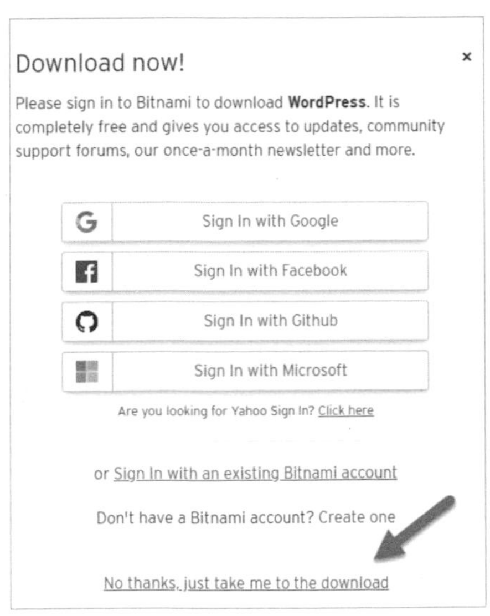

圖 4-2-5 不用註冊即可下載應用程式

步驟 6：下載之應用程式請直接點擊安裝，一開始會出現如圖 4-2-6 所示之畫面，讓我們可以選擇安裝的語言，這只是安裝過程中所用的語言，和網站所使用的語言並無相關，網站安裝完畢之後可自由變更任何使用之語言。

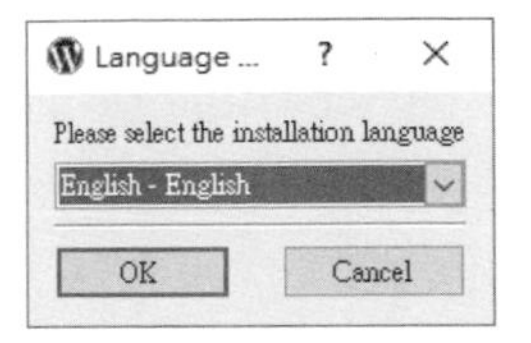

圖 4-2-6 選擇安裝之語言

步驟 7：在安裝的過程中大部份只要按「Next」即可完成安裝，但在圖 4-2-7 中的畫面，請輸入日後要在 WordPress 網站中使用的管理員帳號和密碼。由於是在自己的電腦中練習之用，建議 Login 設定為 admin，密碼以簡單易記即可。

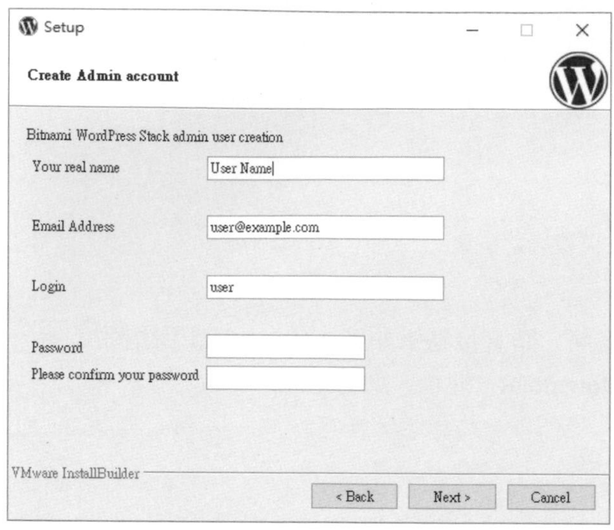

圖 4-2-7 設定日後要使用的 WordPress 帳號、電子郵件及密碼

步驟 8：接著，在下一頁中會告知 Apache 網站伺服器所使用之埠號，一般的埠號是 80，如果原本自己的電腦中已有安裝過類似的伺服器，則此處的埠號會依序從 81 開始依序往下增加。在此例中是 81，如圖 4-2-8 所示。下一步驟之 MySQL 伺服器埠號亦為如此情形，預設值為 3306，如已被佔用則依序從 3307 開始增加。

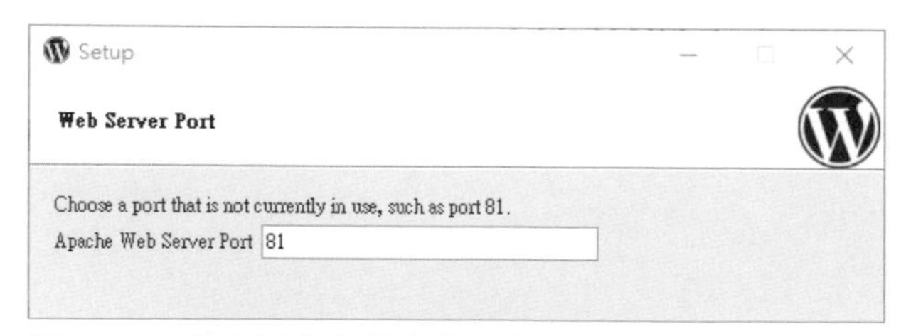

圖 4-2-8 此處列出安裝之網頁伺服器埠號

步驟 9：下面幾步都是簡單的設定，直接按下 Next 按鈕使用預設值即可。一直到如圖 4-2-9 之頁面，請把箭頭所指的核取方塊取消勾選，讓系統直接安裝在本地端即可。

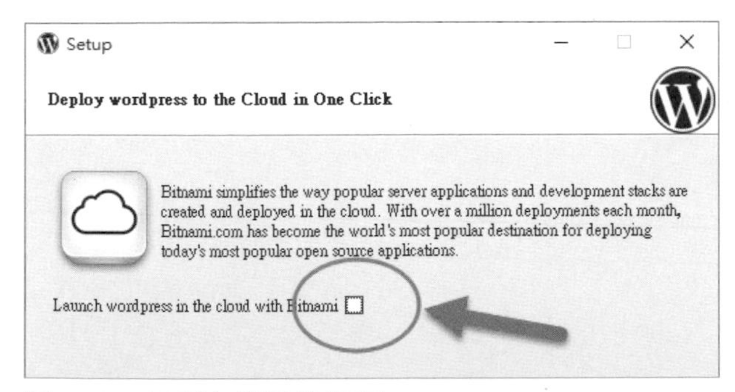

圖 4-2-9 取消勾選雲端選項

步驟 10：以上之步驟全部完成之後，WordPress 系統即開始進入安裝程序。大約過 5 分鐘左右，即可看到安裝完畢的畫面，在按下 OK 之後，安裝程式即會開啟瀏覽器並載入管理網頁，如圖 4-2-10 所示。

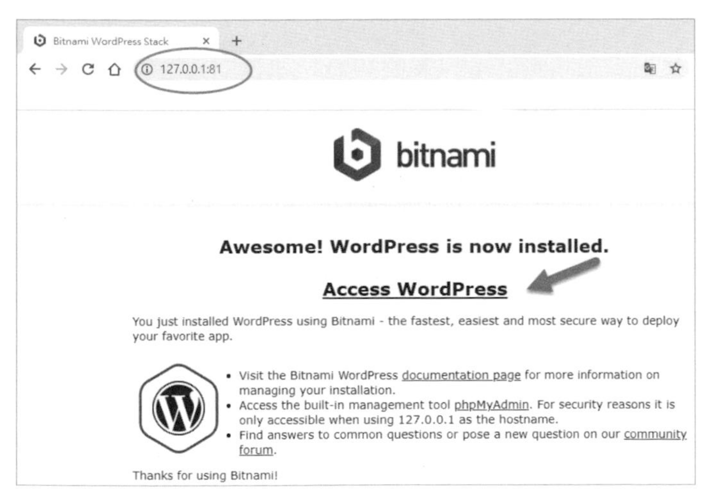

圖 4-2-10 bitnami 的管理網頁

如圖 4-2-10 所示，上方的網址列所框起來的位址即為本網站的網址，而如箭頭所指的連結，點擊之後即會開啟在自己電腦中所安裝的 WordPress 網站，如圖 4-2-11 所示。

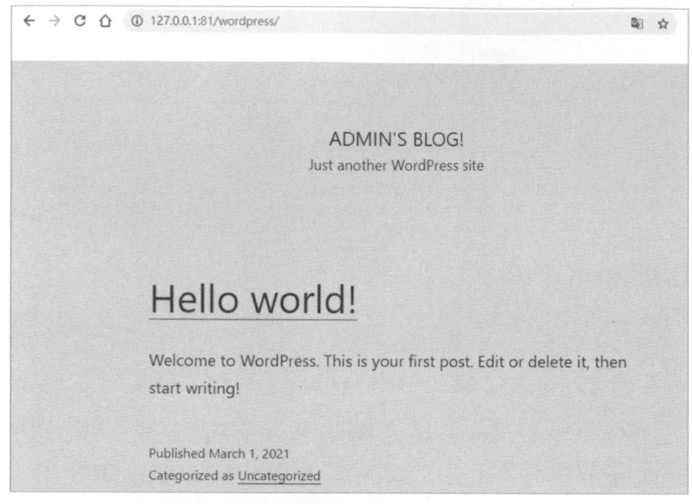

圖 4-2-11 WordPress 的預設首頁

不同版本的 WordPress，預設畫面不盡相同，但是只要能夠順利執行即表示網站已完成安裝。以下是幾個重要的網址：

- 127.0.0.1:81：或是 localhost:81，其中的埠號 81 是由安裝過程中所得到的，如果這是讀者們第一次安裝此類的 WAMP 系統，即不需要指定埠號，只要直接設定 127.0.0.1 或是 localhost，即可順利進入 bitnami 的管理頁面，以下就不再對埠號進行說明。
- 127.0.0.1:81/wordpress：bitnami 所安裝之 WordPress 網站預設之位置，只要在瀏覽器輸入此網址，即可瀏覽本地端安裝好的 WordPress 網站。
- 127.0.0.1:81/wordpress/wp-admin：進入 WordPress 網站控制台的網址，使用之前在安裝時所設定的管理員密碼。

特別要留意的一點是，由於安裝的環境是 Windows，作業系統預設並沒有電子郵件的寄送能力，所以有一些 WordPress 的功能（例如透過電子郵件寄送通知訊息等）會無法使用，這並不是 WordPress 本身的問題喔！

4.3 在自己的電腦安裝WordPress（Mac篇）

假設你自己有一台 Apple 的 Mac 電腦（或筆電），想先在自己的電腦上安裝 WordPress 以作為練習之用，那麼這一節的內容就是為你準備的。沒錯，就算是在 Mac 上也可以用很簡單的方法來安裝一套最新版的 WordPress 在你的 Mac OS 中，安裝完畢之後所有的功能都和在網路主機上的一樣，唯一的差別只在於你的網站沒有自己的外部網址，網友沒有辦法直接連線來看（其實是可以的，但是在這邊練習就好，先不要那麼麻煩，有此需求的讀者可以去參考這個網站：https://ngrok.com/）。

和 Windows 作業系統一樣，要讓 WordPress 可以順利安裝以及執行，在 MacOS 中也必須要有 Apache、PHP、以及 MySQL 才行。在 MacOS 中是可以把它們一個一個單獨安裝起來，但是這樣對於初學者來說比較麻煩，因此有人把這三者打包成為一個獨立的應用程式，就叫做 MAMP（Mac+Apache+MySQL+PHP）。直接上官網下載，安裝完畢之後，你的 MacOS 馬上就有這三樣服務。但是要注意的是，安裝之前要確定你的 Mac 電腦中並沒有執行 Apache 或相類似的網站伺服器軟體，否則仍然會出現網路埠被佔用而無法順利執行 MAMP 的情形發生。

然而，在前一節 Windows 作業系統的 WordPress 安裝過程中大家應該有看到 Bitnami 也提供了 MacOS 的安裝程式，透過此安裝程式更進一步地簡化在 MacOS 下安裝 WordPress 網站的步驟，接著我們就以 Bitnami 為對象，說明安裝的步驟。

Bitnami 網址：https://bitnami.com

步驟 1：前往 Bitnami 官網，如圖 4-3-1 所示。

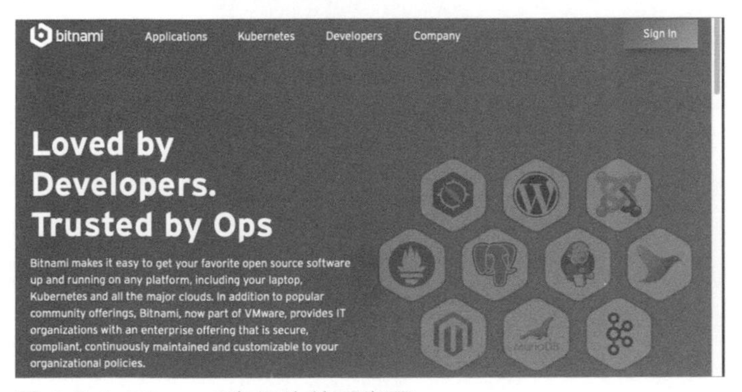

圖 4-3-1 Bitnami 官網的首頁畫面

步驟 2：請在官網的上方點選「Applications」選項，即會出現所有支援的 Application 列表，如圖 4-3-2 所示。

步驟 3：請點選下方的 WordPress 圖示，即可進入 WordPress 系統安裝說明的畫面，如圖 4-3-3 所示。

步驟 4：在圖 4-3-3 中請選擇「On my computer」裡面的「Win/Mac/Linux」選項，然後按下畫面下方中間的蘋果標誌下方的「Download for OS X VM」按鈕，即可下載 Mac OS 可用的安裝應用程式。按下之後會出現如圖 4-3-4 所示的註冊畫面。

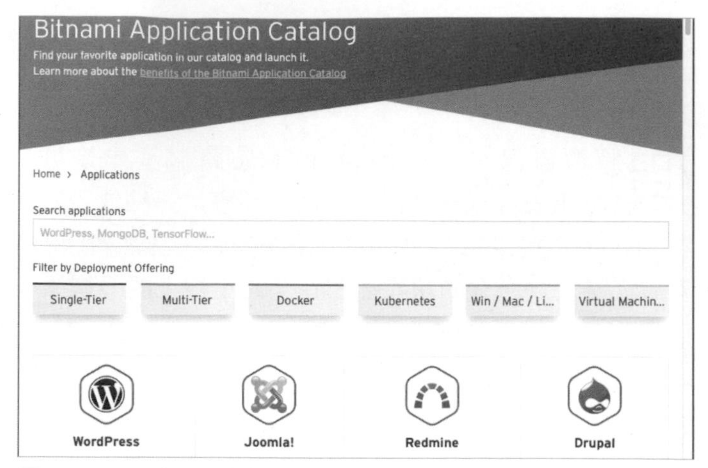

圖 4-3-2 Bitnami 支援之 Application 列表

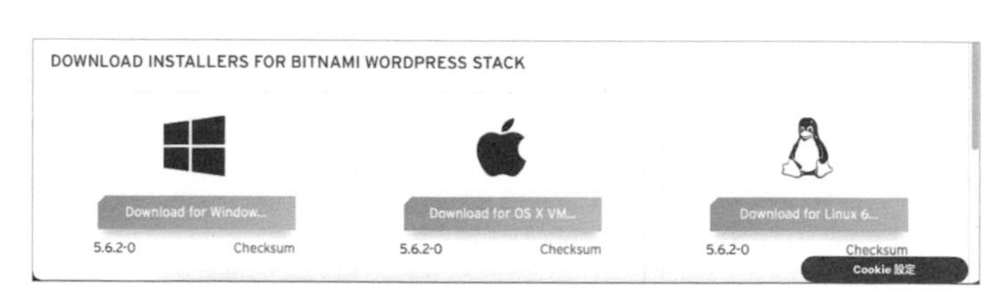

圖 4-3-3 WordPress 系統安裝的說明及下載頁面

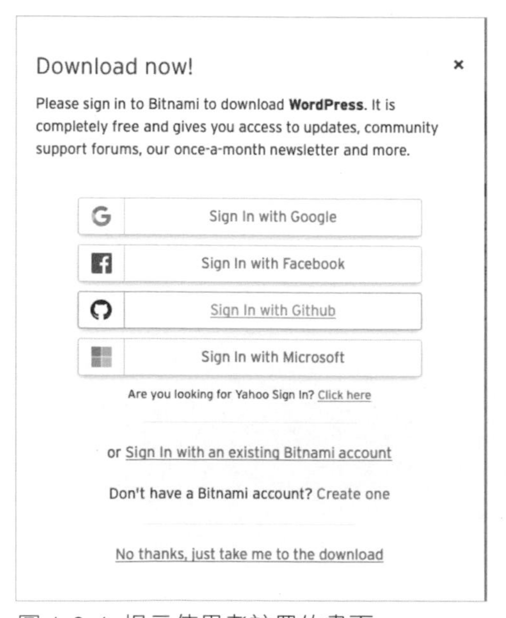

圖 4-3-4 提示使用者註冊的畫面

步驟 5：同樣地，請選擇最下方的連結，跳過註冊的動作。下載完畢之後，請開啟該程式執行安裝作業，經過一段時間之後，會出現如圖 4-3-5 所示的畫面，提示使用者完成安裝之作業。

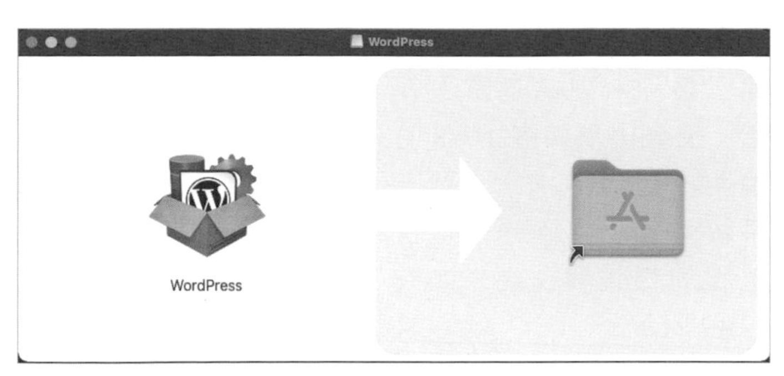

圖 4-3-5 完成安裝作業之圖示

步驟 6：在圖 4-3-5 中，請利用滑鼠將左側的 WordPress 應用程式拖曳至右側放開即可完成應用程式的安裝作業。此時進入 MacOS 的應用程式管理員，即可看到如圖 4-3-6 所示的圖示。

圖 4-3-6 在 MacOS 中的 WordPress 執行圖示

步驟 7：事實上在 MacOS 下，Bitnami 是以 VM（虛擬機）的方式執行 WordPress 的網站服務，點選此圖示即會執行開始虛擬機的作業。首次執行時，MacOS 還會出現如圖 4-3-7 所示的安全性警告。

圖 4-3-7 安全性警告視窗

步驟 8：請直接選擇「打開」按鈕。因為是首次執行，還會出現如圖 4-3-8 的說明，點選「OK」之後，系統會要求我們輸入這台電腦的帳號和密碼，如圖 4-3-9 所示。

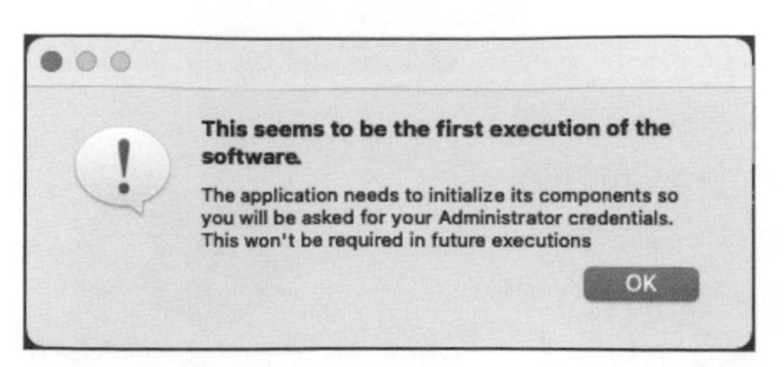

圖 4-3-8 首次執行之說明訊息

步驟 9：在輸入帳密之後，就會出現如圖 4-3-10 所示的 Bitnami WordPress VM 管理介面視窗。

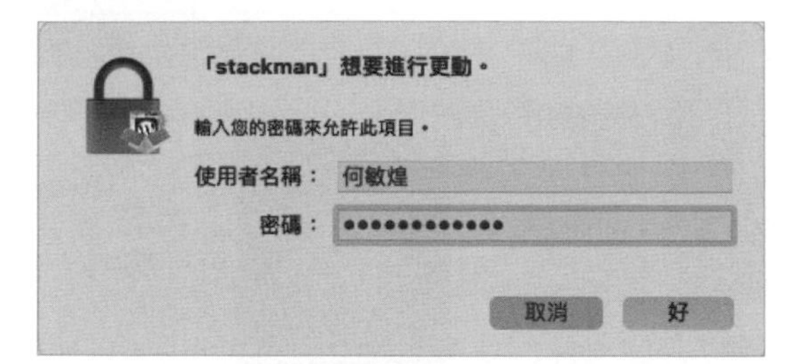

圖 4-3-9 要求使用者輸入 MacOS 的帳密

圖 4-3-10 Bitnami 的 WordPress VM 管理介面

步驟 10：請在圖 4-3-10 的介面中按下「Start」按鈕以啟動 VM，這需要花一點時間，一直按鈕的顏色都有所改變之後，才算是啟用成功，如圖 4-3-11 所示。

圖 4-3-11 WordPress VM 啟動成功的畫面

步驟 11：到了這個步驟之後，其實 WordPress VM 網站已經架設完成了，而右上角的「192.168.64.2」這組數字即為此網站的 IP，請留意，這個 IP 是內部網站使用的，從別台電腦並無法利用這個 IP 連線到此網站。此時只要把這個 IP 輸入到瀏覽器的網址列，即可看到 WordPress 網站順利運作的畫面，如圖 4-3-12 所示。

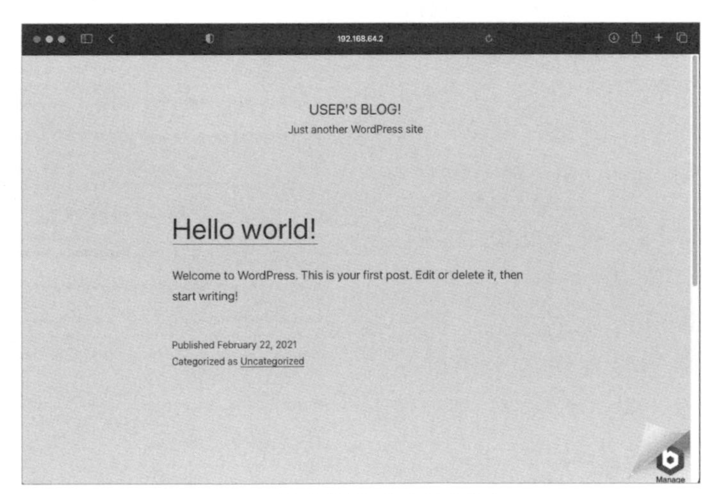

圖 4-3-12 WordPress 網站執行成功的畫面

日後，當我們需要檢視此網站，只要再一次開啟 WordPress 的 VM，檢視 VM 的 IP 位址即可。此 VM 的伺服器亦可以利用圖 4-3-11 所示的介面管理，利用點選「Services」頁籤，即可看到這幾個伺服器的運行情況，也有按鈕可以控制這些伺服器的執行或終止，如圖 4-3-13 所示。

在架設好 WordPress 網站之後，可以利用「192.168.64.2/wp-admin」這個網址開啟 WordPress 網站的控制台，那麼，控制台預設的密碼是什麼呢？請在圖 4-3-11 的畫面中按下「Open Terminal」按鈕，它會開啟此 VM 的終端機，請在終端機中輸入如下所示的指令即可：

sudo cat /home/bitnami/bitnami_credentials

輸入完畢之後，即可看到對於 WordPress 控制台預設密碼的相關說明，如圖 4-3-14 所示。其實，就是「user」和「bitnami」啦。

在輸入 WordPress 控制台密碼之後，即可進入 WordPress 控制台，開始網站的設置與內容準備之工作，WordPress 控制台畫面如圖 4-3-15 所示。

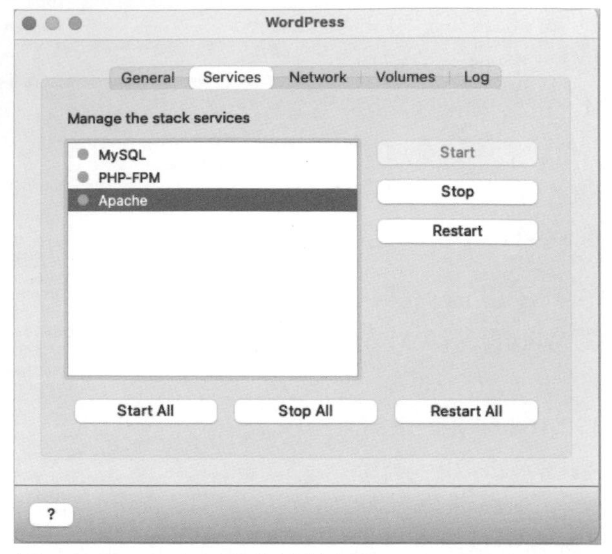

圖 4-3-13 VM 伺服器的控制介面

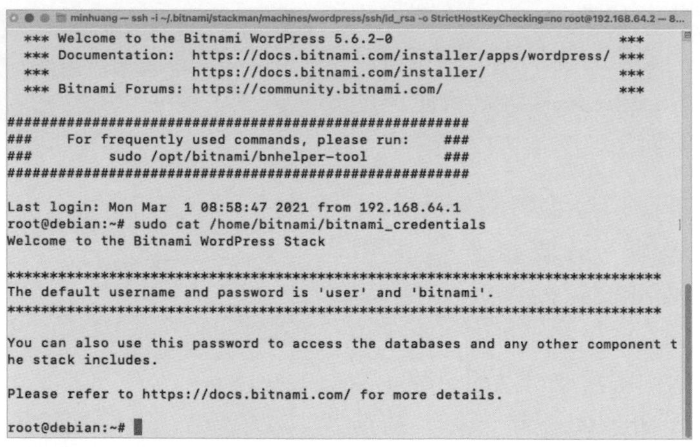

圖 4-3-14 在 VM 的終端機中顯示 WordPress 控制台的密碼

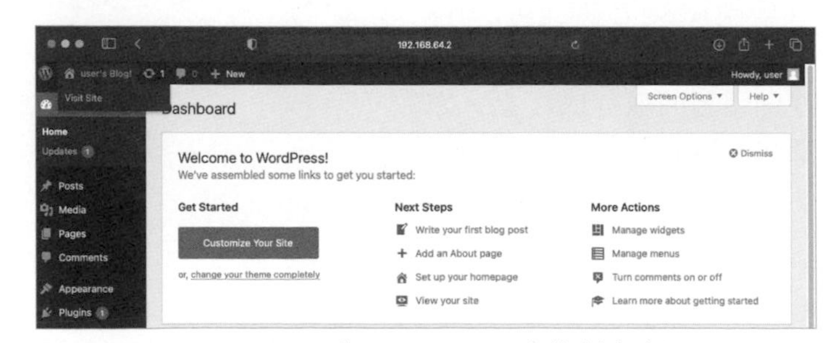

圖 4-3-15 Bitnami VM 的 WordPress 之控制台介面

4.4 在網路主機上手動安裝 WordPress

大部份的虛擬主機都有單一步驟安裝 WordPress 的功能，如果你的主機剛好有這樣的功能，或是其實你也不太清楚，沒關係，請先到 4.5 節看看，我們會教你如何找到自動安裝 WordPress 的自動化程序。使用自動化程序安裝 WordPress 通常過程只要三分鐘不到就完成了。

如果不幸的，你的主機剛好沒有這個功能，那可能就需要花費一番工夫了，由於目前需要手動自行安裝的系統已不多見，所以，在此僅提供給各位讀者一個基本的方向，詳細的步驟和方法在網路上也有許多的教學可供參考。以下的操作步驟是手動安裝 WordPress 網站的基本步驟和原則：

1. 登入虛擬主機的主控台
2. 建立子網域（通常建立之後要等大約 1 個小時或更多的時間才會生效）
3. 透過資料庫管理程式建立給 WordPress 使用的使用者和資料庫，並記得要授予該使用者全部的權限
4. 上傳 WordPress 系統檔案，並完成解壓縮
5. 把 wp-config-sample.php 更名為 wp-config.php
6. 編輯 wp-config.php
7. 執行 WordPress 安裝程式（其實就是瀏覽子網域的網址而已）
8. 登入 WordPress 控制台

上述的第 5 及第 6 步如果不執行也可以，在第 7 步執行安裝程式的時候會多一個詢問資料庫位置以及操作 WordPress 資料庫使用者的詢問畫面。

此外，在進行上述的步驟之前，有以下幾點需要注意的地方：

- 要放置 WordPress 網站的網頁空間一定要能夠執行 PHP 檔案，同時也必需提供 MySQL 的服務才行。所以像是 DropBox 或 Google Drive 所提供的儲存空間，當然沒有辦法安裝 WordPress。
- 每一個 WordPress 網站都要有一個自己的資料庫，所以你必需要有建立資料庫的權限。同時，也需要有一個可以操作資料庫所有權限的帳號才行，你的主機必需要有可以進行這些操作的介面。
- 你要能夠清楚地知道 WordPress 系統檔放置的資料夾所在位置。通常在建立子網域或是附加網域的同時，主機的主控台介面就可以指定這個資料夾的位置。
- 資料庫的連線位置也必需要清楚知道設定的內容。在大部份的情形下設定為 localhost 即可，但是有些主機商的控制台所提供的位置不一樣（如 iPage 和 yabi.me），它們的每一個主機帳號都有不同的資料庫連接位置，這部份也要留意。

以 yabi.me 為例，它的資料庫連線網址就不是 localhost，其網址可以在主控台的左側查詢得到，如圖 4-4-1 所示。在此主機下建立的 WordPress 網站，其 wp-config.php 內的資料庫主機，也要使用在圖 4-4-1 所查詢到的位址，如圖 4-4-2 所示。

圖 4-4-1 yabi.me 主機帳號主控台所顯示的資料庫主機位址

最後一個要留意的地方就是，由於 WordPress 的系統檔案數量龐大，除非不得已（主機空間的上傳大小限制，大部份免費的主機空間都會有這樣的限制，或是虛擬主機本身並不支援線上解壓縮的功能），不然的話一定要把整個 zip 檔案先上傳到主機的正確資料夾位置再以主控台的解壓縮功能來解開，千萬不要在自己的電腦中解壓縮成數千個檔案之後再逐一上傳，不只速度非常慢，還可能因為遺漏了某些重要的檔案而導致系統不穩定。

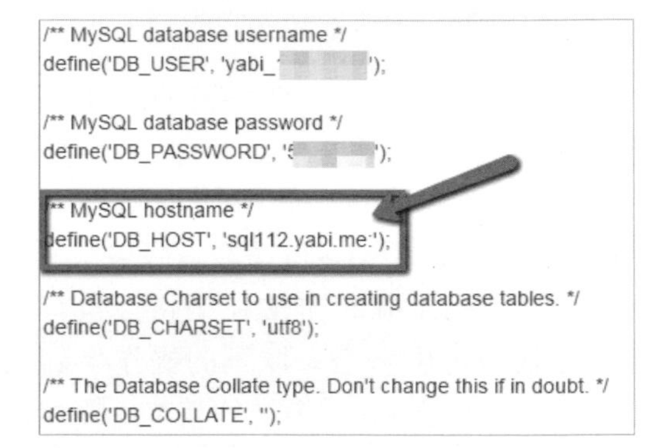

圖 4-4-2 在 wp-config.php 中要設定的 DB_HOST 位址

4.5 在網路主機上一分鐘自動安裝 WordPress

現代的網路虛擬主機很多都有提供自動化安裝系統的功能，讓安裝任何網站的操作都變得非常簡單，但是不同的主機商提供不太一樣的自動化安裝服務，所以在這一節中我們就整理一些比較常見的安裝方式提供大家參考。

但就如之前所說明的，因為 WordPress 已是最受歡迎的系統了，因此在很多情況是申請或購買主機時就已經有直接安裝 WordPress 的選項，在主機帳戶建立完成之後，也就同時完成了 WordPress 的安裝作業，如果是此種情況，讀者們可以略過此節的說明，直接前往本書的第 5 章即可。

cPanel 自動化安裝 WordPress

很多 cPanel 主控台介面都有提供自動化安裝程序，只要在主控台中看到 WordPress 的圖示，使用滑鼠點選之後，輸入一些必要的資料，沒多久就可以完成 WordPress 網站的安裝作業了。以下即以 BuyName4.me 的 cPanel 主控台作為操作的示範。

步驟 1：登入主機主控台。一般來說，主機的主控台進入方式是以自己的網址加上「/cpanel」作為網址後的資料夾即可，例如你的網址如果是 skynet.wpnet.pw，那麼進入主機主控台的網址就會是「skynet.wpnet.pw/cpanel」。也有一些是把 cpanel 放在前面，例如「cpanel.skynet.wpnet.pw」的，正確的網址會在帳號的啟用信中看到。另外一種在主機商的會員網頁中也會有前往 cPanel 主控台的連結。以「goto.buyname4.me」網站來說，它的會員網頁如圖 4-5-1 所示。

圖 4-5-1 goto.buyname4.me 的會員網頁

步驟 2：在 cPanel 控制台的首頁中請輸入帳號和密碼，一般而言，如果是從會員網頁連結的情況，在大部份的情況下都不需要再另外輸入帳號及密碼，即可直接進入 cPanel 主控台之主畫面，傳統的主控台畫面如圖 4-5-2 所示。不同的主機商之 cPanel 主控台所提供的功能不同，因此介面看起來是一樣的，但是一些功能圖示的數量以及位置會有一些差異。

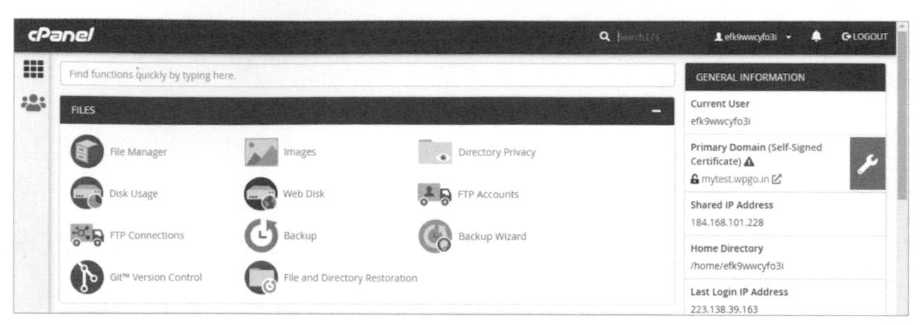

圖 4-5-2 典型的 cPanel 主機主控台畫面

步驟 3：如圖 4-5-2 所示的是標準的 cPanel x3 介面，如不習慣的朋友可以把畫面捲動到下方找到如圖 4-5-3 所示的畫面之功能項目，依上方箭頭所指的地方切換成不同的佈景主題。如果語言不正確，也可以選擇「變更語言」。圖 4-5-4 是切換成繁體中文之後的介面。

圖 4-5-3 切換介面語言和主控台樣式的功能位置

圖 4-5-4 切換成中文介面的樣子

步驟 4：我們要安裝 WordPress，所以請把畫面捲動到下方，直到出現 WEB APPLICATIONS 的功能區塊，如圖 4-5-5 所示的箭頭所指的選項，即是 WordPress 的安裝圖示。請依圖 4-5-5 所示點擊圖示之後進入 WordPress 的安裝介面。

圖 4-5-5 cPanel 中安裝 WordPress 的圖示位置

步驟 5：如圖 4-5-6 所示，這是 Installatron 自動安裝系統的 WordPress 功能介紹畫面。請依箭頭所示，按下「+ 安裝此應用程序」選項。

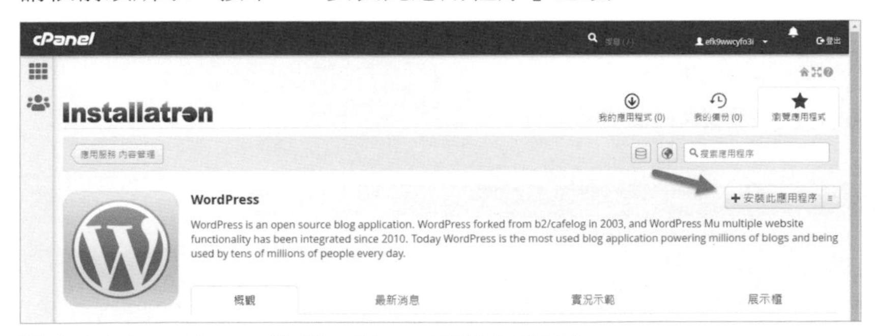

圖 4-5-6 Installatron 的 WordPress 安裝介面頁面

步驟 6：在安裝 WordPress 時有許多的參數需要填寫，一開始最重要的是要指定安裝網域名稱和目錄位置，如圖 4-5-7 所示，紅色箭頭所指的地方就是要指定域名以及安裝目錄，目錄的預設值是空白的，表示是要把 WordPress 安裝在網址的根目錄下。接下來是管理員帳號、密碼、電子郵件、網站的名稱、描述以及相關的資料內容，請依照圖 4-5-8 所示的內容參考填寫。別忘了要選定你想要的網站語言，正體中文請選擇「中文 (台灣)(Chinese Traditional)」，最後按下畫面最右下角的「+ 安裝」即可進入正式安裝程序。

圖 4-5-7 選擇域名、目錄、以及安裝的版本和語系

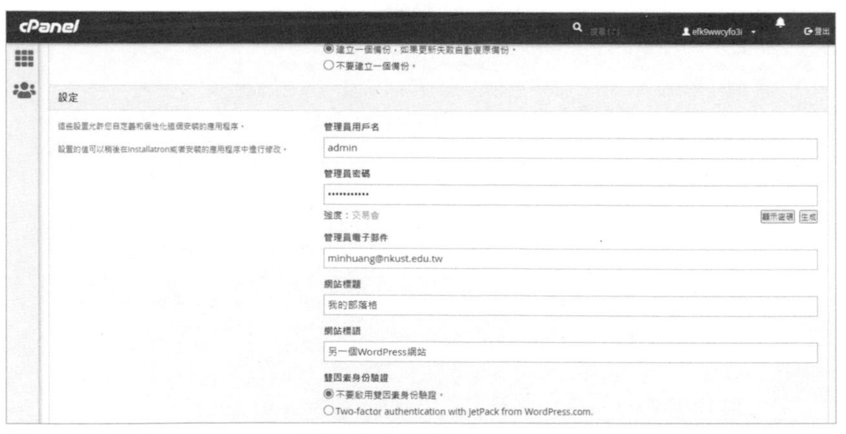

圖 4-5-8 填寫 WordPress 網站的安裝資料

步驟 7：在上一個步驟按下「+ 安裝」之後，就可以看到安裝進行中的畫面，因為速度很快，所以會一閃而過，不注意的話還看不到。圖 4-5-9 是安裝完畢的摘要畫面。

圖 4-5-9 WordPress 安裝完成之摘要畫面

步驟 8：安裝完畢之後，在圖 4-5-9 使用紅線框起來的地方就是網站的網址以及控制台網址，點擊之後即可分別看到網站的主畫面以及控制台畫面，如圖 4-5-10 以及圖 4-5-11 所示。

圖 4-5-10
安裝完成之 WordPress 主網頁

圖 4-5-11 直接登入 WordPress 控制台後之畫面

透過 cPanel 上的自動化安裝程序安裝 WordPress 網站，不僅速度快，手續簡便，而且日後也可以透過圖 4-5-9 的介面進行網站的更新、備份以及其他相關的設定作業，在使用及管理網站上都非常方便喔。

HostGator 的 QuickInstall 自動化安裝 WordPress

在業界也是很大的 HostGator 主機商（http://hostgator.com）雖然也是使用 cPanel 主控台，他們的自動化安裝程序 QuickInstall，進入控制台後，可以看到如圖 4-5-12 所示的畫面。

點擊 QuickInstall 圖示之後，會出現如圖 4-5-13 所示的介面。

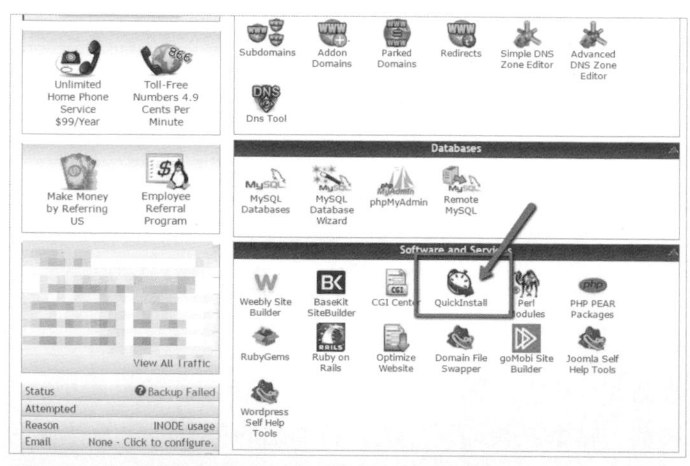

圖 4-5-12 HostGator 主機商的主控台使用 QuickInstall 自動化安裝程序

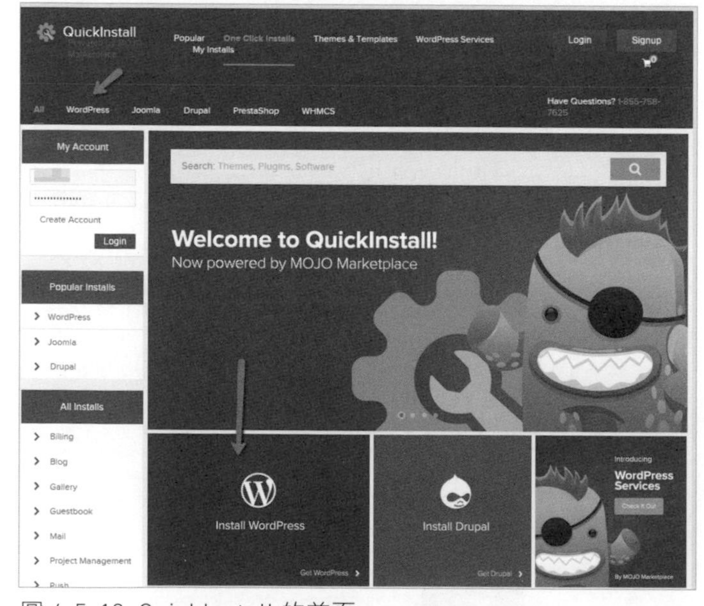

圖 4-5-13 QuickInstall 的首頁

請點擊「Install WordPress」圖示，即會進入如圖 4-5-14 的選項。在這裡可以順便選購他們所提供的高級付費佈景主題和一些好用的附加功能。不過，當然我們只要選擇箭頭所指的「Install WordPress」即可，先別理會這些附加的功能。待日後有需要時再加購即可。

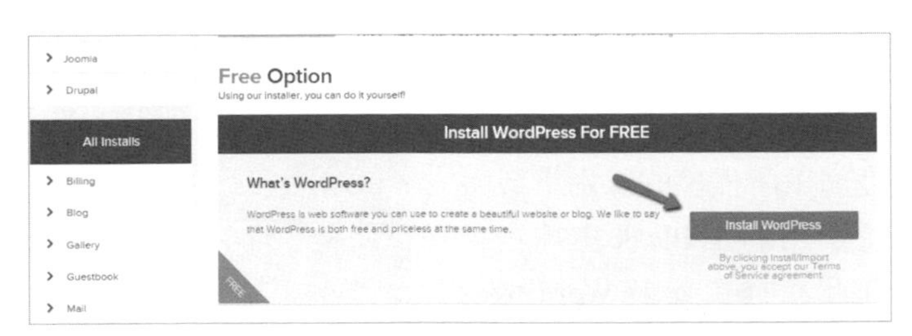

圖 4-5-14 安裝 WordPress 程序之前，可以選購高級佈景主題

如圖 4-5-15 所示，QuickInstall 的 WordPress 安裝資料填寫更簡單，只要選擇網址、指定目錄以及設定管理員的相關訊息即可。在按下「Install WordPress」完成之後，會有一個摘要的畫面，連密碼也會幫你產生，務必要保管好。他們會順便安裝一些內定的外掛進去，如果覺得用不到，到時候只要再進入 WordPress 控制台將其刪除即可。

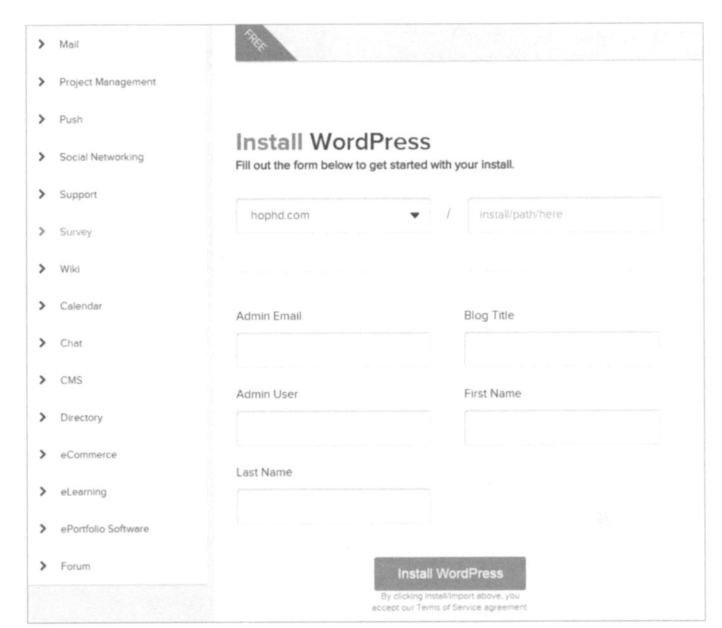

圖 4-5-15 使用 QuickInstall 安裝 WordPress 的設定畫面

戰國策 Plesk 主機主控台安裝 WordPress

戰國策所提供的試用主機帳號使用的是 Plesk 主控台，在此主控台安裝 WordPress 網站的步驟說明如下。

步驟 1：請先透過主機啟用信上安全管理面板 URL：後的連結資訊連上主機登入頁面，在主機登入頁面上輸入使用者名稱及密碼，登入主機後即可到如圖 4-5-16 所示的畫面。

步驟 2：在主控台介面中，請如圖 4-5-16 左側箭頭所指的地方，選擇「應用程式」的選項，即可看到如圖 4-5-17 之應用程式安裝介面。

步驟 3：在應用程式安裝介面中請選擇 WordPress，也就是在如箭頭所指的地方按下「安裝」按鈕，隨即進入安裝程序，不需要輸入任何的設定，安裝過程如圖 4-5-18 所示，安裝完畢之後即可看到如圖 4-5-19 所示的摘要畫面。

圖 4-5-16 戰國策 Plesk 主機主控台介面

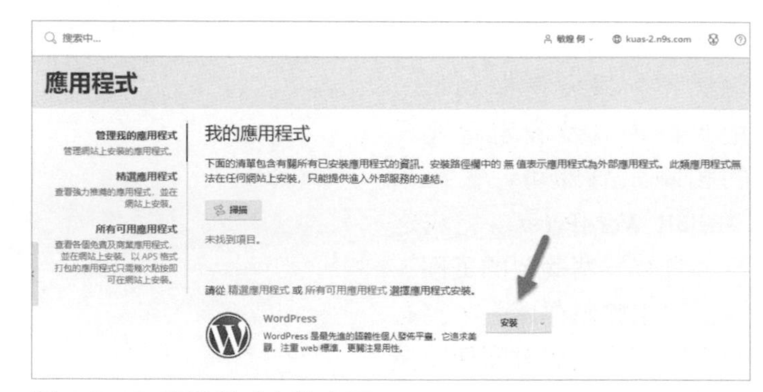

圖 4-5-17 應用程式安裝介面

圖 4-5-18 WordPress 安裝過程之畫面

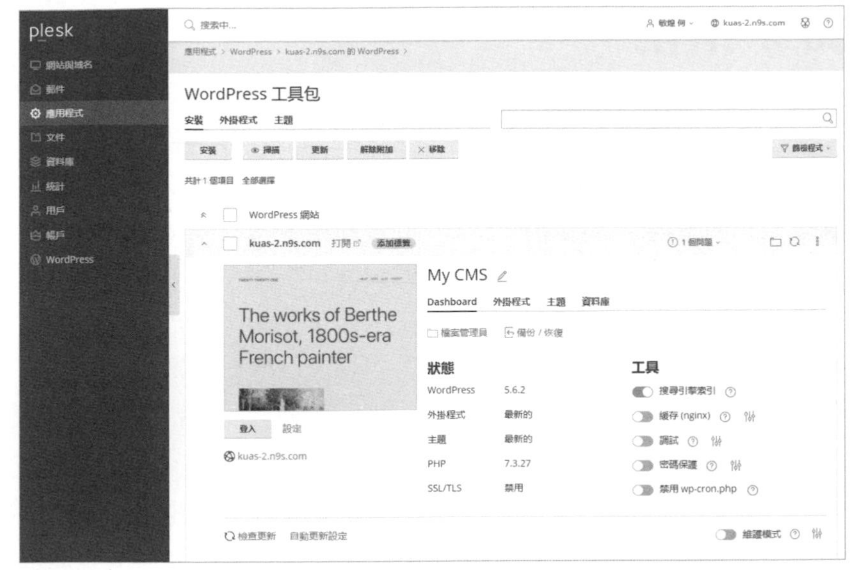

圖 4-5-19 WordPress 安裝完成之摘要畫面

步驟 4：在此介面中可以對 WordPress 的網站進行維護及設置，如欲檢視網站內容請直接按下網站摘要圖示上方的網址右側之「打開」連結即可，直接在瀏覽器輸入網址亦可，它就是一個已經上線的網站了。如果需要進入此網站的控制台，請點選摘要畫面下方的「登入」按鈕，不需要輸入帳號及密碼即可進入網站控制台。如若需要查詢此網站設定的管理員帳號及密碼，請點選登入按鈕右側的「設定」連結，即會出現如圖 4-5-20 所示的帳密查詢與設定之介面。

圖 4-5-20 變更 WordPress 控制台管理員資訊之畫面

4.6 網站搬家指南

WordPress 是 CMS（內容管理系統）的一種，而目前市面上常見的 CMS 網站，不外乎由 PHP 主程式和 MySQL 資料庫所組成，所以，簡單地說，如果想要把網站從這個主機搬到另外一個主機，最簡單的方法，就是把檔案統統都複製下來，把資料庫匯出，然後到了目的主機再上傳檔案，匯入資料庫就可以了。如果主機商不同但是網址相同，用這種方式搬過去之後網站還是可以馬上恢復運作。可是如果網址也不一樣的話，那麼在搬家之後，還有一些系統的設定要調整。這些在後續的章節中會陸續提到。

不過，在做這些複雜的動作之前，可能有些朋友原本就有其他的部落格，現在要使用 WordPress 重新架自己的網站，那麼當然要把這些部落格原有的內容搬到你的新站才行。搬移文章很簡單，只要該部落格系統有提供匯出的功能，大部份匯出的都是標準的檔案，我們只要有了該檔案之後，再到我們新建立的 WordPress 網站中執行匯入操作即可。不過，可惜的是，大部份都只提供匯入文章的功能，圖片的部份還是會連線回原來的網址去。以下就以痞客邦為例，為大家說明如何把痞客邦的文章搬到 WordPress 中。

從痞客邦 pixnet 搬家到 WordPress

步驟 1：請登入到痞客邦的管理後台，選擇設定管理，並點選「匯入 / 匯出」頁籤，然後選取底下的「匯出」，如圖 4-6-1 所示。選定之後點擊右下角的「下一步」按鈕，系統即會進行備份的工作，如圖 4-6-2 所示。

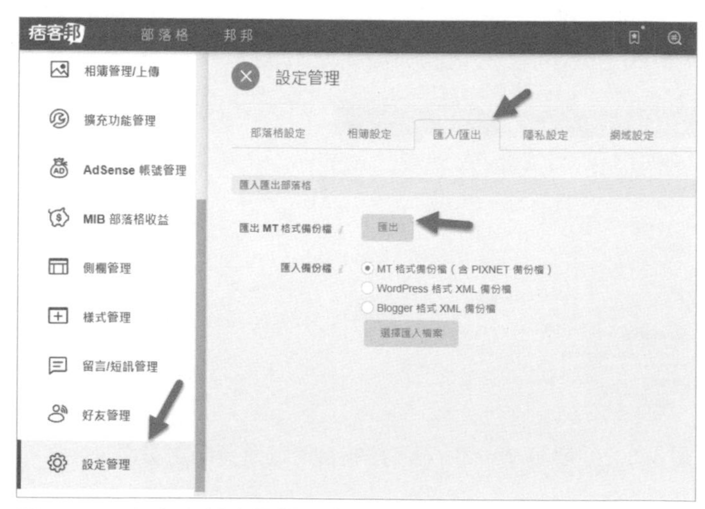

圖 4-6-1 在痞客邦中選擇匯出備份檔

步驟 2：完成匯出作業之後，會出現如圖 4-6-2 所示的摘要畫面，此時還需要再按下「下載備份檔」按鈕，才能取得備份的 MT 格式檔案。

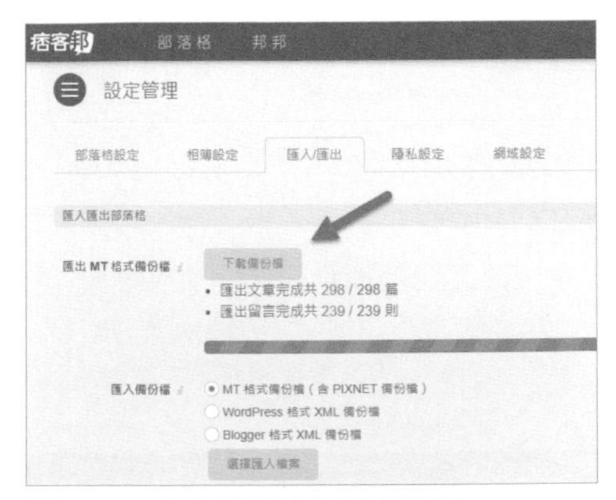

圖 4-6-2 痞客邦部落格匯出摘要

步驟 3：按「下載備份檔」來存檔之後，日後如需要還原，只要在同一個管理後台執行匯入此備份檔即可。但是在這裡，我們要利用這個檔案把文章搬移到 WordPress 站台中。有了檔案之後，接下來是登入到我們的 WordPress 控制台，選擇「工具 / 匯入」功能，如圖 4-6-3 所示。

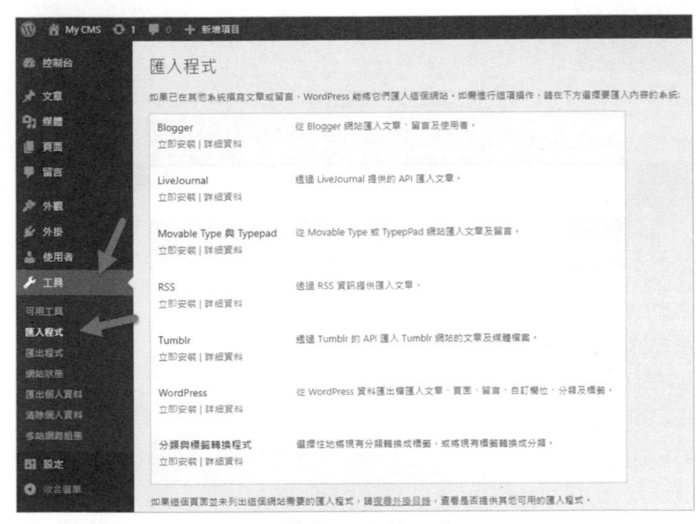

圖 4-6-3 在 WordPress 執行匯入的工作

步驟 4：要匯入文章到 WordPress，可以匯入的選擇很多，而痞客邦使用的是 Movable Type，所以我們選擇此項，如圖 4-6-4 所示的箭頭位置處，按下「立即安裝」連結。

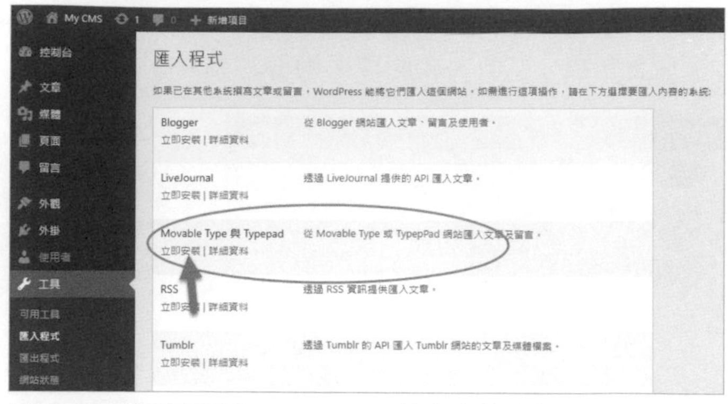

圖 4-6-4 選擇要匯入 WordPress 的文章檔案格式

步驟 5：第一次執行匯入程式要安裝相關的外掛，安裝完畢之後，即會在畫面出現「執行匯入程式」之連結，如圖 4-6-5 所示。

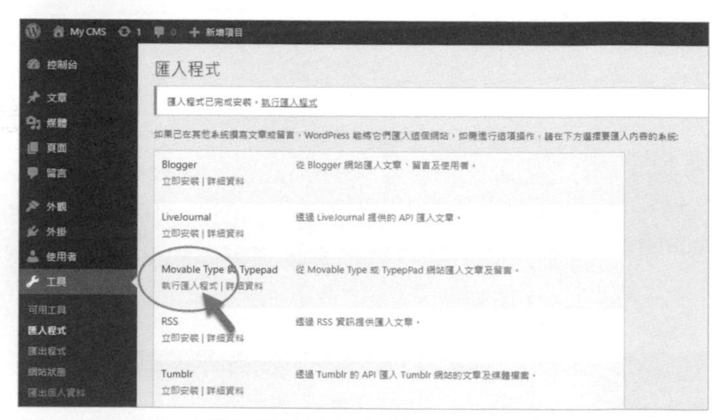

圖 4-6-5 安裝外掛之後的連結名稱

步驟 6：此時請按下「執行匯入程式」之連結，網頁畫面會變成如圖 4-6-6 所示的樣子。

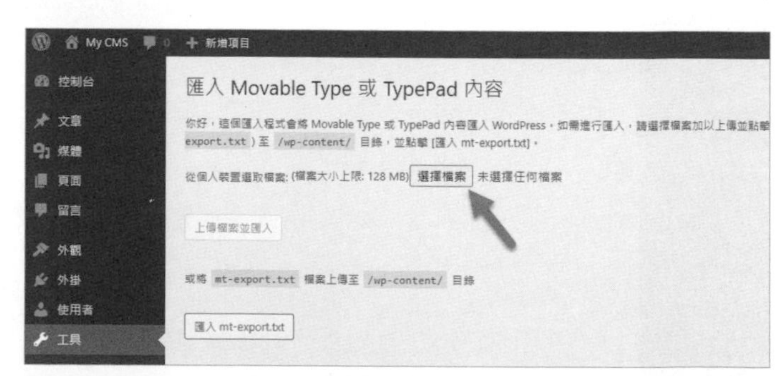

圖 4-6-6 Movable Type 之匯入介面

步驟 7：此時請點選「選擇檔案」按鈕，把之前備份之痞客邦檔案上傳到網站中並按下「上傳檔案並匯入」之按鈕，如圖 4-6-7 所示。

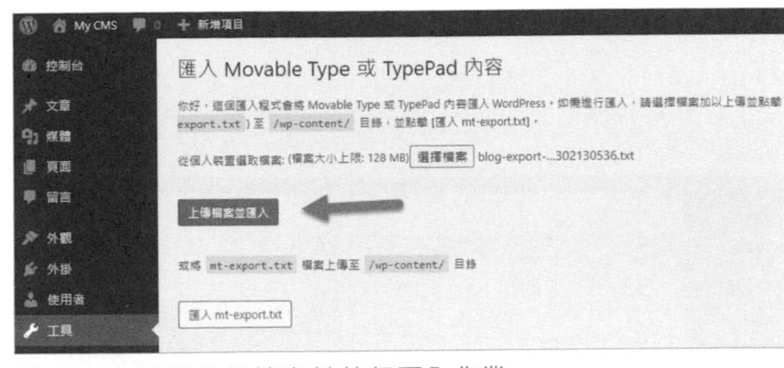

圖 4-6-7 選擇備份檔案並執行匯入作業

步驟 8：在實際執行匯入文章之前，還需要選擇作者名稱，你可以選擇目前現有的作者，或是依據備份檔案中的作者創建新的作者都可以，選擇完畢再按下「開始匯入」按鈕。如圖 4-6-8 所示。

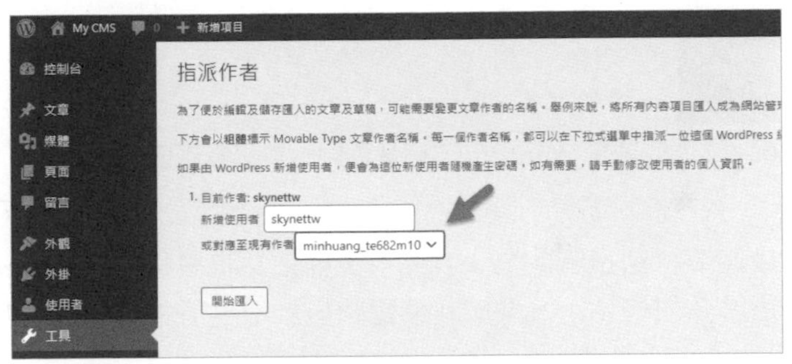

圖 4-6-8 選擇要創建或對應的作者名稱

步驟 9：過一段時間之後，就可以看到匯入的所有文章內容列表，如圖 4-6-9 所示。當我們進入 WordPress 網站的後台時，就可以看到所有從痞客邦匯入的文章了，如圖 4-6-10 所示。

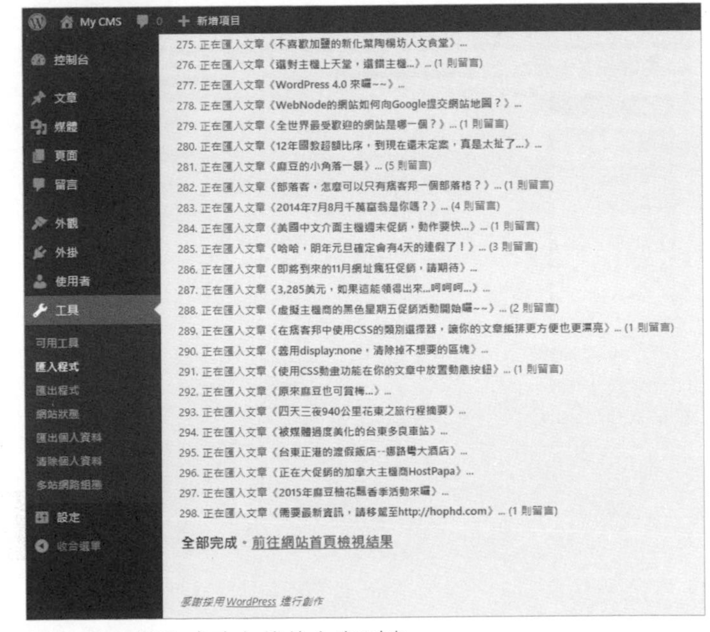

圖 4-6-9 匯入成功之後的文章列表

步驟 10：如果你的新建之 WordPress 網站，在匯入之後看到文章列表，點擊文章內容時卻告訴你找不到網頁，有可能是固定網址設定的問題，請到 WordPress 控制台選擇「設定 / 固定網址」，把固定網址的格式設定為「文章名稱」就可以了。

圖 4-6-10 瀏覽 WordPress 網站控制台可以看到匯入的成果

最後要特別提醒的是，我們只做到把文章搬移到 WordPress，但是圖形檔的連結還是在痞客邦的網站上，要順利瀏覽圖形，千萬別急著把痞客邦的網站關閉喔。

除了痞客邦之外，yam 天空部落也提供匯出 MT 檔案的功能，如圖 4-6-11 所示。

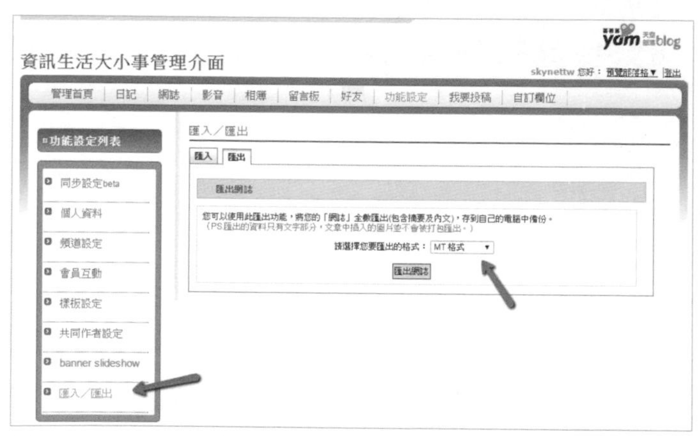

圖 4-6-11 yam 天空部落的匯出畫面

另外，Google 的 Blogger 部落格的匯出功能則是放在「設定 / 其他 / 匯出網誌」的地方，如圖 4-6-12 所示。

圖 4-6-12 Blogger 部落格的匯出畫面

由於 Blogger 的格式和痞客邦的不一樣，所以在 WordPress 執行匯入時，要選擇另外一個選項，如圖 4-6-13 所示。至於後面的步驟就沒有差別了。但是好處是，使用 Blogger 匯入文章之後，圖形檔也會一併被上傳到 WordPress 的媒體庫中，算是完整地搬完了。

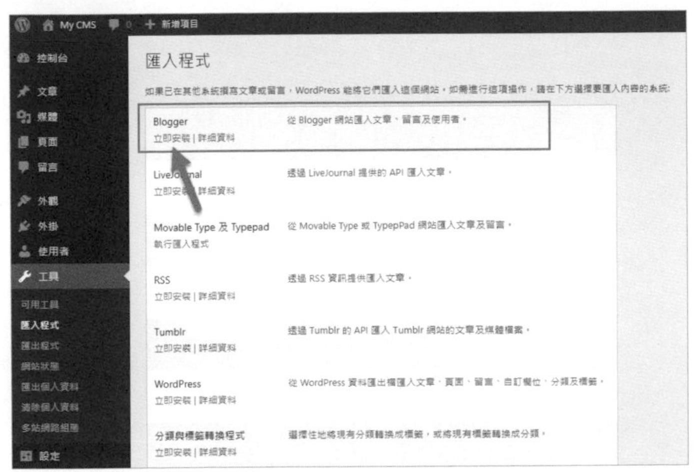

圖 4-6-13 Blogger 的匯入程式，也是要另外安裝

05 WordPress 的基本設定

5.1 WordPress 操作介面初探

5.2 新增以及編輯文章

5.3 CSS 格式化指令的運用

5.4 如何使用小工具擴充網站功能

5.5 如何使用其他的網路服務

5.6 從主機端看 WordPress 網站

5.1 WordPress 操作介面初探

經過前面的安裝過程，相信大家的電腦或主機上已經有一個可以提供瀏覽的 WordPress 網站了，本節先來瞭解一下 WordPress 的基本組成以及基本的操作方式。

如同前面所說的，WordPress 把大部份的設定和文章內容都放在資料庫中，而執行網站用的 PHP 系統程式檔案以及媒體相關檔案則是放在主機的資料夾裡面，等於是把網站的實際內容和執行的程式（PHP 檔案）分開放，然後再透過網頁的介面來操作所有的設定工作。假設我們的網站網址是「kuas-2.n9s.com」，那麼進入控制台的網址就是「kuas-2.n9s.com/wp-admin」，但有些主機帳號也可以透過該主機網站的登入會員介面中，在 WordPress 的管理介面中登入 WordPress 控制台。

如圖 5-1-1 所示，就是剛安裝好之後的 WordPress 畫面。每一個不同的佈景主題均會有不同的呈現方式，但是基本上不外乎有側邊欄、主要文章區和選單列。剛建立好的 WordPress 網站由於都還沒有做任何的設定，所以使用的是預設的佈景主題，還需要經過調整，找出一個你喜歡的佈景主題以及透過一些外掛來增加額外的功能。這些都會在本書後面的章節中陸續加以介紹。但是在做這些操作之前，先簡單地瀏覽 WordPress 的控制台功能。

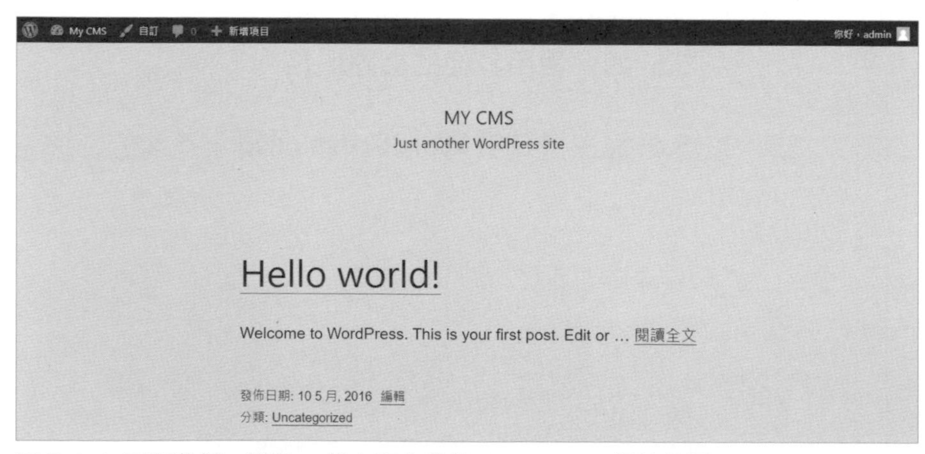

圖 5-1-1 剛安裝好，匯入一些文章之後的 WordPress 網站外觀

要進入控制台，請在你的網址之後加上 /wp-admin，會出現如圖 5-1-2 所示的登入畫面：

圖 5-1-2
WordPress 控制台的登入介面

順利登入之後，如圖 5-1-3 所示，畫面上方是訊息區，左側是功能選單區，右側中間的部份則是主訊息區塊。中間的訊息區塊所呈現的內容，會隨著目前所使用功能不同而有所改變，剛進來的時候看到的是本網站的相關資訊內容。每一個區塊都可以使用滑鼠拖曳的方式來改變其顯示的位置。

圖 5-1-3 WordPress 的標準控制台介面

我們把 WordPress 網站的組成分成「內容」和「外觀」兩大部份，「內容」主要包括「文章」、「媒體」和「頁面」三種。而「外觀」則包括「佈景主題」、「選單」、以及「小工具」三個部份。另外，我們還可以透過「外掛」來擴充網站的功能。由於 WordPress 是開放式的架構，所以透過合適的外掛，你幾乎可以添加任何你想像得到的網站功能，當然，除了使用現有的外掛之外，也可以自行撰寫外掛或修改程式碼的內容。

要檢視目前的所有文章列表，可以點選「文章」功能表，如圖 5-1-4 所示。在「文章」功能項目中，除了列出所有的文章供我們檢閱之外，我們也可以設定文章的「分類」，以及設定「標籤」。

圖 5-1-4「文章」選單的操作介面

一般而言，文章分類是屬於比較上層的類別用法，例如「美食」、「減肥」、「程式設計」等，而「標籤」則比較像是關鍵字，大概就是指出某篇文章中有用到的關鍵字詞，例如「牛肉麵」、「舒肥雞胸肉料理」、「Python 安裝」。分類一般來說都是事先設定好而且比較有階層關係，用來組織網站內容用的，而關鍵字則是在你寫文章的過程中產生出來的，比較像是一本書的索引。

如圖 5-1-5 所示的「頁面」項目，和文章有些一樣，又有些不一樣。一樣的地方在於，它也是可以編寫資料進去，編輯的過程其實和文章沒有差別。但是「頁面」並不會依照時間的順序顯示在網頁上，每一個頁面都必須有自己的連結，並且由作者手動指定要顯示的時機點，頁面可以有階層式的結構，可以設定上層和下層之間的關係。

頁面常常是在佈景主題中設定，或是在文章中以連結的型式出現，又或是放在功能表列的連結中。大部份的情形下，我們都是把文章用來當作是一些公告訊息、回饋表單或是首頁的歡迎入口網頁之用，是屬於比較沒有時間先後順序關係的網頁。而且因為每頁都是獨立的，所以頁面並不需要設定所屬的類別。

圖 5-1-5「頁面」項目的操作介面

一個好的部落格，和訪客之間的互動也是非常重要的一部份，但是只要網站可以留言，難免就會出現一些垃圾訊息和廣告留言，這就需要一個管理的介面，而在 WordPress 中，留言功能就是在「留言」介面中處理，如圖 5-1-6 所示。

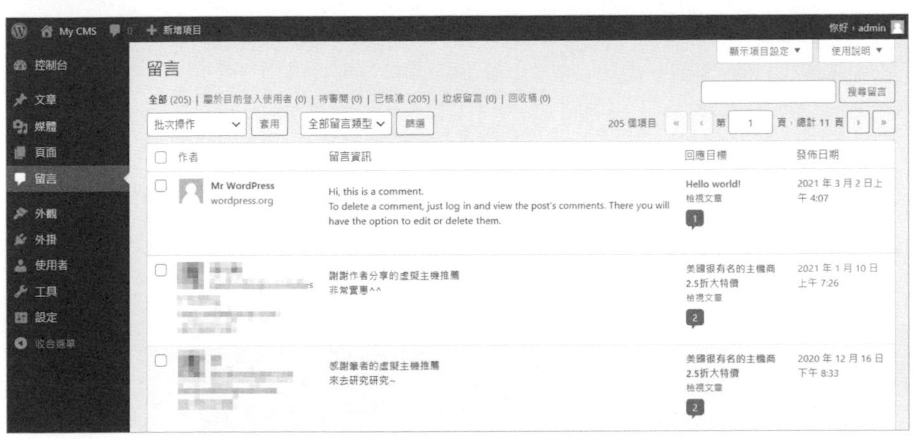

圖 5-1-6「留言」項目的操作介面

網站的外觀部份是很多站長朋友很重視的地方，因為 WordPress 是開放式的架構，所有的設定以及程式都可以在資料夾中找到，所以照理你是可以任意加上或修改一些程式上的設定，讓整個網站看起來很不一樣。但是因為 WordPress 的版本經常會更新，如果你自己隨意修改的話，更新之後可能就會出現不相容的地方，所以我們通常會以佈景主題的方式來做整體上的外觀設定，然後在細部的地方，再由佈景主題所提供的功能去做修改，在個人化彈性以及未來的相容性上取得平衡。

由於世界上使用 WordPress 的網站非常多，所以專責於設計佈景主題和外掛的個人工作室和公司網站也不少，有非常多的免費和付費資源可以使用。選定「外觀」功能項目，可以看到如圖 5-1-7 所示的佈景主題選擇畫面。

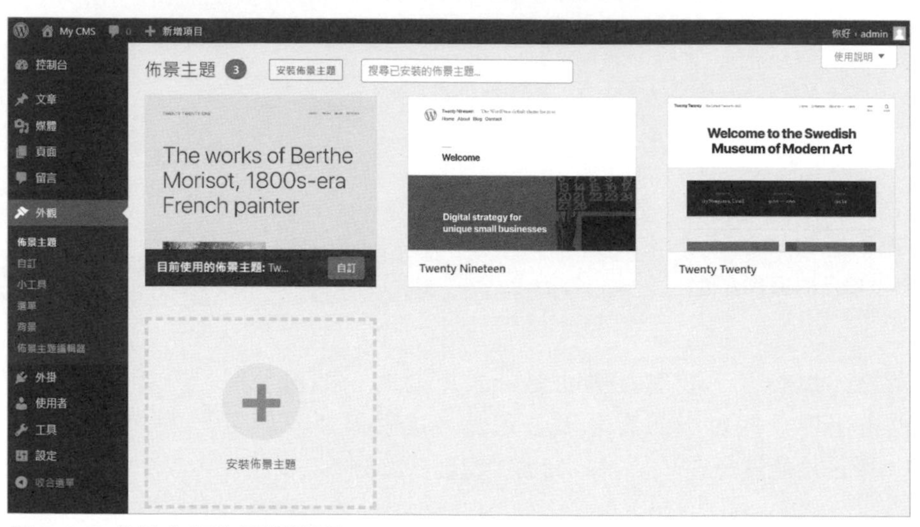

圖 5-1-7 佈景主題的選擇畫面

在外觀的部份，除了佈景主題的選擇之外，另外還有放在側邊欄和頁首或頁尾的小工具也會對網站的外觀以及功能有所影響。小工具的種類非常多樣性，因為這是我們自己架出來的網站，我們甚至還可以在小工具上放上任何的網頁 HTML/CSS 和 JavaScript 程式碼以增加網站的功能，這些方法會陸續在後面的章節中介紹。

圖 5-1-8 小工具的設定介面

為了提供訪客一個明確的瀏覽目的地，除了側邊欄之外，「選單」也非常重要。在網站中可以使用選單的組數以及每一組選單要放置的位置以及呈現的方式都和佈景主題習習相關，但是就選單的內容來說，就需要在圖 5-1-9 的選單介面中設定。在大部份的情形下，我們網站所編輯的頁面，也都是要靠選單的方式來建立連結。

圖 5-1-9 編輯選單的介面

再來就是許多資深站長們的最愛「外掛」，所有外掛的功能，均可以在如圖 5-1-10 的介面中操作。在這個介面中，只要按下「新增外掛」，就可以找到非常多實用且免費的外掛，按幾個按鈕就可以輕鬆地把外掛安裝到網站中，只是要留意的是，外掛太多會拖慢網站的運行速度，因此安裝外掛時也要留意一下數量，並不是越多越好。

圖 5-1-10 外掛的操作介面

此外，一個網站可能會有許多的共筆作者或是會員，這些會員和共筆作者的相關帳號設定，可以從圖 5-1-11 的介面中加以管理。

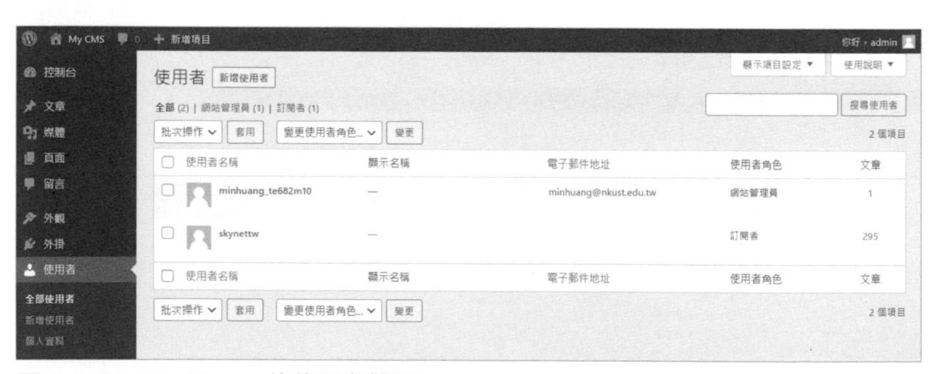

圖 5-1-11 WordPress 的使用者管理

接下來，我們示範如何在 WordPress 網站中進行基本設定工作。在「設定」的選單中，如圖 5-1-12 所示，有網站標題、網誌描述、網站網址等等設定，請逐一檢視看看有沒有要修改的地方。有些站長是把網站用檔案複製和資料庫匯入的方式從別的網址搬來的，匯入的資料庫會保留原有在其他網站中的網址資訊，所以在這個地方就要把網址修改成目前使用中的才行。

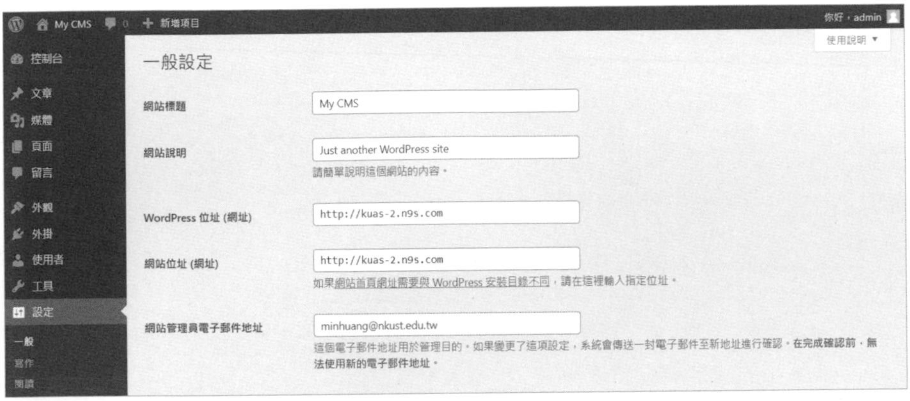

圖 5-1-12 WordPress 的一般設定畫面

再把畫面往下捲動如圖 5-1-13 所示，可以看到時區等相關資料的設定，請設定成正確的資料，然後再按下儲存變更即可。有些人的網站語言可能是英文或是簡體中文，也可以在這邊調整成其他的語言。如果沒有看到這個選項，那可能你是安裝到舊版的 WordPress 系統，請更新到最新版的即可。

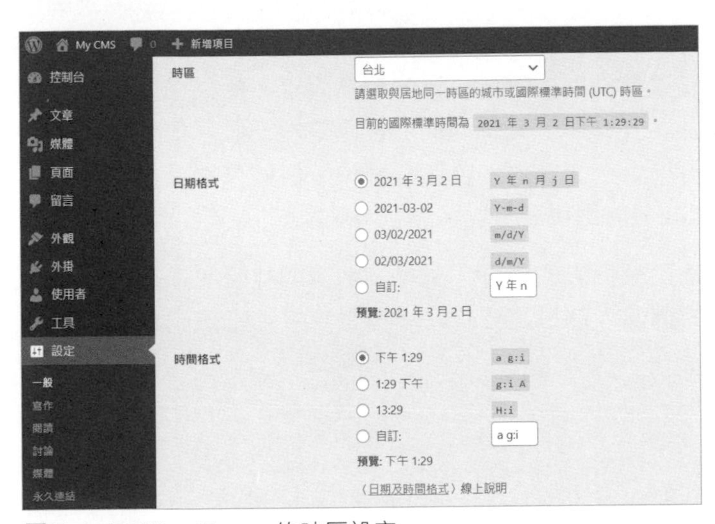

圖 5-1-13 WordPress 的時區設定

在設定的功能中，還有一個一定要開始營運網站前要先確定的，就是網站中所有文章連結用的固定網址，是要使用哪一種方式來呈現。

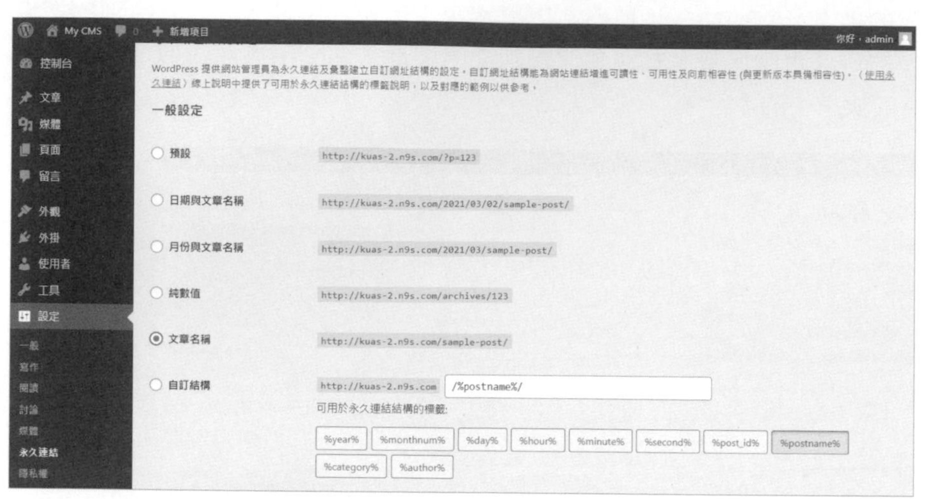

圖 5-1-14 WordPress 網站的固定網址呈現方式

如圖 5-1-14 所示，有好幾種可以選擇。預設的是以問號加上數字的參數型式來呈現，這是最原始預設的方式，也就是網站系統內部的識別方法，你在網址上看不出來每一篇文章的相關訊息，我們並不推薦此種方式，因為對網站的 SEO 並沒有幫助。同樣的，使用數值式的固定網址也是相同的問題。

以 SEO 的原則來說，文章的名稱或關鍵字最好能夠呈現在網址列上，所以為固定網址加上名稱才是比較理想的做法。至於要使用日期與名稱、月份與名稱、還是只使用文章名稱呢？這要看網站可能的文章數量以及新增文章的頻率而定。如果你的文章數量不多，只要使用文章名稱就可以了，這樣子文章的網址會比較短一些，但是缺點是如果遇到同樣文章名稱的，就要再加上一些描述，會比較麻煩，但如果你是以月份或日期再加上名稱，那就比較不會有同名的困擾了。

筆者偏好的「月份與名稱」算是比較折衷的選擇。另外，名稱的部份，在編輯文章時可以自己設定。如果是新聞性的網站，每日都要有好多篇文章，那當然是再加上日期會更適合。

到這裡我們該來選擇一個自己喜歡的佈景主題了。請再回到「外觀」設定部份，點擊「佈景主題」選項，並按下「新增佈景主題」按鈕之後，就會看到如圖 5-1-15 所示的畫面。

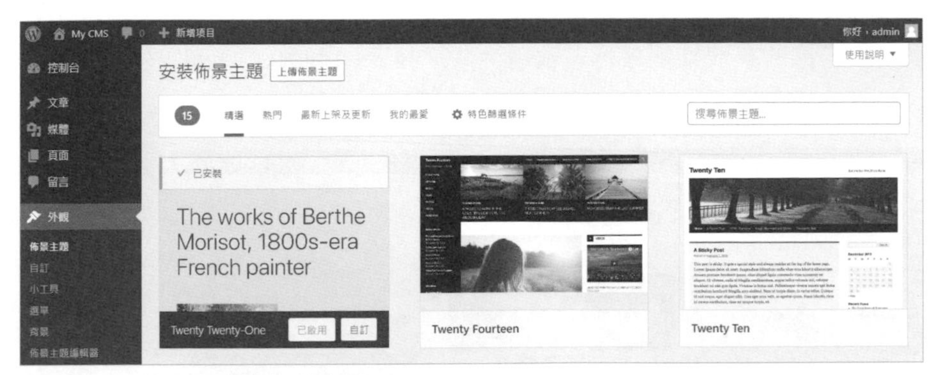

圖 5-1-15 佈景主題的新增介面

可以在此介面中挑選任何喜歡的佈景主題。在這裡面列出來的都是免費的主題，有些是完全免費，有些則是會限制部份進階功能，只有你付費之後才會解除這些限制，一般來說，免費的就有非常多選擇了。我們選擇其中一個，在點擊之後就會有一個預覽的介面可以看，如圖 5-1-16 所示。

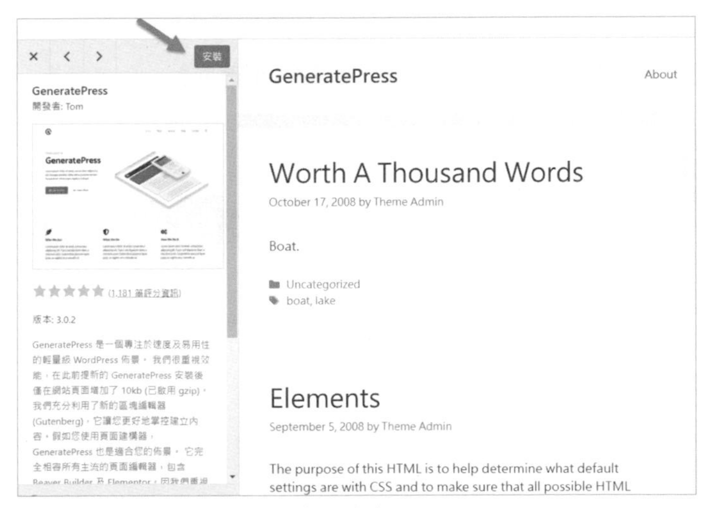

圖 5-1-16 新增佈景主題的預覽介面

確定滿意之後，請按下「安裝」按鈕，過一小段時間之後可以看到原本「安裝中」的按鈕變成了「啟用」按鈕，就表示安裝成功了。這時候，別忘了還要按下「啟用」才會生效。如果等很久沒有動靜，可能是系統網站的網站速度不穩定，要再重新整理一次畫面才行，這種情形比較容易發生在免費的主機帳號上。如果是自己的電腦無法安裝，那要檢查一下目錄的存取權限才行。啟用完成之後，網頁會切換回原本的佈景主題檢視頁面，如圖 5-1-17 所示。

圖 5-1-17 安裝了新的佈景主題的畫面

回到主網站，馬上可以看到變更後的成果。請注意，網頁上方黑色選單是因為我們還是在控制台的登入狀態，所以可以看到即時訊息資訊列，方便我們管理網站之用。

圖 5-1-18 檢視新佈景主題套用的成果

回到控制台，如果你有看到 WordPress 通知你更新的訊息，在按下「立即更新」連結之後，就會到 WordPress 升級介面，這時候只要按下「馬上更新」按鈕，經過一段時間（要看網路連線狀態以及你的虛擬主機的連線速度而定），如果順利的話，就可以看到更新完成畫面。

要特別提醒讀者的是，只要是更新以及升級，都會有一定程度的風險存在，尤其是對於那些使用了很多外掛的網站更是要特別留心，無論如何一定要先做好備份才行。至於備份的方法，本書的其他部份會另外加以說明。

5.2 新增以及編輯文章

現在我們的網站 http://kuas-2.n9s.com 因為之前匯入痞客邦網站的關係，有許多的文章，然後選了「Newsup」佈景主題，所以網站現在看起來如圖 5-2-1 所示的樣子。

圖 5-2-1 執行匯入網站，並選擇 Newsup 佈景主題

我們以 http://kuas-2.n9s.com/wp-admin 登入控制台，由於 WordPress 是非常活躍 CMS 系統，所以經常會遇到更新版本的訊息。建議大家，如果是練習用的網站經常更新無妨，但是如果是運作中的網站，要進行更新必須非常謹慎，尤其是一些使用到非常多外掛的網站，新版本的更新之後，有時候會造成一些外掛無法相容甚至讓網站無法正常運作。

在 WordPress 網站中最重要的當然是文章的內容。所以在控制台中，文章的功能選項被排在最上方。點擊「文章」功能表，其中有四個子功能，分別是「全部文章」、「新增文章」、「分類」、以及「標籤」。因為我們之前有匯入的關係，所以點擊進來之後就會目前有的文章的列表，這個介面相信大家都會使用。

你可以透過「批次管理」的功能，把勾選的文章一併處理。不過請注意，在選擇了要批次管理時，別忘了要再按一下「套用」按鈕才會開始進行作業。例如我們勾選所有

的文章，然後選取「移至回收桶」，如圖 5-2-2 所示。再按下套用，所勾選的文章將全部被丟至回收桶中。

丟到回收桶的文章並不會被刪除，只是一個暫存的狀態，有需要時也可以隨時把這些文章取回。

圖 5-2-2 使用批次管理的功能

點擊「分類」子功能，也可以進行同樣的動作。不過分類就只有刪除選項，而沒有回收桶，刪除了就回不來了，如果還有文章使用了被刪除的分類，則該篇文章會自動被歸類到未分類文章或事先指定好的預設類別。也就是說，刪除分類並不會刪除該分類底下的文章，只是讓那些文章變成未分類的文章而已。如果有必要的話，請再執行刪除分類的作業，否則請保留原有的再加以修改即可。

圖 5-2-3 用批次處理的功能，刪除所有的分類

雖說刪除所有的分類，但是有一個分類叫做「Uncategorized」是不會被刪除的，因為它叫做「未分類」。雖然它不能被刪除，但是可以改名稱。其實在正式寫作之前，網站文章的分類非常重要，分類要能夠適度組織出網站所要呈現的內容方向，得要好好規劃才行。新增分類的方法很簡單，如圖 5-2-4 所示。名稱和代稱可以不同，名稱是用來呈現在網站上的，而代稱則是放在網址列中。當然都可以使用中文，但建議代稱的地方還是以英文為宜。如圖 5-2-5 所示。

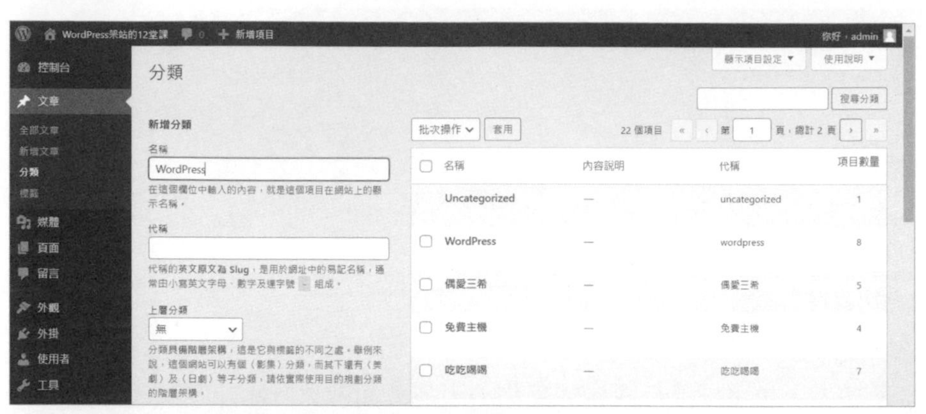

圖 5-2-4 新增一個叫做「WordPress」的分類

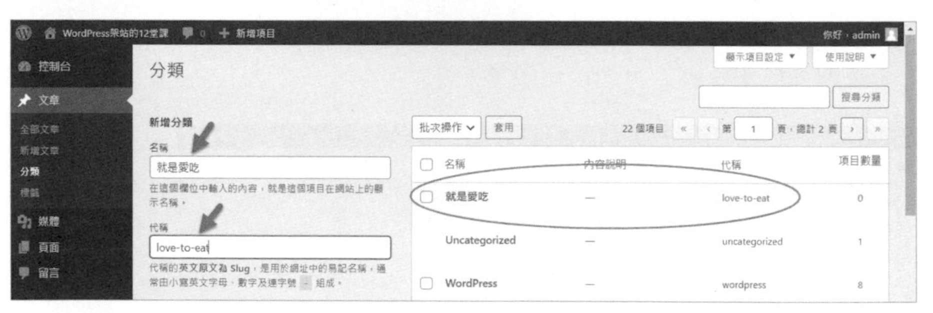

圖 5-2-5 新增一個叫做「就是愛吃」的分類，代稱的地方使用英文字

完成分類之後就可以開始撰寫文章了。WordPress 之所以受到新手們的喜愛，就是其編輯文章的介面非常簡潔好用，在 5.0 版之後更引入了古騰堡（Gutenberg）區塊式編輯介面，提供更多的編輯功能。

第一次使用時會如圖 5-2-6 所示，顯示「區塊編輯器」的說明畫面，讀者們可以瀏覽這些內容檢視區塊編輯器的所有功能，瞭解如何運用區塊編輯器的各項功能製作出高品質之文章頁面。

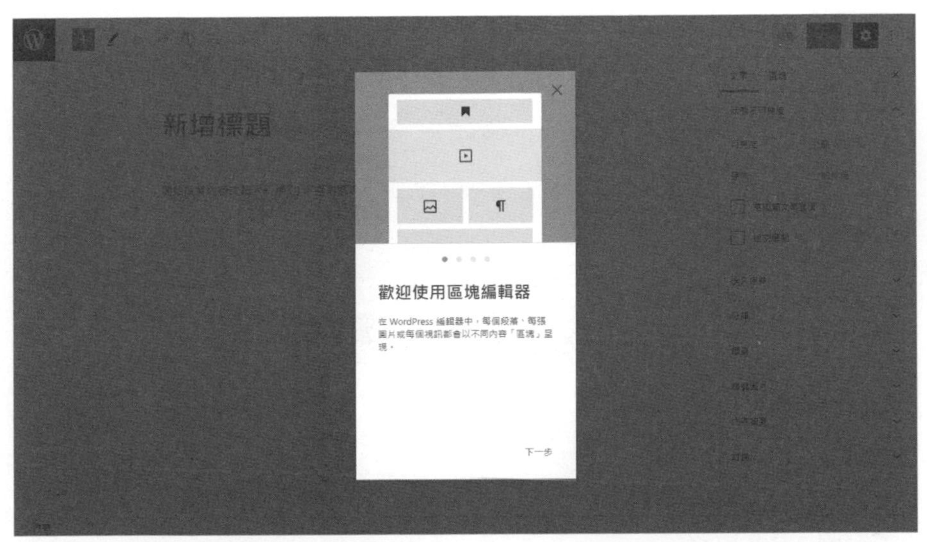

圖 5-2-6 首次使用編輯器之說明畫面

檢視完區塊編輯器的說明畫面之後，圖 5-2-7 即為區塊編輯器之主要編輯畫面。編輯畫面中主要的部份是文章之標題以及內容，而右側則是文章的相關資訊設定頁面。

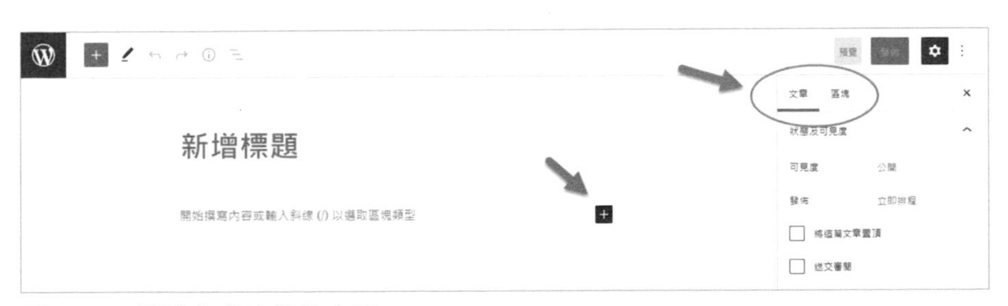

圖 5-2-7 編輯文章的標準介面

因為是區塊式編輯器，所有的文章內容均是由區塊組成，因此在內容編輯的部份，一開始是以點擊如箭頭所指的「+」符號，選擇目前段落所想要使用的段落類型，再於區塊內輸入內容，如圖 5-2-8 所示。如果一開始直接輸入文字資料的話，則該段落會被設定為預設的段落區塊。

圖 5-2-8 區塊型態選擇器

在圖 5-2-8 中顯示的是常用的區塊型態，如果按下「瀏覽全部」，則會看到所有可以選用的區塊型態，如圖 5-2-9 所示。

圖 5-2-9 左側可以瀏覽全部的區塊型態

除了區塊型態之外，也有簡易的一些版面設定可供調整，如圖 5-2-10 所示。

圖 5-2-10 版面配置選項

有了這麼多的工具可以使用，要編輯高品質的頁面，基本上就不是什麼難事了。首先輸入大標題，然後選擇想要使用的版面，設定每一個段落的區塊型態再逐一輸入內文或是選擇圖片，就可以完成一篇文章，如圖 5-2-11 所示。

圖 5-2-11 利用區塊型態組成文章版面並輸入內容

在文章輸入完畢並完成想要的排版樣式之後，一般來說，我們還會製作一份「文章摘要」。大部份的佈景主題會利用寫在摘要的內容來當做是部落格網站顯示在索引頁的介紹文字（其實就是摘要），一段好的摘要可以引起讀者的興趣進而點擊進入閱讀。

在文章編輯模式中，內容摘要是在文章設定頁籤中的其中一項。如果右側的設定欄位沒有出現，請按文章編輯右上角的齒輪標示，再按「文章」頁籤，往下捲動頁面即可看到輸入「內容摘要」的地方，如圖 5-2-12 所示。

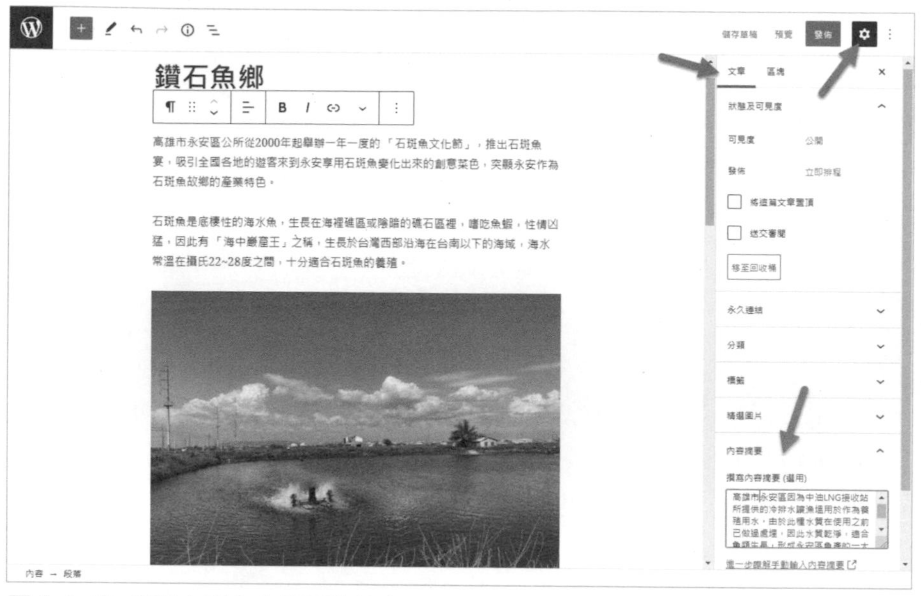

圖 5-2-12 編輯文章內容摘要的地方

除了內容摘要之外，文章的「精選圖片」也會在佈景主題中作為文章代表圖，好的精選圖片除了可以呈現出文章的主軸之外，也可以吸引讀者的目光。點選「精選圖片」並按下「設定精選圖片」之後，畫面即會轉到「媒體庫」的介面，在此介面中可以選擇媒體庫中現有的圖片，如圖 5-2-13 所示的樣子。

圖 5-2-13 精選圖片的設定介面

我們也可以如圖 5-2-13 左上角箭頭所指的地方，自透過上傳介面自行上傳想要使用的本地端圖片，如圖 5-2-14 所示。

圖 5-2-14 媒體庫的上傳圖片介面

在選定圖形檔之後，WordPress 會開始上傳這個檔案，許多的 WordPress 網站對於上傳的檔案大小均有設限，這和你一開始安裝的主機商的主機控台有關係，最基本的是 2MB，有些則開放至 64MB 或是 128MB，大部份付費的主機都可以在主控台中調整這個數值。

檔案上傳完成之後，會出現如圖 5-2-13 所示的介面。很重要的一點就是，上傳的圖形檔建議先在自己的電腦端使用影像處理軟體處理過後再上傳（尤其是來自於相機或手機的照片，更是一定要先加以處理，不然尺寸都太大，這些大尺寸在畫面上用不到，不只浪費空間也讓顯示的效能變差），如果是打算用在文章中的，請選用完整尺寸插入，最後再利用滑鼠在文章中調整大小即可。如果是要上傳為精選圖片，因為精選圖片的顯示位置及大小是由佈景主題決定的，在上傳之前就必須先將圖片調整成想要的尺寸。

當你編輯完成之後，再按下上方的「發佈」或「排程」按鈕，還會有幾個選項可以選擇，如圖 5-2-15 所示。

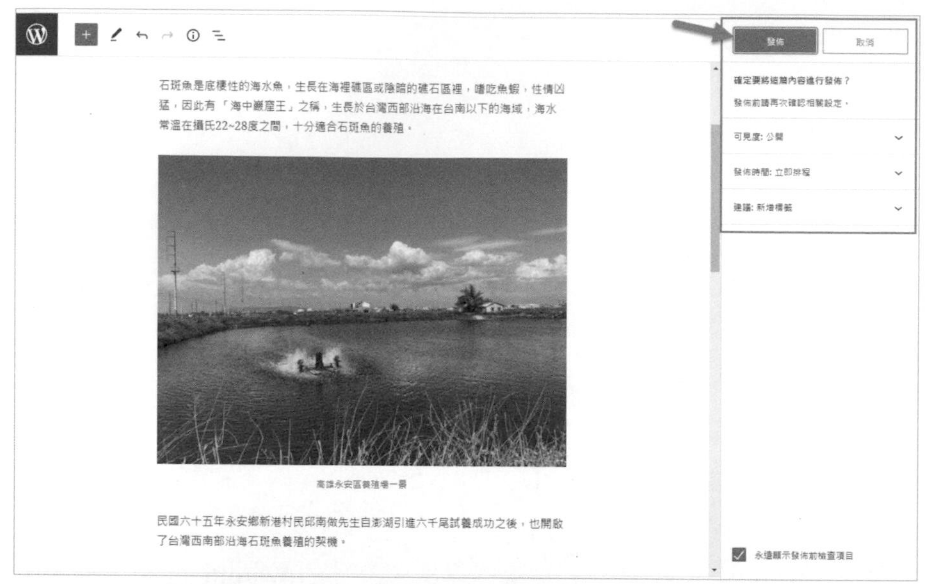

圖 5-2-15 發佈前的相關設定

可以做的設定包括可以決定本文章的公開程度，是公開的、私密的，還是受密碼保護的。此外，除了立即發佈之外，也可以安排一個自行發佈的時間點。如果本文沒有設定標籤的話，也會建議你先設定完標籤之後再行發佈。在按下發佈按鈕之後，過一小段時間之後此文章即會被放到網站首頁中，可以回到網站首頁看看成果。如圖 5-2-16 所示的樣子。

圖 5-2-16 完成第一篇文章的樣子

從首頁的內容可以看出來，我們選用的這個佈景主題會把文章的精選圖片放到上方的捲軸展中以動畫的方式顯示，同時在下方也可以看到文章的摘要索引內容。

回到控制台文章列表的地方，當我們把滑鼠游標移動到單一文章上方時，會出現如圖 5-2-17 所示的快速編輯選項。

WordPress架站的12堂課 3 0 新增項目 你好，admin

控制台 | 文章 | 全部文章 | 新增文章 | 分類 | 標籤 | 媒體 | 頁面 | 留言 | 外觀 | 外掛 1 | 使用者 | 工具 | 設定 | 收合選單

文章 新增文章

顯示項目設定 ▼ 使用說明 ▼

全部 (298) | 屬於目前登入使用者 (2) | 已發佈 (297) | 草稿 (1)

搜尋文章

批次操作 套用 全部日期 全部分類 篩選 298 個項目 第 1 頁，總計 15 頁

內容標題	作者	分類	標籤	留言	日期
鑽石魚鄉	admin	WordPress	—	—	已發佈 2021 年 3 月 3 日上午 9:23
Hello world! 編輯 | 快速編輯 | 移至回收桶 | 檢視	admin	Uncategorized	—	1	已發佈 2016 年 5 月 10 日上午 3:48
需要最新資訊，請移駕至http://hophd.com	skynettw	好康消息	—	1	已發佈 2015 年 3 月 17 日上午 10:40
2015年麻豆柚花飄香季活動來囉	skynettw	國內旅遊	—	—	已發佈 2015 年 3 月 8 日上午 8:51
正在大促銷的加拿大主機商HostPapa	skynettw	網路好康	—	—	已發佈 2015 年 2 月 27 日上午 5:50

圖 5-2-17 文章的快速編輯選項

在這些選項中，可以直接點選「編輯」進入之前輸入文章的完整介面，或是點選「移至回收桶」把此文章先回收，或是進入「快速編輯」，對於文章的基本設定快速進行調整，如圖 5-2-18 所示。

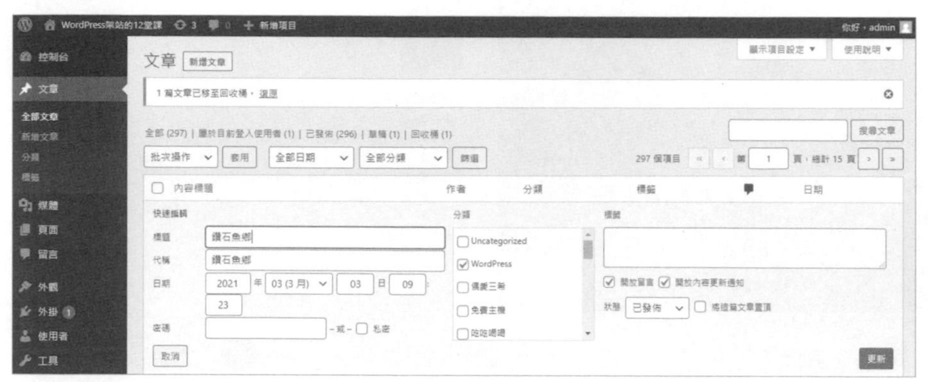

圖 5-2-18 針對單一文章的快速編輯

在圖 5-2-18 的介面中，包括文章的標題、代稱、發佈日期、密碼、類別、標籤等等，均能快速地加以重新設定及調整，也可以設定此文章是否開放留言以及內容更新是否通知網站管理者。此外，也可以透過狀態把已發佈的文章收回成為草稿，或是把此文章置頂，讓它一直在網站文章索引列的最上方。

比較值得注意的地方是，在這裡所謂的「代稱」指的就是網址的部份，它的內容會依據之前在網站設定時「永久連結」的選項而有所不同，由於在此之前我們選擇的是以文章名稱為網址的一部份，所以在這裡的預設值就是文章的標題，我們可以依自己的需求加以更改。不過，如果此文章已發佈一段時間了，有些網站可能已經以此網址進行索引了，此時就不宜再更動代稱，以免造成別人的索引網址失效。

其他文章編輯功能的部份，只要讀者自行操作看看，相信會很容易上手的。本節的最後再簡單說明「分類」和「標籤」的用法。

「分類」和「標籤」的用法

分類就如之前提到的，就是本站所有可能出現的文章內容加以分門別類組織化，方便讀者依照不同類別去有計畫地閱讀文章，每一個分類中都包含有一定數量的文章，以組成全部的內容。

至於「標籤」則和一些特定的名詞比較有關係，我們可以把一篇文章中所有提到的專有名詞或是你覺得大家可能有興趣的名詞都列出來，方便網友搜尋。

假設我們寫了一篇「台南冬令進補小吃大搜集」，這篇文章的分類可以是「台南美食」或是「台南小吃」或是「我的美食日記」等等，至於在文章中可能會提到一些像是鴨肉羹、牛肉湯、薑母鴨甚至是一些店名等等，還有可能會提到某些名人有去過哪些特定的店家，則這些食物名或是人名，甚至是路名則可以設定為標籤，一篇文章要多少個標籤都可以。有了標籤，到時候讀者就能夠以標籤雲的方式來索引或搜尋，找到所有提到這個名詞的文章。

5.3 CSS 格式化指令的運用

大部份的朋友在建立部落格時都很重視文章的內容，但經常忽視了排版的重要性。事實上，有了好的內容，一個能夠讓網友閱讀舒適的版面，可以提高網友們再訪的機會。如果想讓文章看起來更舒適的話，可能就需要使用 CSS 來細部微調一下。

CSS 的全名是 Cascade Style Sheet，它設計的主要目的是提供一套語法讓網頁設計者加在網頁檔案中，讓瀏覽器知道那些地方要加入那些效果，這些效果可以是圖形特效、文字特效、甚至是動態特效等等。目前 CSS 最廣為使用的仍然是第三版，詳細的內容，讀者們可以參考 CSS3 相關的書籍。如果已熟悉 CSS3 再加上 HTML5 的語法，基本上自己動手建立專業級的網站就不是什麼難事了。實際上，WordPress 的佈景主題中，也大量地使用 CSS 的語法。

然而畢竟市面上可以拿到的佈景主題大多是英文版本，著重於英文的文字的效果，對於中文字來說都沒有加以著墨，也就是說，不管你的佈景主題再漂亮，最終在文章中呈現的還是醜醜的新細明體，在 Windows 7 之後的微軟正黑體都沒有辦法顯示，實在很可惜。此外，如果你想在文章中加入美觀的醒目標題，以 WordPress 內預設的編輯器也是做不到。

綜上所述，本節就來教讀者們一些簡單的 CSS 設定方式，讓你可以更自由地控制網站版面，做出比別人更高質感的 WordPress 網站。請參考以下的 CSS 用來改變字型的指令：

```
<p style="font-family: 微軟正黑體 ;font-size:12pt;letter-spacing:2pt;"> 在
這裡放文章的某個段落的內容 </p>
```

上述的語法中，<p> 以及 </p> 是 HTML 語法「段落」的意思。用這個標籤來把某一段文字標示為同一個段落的文字。在 HTML 標籤中可以使用 style 屬性來設定這個標籤的內容要以什麼樣的格式來設定，在這裡就是使用 CSS 語言來做為設定格式用的語言。表 5-3-1 是一些常見的幾個基本的 CSS 格式指令。

表 5-3-1 常見的 CSS 指令

CSS 格式指令	使用範例	說明
font-family	font-family: 微軟正黑體 ;	把「微軟正黑體」設定為第一順位的顯示字型
font-size	font-size:12pt;	把字型設定為 12 點字
line-height	line-height:200%;	設定行高為 200%
letter-spacing	letter-spacing:2pt;	設定字距為 2pt
color	color:#cc88cc;	設定字體的顏色為 #cc88cc，其中 cc88cc 分別是 RGB（紅綠藍）三原色的值，最暗為 00，最亮為 ff（255）
background-color	background-color:#aa3333;	設定背景顏色
font-weight	font-weight：bold;	把文字設定為粗體字

要留意的是，每一個屬性後面一定都要加上分號做為分隔，而屬性和值之間的分隔則是冒號。有了以上的屬性，我們在文章中就可以有許多的變化，例如除了之前我們使用過的正常文字段落之外，我們也可以透過以下的設定，設定出段落的標題：

```
<p style="font-family: 微軟正黑體 ;font-size:16pt;font-weight:bold;color:#ffffff;background-color:#33ccff;"> 這是段落標題 </p>
```

那麼，這段 HTML/CSS 的程式碼要放在文章中的何處呢？在新版的區塊式編輯器中可以從自訂區塊格式中找到「自訂 HTML」的格式，如圖 5-3-1 所示。

圖 5-3-1 使用「自訂 HTML」之區塊格式

選擇了「自訂 HTML」區塊格式之後，即可以未格式文字的方式把前面那一段 HTML/CSS 程式碼貼上，如圖 5-3-2 所示的樣子。

圖 5-3-2 在自訂 HTML 格式中貼上程式碼

程式碼編輯完成之後，再按下編輯器右上角的「更新」按鈕，即可檢視輸出的樣子，顯示出的效果如圖 5-3-3 所示，對於比較長的文章來說，有了標題的設定，在閱讀上會更加地方便！

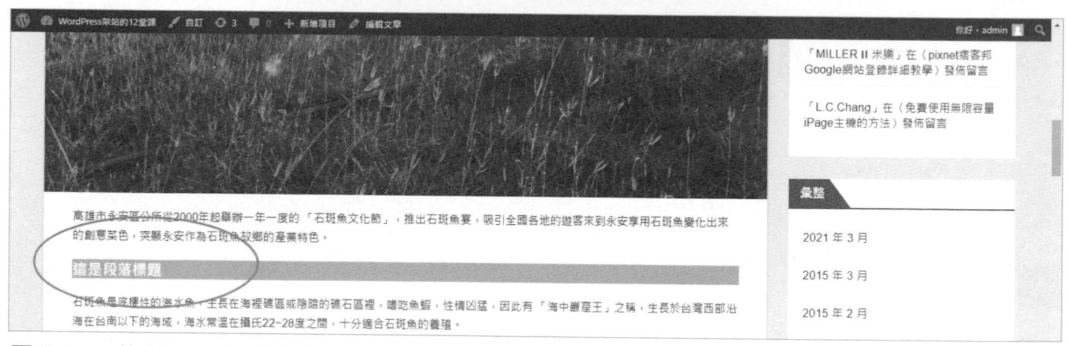

圖 5-3-3 使用 CSS 語法在文章中建立段落標題

除了文章中個別的段落設定之外，如果你想要對於整體的排版要加以修改，一定要放對位置才行。我們先到 WordPress 控制台的「外觀」選項去看一下可以在哪個地方做設定 CSS 的操作。如圖 5-3-4 中箭頭所指的地方，就是「佈景主題編輯器」，這是 Word Press 的預設功能。

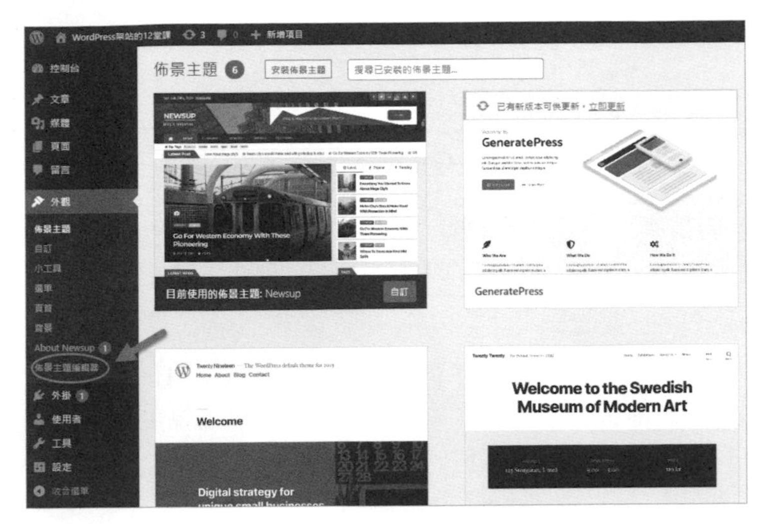

圖 5-3-4
主題編輯器所在的位置

點擊進入此功能之後，會先看到一個如圖 5-3-5 所示的警告訊息，按下「已瞭解這項操作的風險」按鈕之後，才會看到現在正在使用的佈景主題所有的設定內容，如圖 5-3-6 所示。

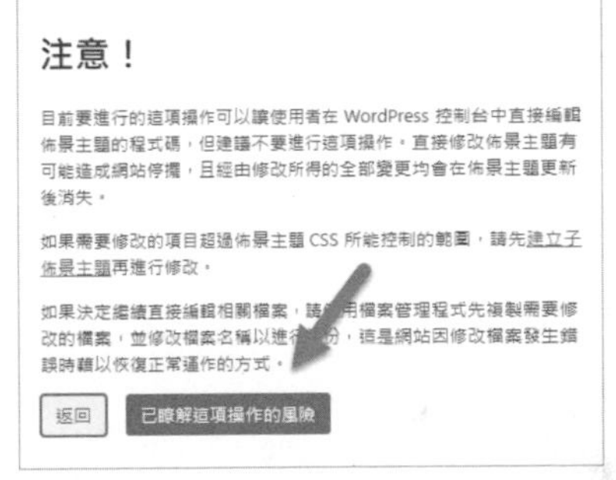

圖 5-3-5 進入佈景主題編輯器的警告訊息

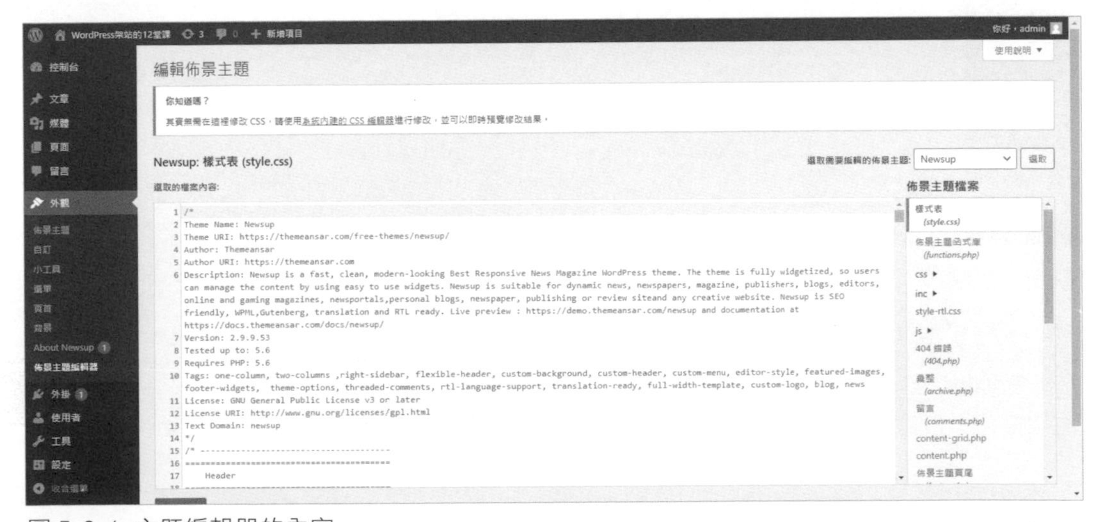

圖 5-3-6 主題編輯器的內容

從圖 5-3-6 可以看到，第一個顯示出來的 style.css 是最主要的樣式表，全部都是使用 CSS 的語法，除非你用的是中文的佈景主題，不然裡面都是英文的註解，要修改不太容易，但是它給你最完整的控制權，你可以修改任何地方，然後再存檔之後馬上就會生效。但如果你不小心改錯了，也可能會毀了網站的外觀，在操作時千萬要小心。

此外，在右側還有一些 .php 的檔案，你也可以修改，但是也要特別小心，如果沒有把握千萬別動手，因為改錯 style.css 主要就是網站的外觀毀了，控制台並不會出現問題，但是如果是 .php 的檔案改錯了，有可能整個網站都不能動。

一般來說，只有非常熟悉 HTML/CSS 語法的站長才會去動這些檔案做客製化的操作，特別是你使用的是比較陽春的免費佈景主題的時候。因為比較先進的佈景主題，其實在它們所提供的介面中就已經可以設定大部份站長們想要客製化的部份。這一類型的主題我們會在後的章節中介紹。

新版的 WordPress 加入了附加 CSS 的功能，提供了在不更動佈景主題 style.css 內容即可增加 CSS 語法設定的可能性，這是現在修改 WordPress 外觀的第一選擇。它的位置在「外觀」選單的「自訂」功能項，如圖 5-3-7 所示。

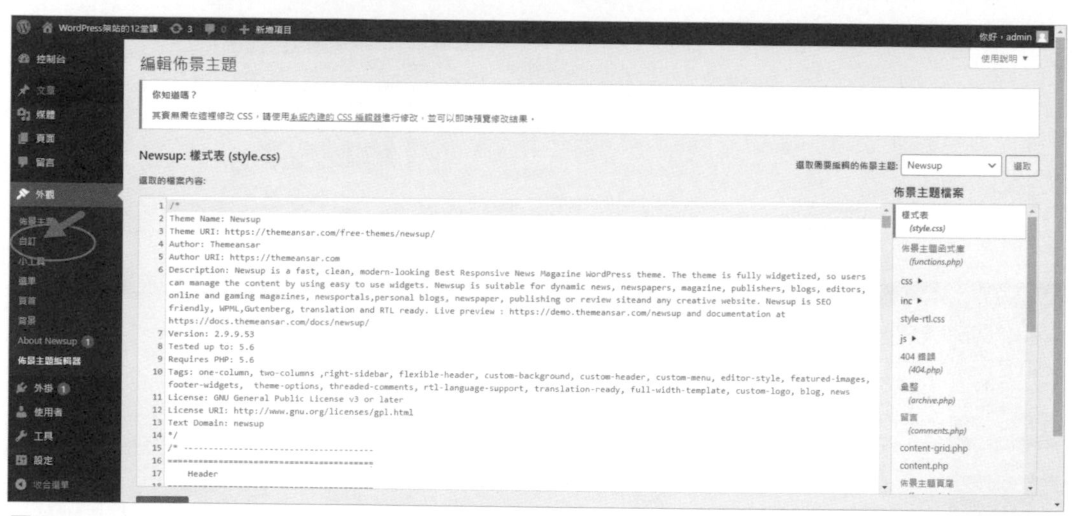

圖 5-3-7 在 WordPress 中自訂附加 CSS 的地方

點選了佈景主題功能表中的「自訂」功能之後，即會進入自訂佈景主題設定的介面，如圖 5-3-8 所示，在這個介面中所有修改的內容都會立即反應在右側提供站長參考，按下「發佈」按鈕之後即可把變更的內容同步到網站的設定上。

圖 5-3-8 附加的 CSS 所在的位置

點選了「附加的 CSS」連結之後，即可看到可以輸入及編輯 CSS 的小視窗介面，如圖 5-3-9 所示。如同前面的說明，在一邊輸入編輯 CSS 程式碼的過程，右邊的畫面也會立即隨之變更，對於需要微調網站外觀的站長來說非常地方便。

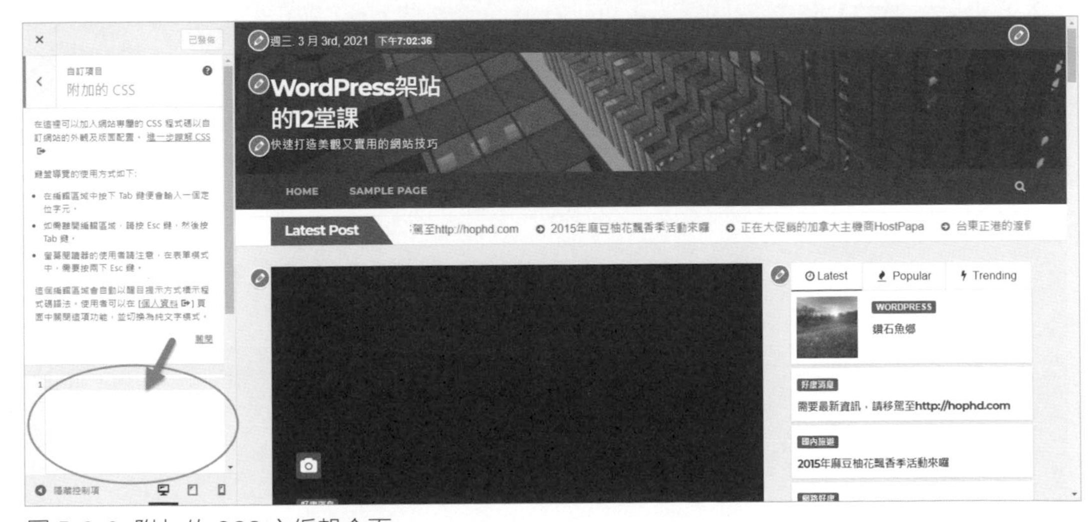

圖 5-3-9 附加的 CSS 之編輯介面

這個地方設定 CSS 的內容會享有最高的優先權，它的設定值會蓋過大部份佈景主題的格式設定（但是在有些佈景主題上還是會沒有作用），所以站長們都會在此設定一些一定要做的全站設定工作，像是如圖 5-3-10 所示的，把 body 標籤所使用的字型全部都換成「標楷體」，這樣子瀏覽你的網站的個人電腦中如果有這個字體的話，網站中在 body 標籤內的文字就會以此字體來顯示，以避免出現不好看的新細明體，如圖中框起來的地方所示的樣子。

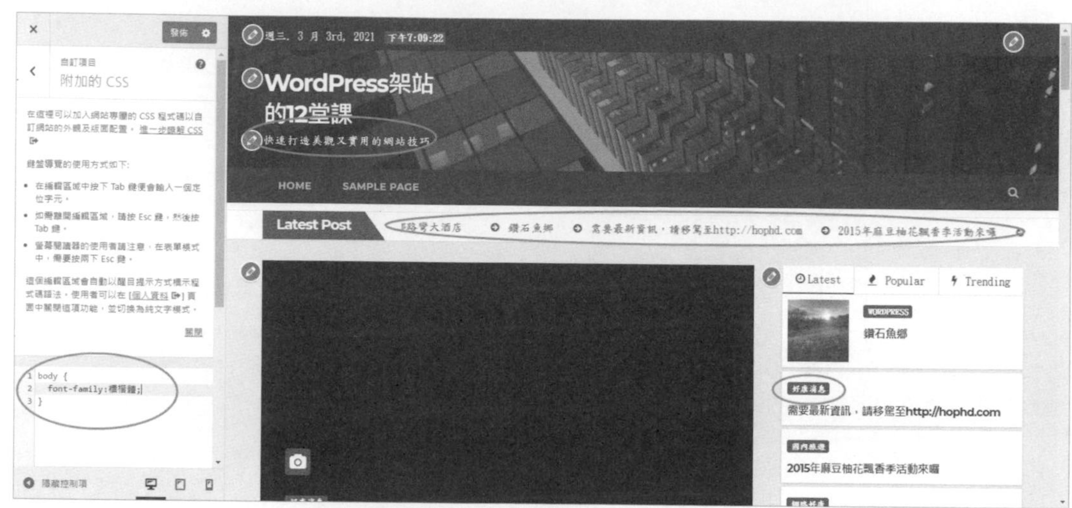

圖 5-3-10 把所有的 body 標籤的內容都設定為標楷體

當然，如果你熟悉 CSS 語法的話，也可以在此設定一些 class（如段落專用的或是文章標題專用的），然後在文章中就不需要在 <p> 標籤之後打那麼長的設定，直接利用 <p class='mypa'></p> 這樣就可以了。

5.4 如何使用小工具擴充網站功能

為什麼大家喜歡 WordPress？我想其中一個很大的因素是有非常強大的擴充功能可以使用。如果你選擇的是自己架設 WordPress 網站，所有的功能都沒有限制，甚至你想要改變網站的原始碼都可以。不過，在變更原始碼之前，倒是可以先來試用看看小工具所能提供的功能。

小工具，英文名字是 Widget，大意就是一些可以用在網站上的小部件，一般來說，我們都是把小工具拿來放置在網站的側邊欄，為 WordPress 網站提供一些的額外功能，而其中有一個叫做「自訂 HTML」的小工具，則是最有彈性的部件，因為它是一個預設是空的容器，你可以在其中放置任何你想要放置的內容，文字、圖片、連結、甚至是 Script 程式碼都可以，這些我們在下一節中會加再加以介紹，在網站中善用小工具，可以讓你的網站更加地多采多姿。

要使用小工具的功能，也是要登入 WordPress 的控制台，在左側的「外觀」選單中即可看到，如圖 5-4-1 所示。

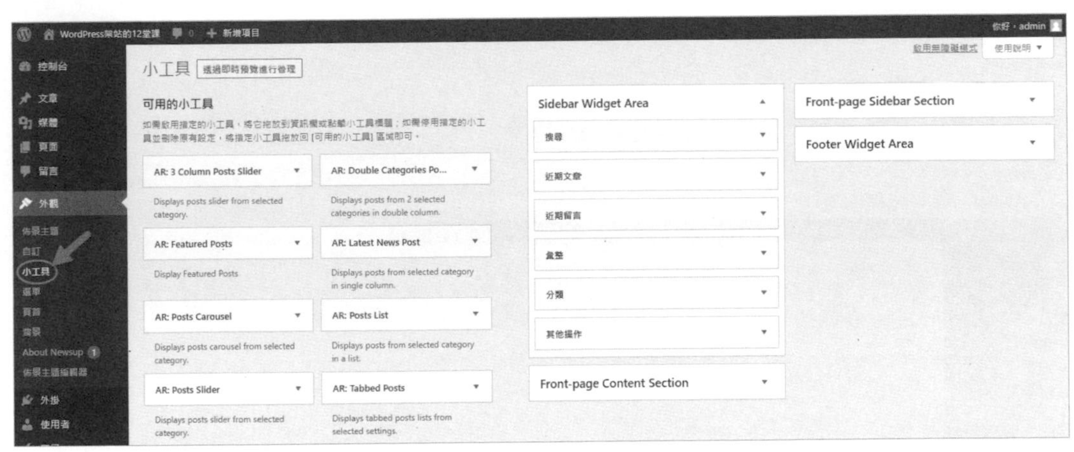

圖 5-4-1 找到「小工具」的設定選項

在小工具的介面中可以看到目前所有可以使用的小工具列表，列表的數目以及種類和網站中所安裝的佈景主題以及外掛有關，許多的佈景主題均有提供各式各樣的強化功能之小工具可以使用。在圖 5-4-1 中請把畫面往下捲動，一些 WordPress 預設的小工具大部份都會放在比較下方的地方，如圖 5-4-2 所示。

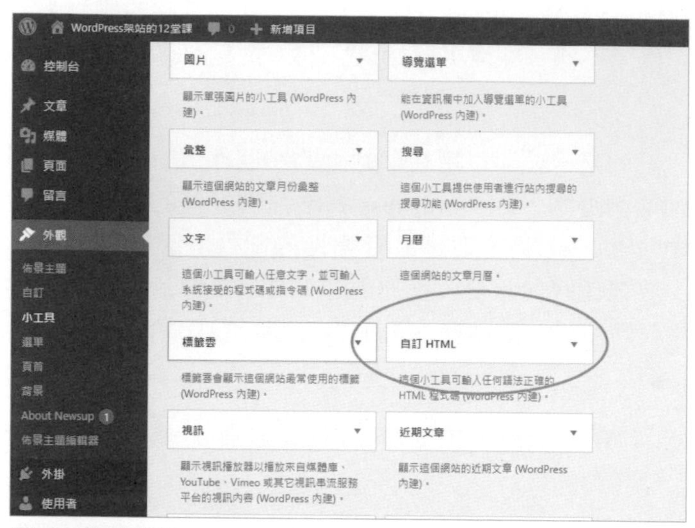

圖 5-4-2「自訂 HTML」小工具所在的位置

點擊「自訂 HTML」或是任一個小工具之後，即可看到如圖 5-4-3 所示的選項可以使用。

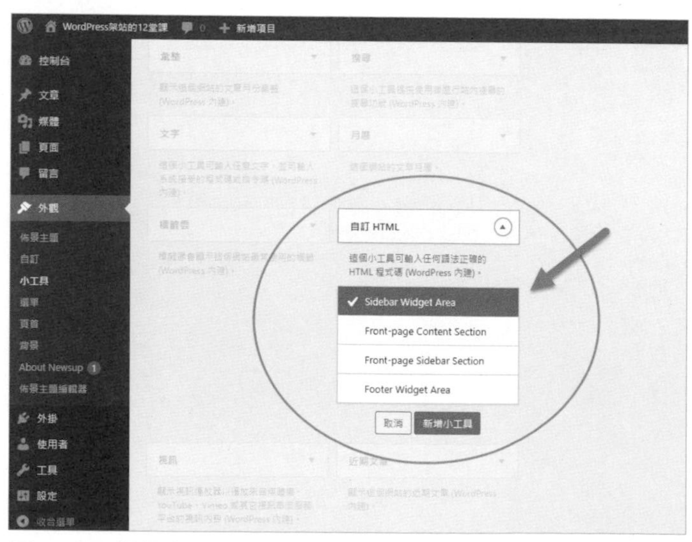

圖 5-4-3 選擇小工具放置處的選單

選單中可以放置的位置和佈景主題所提供的側邊欄數量有關，最基本的是左側或是右側的側邊欄位置，那是所有佈景主題都會支援的，其他的部份讀者可以自行測試看看實際上被安排的位置為何。在圖 5-4-3 中，我們直接選用「Sidebar Widget Area」之後，再按下下方的「新增小工具」按鈕即可。如果側邊欄的右側就在小工具設置畫面的右側，也可以使用滑鼠拖曳的方式新增小工具。新增完畢之後，畫面會切換到小工具的設定介面，「自訂 HTML」小工具會出現一個編輯介面讓站長輸入想要的 HTML/CSS/JavaScript 程式碼，如圖 5-4-4 所示。在編輯完畢之後按下「儲存」再按下「完成」按鈕，即可把小工具收合起來。

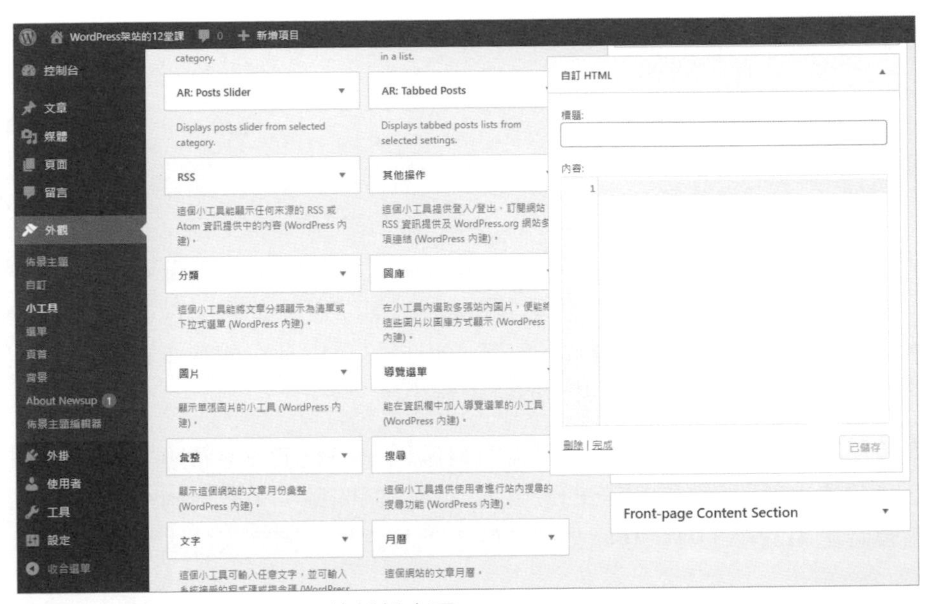

圖 5-4-4 自訂 HTML 小工具的編輯介面

新安裝好的 WordPress 網站，在你還沒有做任何小工具的更動之前，就預設有「搜尋」、「近期文章」、「近期迴響」、「彙整」、「分類」、和「其他」這幾個基本的小工具，如圖 5-4-5 所示。如果你覺得有不需要的，只要在個別的小工具上按一下滑鼠的左鍵，就會出現可以設定的項目，當然也包括「刪除」這個項目。

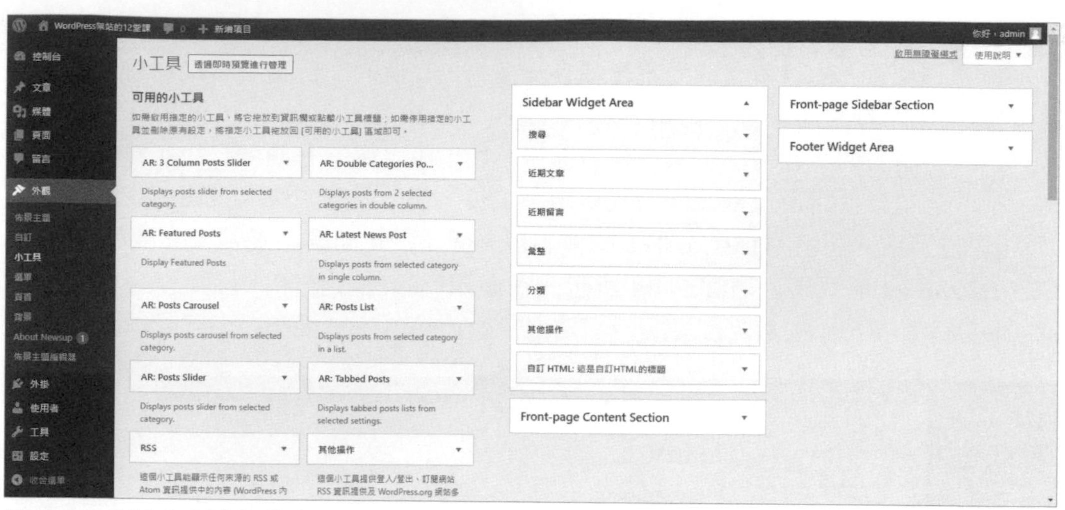

圖 5-4-5 預設在側邊欄的小工具及新增的自訂 HTML 小工具

由於我們的網站剛成立，沒有多少網站內容，所以在這一節中，我們先練習把「搜尋」、「近期留言」、「彙整」刪除，除了使用「刪除」連結之外，你也可以按著小工具把它拖曳到側邊欄外面，也是移除的意思。當然，也可以藉由拖曳的動作變更小工具在網站中呈現的上下位置，或是搬移到其他的側邊欄中。

如果你目前暫時用不到某個小工具，而你已經對它做過一些設定，不希望把它刪除以免以後需要它時還要重新設定，在畫面的最下方還有一個叫做「未啟用的小工具」可以讓你放這些暫時不用的小工具。移除上述三個小工具之後，回到網站去看看，馬上就生效了。

其實，如果你的網站只有一個人在維護的話，「其他操作」這個小工具也是可以移除的，因為我們自己知道要進入控制台的網址以及登出的方法，實在是不需要為此浪費寶貴的網頁空間。

各種小工具請讀者們可以自己試試看，下一節將介紹小工具中最強大的功能：「自訂 HTML」。

5.5 如何使用其他的網路服務

自己架設 WordPress 網站最大的好處之一，就是可以彈性地自由增加網站的功能，每一個地方你都有權力可以自行修改而不會被網站主機限制，而我們除了在文章以及頁面中可以增加這些功能或連結之外，大部份的情形下，都是使用前一節中介紹的小工具來增加網站的額外功能。

你可以把小工具看成是一個網頁上的功能區塊，內容可以自訂，也可以使用現成的，但是可以放在網頁上的哪一個地方，大體上是由佈景主題來決定。我們在前一節中介紹一些常用的小工具，每一個小工具都有它自己的功能，有一些是原本就有的，而有一些則是由安裝的外掛所提供的。在這一節中，我們先不介紹外掛，而是使用「自訂 HTML 小工具」來放其他的網站所提供的服務。

在前一節的介紹中，如果你有開啟過「自訂 HTML 小工具」，會發現其實它是空的，沒錯，它裡面什麼都沒有，就只是一個簡單的容器，所以，如果你熟悉網頁 HTML 和 CSS 語法，你可以自己建立一個網頁的片段，然後把它放在文字小工具中，再把這個內容呈現出來。就像是圖 5-5-1 所示的樣子：

圖 5-5-1 使用 HTML 和 CSS 語法來設計文字小工具的內容

然後在網頁上看起來就像是圖 5-5-2 所示的樣子。

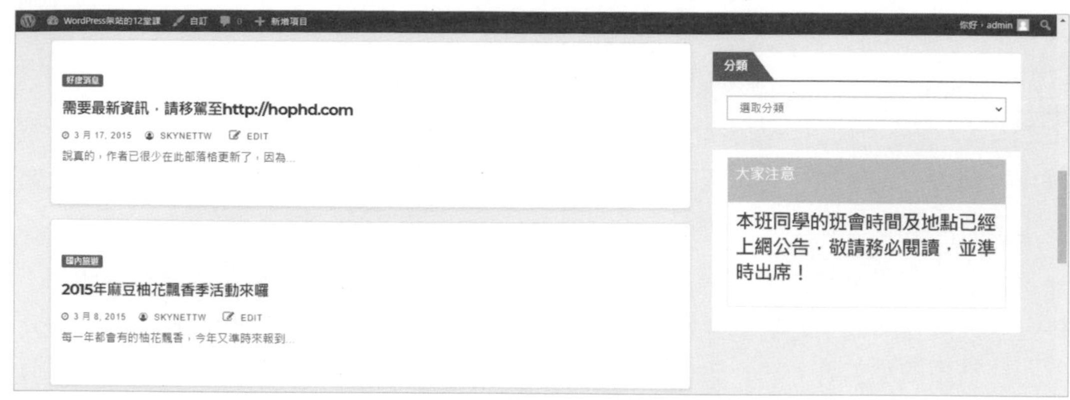

圖 5-5-2 使用 HTML 和 CSS 語法來編輯網頁所呈現出來的樣子

瞭解了這個功能，接下來我們來看看有什麼其他有趣的應用。

使用 Histats.com 建立網站計數器功能

當然，我們可以做的不只這些。網路上有許多的應用，是允許我們直接使用 HTML 碼來放置在我們的網頁中的，而這些方法就是利用文字小工具。最常用的功能就是網站的訪客計數器以及分析了。當然現在的 WordPress 有許多的外掛可以達到記錄以及分析網站訪客來源的資料，但是在網站效果的呈現方面卻不如一些專門提供此功能的網站服務。在這其中的佼佼者，當屬 Histats。

Histats 是一個專業的網站流量統計服務，除了詳細的訪客流量資訊之外，最受大家讚賞的就是它提供了漂亮的訪客人次統計圖示可以選用，而且在後台很詳細地使用精美的圖表來呈現訪客資訊，如圖 5-5-3 所示。

圖 5-5-3 Histats 所提供的訪客資訊圖表範例

只要前往它們的首頁，然後在首頁畫面的右方輸入你的網站網址，然後再按下「Register」按鈕，如圖 5-5-4 所示。

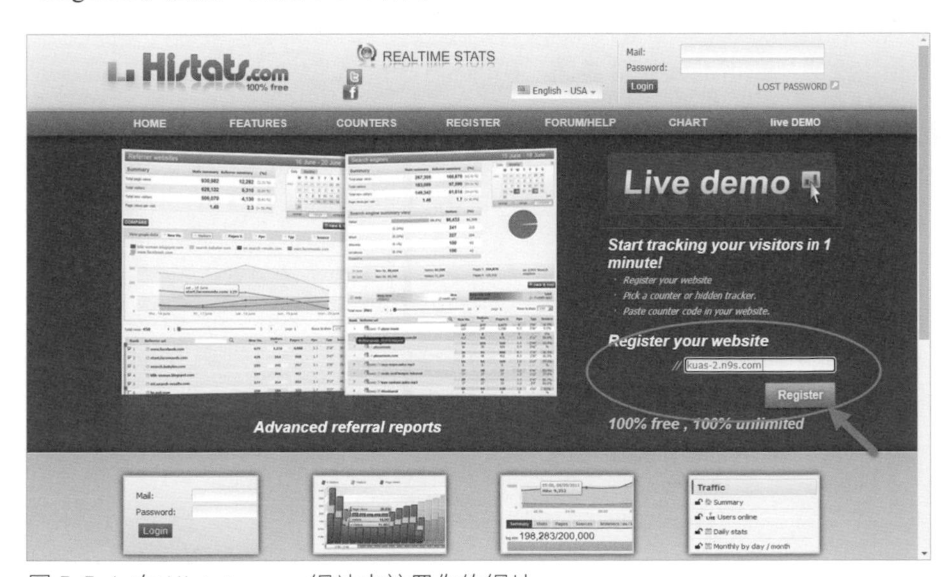

圖 5-5-4 在 Histats.com 網站中註冊你的網址

第一次使用會看到如圖 5-5-5 所示的會員資料填寫畫面，主要的內容就是你的電子郵件帳號以及要設定的密碼。

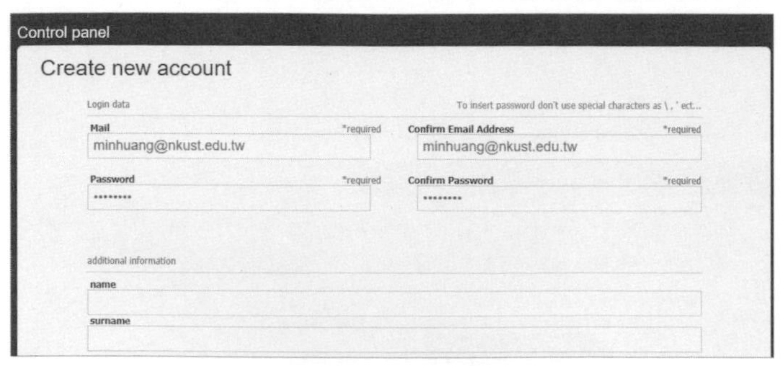

圖 5-5-5 新用戶註冊之畫面

填寫完畢按下「Register」按鈕後，隨即會出現如圖 5-5-6 所示的畫面，提示我們要到電子郵件信箱中去接收啟用信。

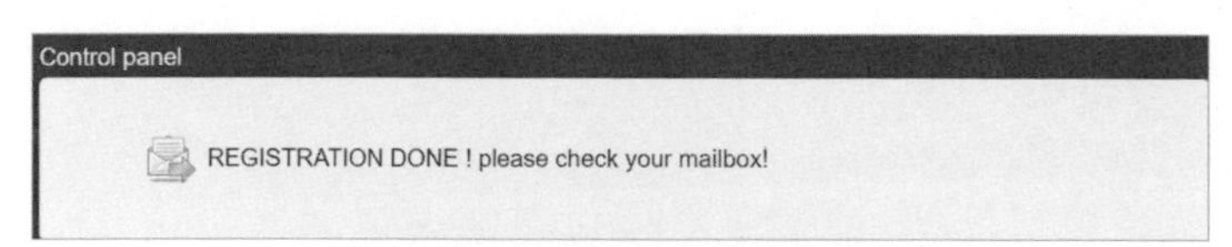

圖 5-5-6 提醒接收啟用信的畫面

啟用之後再次登入網站，即可進入會員畫面，如圖 5-5-7 所示。

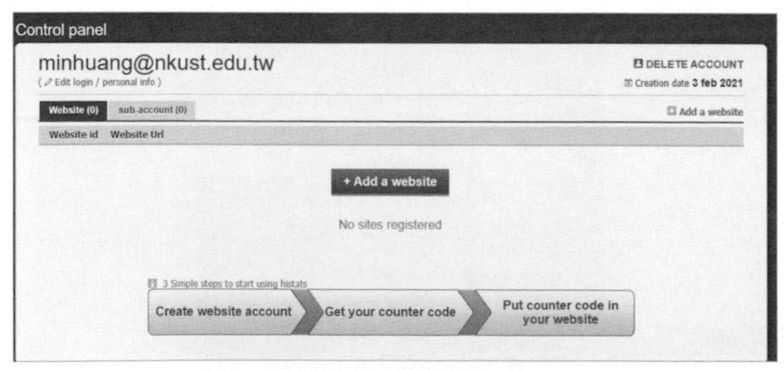

圖 5-5-7 首先登入 histats.com 的會員畫面

要新增一個網站計數器，請點擊「+Add a website」按鈕，即會出現如圖 5-5-8 所示的介面。

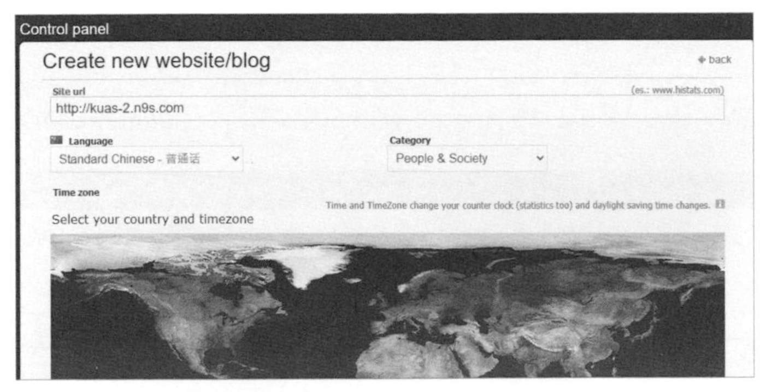

圖 5-5-8 新增網站的介面

如圖 5-5-8 所示，新增網站要先輸入網站網址，然後設定時區，選定網類別以及網站標題和網站的簡要描述。本網頁的下方右側，還可以決定起始的計數數字是多少，如圖 5-5-9 所示。

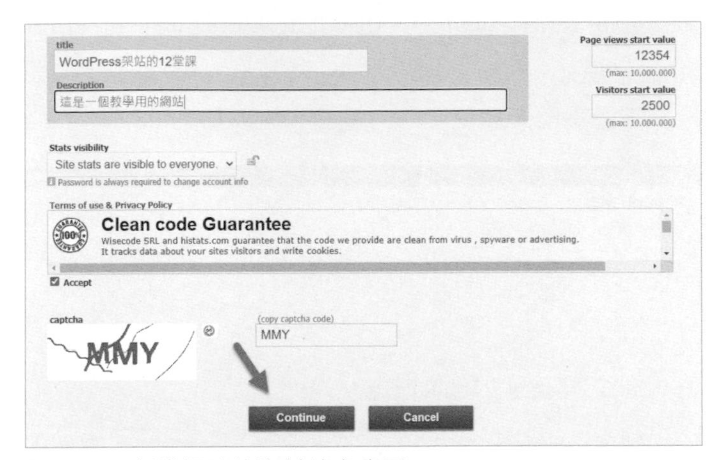

圖 5-5-9 新增網站的資料填寫畫面

把畫面往下捲動，還要勾選接受使用條款以及輸入驗證碼，再按下「Continue」按鈕即可。輸入完畢之後，就可以在摘要中看到剛剛輸入的網址被顯示在列表中了，如圖 5-5-10 所示。

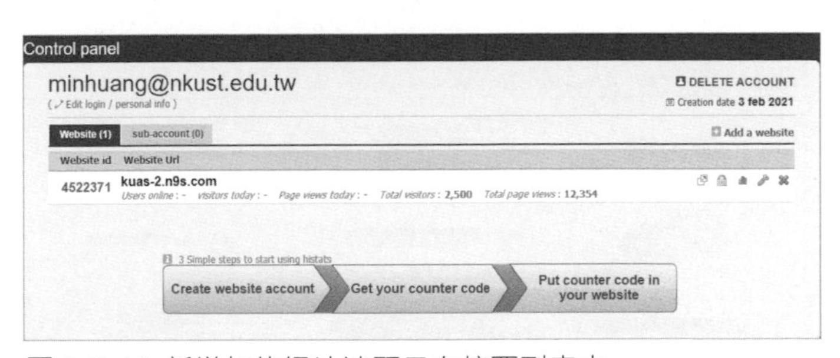

圖 5-5-10 新增加的網站被顯示在摘要列表中

但是到了這一步還不算完成，因為還沒有把程式碼放在我們的網站中。在點選了剛剛新加入的網站（在此例為 kuas-2.n9s.com）之後，還要到右上方去建立計數器用的程式碼，請如圖 5-5-11 所示的箭頭處點擊「<>Counter CODE」連結。

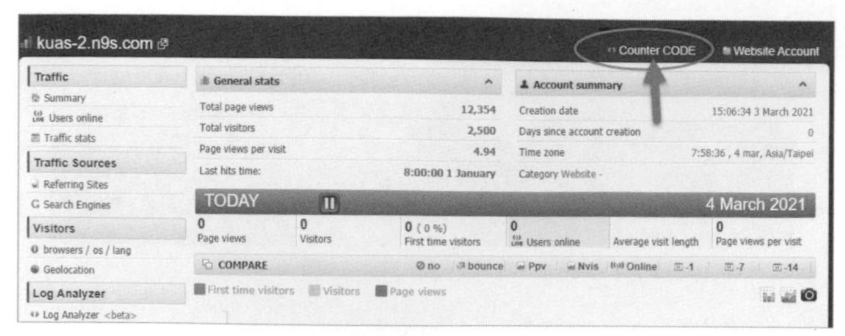

圖 5-5-11 點選 <>Counter CODE 建立網站專用的計數器程式碼

剛進來計數器介面是空白的畫面，先要從「add new counter」開始，如圖 5-5-12 所示。

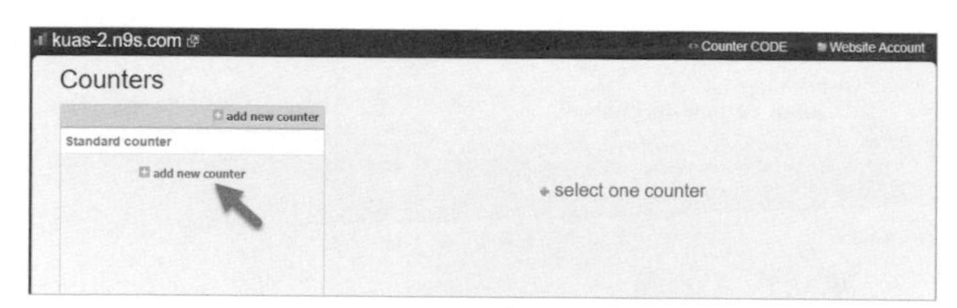

圖 5-5-12 開始建立新的計數器

如圖 5-5-13 所示，有許多的計數器樣式可以選擇。

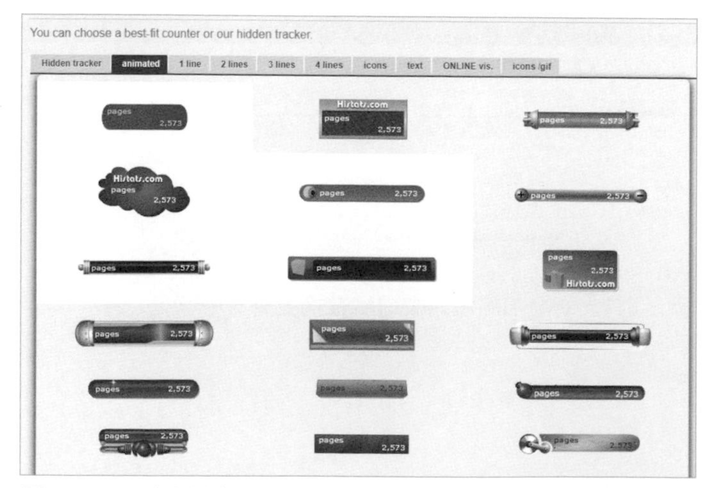

圖 5-5-13 建立計數器的第一步，先選擇計數器的樣式

在選擇了任一計數器樣示之後，如圖 5-5-14 所示，還可以選擇要顯示的內容，同時也可以即時看到預覽畫面。

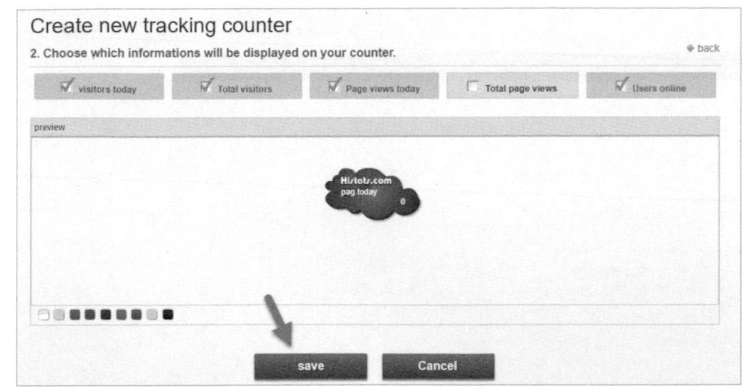

圖 5-5-14 建立計數器的第二步，選擇要顯示的資訊以及預覽

都確定沒問題之後，再按下「save」按鈕儲存設定即可回到計數器的列表畫面，此時再按下想要使用的計數器，即可在下方看到此計數器所需要的連結程式碼，如圖 5-5-15 所示。

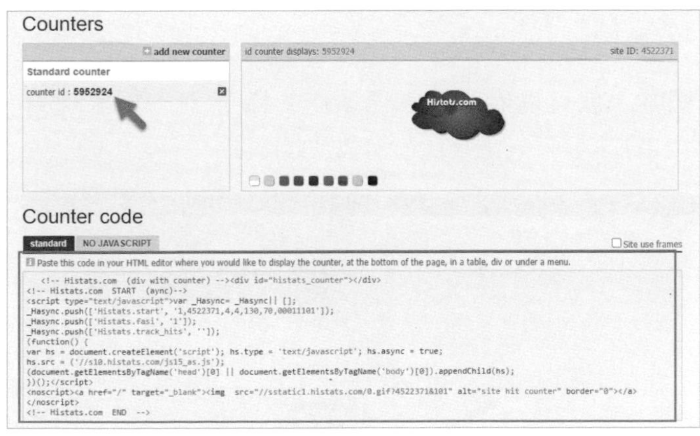

圖 5-5-15 可以選用的程式碼

如圖 5-5-15 所示，請選用「standard」程式碼，並把這段程式碼複製下來，回到 WordPress 控制台，找到「自訂 HTML 小工具」，把這段程式碼複製到自訂 HTML 小工具的內容處，再加上個標題即可，如圖 5-5-16 所示。

圖 5-5-16 利用「自訂 HTML 小工具」把剛剛的計數器程式碼複製進去

把小工具儲存設定之後，回到網站上就可以看到計數器運作的樣子了，如圖 5-5-17 所示。

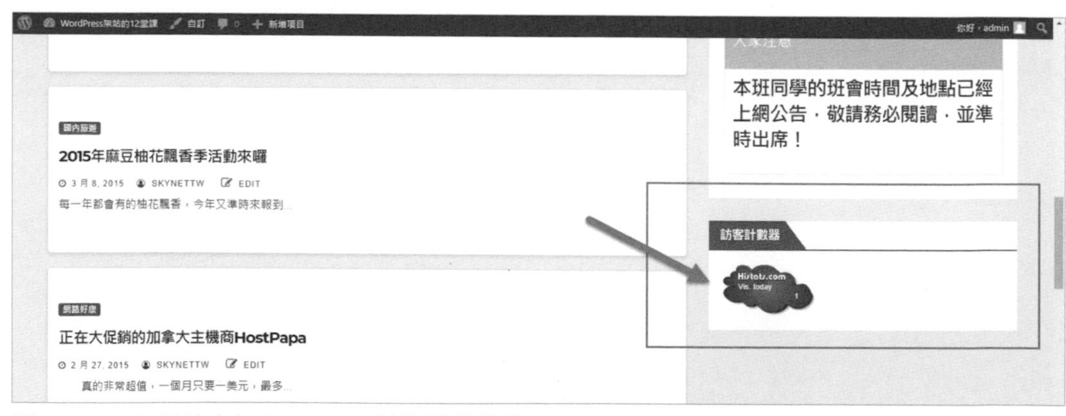

圖 5-5-17 在網站中加入 Histats 計數器的樣子

使用 flagcounter.com 建立國旗訪客計數器功能

除了 Histats.com 這個美觀的的計數器之外，還有一個網站也值得一試，那就是國旗訪客計數器，如圖 5-5-17 所示。這個計數器會把所有來網站參觀的訪客以國家為單位計算人次並加以排序，最後再以國旗加數字的方式呈現出來，讓我們一眼就能夠看出，來訪的網友中，哪一個國家的人數是最多的。

圖 5-5-18 國旗訪客計數器的使用實例

如圖 5-5-18 的網站計數器顯示，在該計數器上點擊滑鼠左鍵，還會進入另外一個統計分析的網頁，如圖 5-5-19 所示。

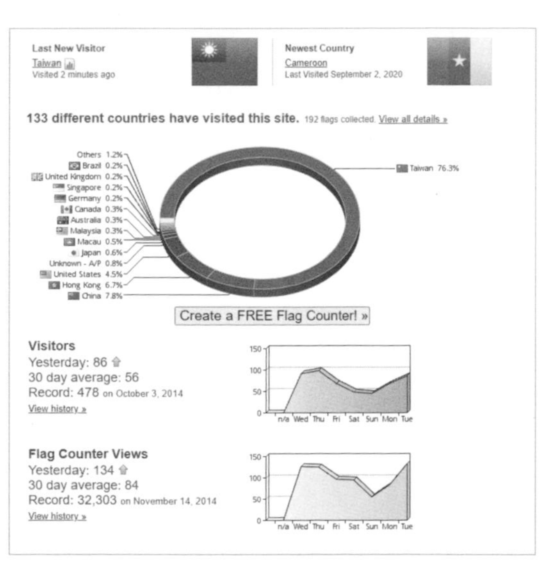

圖 5-5-19 國旗訪客計數器的統計資料

在圖 5-5-19 中可以看到上一次來訪的瀏覽者的國家（台灣），最新加入的國家（喀麥隆）的網友，從開始統計到現在，共有 133 個不同國家的瀏覽者光臨本網站，下方的資料就把所有不同國家的瀏覽者所有的次數以及比例透過圖表的方式呈現出來。除此之外，也可以透過地圖的方式來呈現這些資料，如圖 5-5-20 所示。

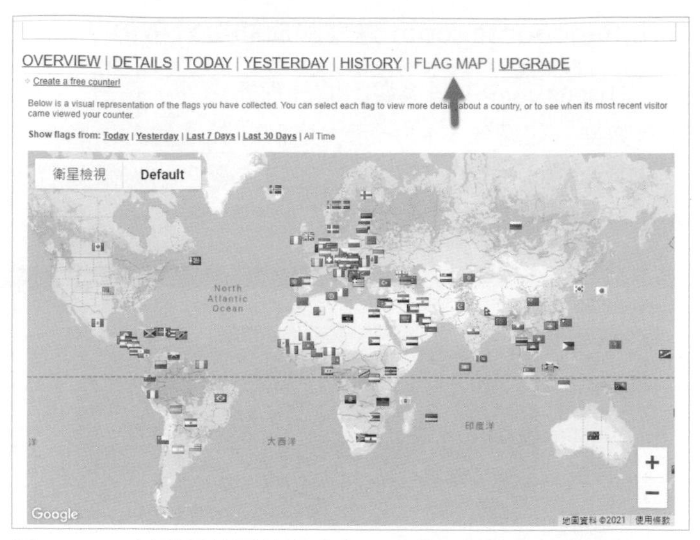

圖 5-5-20 以世界地圖的方式來呈現世界各地訪客的概況

要在自己的網站中加入這個功能也非常簡單，一樣是到該網站去申請一段程式碼（更棒的是，這個網站連註冊都不用），然後把該段程式碼複製下來，一樣是使用文字小工具加到我們的網站中即可。此網站的網址是 https://flagcounter.com/，圖 5-5-21 是此網站的首頁畫面。

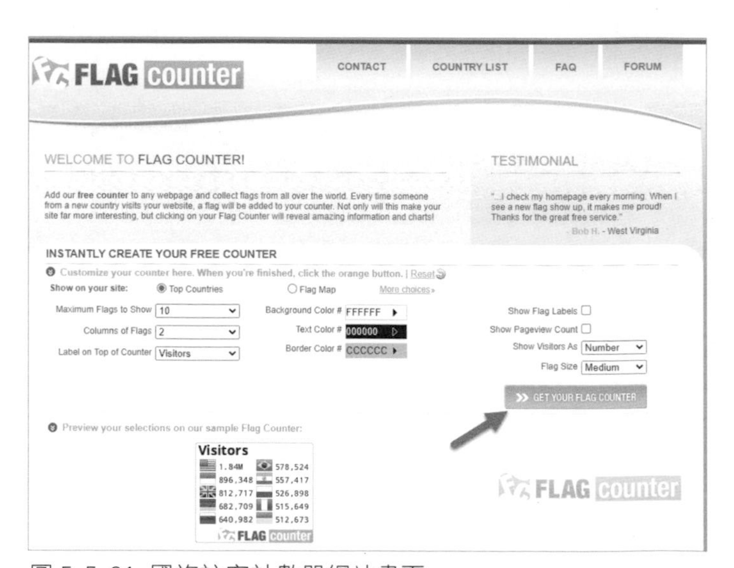

圖 5-5-21 國旗訪客計數器網站畫面

在此網站頁面中，請先勾選想要使用的計數器內容及外觀，然後只要如箭頭所指的地方，按下「>>GET YOUR FLAG COUNTER」按鈕，該網站就會出現一個會員註冊的對話盒，如圖 5-5-22 所示。

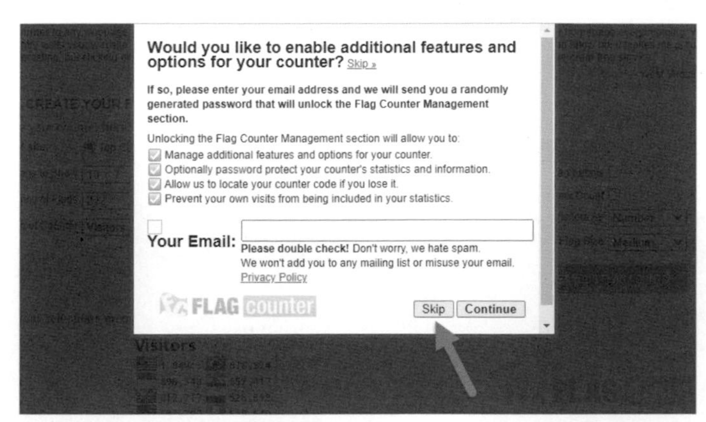

圖 5-5-22 國旗訪客計數器註冊對話盒

由於此功能不需要註冊也可以使用（只是註冊後可以得到更多的資訊），因此我們選擇按下「Skip」按鈕跳過註冊程序。然後，就出現如圖 5-5-23 所示的程式碼複製畫面。

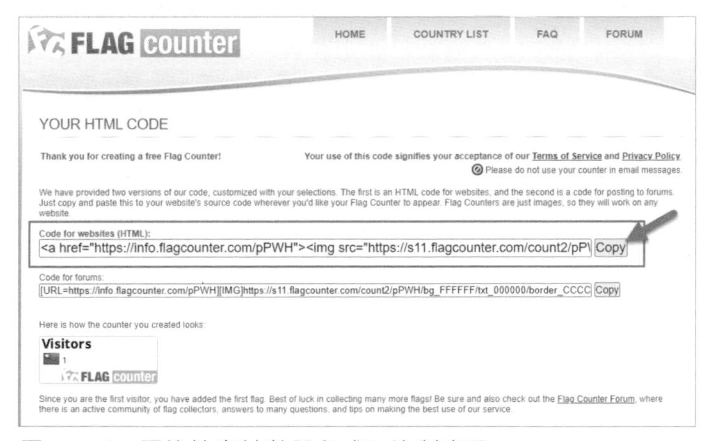

圖 5-5-23 國旗訪客計數器程式碼複製畫面

如圖 5-5-23 所示，把第一段程式碼複製下來，回到 WordPress 控制台新增自訂 HTML 小工具，並貼上本段程式碼，如圖 5-5-24 所示。

圖 5-5-24 新增國旗訪客計數器的功能到文字小工具中

回到我們的網站就完成了，如圖5-5-25所示的畫面就是加入了國旗計數器的網站外觀。

圖 5-5-25 在我們的網站上提供國旗訪客計數器的功能

5.6 從主機端看 WordPress 網站

在進入下一章之前，該是花一點時間來更瞭解自己所親手架設出來的網站了。儘管網站的內容看來好像很多很複雜，像是由一大堆複雜的程式所組合起來的伺服器，但是我們自己架設出來的 WordPress 網站不外乎就是包括程式檔案、媒體檔案、以及資料庫三大部份。

不論你使用的是何種方法架站，在架站之前都會先進入主機的主控台進行安裝 WordPress 的作業，安裝 WordPress 的那個環境就是主機主控台。主控台有許多不同的型式，你可以從本書所介紹的方法擇中一安裝 WordPress 網站（例如本書的範例網站是架在戰國策所提供的伺服器中），還記得如何進入 WordPress 控制台嗎？除了到主機主控台裡安裝的地方進入 WordPress 的控制台之外，另外一個常用的方法就是使用你的網站網址加上 wp-admin，像是 http://kuas-2.n9s.com/wp-admin 就可以了。

至於主機的部分，有一些虛擬主機商（例如 imaxnow.com）可以使用你的網址再加上 cpanel 進入虛擬主機的主控台，像是 http://skynet.wpnet.pw/cpanel。在你的瀏覽器輸入這個網址，系統就會要求你輸入帳號和密碼，這組帳號和密碼和我們在 WordPress 中的是不同的，它是你在申請或購買虛擬主機時所得到的。本節所要說明的部份，是以虛擬主機的主控台操作為主。另外，戰國策主機帳戶的方法則被寫在啟用信中，也可以在你的網址後面加上「8443」埠號，例如：https://www.kuas-2.n9s.com:8443。

圖 5-6-1 標準的 cPanel 主機主控台登入畫面

登入畫面之後，標準的 cPanel 操作外觀看起來像是圖 5-6-2 所示的樣子。但是也有些主機商預設的操作介面是另外一種，像是圖 5-6-3 所示的樣子。這兩種介面大部份的主控台都可以讓你自由地切換。

圖 5-6-2 cPanel X3 主控台操作介面

圖 5-6-3 cPanel Paper_lantern 主控台操作介面

在 Paper_lantern 的操作介面中，選用「檔案管理員（FileManager）」就可以看到如圖 5-6-4 所示的訊息盒，詢問你在進入檔案管理介面時候可以設定的檢視參數。如果你使用的是 X3 的操作介面，則看到的是如圖 5-6-5 所示的樣子。

圖 5-6-4 Paper_lantern 的檔案管理員設定訊息盒

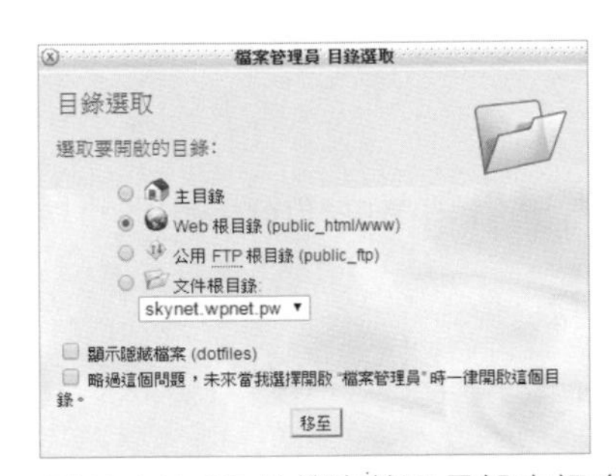

圖 5-6-5 X3 的檔案管理員設定訊息盒

進入檔案管理員之後，就可以看到你的網站 public_html（不同的主機商會有不同的名稱，也有叫做 www 或是 htdocs 的）下的所有檔案，這是你的網站虛擬主機的根目錄檔案。如果你的網站是在根目錄之下（像是我們的範例網站），則 public_html 之下的所有檔案就是 WordPress 網站的檔案，如果當初在安裝時選擇裝在某個資料夾之下，如 http://skynet.wpnet.pw/mywp 的話，那麼 public_html/mywp 下的檔案才是網站的所有檔案。

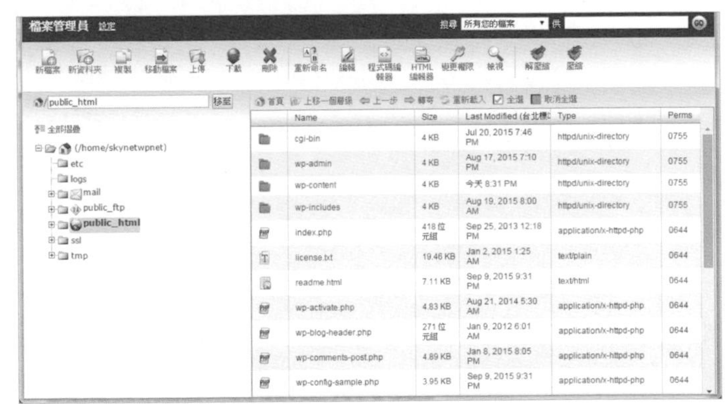

圖 5-6-6 利用檔案管理員顯示 public_html 之下所有 WordPress 網站的檔案

如果是戰國策的 Plesk 的主機帳號，它的內容是在登入主機之後，選擇左側的「文件」選項即可進入「檔案管理員」，如圖 5-6-7 所示。

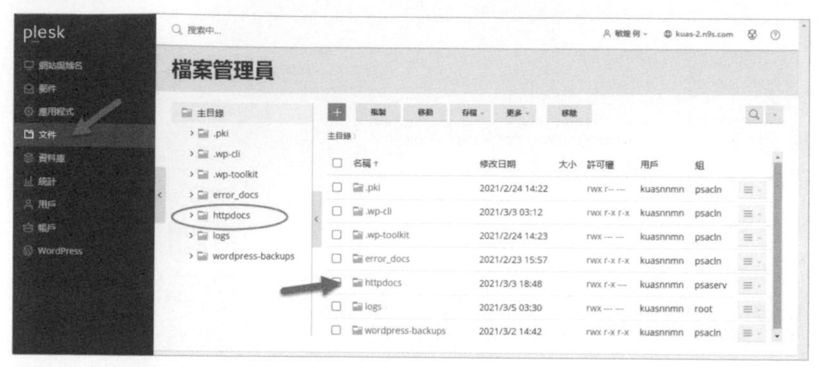

圖 5-6-7 戰國策 Plesk 主機帳戶的檔案管理員

進入「httpdocs」之後，即可看到 WordPress 網站的所有系統檔案內容，如圖 5-6-8 所示。

圖 5-6-8 Plesk 主機的 WordPress 系統檔案位置

如圖 5-6-6 及圖 5-6-8 所示的檔案結構中，根目錄下以及 wp-admin，wp-includes 資料夾裡面，是存放所有 WordPress 網站所需要使用的程式碼檔案，和使用者有關的內容，主要是放在 wp-contents 中。選擇 wp-contents，裡面包括了幾個重要的目錄，如圖 5-6-9 所示。

顧名思義，languages 放置不同語言之間所需要的翻譯檔案，plugins 則是放和外掛有關的程式以及資料檔案，themes 放和佈景主題有關的程式和資料檔案，upgrades 放置和版本升級有關的檔案，uploads 則是放置所有上傳的媒體資料檔案圖形檔等。再往 plugins 目錄下看，如圖 5-6-10 所示。

由圖 5-6-10 可以看出來，每一個外掛都有自己的一個專屬的目錄，也就是說，每個資料夾就是一個外掛。至於這個外掛是否啟用，相關資訊則是放在資料庫中。可是，如果這些資料夾被刪除，該外掛就自行失效。意思是說，如果你發現在安裝了某一個外掛之後，網站忽然就不能使用了，最暴力直接的方法，就是來這裡把該外掛直接刪除亦可。佈景主題 themes 目錄下的結構操作原則，基本上也是和外掛是一樣的。

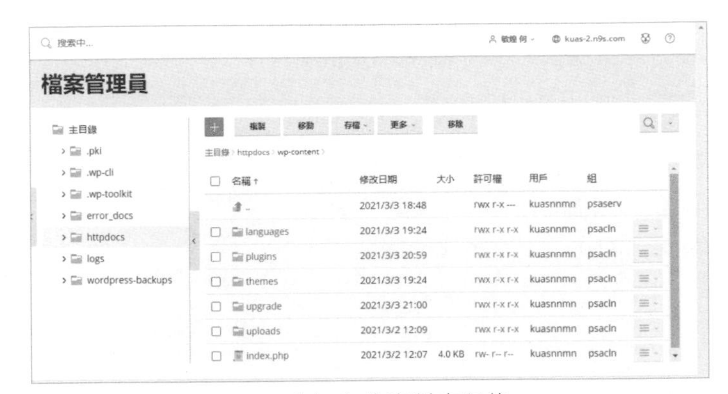

圖 5-6-9 wp-contents 中包含的資料夾目錄

圖 5-6-10 plugins 目錄下的內容

至於 uploads 下則是以年份和月份來整理上傳的檔案，如圖 5-6-11 所示。

圖 5-6-11 uploads 上傳檔案的存放位置

在正常的情況下，所有在 uploads 下的檔案，在資料庫中會有一個索引可以對照，如果索引不正確的話，該圖片也是會連結不到的。

除了程式檔案和媒體檔案之外，所有的文章以及網站的設定資訊則是放在資料庫中。cPanel 主機可以透過 phpMyAdmin 來操作資料庫，如圖 5-6-12 所示。

戰國策主機帳戶的 phpMyAdmin 位置則如圖 5-6-13 所示。

點擊 phpMyAdmin 之後，應該可以看到如圖 5-6-14 所示的資料庫操作介面。

圖 5-6-12 cPanel 主控台中 phpMyAdmin 所在的位置

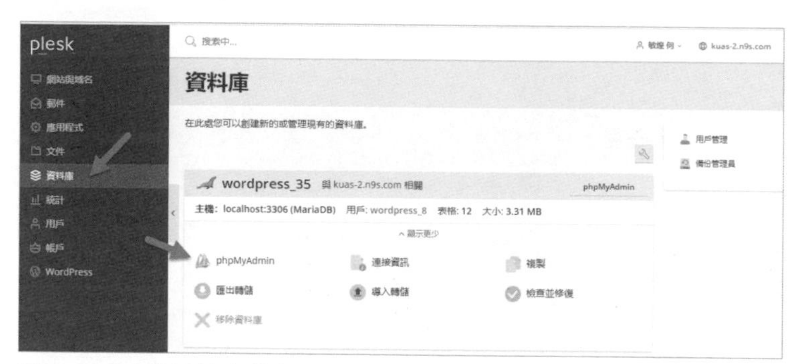

圖 5-6-13 戰國策主機帳戶進入 phpMyAdmin 的位置

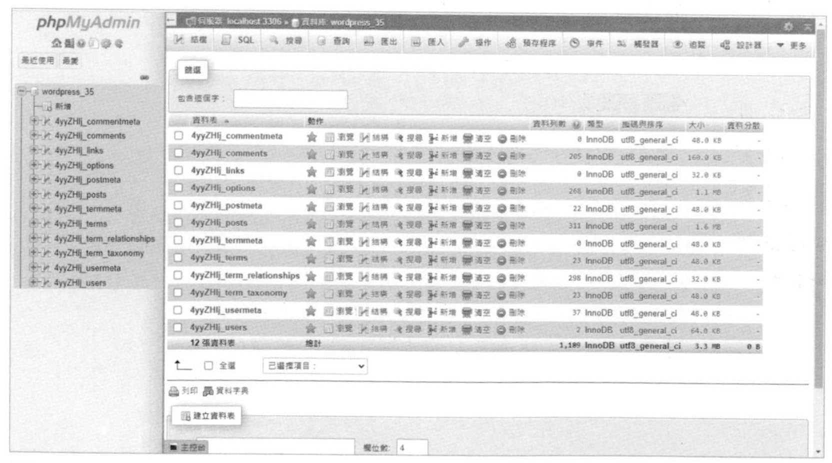

圖 5-6-14 phpMyAdmin 的操作介面

在這些資料庫中，每一個資料表都有其相對應的功能，其中 options 裡面放的是網站系統相關設定的訊息，有時候在網站搬家時會來這裡修改裡面的一些資訊以確保新網站可以順利運行。

在本節的最後要說明的地方是，每一個網站為了提升網站被 Google 搜尋引擎搜尋的機會，都需要登入 Google 網站管理員（https://developers.google.com/search），上傳網站的 XML 網站地圖（Google XML Sitemaps）。但是在上傳網站地圖之前，需要把網站作為資源新增到 Google Search Console 中，在新增資源時，Google 必需驗證你對於想要上傳的網站的所有權，驗證網站所有權的其中一個方法，就是把 Google 提供給我們的驗證檔案 googlexx…xxxx.html 上傳到網站的根目錄，如圖 5-6-15 所示，請先選擇右側的驗證方式。

接著會出現如圖 5-6-16 所示畫面，提供一個驗證檔供我們下載使用。

圖 5-6-15 兩種 Google 網站管理員的驗證方法

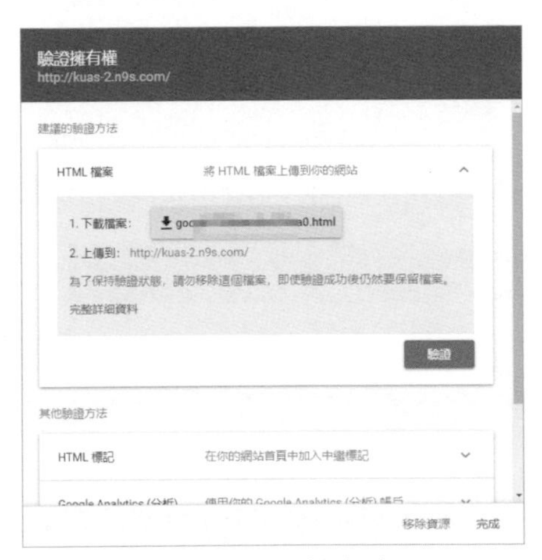

圖 5-6-16 以檔案的驗證方式

我們的 WordPress 網站如果要通過驗證很簡單，如圖 5-6-16 所示把驗證檔案下載之後，再透過主控台的檔案管理員（FileManager）把該檔案上傳到 WordPress 系統程式所在的目錄下，如圖 5-6-17 所示。

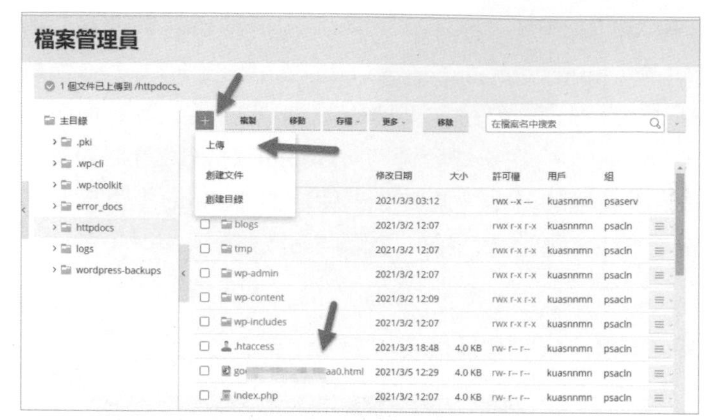

圖 5-6-17 在主機主控台中透過檔案管理員上傳 Google 驗證檔

再回到 Google Search Console 再按下驗證按鈕就可以完成了，如圖 5-6-18 所示。

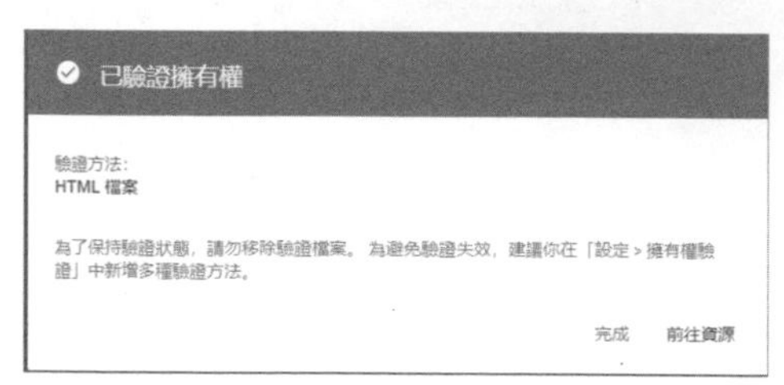

圖 5-6-18 Google Search Console 驗證成功的畫面

06 WordPress 外掛程式篇

基本概論

網域申請

安裝架設

基本管理

外掛佈景

人流金流

社群參與

6.1 WordPress 外掛

6.2 如何安裝、啟用、刪除、更新 WordPress 外掛？

6.3 強化網站功能

6.4 後台必備外掛

6.5 社交網路精選

6.6 備份安全通吃

6.7 提升網站效能

6.1 WordPress 外掛

什麼是 WordPress 外掛？

WordPress 外掛（中國用語：插件、英文：Plugin），是讓你能為 WordPress 網站新增功能的一種擴充應用程式，就像智慧型手機裡的 APP 一樣。

在前面的介紹或是後面其他章節也會一而再再而三的提到它，截至目前為止，大約有 58500 種以上的外掛收錄於官方外掛目錄（待會會介紹什麼是官方外掛目錄），在 2011 年時官方收錄了一萬多種的外掛，十年後暴增至 58500 多種，這還不包含大家自己開發沒有上傳至官方的附加功能呢！在這麼多的外掛中，你可以完全依照自己想要的需求，只要搜對關鍵字，不用額外花錢請人開發，就能免費暢玩 WordPress，讓網站功能變得更好用，網友也有更舒適的瀏覽體驗。

而 WordPress 外掛主要分類大致上分為後台強化、前台優化、社群媒體、安全強化等等幾大分類，簡單來講就是全包。後面也推薦一些外掛程式供大家參考，而且如果你懂 PHP 語言，也能輕鬆修改甚至是創造一個屬於你自己的外掛程式。

WordPress 運作流程

要開始在你的網站上使用 WordPress 外掛，需要以下步驟：

- 尋找需要的 WordPress 外掛
- 在你的 WordPress 網站上安裝外掛（請見下一章節）
- 在 WordPress 控制台內設定外掛

WordPress 外掛哪裡找？

你可以在以下列出的幾個地方找到 WordPress 外掛，而具體取決於你想要的是免費還是商業付費外掛。使用免費的外掛，無需付費就可以安裝和使用，目前許多外掛都採用部分免費、部分進階功能需付費的模式。

- WordPress.org – 官方 WordPress 外掛目錄，也是尋找免費外掛的最佳選擇。
- Code Canyon – 專門販售付費 WordPress 外掛的網站。

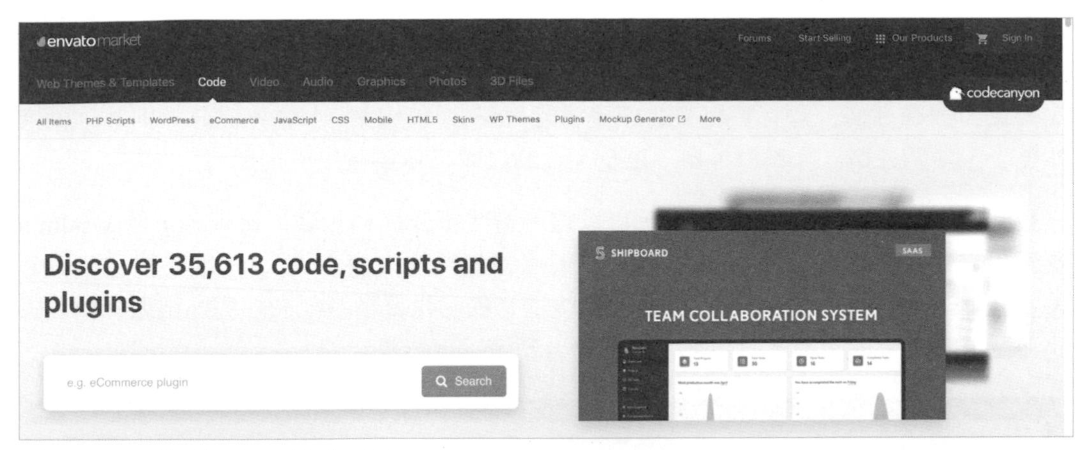

圖 6-1-1 專門販售付費外掛的網站

- 第三方開發人員 – 部分開發人員僅透過自己的網站銷售外掛，這種外掛需要透過搜尋引擎尋找才能找到。

WordPress 官方外掛目錄（WordPress Plugin Director）

https://tw.wordpress.org/plugins

圖 6-1-2

多數的 WordPress 外掛都是收錄於官方的外掛目錄，而其優點就是直接與你的 WordPress 網站控制台整合在一起，在網站後台所有搜尋到的外掛程式都是直接從 WordPress 官方外掛目錄中下載後自動解壓縮安裝的。

外掛目錄的頁面列出了幾個分類，像是「適用於區塊編輯器的外掛」、「精選外掛」、「Beta 版外掛」及「熱門外掛」等。而這邊建議大家可以進入 WordPress 網站控制台的安裝頁面搜尋外掛，會有更完整的標籤功能可以使用，控制台的外掛分類則為「精選外掛」、「熱門外掛」、「推薦外掛」以及「我的最愛」外掛可以供選擇。

「熱門標籤」提供了熱門標籤清單，可以透過這些標籤找到相關外掛程式，像是 admin 標籤代表著後台相關、comments 則代表與迴響相關的外掛程式，「熱門外掛」代表著 WordPress 中最熱門的外掛項目，本書的後續章節，也會精選部分熱門外掛做介紹。除此之外，網路上的教學應該也非常多，讀者們可以自行研究看看。

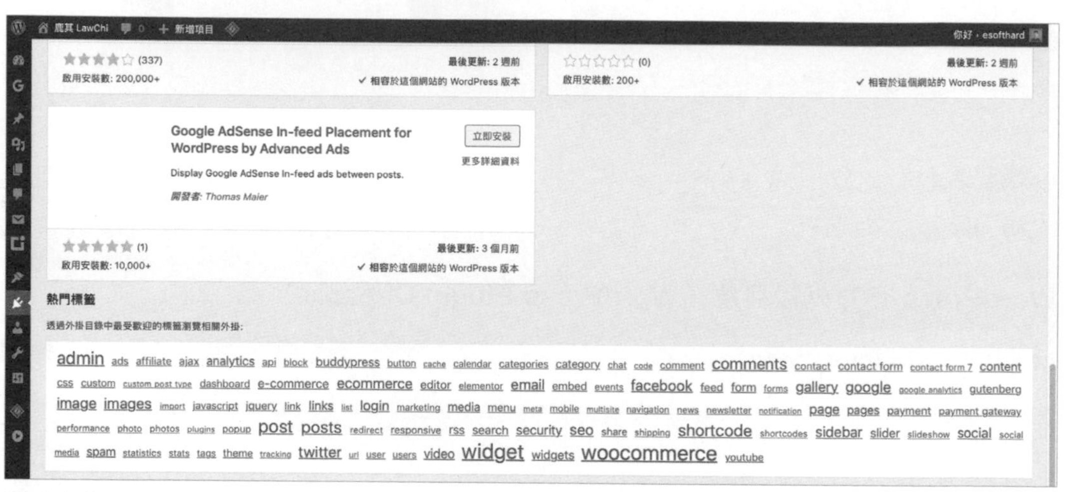

圖 6-1-3

搜尋方式就是輸入你想要搜尋的關鍵字，像是我想要搜尋有關圖片的外掛就可以搜尋「image」，搜尋結果與呈現方式，與 WordPress 控制台及網頁版外掛目錄一致，學一遍就行了！搜尋結果會列出相關外掛名稱、版本、簡介、最後更新日期、評分、「下載」即可將外掛壓縮檔（.zip 格式）下載回自己的電腦內（如果是直接在後台搜尋「立即安裝」即會直接將外掛下載並安裝好在網站中，只需啟用即可），下載前也要先注意外掛適用的 WordPress 版本喔！

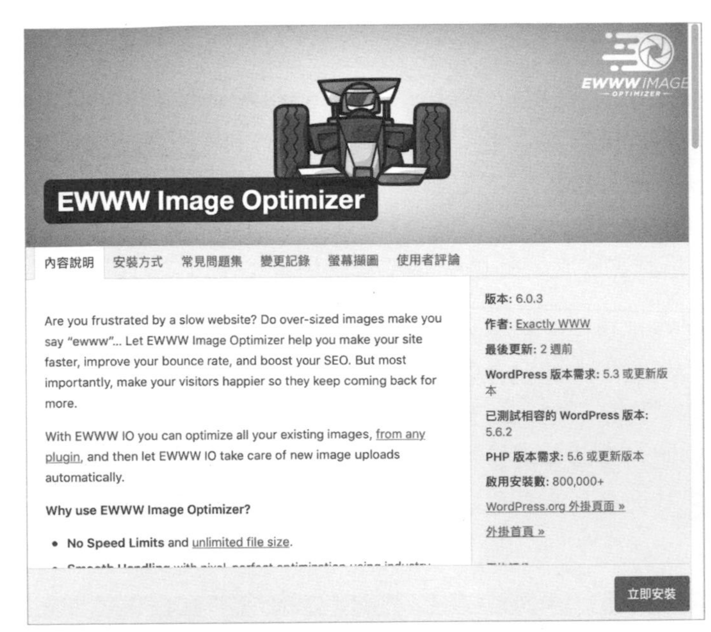

圖 6-1-4 控制台搜尋外掛時的畫面

不過 WordPress 官方外掛目錄所收錄的幾乎全部都是免費而且經過審核的外掛程式，如前所述，有些較龐大、功能較完整，需要付費，或是單純開發者沒有提交給 WordPress 的外掛程式，就不會出現在 WordPress 官方外掛目錄中，一般都要自行至開發團隊的網頁依照指示下載安裝外掛。

使用 WordPress 外掛注意事項

英文外掛可以用在中文網站嗎？

早期 WordPress 在中文的資源相對現在可以說是十分匱乏，到了現在，中文資源已經相當完善，市面上也出版了一些不管是 WordPress 初階、進階的書籍，也感謝許多前輩們專注於 WordPress 的教學實作分享，甚至是外掛佈景主題的中文化也不在少數，許多熱門外掛也都內建正體或簡體的中文語系，但畢竟外掛數量實在太豐富，大部分的外掛程式還是以英文語系為主。

大家可能在使用 WordPress 外掛時會有疑問，英文版的外掛程式是否可以用在正體中文的 WordPress 中呢？答案當然是沒問題，基本上都是不影響使用的。

安全性

除了語言問題外，安全問題也是大家要關注的，除了少部分 WordPress 本身漏洞而遭駭的問題外，大部分都是因為外掛程式（或者是佈景主題）本身有漏洞所造成，我們不是專業的電腦技術人員，無法辨別外掛程式中是否藏有可怕的後門程式，所以選擇已經收錄在官方外掛目錄的外掛，WordPress 官方會幫我們做好第一層的防護，不要隨意下載網路上來路不明、甚至是所謂破解版的外掛程式（當然佈景主題也是一樣的）。

而偶爾會聽聞「某某知名外掛程式有漏洞，請盡快更新」此類消息。這邊也建議大家養成外掛有更新就更新的習慣。WordPress 從 5.5 版開始加入了自動更新功能，更新不但修正功能錯誤、增加新功能外，一般更新也能修復外掛本身已知漏洞，所以在安裝外掛時，建議搜尋並閱讀評論，並在安裝外掛之前，檢查外掛的受歡迎程度，同時檢查該外掛上次更新的時間，確保其仍得到定期維護，不只維護安全性，也確保與最新 WordPress 保持良好相容性。

圖 6-1-5 WordPress 5.5 版本後新加入的自動更新功能。

6.2 如何安裝、啟用、刪除、更新 WordPress 外掛？

安裝 WordPress 外掛

當你找到想要的 WordPress 外掛後，不外乎就是要將外掛安裝至你的網站中，而 WordPress 外掛安裝的方式基本上有三種：控制台搜尋安裝、控制台上傳、FTP 上傳，這三種方法都可以完成外掛的安裝，只是方式不同而已。

控制台搜尋安裝

步驟 1：首先進入 WordPress 控制台，登入你的管理員權限帳號，在左方的功能選單中選擇「外掛」中的「安裝外掛」，在安裝外掛的頁面中，除了有搜尋框可以搜尋 WordPress 官方外掛資料庫的外掛外，還有外掛熱門標籤以及推薦、熱門安裝外掛，在搜尋框中直接輸入外掛關鍵字就能找到對應相關的外掛程式。

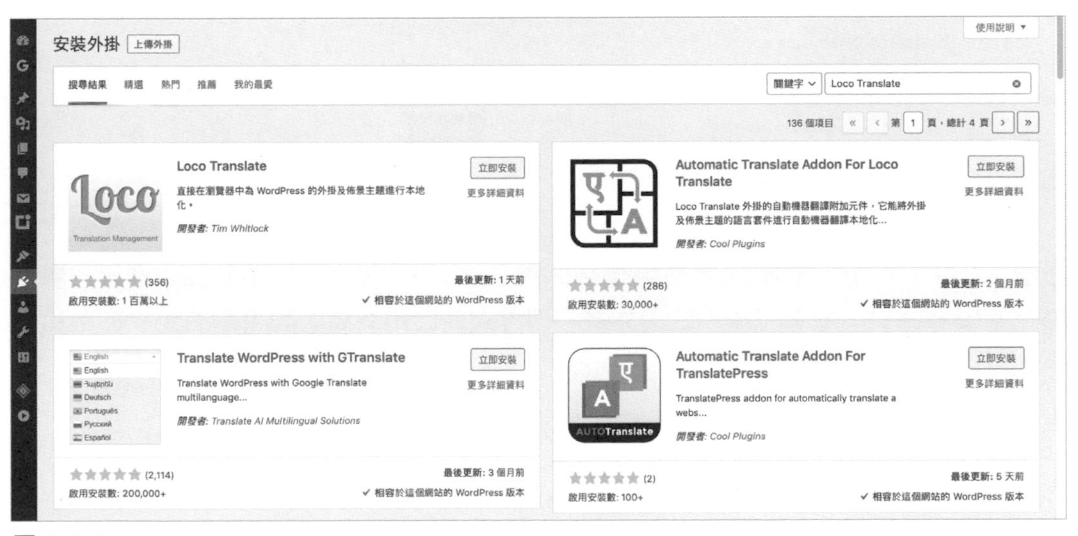

圖 6-2-1

步驟 2：搜尋結果出來後，可以在搜尋結果看到每一個外掛都有一個「細節」的選項，你可以在裡面看到該外掛的詳細說明、作者、安裝次數、WordPress 版本需求、更新時間歷程、常見問題、評價、外掛截圖等等細節，看完細節就能更加確認該外掛是否符合你的需求。

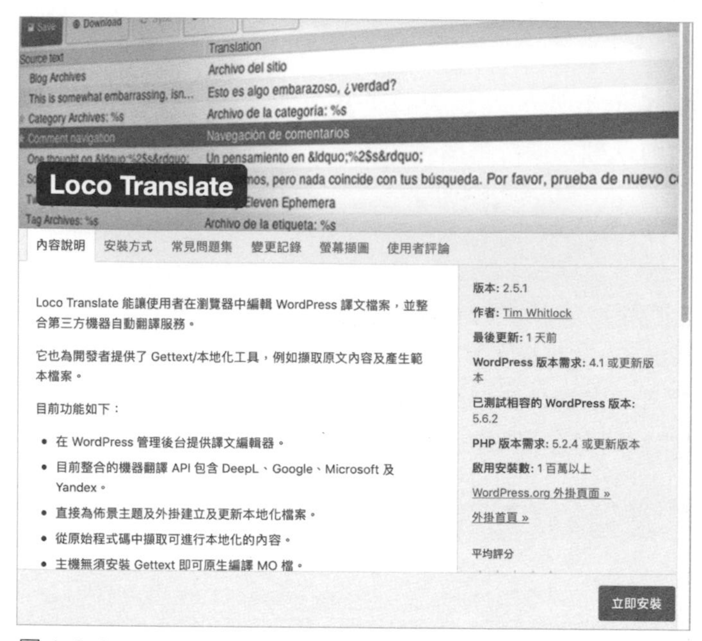

圖 6-2-2

步驟 3：按下「立即安裝」，會自動從 WordPress 官方外掛資料庫下載外掛檔案、解壓縮並且安裝外掛，安裝完成「啟用外掛」即可立刻啟用外掛，如果沒有要立即啟用外掛則可以稍後再按，該外掛成功安裝完成。

圖 6-2-3

控制台上傳

步驟 1：遇到外掛沒有收錄在 WordPress 官方外掛目錄中，或者是你不透過控制台自動搜尋功能來搜尋外掛，就可以透過後台直接上傳外掛壓縮檔來安裝外掛。首先取得外掛的壓縮檔（.zip 格式）。

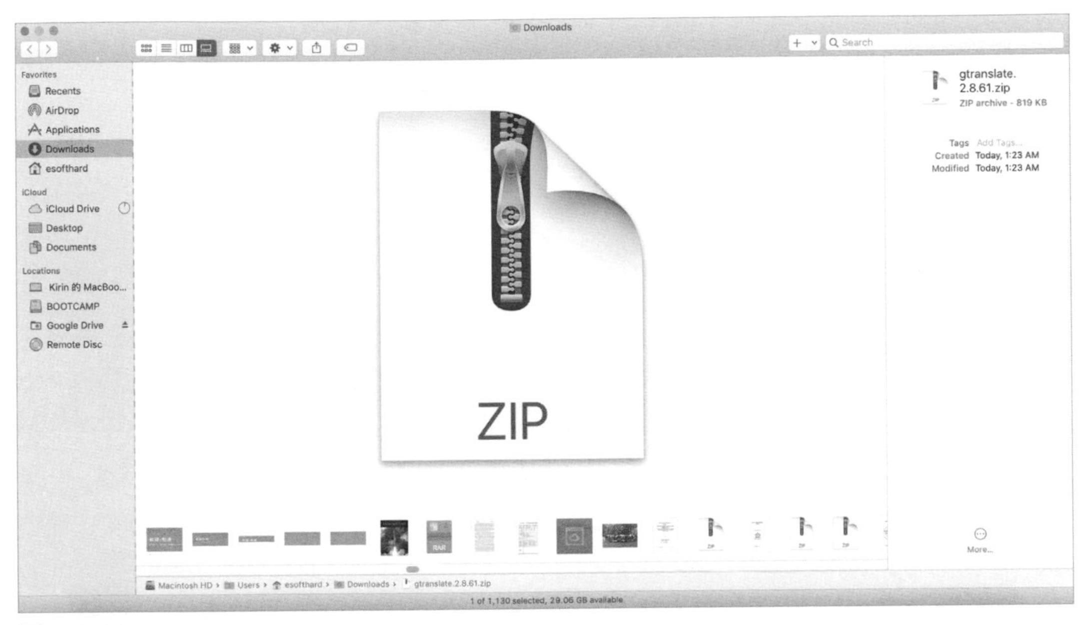

圖 6-2-4

步驟 2：一樣進入 WordPress 控制台，登入你的管理員權限帳號，在左方的功能選單中選擇「外掛」中的「安裝外掛」，然後選擇「上傳外掛」，選擇外掛檔案後按下「立即安裝」即可將外掛由本機電腦上傳到 WordPress 中並且安裝。

圖 6-2-5

步驟 3：這邊一樣會自動解壓縮並且安裝外掛，安裝完成後，點選「啟用外掛」即可立刻啟用外掛，如果沒有那麼快要啟用外掛則可以稍後再按，該外掛成功安裝完成。

正在安裝上傳的外掛檔案 gtranslate.2.8.61.zip

全部快取已成功清除。

正在解壓縮安裝套件...

正在安裝外掛...

外掛已成功安裝。

啟用外掛　前往 [安裝外掛]

圖 6-2-6

FTP 上傳

在早期 WordPress 控制台並沒有內建的安裝外掛功能時，大家想要上傳外掛都要透過 FTP 連線上傳的方式才能正常上傳安裝外掛程式，雖然現在比較少使用者利用 FTP 上傳安裝外掛，但有些時候遇到外掛出錯、完全無法進入 WordPress 控制台來管理外掛時，FTP 連線管理外掛才能快速管理出錯外掛喔。

步驟 1：先將你下載回來的外掛壓縮檔解壓縮，因為待會要上傳的是整個資料夾，而不是只上傳一個壓縮檔。

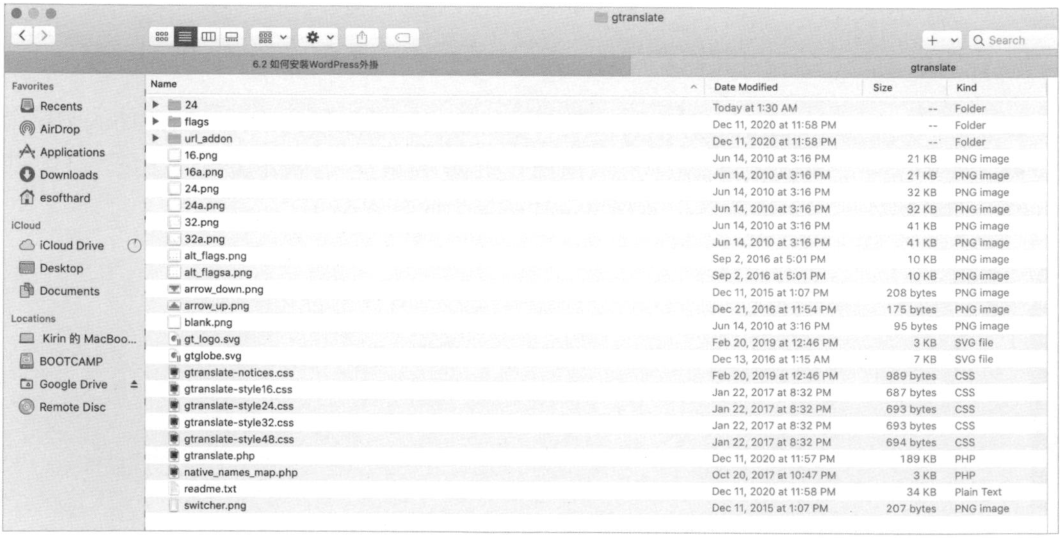

gtranslate

6.2 如何安裝WordPress外掛　gtranslate

Favorites: Recents, AirDrop, Applications, Downloads, esofthard
iCloud: iCloud Drive, Desktop, Documents
Locations: Kirin 的 MacBoo..., BOOTCAMP, Google Drive, Remote Disc

Name	Date Modified	Size	Kind
24	Today at 1:30 AM	--	Folder
flags	Dec 11, 2020 at 11:58 PM	--	Folder
url_addon	Dec 11, 2020 at 11:58 PM	--	Folder
16.png	Jun 14, 2010 at 3:16 PM	21 KB	PNG image
16a.png	Jun 14, 2010 at 3:16 PM	21 KB	PNG image
24.png	Jun 14, 2010 at 3:16 PM	32 KB	PNG image
24a.png	Jun 14, 2010 at 3:16 PM	32 KB	PNG image
32.png	Jun 14, 2010 at 3:16 PM	41 KB	PNG image
32a.png	Jun 14, 2010 at 3:16 PM	41 KB	PNG image
alt_flags.png	Sep 2, 2016 at 5:01 PM	10 KB	PNG image
alt_flagsa.png	Sep 2, 2016 at 5:01 PM	10 KB	PNG image
arrow_down.png	Dec 11, 2015 at 1:07 PM	208 bytes	PNG image
arrow_up.png	Dec 21, 2016 at 11:54 PM	175 bytes	PNG image
blank.png	Jun 14, 2010 at 3:16 PM	95 bytes	PNG image
gt_logo.svg	Feb 20, 2019 at 12:46 PM	3 KB	SVG file
gtglobe.svg	Dec 13, 2016 at 1:15 AM	7 KB	SVG file
gtranslate-notices.css	Feb 20, 2019 at 12:46 PM	989 bytes	CSS
gtranslate-style16.css	Jan 22, 2017 at 8:32 PM	687 bytes	CSS
gtranslate-style24.css	Jan 22, 2017 at 8:32 PM	693 bytes	CSS
gtranslate-style32.css	Jan 22, 2017 at 8:32 PM	693 bytes	CSS
gtranslate-style48.css	Jan 22, 2017 at 8:32 PM	694 bytes	CSS
gtranslate.php	Dec 11, 2020 at 11:57 PM	189 KB	PHP
native_names_map.php	Oct 20, 2017 at 10:47 PM	3 KB	PHP
readme.txt	Dec 11, 2020 at 11:58 PM	34 KB	Plain Text
switcher.png	Dec 11, 2015 at 1:07 PM	207 bytes	PNG image

圖 6-2-7

步驟 2：透過 FTP 軟體連線到主機中的 WordPress 外掛資料夾路徑（外掛路徑：/wp-content/plugins），並且將解壓縮後的外掛資料夾拖移至主機中的 WordPress 外掛資料夾路徑。

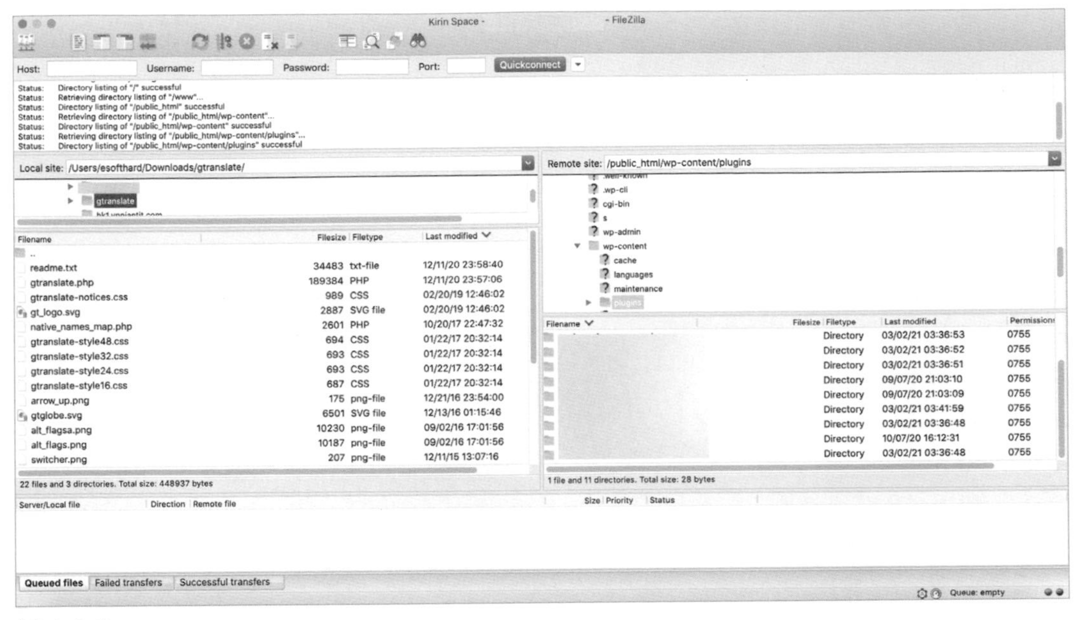

圖 6-2-8

步驟 3：重新整理 WordPress 控制台中「外掛」頁面，將會看到你上傳的外掛名稱，該外掛成功安裝完成。

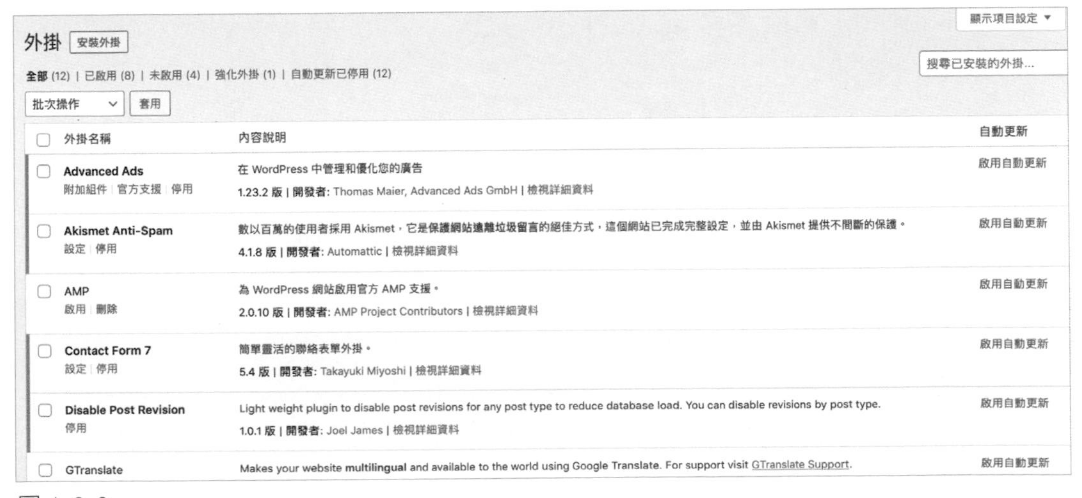

圖 6-2-9

啟用、停用、刪除、更新、自動更新 WordPress 外掛

WordPress 外掛的啟用、停用、刪除、更新及啟用停用自動更新，都能在 WordPress 控制台中「外掛」頁面中一次處理完畢，而上述操作 WordPress 外掛方法大致上相同，而 WordPress 外掛也可以在控制台左側的中的「更新」頁面中進行，這邊先告訴大家如何正確啟用停用外掛。

啟用、停用外掛

方法一：進入 WordPress 控制台中「外掛」頁面，將會看到你所有的外掛名稱，可以批次勾選起你想要一次大量啟用或者是停用的外掛，之後選擇上方「批次管理」中的「啟用」或「停用」，再按「套用」即可。

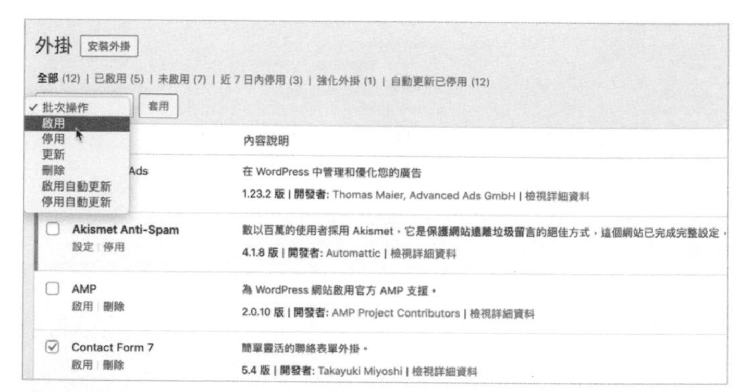

圖 6-2-10

方法二：而如果只想要一次啟用、停用特定外掛的話，在該外掛名稱下方會看到「啟用（或者是停用）| 刪除」，選擇你想要執行的動作即可一次只對單一外掛進行啟用、停用、刪除等功能。

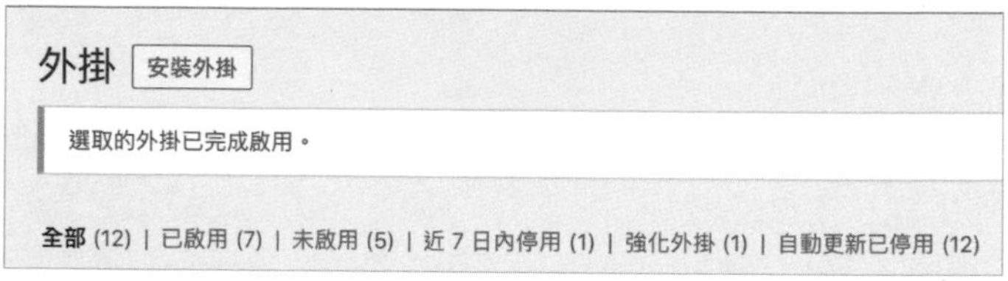

圖 6-2-11

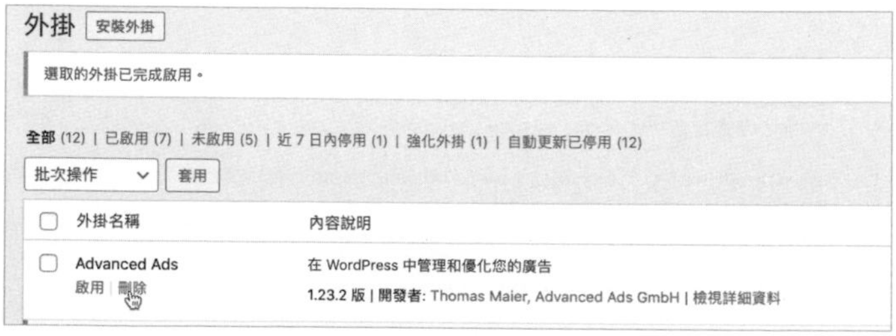

圖 6-2-12

刪除外掛

方法一：進入 WordPress 控制台中「外掛」頁面，將會看到所有的外掛名稱，可以批次勾選要一次大量啟用或停用的外掛，之後選擇上方「批次管理」中的「刪除」，再按「套用」即可。

圖 6-2-13

方法二：而如果只想要一次刪除特定外掛的話，只要在 WordPress 後台中「外掛」內，該外掛名稱下方會看到「啟用（或者是停用）｜刪除」，選擇你想要執行的動作，即可一次只對單一外掛進行刪除等功能。

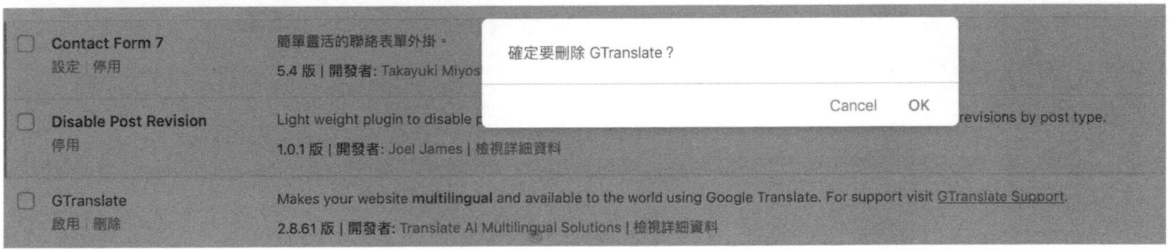

圖 6-2-14

方法三：透過 FTP 軟體連線到主機中的 WordPress 外掛資料夾路徑（外掛路徑：/wp-content/plugins），並且將想要刪除的外掛資料夾直接刪除即可。

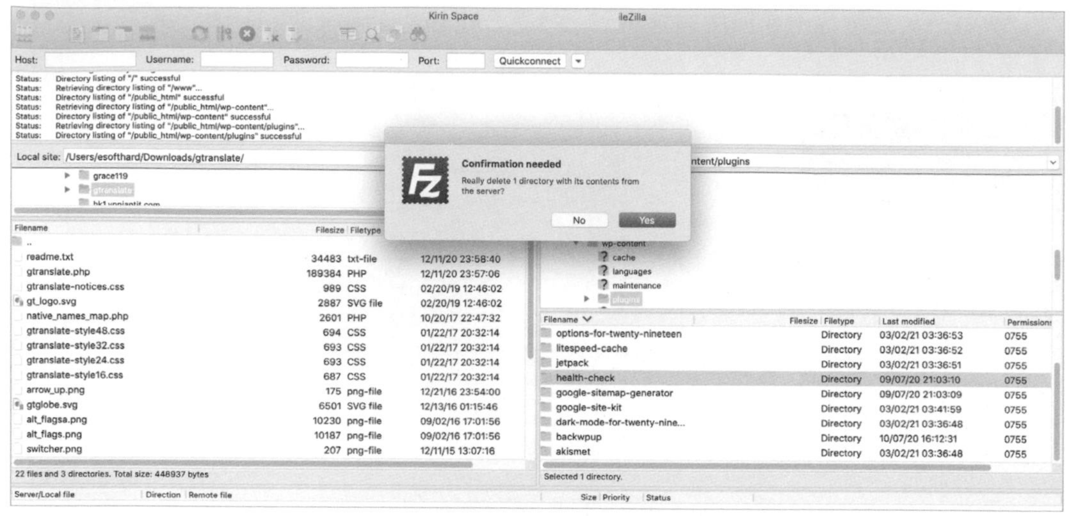

圖 6-2-15

更新外掛

方法一：如果你的外掛是從官方外掛資料庫下載的話，當該外掛可以升級，就會在「控制台→更新」中顯示通知。

圖 6-2-16

選取想要更新的外掛：可以一次選擇多項更新項目，之後確認後即可開始更新。

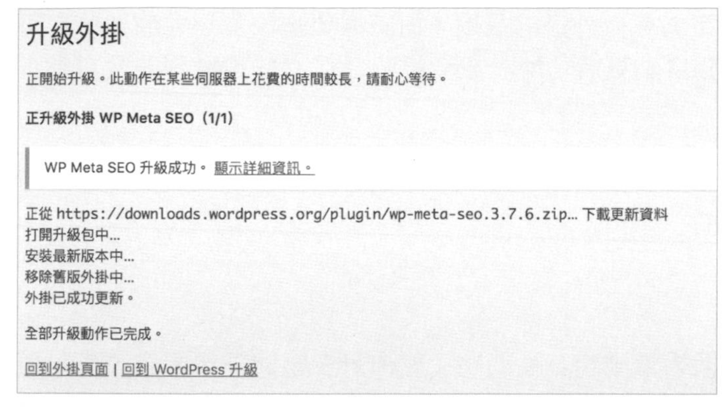

圖 6-2-17

方法二：一些沒有在官方外掛資料庫的外掛，就可以透過此法更新，首先下載最新版外掛壓縮檔後在本機端解壓縮，透過 FTP 軟體連線到主機中的 WordPress 外掛資料夾路徑（外掛路徑：/wp-content/plugins），並且將解壓縮後的外掛資料夾覆蓋至主機中的 WordPress 舊版外掛資料夾路徑，覆蓋完成即更新完成。

圖 6-2-18

自動更新外掛

WordPress 5.5 版後，終於加入自動更新外掛的選項，而該選項預設並不會開啟，你可以選擇為所有已安裝的外掛打開自動更新功能，或者按照自己喜好選擇想開啟自動更新功能的外掛即可。

WordPress 5.5 中的自動更新功能目前只有啟用或停用兩種模式，尚無其他更進階選項可以選擇，因此自動更新需注意：

相容性問題

部分外掛可能於更新之後對於網站帶來相容性問題（如佈景主題與外掛衝突，或是與主機設定衝突等）造成網站出現錯誤。

更新前請確保

更新之前請確保網站有備份。電子商城含有金流串接之網站、非常重要的網站等等，建議先於測試網站或是本機端網站進行測試後再更新。

開啟自動更新功能十分簡單，只要於網站控制台之外掛頁面中，可如上述說明，選擇批次進行啟用 / 停用自動更新選取的外掛，或是於該外掛後方欄位進行「自動更新」之設定。

外掛 安裝外掛

選取的外掛會自動進行更新。

全部 (12) | 已啟用 (7) | 未啟用 (5) | 近 7 日內停用 (1) | 強化外掛 (1) | 自動更新已啟用 (2) | 自動更新已停用 (10)

批次操作 套用

外掛名稱	內容說明
Advanced Ads 啟用 | 刪除	在 WordPress 中管理和優化您的廣告 1.23.2 版 | 開發者: Thomas Maier, Advanced Ads GmbH | 檢視詳細資料
Akismet Anti-Spam 設定 | 停用	數以百萬的使用者採用 Akismet，它是保護網站遠離垃圾留言的絕佳方式，這個網站 4.1.8 版 | 開發者: Automattic | 檢視詳細資料
AMP 啟用 | 刪除	為 WordPress 網站啟用官方 AMP 支援。 2.0.10 版 | 開發者: AMP Project Contributors | 檢視詳細資料

圖 6-2-19

6.3 強化網站功能

Jetpack

外掛網址：https://tw.wordpress.org/plugins/jetpack/
作者：Automattic（https://automattic.com/）

Jetpack – WP 安全性、備份、速度和成長工具
由 Automattic 開發

圖 6-3-1 外掛效果圖

簡介：Jetpack 是由 WordPress.com 團隊，也就是 WordPress 開發商 Automattic 最主要開發維護的一款外掛，這款外掛涵蓋了多數需要加強的功能，並且透過 API 的方式讓過去只有 WordPress.com 平台提供的功能，也能應用在自己架設的 WordPress 網站。筆者手上不少 WordPress 網站都有安裝此外掛，推薦各位也將此外掛安裝在自己的網站中。

使用教學：

搜尋並安裝完成後，啟用此外掛，接下來你要做的事就是按下「設定 Jetpack」。

圖 6-3-2

接下來連接 WordPress.com。首先你要有一個帳號，如果你已經有了，直接登入同意授權即可，如果沒有帳號可以在點擊「建立新帳號」後依循指示註冊 WordPress.com。

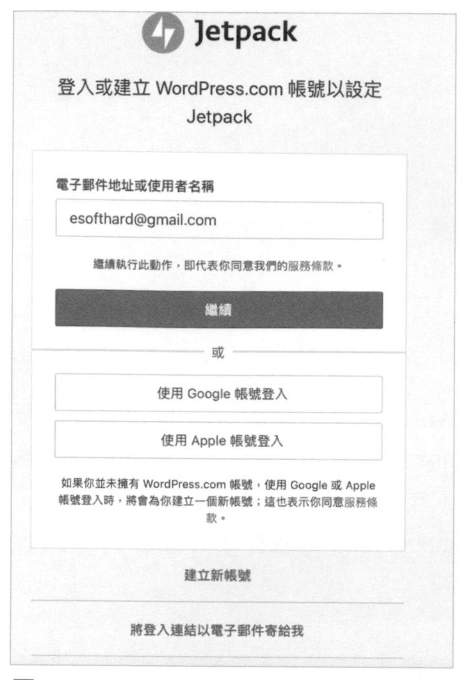

圖 6-3-3

註冊完且登入後，會看到有頗多方案可以選，如果想免費使用，請記得拉到最下方後選擇「Jetpack Free」免費使用的按鈕。

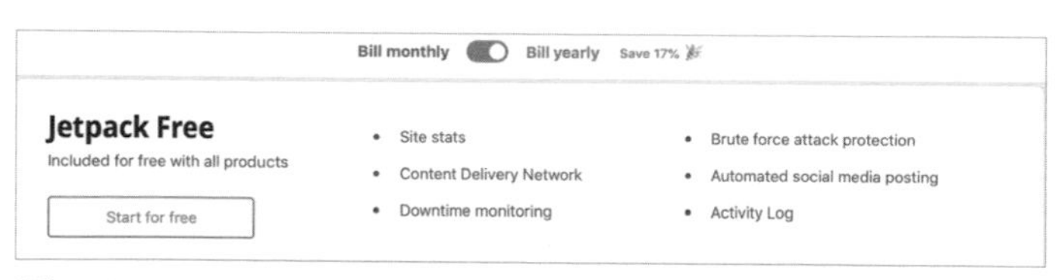

圖 6-3-4

完成帳號連結後，開啟 Jetpack 裡的「設定」，即可看到 Jetpack 所提供的功能。

截至目前為止 Jetpack 擁有多項功能，筆者從幾個類別中挑出認為大部分網站都應該開啟的功能，其他大家可以依需求進行啟用或是停用：

安全性：「停機時間監控」---「在你的網站離線時收到通知。網站備份時，我們也會通知你。」、「暴力破解密碼攻擊防護」---「啟用暴力密碼破解攻擊防護，阻止機器人和駭客透過常見使用者名稱和密碼組合，試圖登入你的網站。」

圖 6-3-5

效能：「效能與速度」--- 這裡面的「啟用網站加速器」「加速影像載入時間」「加速靜態檔案載入時間」及「啟用延緩載入圖片功能」都可以開啟。

圖 6-3-6

分享：

「Publicize 連結」---「自動將你的文章分享到社交網站」

「分享按鈕」---「將分享按鈕新增至文章和頁面」

圖 6-3-7

討論：

「留言」---「讓訪客使用 WordPress.com、Twitter、Facebook 或 Google 帳號留言」

「訂閱」---「讓訪客透過電子郵件訂閱你的新文章和留言」

圖 6-3-8

流量：

「相關文章」---「顯示文章之後的相關內容」

Jetpack

儀表板 設定

安全性 效能 撰寫 分享 討論 流量

在搜尋引擎中充分提升網站的可見度，以及即時檢視流量統計資料。

廣告

儲存設定

以高品質廣告賺取收入。

升級

相關文章

在每篇文章底部提供相關內容，吸引訪客繼續瀏覽。這些設定不適用於使用區塊編輯器新增的相關文章。

顯示文章之後的相關內容

反白標示含有標題的相關內容

顯示可用的縮圖圖片

圖 6-3-9

Easy Table of Contents

外掛網址：https://tw.wordpress.org/plugins/easy-table-of-contents/
作者：Steven A. Zahm（http://connections-pro.com/）

圖 6-3-10 外掛效果圖

簡介：當 WordPress 文章字數比較多（例如大於 5000 字）或文章有分各種不同段落時，如果能在文章中呈現出目錄的形式，除了方便訪客可以對於這篇文章的內容架構一目了然，也能對於網站的搜尋引擎最佳化發揮一定的作用。這裡所介紹的工具，使用全自動及對使用者便利的方式，從頁面 / 文章的內容中產生並顯示內容目錄，也就是一個能讓 WordPress 輕鬆建立目錄功能的外掛。

安裝後請先至設定對此外掛進行設定，這個外掛有正體中文版本，所以設定起來並不困難。首先，記得將「需要啟用內容目錄的內容類型」裡頭的「文章」勾選起來，這樣文章才能開啟目錄功能。

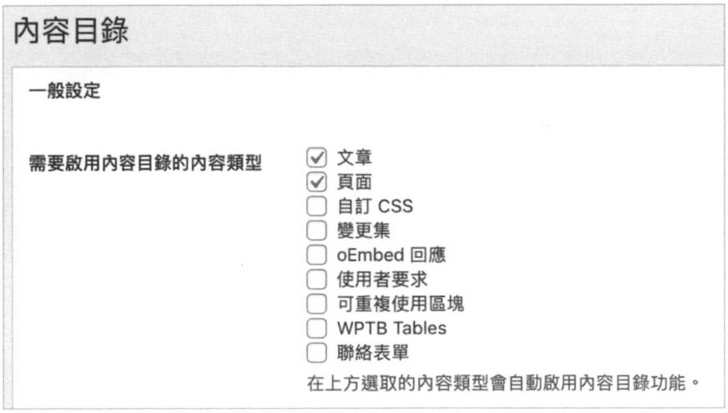

內容目錄

一般設定

需要啟用內容目錄的內容類型

- [x] 文章
- [x] 頁面
- [ ] 自訂 CSS
- [ ] 變更集
- [ ] oEmbed 回應
- [ ] 使用者要求
- [ ] 可重複使用區塊
- [ ] WPTB Tables
- [ ] 聯絡表單

在上方選取的內容類型會自動啟用內容目錄功能。

圖 6-3-11

而「顯示位置」可以設定目錄要在哪裡出現；「顯示條件」則是出現多少個標題才要顯示目錄；「標題標籤」則可以對目錄的標題進行設定；其他設定選項可以自行操作看看。

顯示位置	內文第一個標題前 (預設) 設定內容目錄的顯示位置。
顯示條件	3 個 (含) 以上的標題在內文中出現時
顯示標題標籤	☑ 在內容目錄上方顯示標題標籤
標題標籤	內容目錄 範例: 內容、內容目錄、頁面內容
顯示/隱藏內容目錄	☑ 開放使用者切換顯示/隱藏內容目錄
預設顯示方式	☐ 預設隱藏內容目錄
顯示內容目錄層級	☑
標題層級編號	小數 (預設)
平滑捲動	☑

圖 6-3-12

往下方還可以看到非常多細項設定，例如顏色以及哪種標題層級才要被納入標題產生目錄時使用等等，設定完成後記得「儲存設定」。

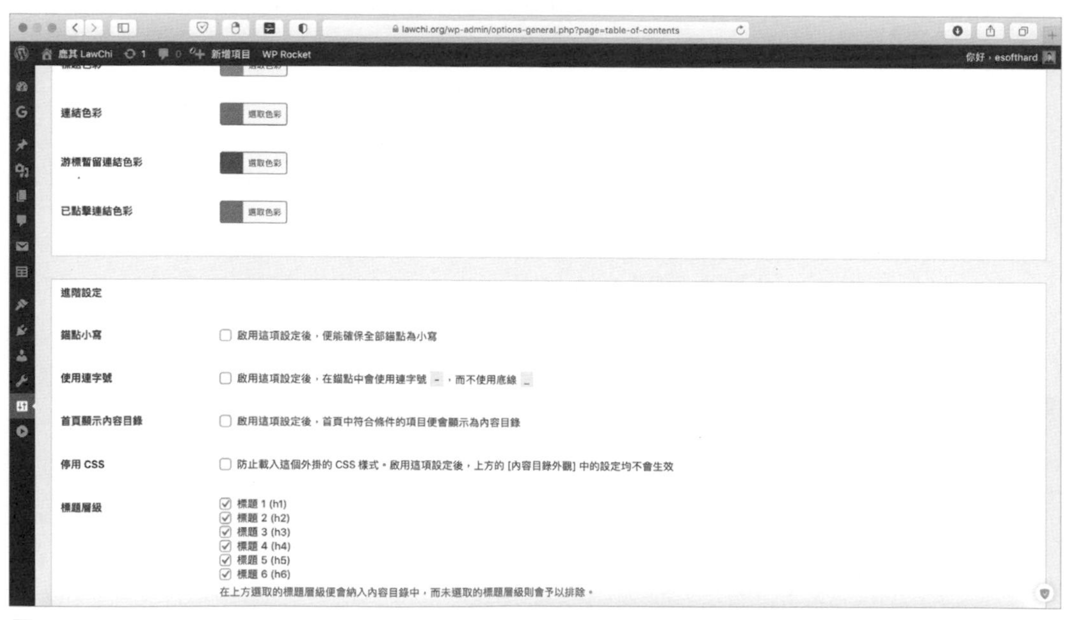

圖 6-3-13

之後回到寫文章部分，記得將要變成目錄標題的文字，用變更區塊樣式改成「標題」的設定（舊版編輯器則是直接選 H1、H2 等等）。

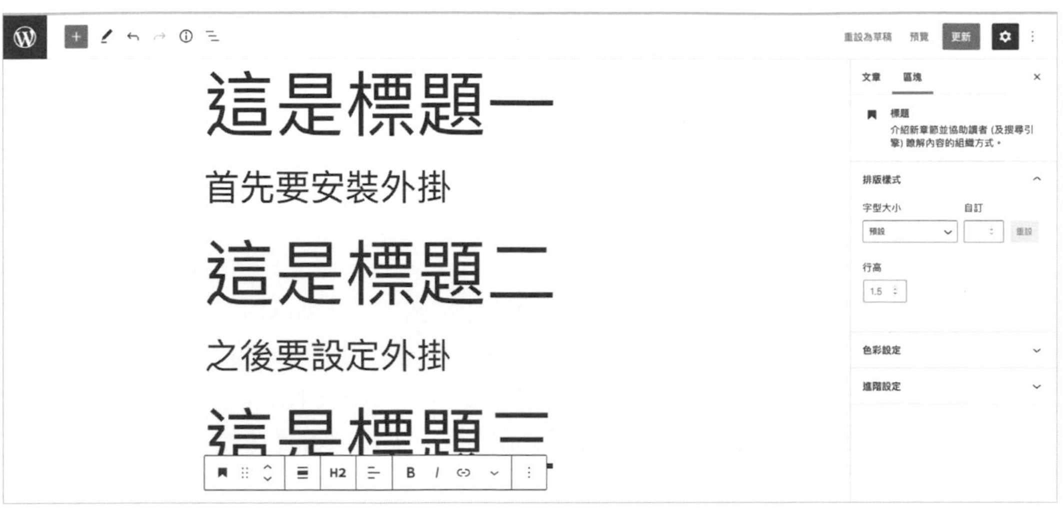

圖 6-3-14

回到文章中即可看到目錄的效果！

圖 6-3-15

Contact Form 7

外掛網址：https://tw.wordpress.org/plugins/contact-form-7/
作者：Takayuki Miyoshi（https://ideasilo.wordpress.com/）

圖 6-3-16 外掛效果圖

簡介：想要在網站中加入「與站長聯繫」的功能，卻不知道如何下手？過往只能透過迴響功能的你，可以透過「Contact Form 7」建立功能完整的聯絡表單，內建正體中文語系，讓你在設定上不會出現語言亂碼問題，支援 reCAPTCHA 防止垃圾留言灌爆你的信箱，可完整自訂表單內容，直接透過代碼的複製貼上就能在網站各處呈現你的客製化表單，並且透過一個後台簡單管理多個表單。

使用教學：

安裝啟用完成後，在控制台左側邊欄中會多出一個「聯絡表單」選項，在「聯絡表單」中可以管理編輯現有的聯絡表單，按下編輯就能編輯該表單。

圖 6-3-17

你也可以按下「新增聯絡表單」來建立新的表單，表單記得輸入標題，內容依需求以及提示進行修改即可，出現問題時可點擊右方的教學文件、支援等等來得到更多協助（新增表單欄位時，如勾選「填表者的電子郵件地址在這個表單欄位中為必填」，即能將該選項變為必填）。

上方頁籤「電子郵件」還能設定聯絡表單結果要寄送至何處，寄送時的主旨、內容等等也都能自訂。

上方頁籤「訊息」設定聯絡表單面對各種問題的顯示文字。

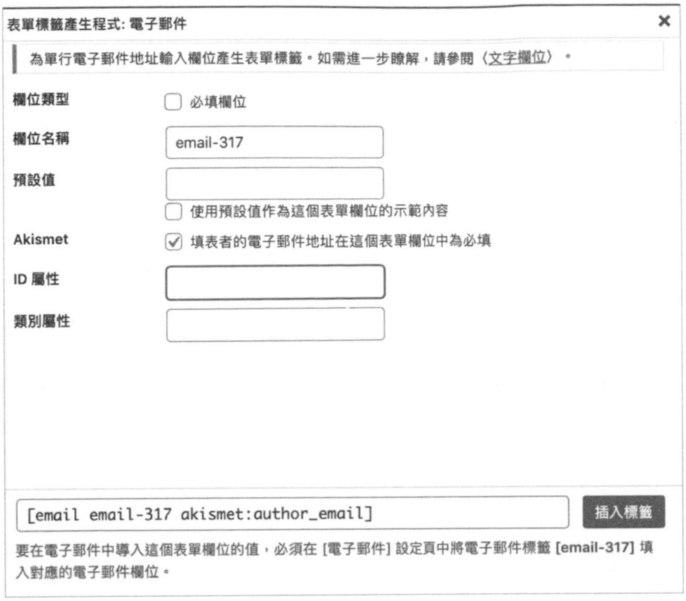

表單標籤產生程式: 電子郵件 ×

為單行電子郵件地址輸入欄位產生表單標籤。如需進一步瞭解，請參閱〈文字欄位〉。

欄位類型　☐ 必填欄位

欄位名稱　email-317

預設值

☐ 使用預設值作為這個表單欄位的示範內容

Akismet　☑ 填表者的電子郵件地址在這個表單欄位中為必填

ID 屬性

類別屬性

[email email-317 akismet:author_email]　插入標籤

要在電子郵件中導入這個表單欄位的值，必須在 [電子郵件] 設定頁中將電子郵件標籤 [email-317] 填入對應的電子郵件欄位。

圖 6-3-18

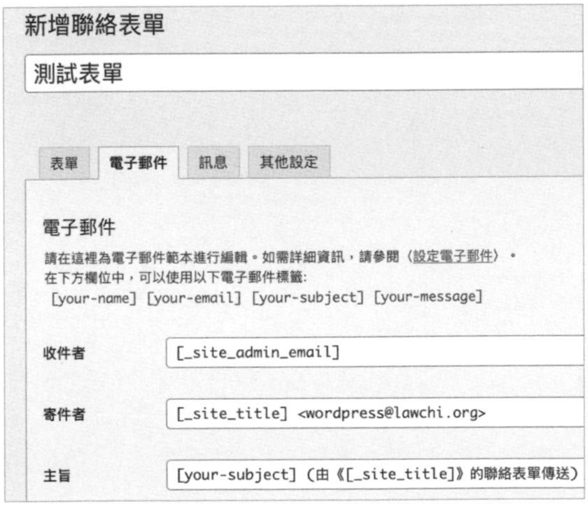

新增聯絡表單

測試表單

表單 | 電子郵件 | 訊息 | 其他設定

電子郵件

請在這裡為電子郵件範本進行編輯。如需詳細資訊，請參閱〈設定電子郵件〉。
在下方欄位中，可以使用以下電子郵件標籤:
[your-name] [your-email] [your-subject] [your-message]

收件者　[_site_admin_email]

寄件者　[_site_title] <wordpress@lawchi.org>

主旨　[your-subject] (由《[_site_title]》的聯絡表單傳送)

圖 6-3-19

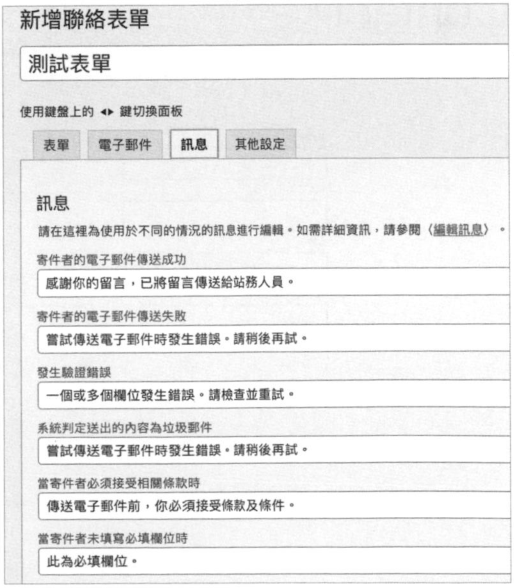

新增聯絡表單

測試表單

使用鍵盤上的 ◂▸ 鍵切換面板

表單 | 電子郵件 | 訊息 | 其他設定

訊息

請在這裡為使用於不同的情況的訊息進行編輯。如需詳細資訊，請參閱〈編輯訊息〉。

寄件者的電子郵件傳送成功
感謝你的留言，已將留言傳送給站務人員。

寄件者的電子郵件傳送失敗
嘗試傳送電子郵件時發生錯誤。請稍後再試。

發生驗證錯誤
一個或多個欄位發生錯誤。請檢查並重試。

系統判定送出的內容為垃圾郵件
嘗試傳送電子郵件時發生錯誤。請稍後再試。

當寄件者必須接受相關條款時
傳送電子郵件前，你必須接受條款及條件。

當寄件者未填寫必填欄位時
此為必填欄位。

圖 6-3-20

將「將下方的短代碼複製到這個網站的文章、頁面或文字小工具中：」之後的代碼貼在頁面中。

圖 6-3-21 將代碼貼上後會自動出現此畫面

成功顯示表單！記得要之後自行填寫並測試一下是否可以收到訊息。

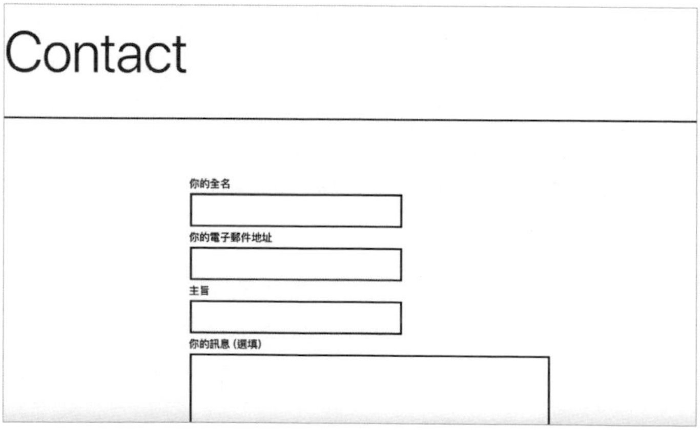

Contact

你的全名

你的電子郵件地址

主旨

你的訊息 (選填)

圖 6-3-22

6.4 後台必備外掛

外掛網址：https://tw.wordpress.org/plugins/akismet/
作者：Automattic（http://akismet.com/）Matt Mullenweg 等 7 位作者

簡介：Akismet 這個外掛是本身內建在 WordPress 網站中的兩個外掛其中之一，網路上充斥著許多垃圾留言機器人，Akismet 則能透過眾多使用者所建立出來的資料庫自動判別迴響內的留言，讓你的網站不再出現滿滿的灌水廣告。Akismet 本身透過 API 進行串接，只要註冊 WordPress.com（就是 Jetpack 要用到的那個帳號）登入之後取得金鑰就能在你的網站中使用，提供效率極高的垃圾留言檢查功能。

使用教學：

Akismet 是 WordPress 預設安裝的外掛，只要直接啟用即可開始使用本外掛，啟用 Akismet 後，外掛頁面上方會出現「設定 Akismet 帳號」的提示，點擊該提示後則會跳轉到取得啟動金鑰的頁面。

圖 6-4-1

進入到選方案的部分，只要是個人非商業用途都可以免費使用（商用的話請購買旁邊的其他方案），選擇完成後按「Get Personal」。

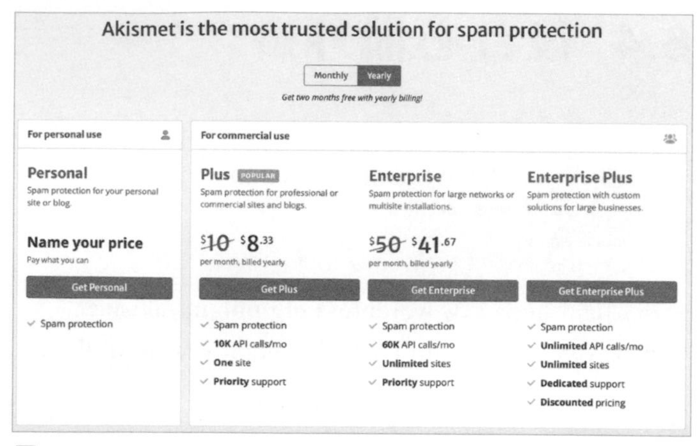

圖 6-4-2

接下來的頁面，你可能會想說為什麼我選擇了免費方案，還要我填寫帳單資訊，原因在於右方有個贊助拉桿，如果你想要贊助他們，可以用那個拉桿來選擇贊助金額的多寡；當然也能選擇不贊助，只要把拉桿拉到最左方就會發現只需填寫姓名及網站網址，而下方再次確認你的網站非商業使用。

Akismet is the most trusted solution for spam protection

Your Email Address
esofthard@gmail.com
NON-COMMERCIAL LICENSE
First Name
Kirin
Last Name
Chang
Personal Site URL where you will use Akismet:
https://lawchi.org
Please verify by checking each box:
I don't have ads on my site
I don't sell products/services on my site
I don't promote a business on my site
If your site doesn't meet these qualifications, choose one of our commercial plans.
By clicking Continue, you agree to our Terms of Service.
CONTINUE WITH PERSONAL SUBSCRIPTION

Akismet Personal change plan
What is Akismet worth to you?
$0 / YEAR
The average person pays $0 per year
Plan Details
Spam protection for strictly non-commercial use.
Want more features or need a commercial subscription?
Choose from our other subscriptions.

圖 6-4-3

填寫完成姓名後，會先在信箱收到一串驗證碼，填入驗證碼後下一步。

Check your email
We sent you a temporary code to verify your email address. Check **esofthard@gmail.com** and enter the code below.
Paste the confirmation code
By continuing, you agree to our Terms of Service.
Continue
Can't find the email? Request a new verification code.

圖 6-4-3-1

之後就會成功提示你的 API 金鑰已經透過 Email 寄送囉！

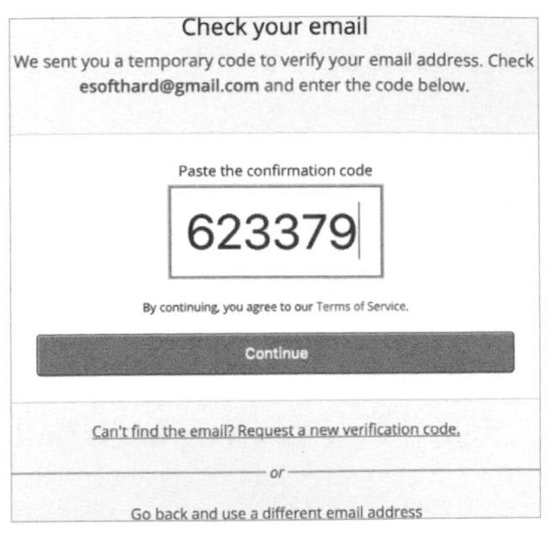

圖 6-4-4

請將金鑰複製後，回到網站中 Akismet 設定的頁面，自行貼到 Akismet 的「手動輸入 API 金鑰」中，完成啟動 Akismet。

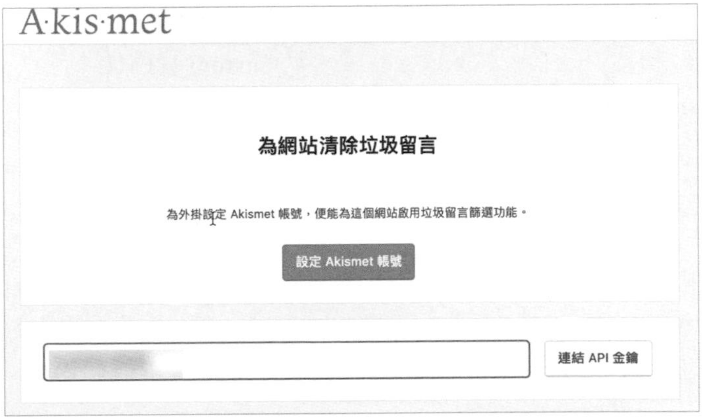

A·kis·met

為網站清除垃圾留言

為外掛設定 Akismet 帳號，便能為這個網站啟用垃圾留言篩選功能。

設定 Akismet 帳號

連結 API 金鑰

圖 6-4-5

而下方還可以對 Akismet 進行設定，例如阻擋的嚴謹度等等。

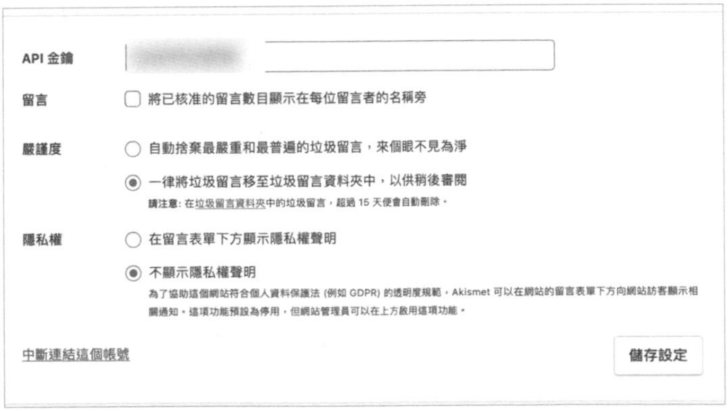

API 金鑰

留言　將已核准的留言數目顯示在每位留言者的名稱旁

嚴謹度　自動捨棄最嚴重和最普遍的垃圾留言，來個眼不見為淨

一律將垃圾留言移至垃圾留言資料夾中，以供稍後審閱

請注意：在垃圾留言資料夾中的垃圾留言，超過 15 天便會自動刪除。

隱私權　在留言表單下方顯示隱私權聲明

不顯示隱私權聲明

為了協助這個網站符合個人資料保護法 (例如 GDPR) 的透明度規範，Akismet 可以在網站的留言表單下方向網站訪客顯示相關通知。這項功能預設為停用，但網站管理員可以在上方啟用這項功能。

中斷連結這個帳號　儲存設定

圖 6-4-6

WP Table Builder – WordPress 表格外掛
由 WP Table Builder 開發

外掛網址：https://tw.wordpress.org/plugins/wp-table-builder
作者：WP Table Builder（https://wptablebuilder.com//）

簡介：WP Table Builder 是適用於 WordPress 的拖拉方式的表格建立外掛。使用 WP Table Builder 建立回應式表格非常容易。WP Table Builder 非常適合建立比較表格，例如價目表、清單表格或更多。

這個產生器可以讓使用者新增以下元素至表格中：

- 文字
- 圖片
- 清單
- 按鈕
- 星級評等
- Custom HTML
- Shortcode

所有元素都有自己的自訂選項。

相信很多人搜尋表格外掛時，都會看到別人推薦 TablePress 這款表格外掛的教學文章，但 TablePress 必須要懂 HTML、CSS 才能建立出好看的表格，對新手而言並不友善。WP Table Builder 視覺化的操作能解決這個問題。

使用教學：

安裝啟用後，會詢問是否訂閱電子報，如不願意可以「Skip」跳過。

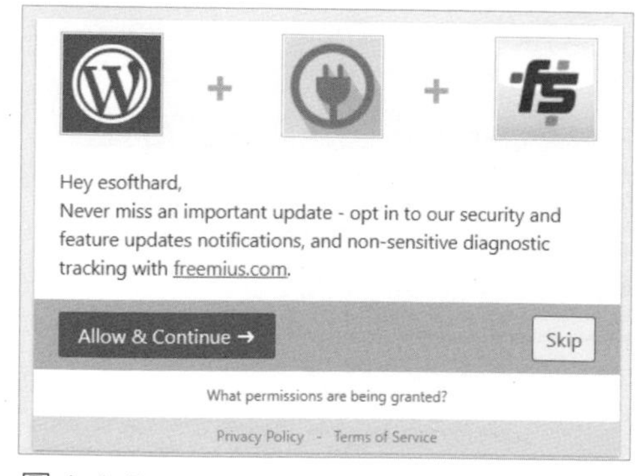

圖 6-4-7

之後出現一個簡單易懂的英文教學影片，告訴你如何建立表格，之後可以開始按下「Create Your First Table」建立自己的第一個表格了。

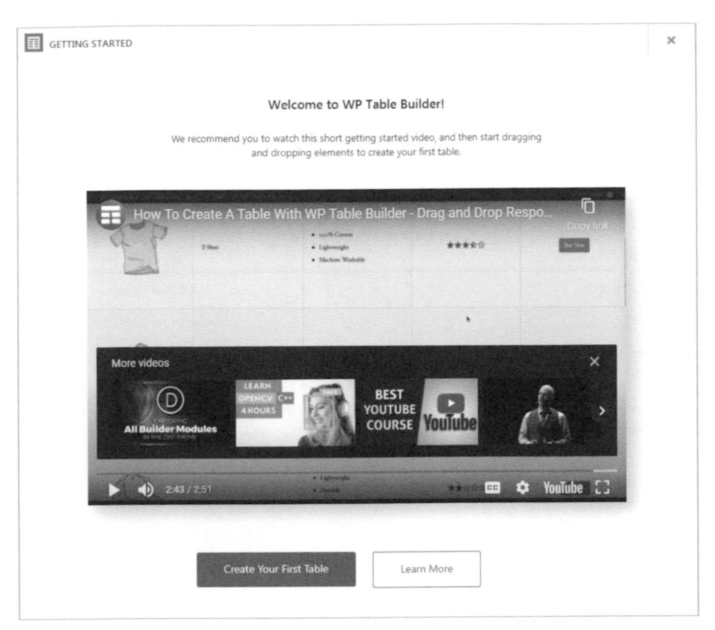

圖 6-4-8

首先設定表格要有多少欄位以及橫列，按「建立」。

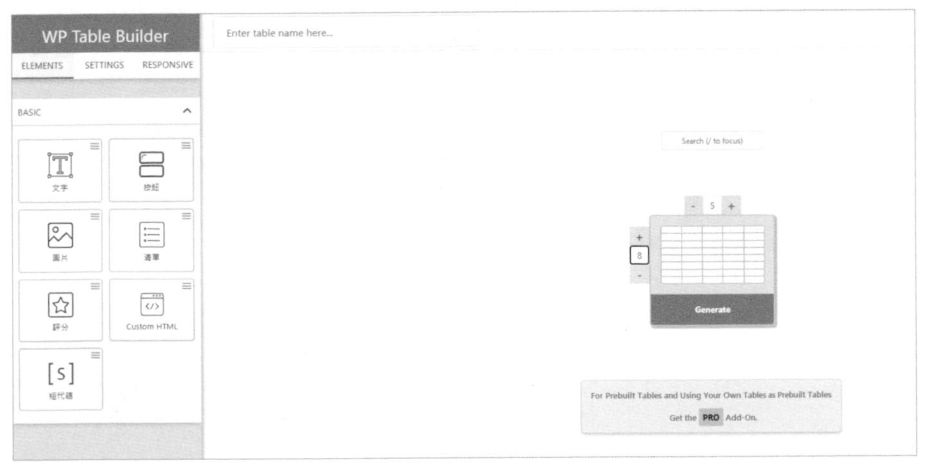

圖 6-4-9

之後左側就有選項可以拖拉到右側建立表格，非常直覺易用，這裡筆者隨意地建立了一個示範。

管理儲存格

學校名稱	ASU Law	GW Law	UF Law
官網 LOGO	ASU SANDRA DAY O'CONNOR COLLEGE of LAW ARIZONA STATE UNIVERSITY	GW LAW	UF UNIVERSITY of FLORIDA Levin College of Law
法學院排名	24	23	23
特殊優勢	1. 學費便宜 2. 台灣名聲佳	1. 位於華府 2. 工作機會多	1. 學費便宜 2. 全獎機會多
推薦指數	★★★☆☆	★★★☆☆	★★★★☆
官方網站	馬上前往	馬上前往	馬上前往

圖 6-4-10

完成後按下「EMBED」，若想要將此表格嵌入到網站中，請複製以下短代碼並貼到文章或頁面。

圖 6-4-11

最後就能看到輕鬆建立的美觀表格了！

圖 6-4-12

外掛網址：https://tw.wordpress.org/plugins/adminimize/

作者：Frank Bültge（http://bueltge.de/）

簡介：WordPress 系統中內建有不同的帳號權限，分別是「管理員」、「編輯」、「作者」、「寫手」、「訂閱者」，而這些不同權限的人，想要設定他們在後台所能看到資訊，就需要透過這款「Adminimize」來作設定。

這支外掛是一頁式外掛，上方有各式的分類能快速跳轉到你想要設定的地方，如果你的網站想要依照帳號不同而隱藏某些東西的話，這個外掛應該非常適合你。

使用教學：

安裝 Adminimize 後，進入它的設定頁面（在「設定」內），裡面有各個可隱藏選項的分類。

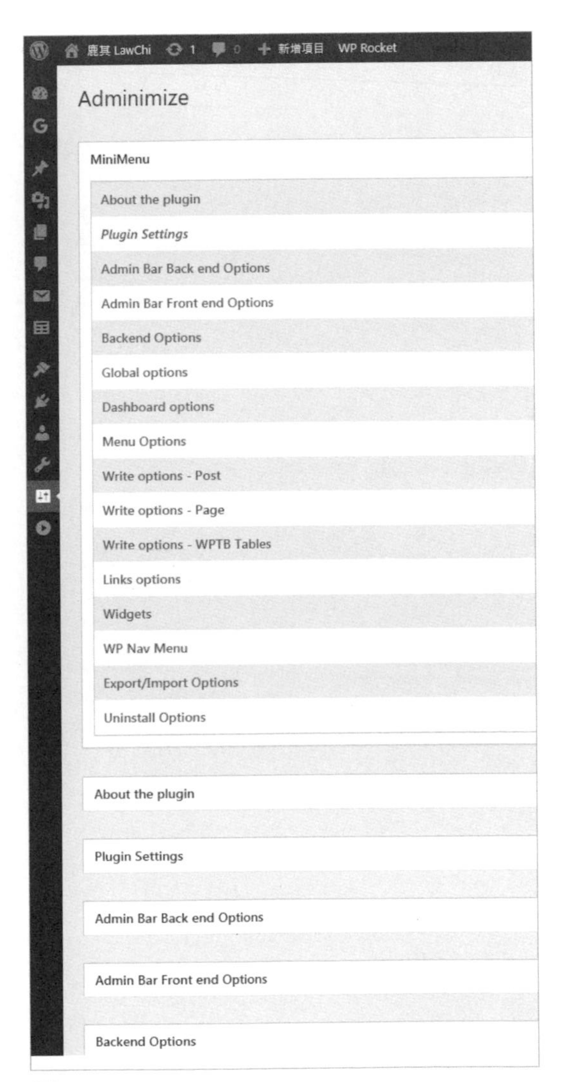

圖 6-4-13

這支外掛能改的地方非常多，「Deactivate」勾選起來代表停用，這邊就不一一解釋，大家可以自行嘗試看看，設定完成後，按下「Update Options」即可完成設定。

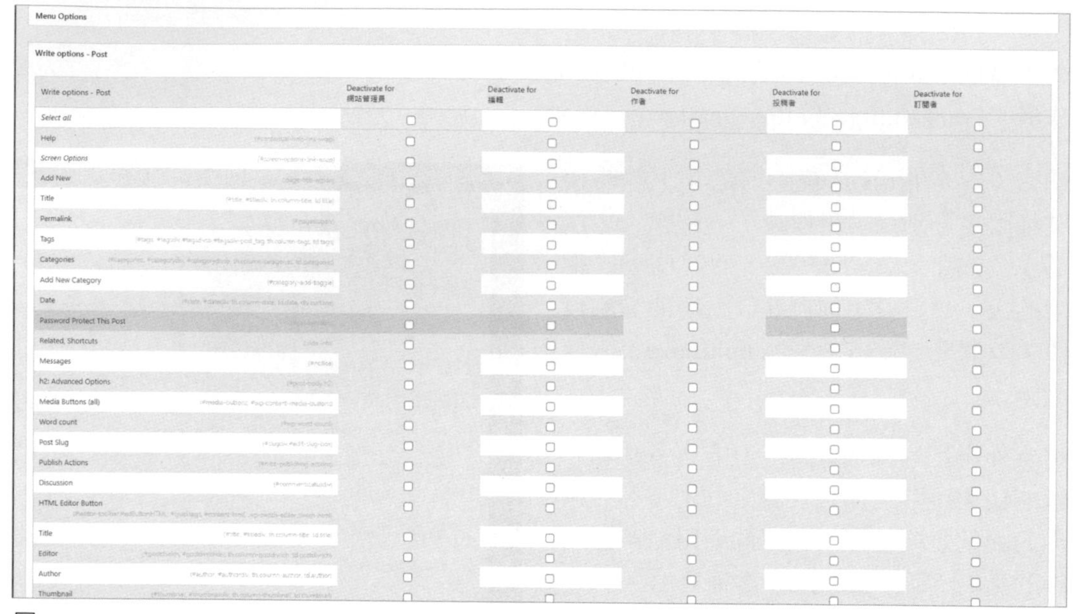

圖 6-4-14

6.5 社交網路精選

Simple Social Icons

外掛網址：https://wordpress.org/plugins/simple-social-icons/

作者：StudioPress（https://www.studiopress.com）

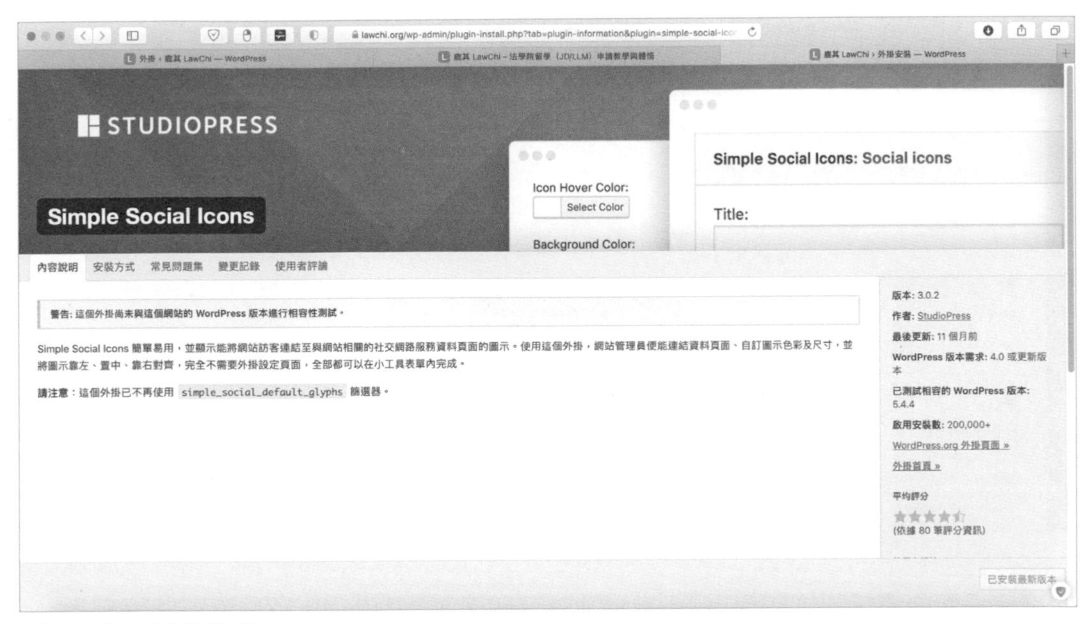

圖 6-5-1 外掛效果圖

簡介：Simple Social Icons 是一個極簡輕巧的社交網路按鈕外掛，透過簡單的圖示，可以設定圖示的大小、顏色、邊寬等等資訊，目前支援以下這些社交網路服務：Bloglovin、Dribbble、Email、Facebook、Flickr、Github、Google+、Instagram、LinkedIn、Pinterest、RSS、StumbleUpon、Tumblr、Twitter、Vimeo、YouTube 等等，每個服務都提供極簡風圖示，配上與佈景相搭的顏色，讓讀者能輕鬆透過各種社群平台來追蹤你的最新動態！且這個外掛現在也支援繁體中文，所以設定上更簡單！

使用教學：

安裝完後，這個外掛十分簡便，沒有額外的設定頁面，在「外觀」的「小工具」中，會看到其中一個名為「Simple Social Icons」的小工具，把它拖移到右邊的小工具區塊，之後就能開始進行設定。建議可以設定為「在新視窗中開啟連結」，這樣讀者才不會為了看你的粉絲專頁而跳出你的網頁，其他像是大小或標題等就請大家自行設定囉！

圖 6-5-2

設定完上面的資訊，想要顯示哪個社群連結就將網址貼入其中，留白就不會顯示。

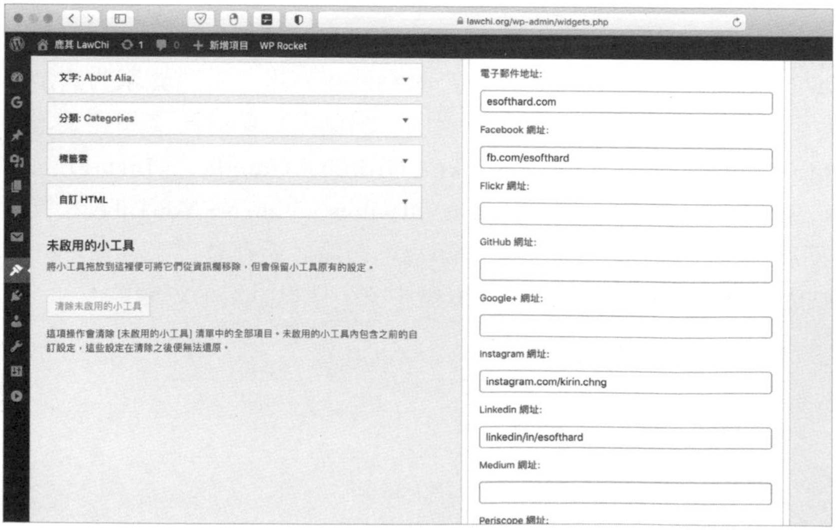

圖 6-5-3

設定完成即可看到效果。

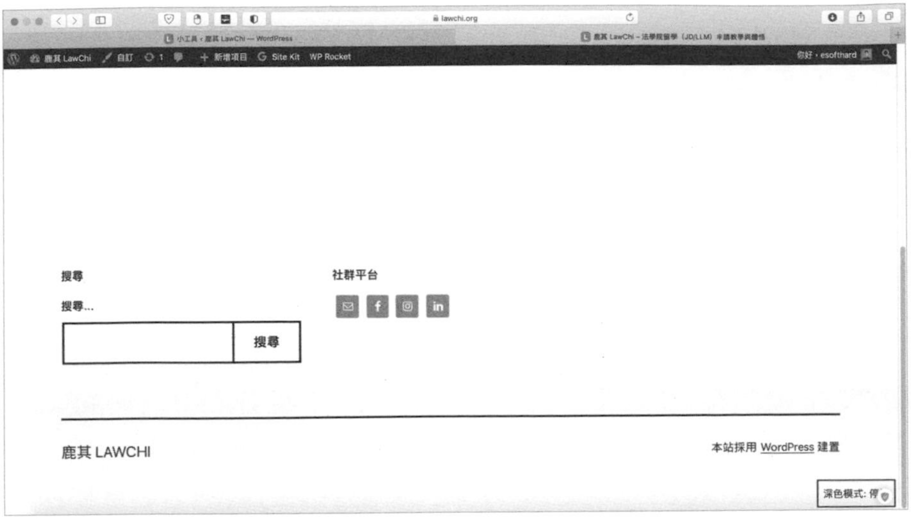

圖 6-5-4

AddToAny Share Buttons

外掛網址：https://tw.wordpress.org/plugins/add-to-any/

作者：AddToAny（https://www.addtoany.com）

圖 6-5-5 外掛效果圖

簡介：AddToAny Share Buttons 是個知名的社群分享按鈕集合外掛，超過 50 萬次下載，而其中社群分享按鈕提供的社群服務非常多種，幾乎你所有想得到的社群服務像是 Facebook、Plurk、Wechat、Twitter、Line 都囊括在內，透過 AddThis 的分享按鈕讓你的文章在各個社群中傳播。

使用教學：

安裝啟用後，進入 Share Buttoms 開始新增分享按鈕，最上方設定顯示的風格，例如按鈕的大小，之後可以選擇要讓訪客分享的平台，基本上包含了 Line、Facebook 或是直接複製網址等功能。

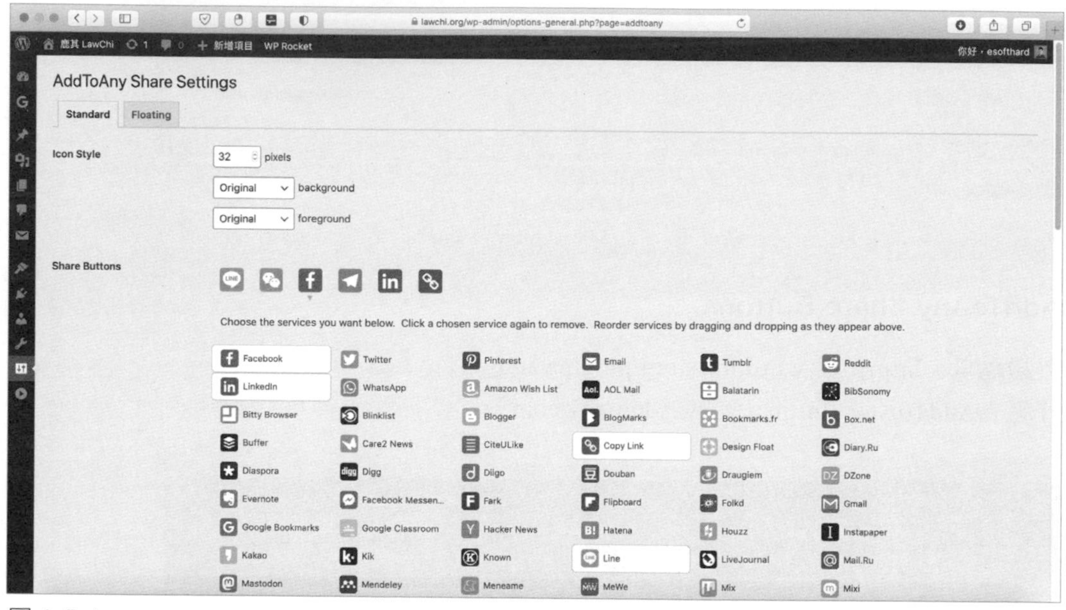

圖 6-5-6

下方則可以設定按鈕要在哪裡顯示，是要在文章上方或是下方，或是否要在頁面中顯示等等。

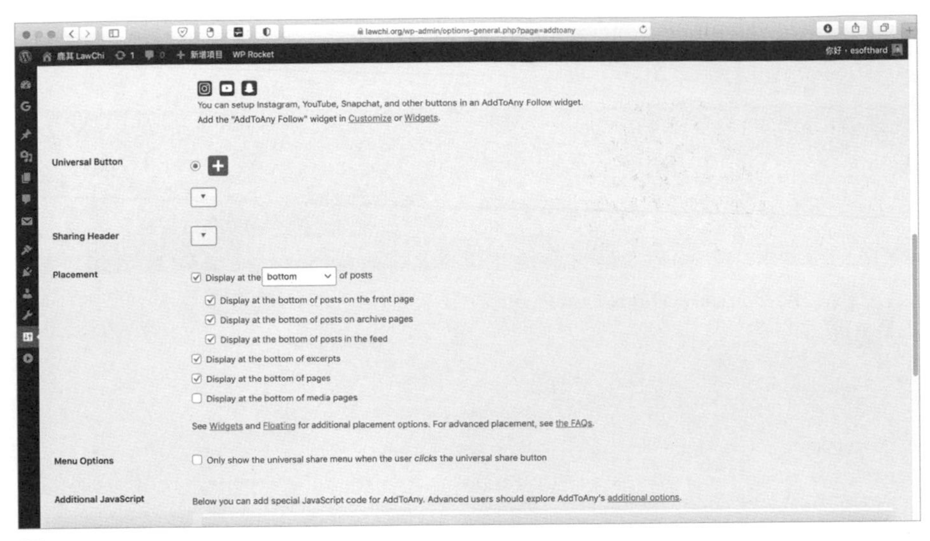

圖 6-5-7

最後就能看到效果如圖 6-5-8 所示。

圖 6-5-8

Facebook 聊天室官方外掛程式

外掛網址：https://tw.wordpress.org/plugins/facebook-messenger-customer-chat
作者：Facebook（https://developers.facebook.com/）

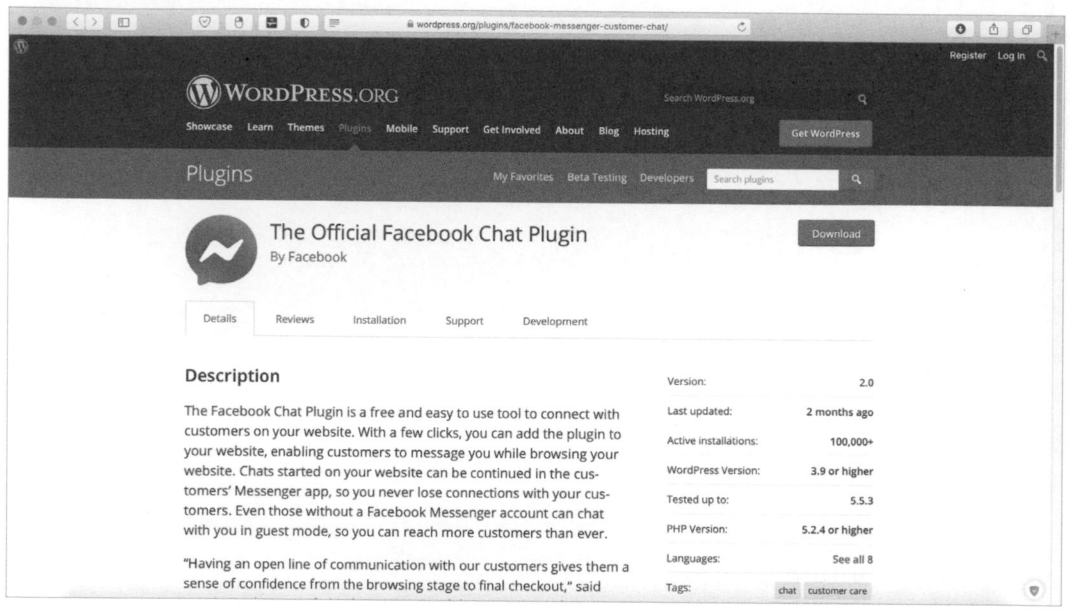

圖 6-5-9 外掛效果圖

簡介：「Facebook 聊天室官方外掛程式」是一款由臉書官方所推出的 WordPress 外掛，讓你可以更簡易的在 WordPress 加入臉書粉絲專頁的私訊功能。

市面上已經有各種線上客服系統，如果是使用 Messenger 當作線上客服系統，首先臉書已經有很完善的粉絲專頁管理工具，只要有顧客傳送訊息，粉絲專頁管理員的裝置就會收到推播通知，可以即時回覆顧客。就算沒有即時回覆，顧客稍後還是會從電腦或手機的 Facebook Messenger 收到通知，另外，目前 Facebook Messenger 還可以達到基本的自動回覆功能，也就是這幾年很熱門的聊天機器人，絕對是維持讀者與你之間關係的好用系統。

使用教學：

首先下載安裝完外掛，進入設定後，只會看到簡單的「Getting Started?」，按下「Setup Chat Plugin」開始設定。

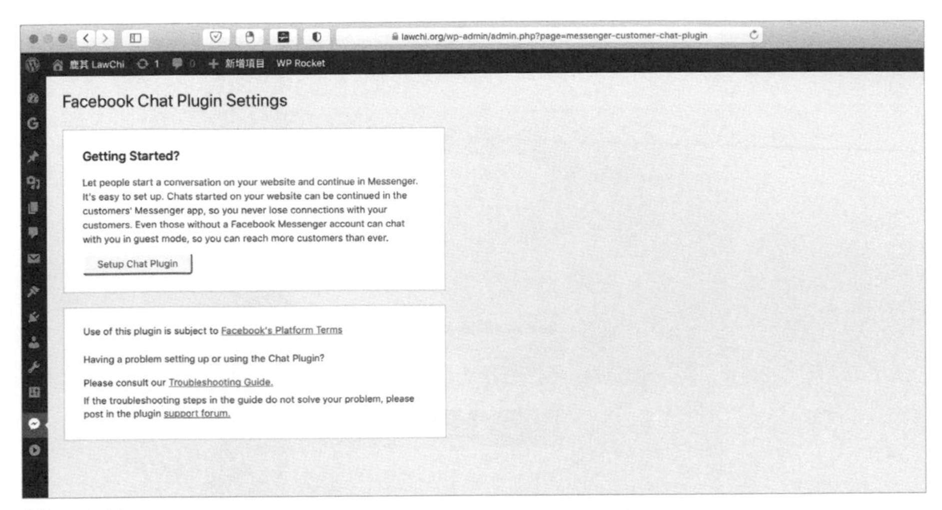

圖 6-5-10

登入臉書帳號後，選擇你想要設定的粉絲專頁。

圖 6-5-11

之後開始進入設定，而且設定頁面右方都會有即時預覽，所以設定起來很輕鬆。首先設定語言以及打招呼（也就是顯示在最上層的開頭），而訪客模式則代表對方是否要登入臉書帳號才能與你聯絡。

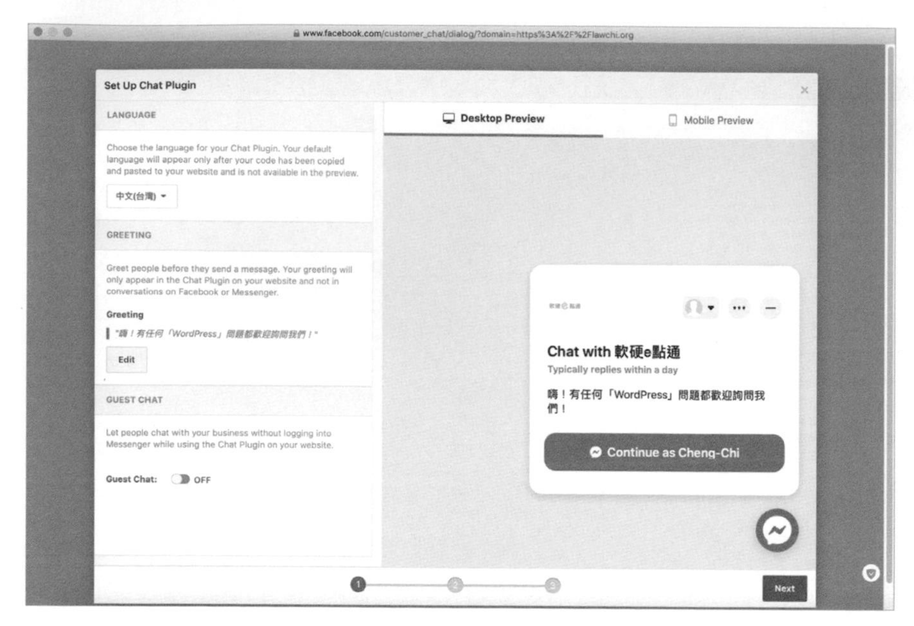

圖 6-5-12

之後可以設定如果按下開始聯絡之後是否要顯示歡迎詞，以及可以預設一些常問問題，以利訪客提問。

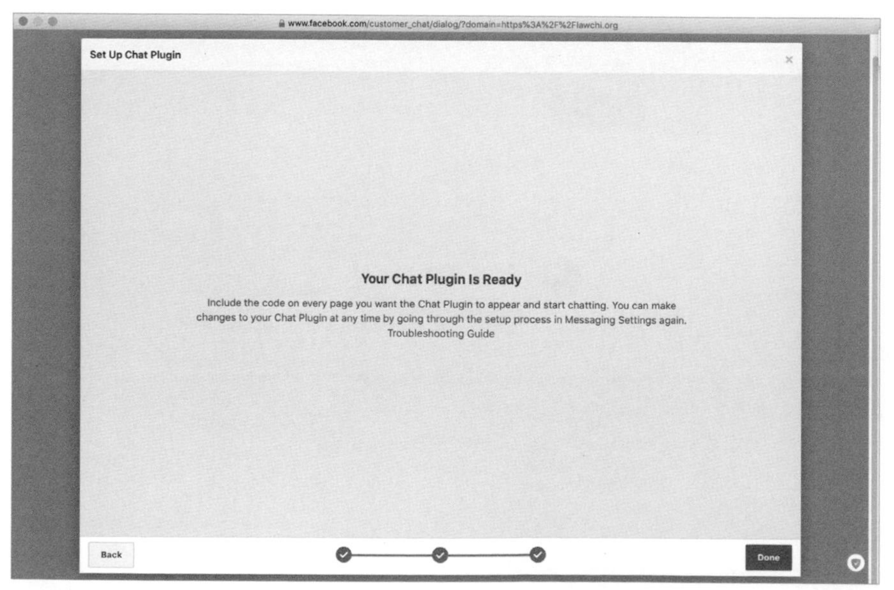

圖 6-5-13

完成後會顯示如下灰色文字，告知已經完成。

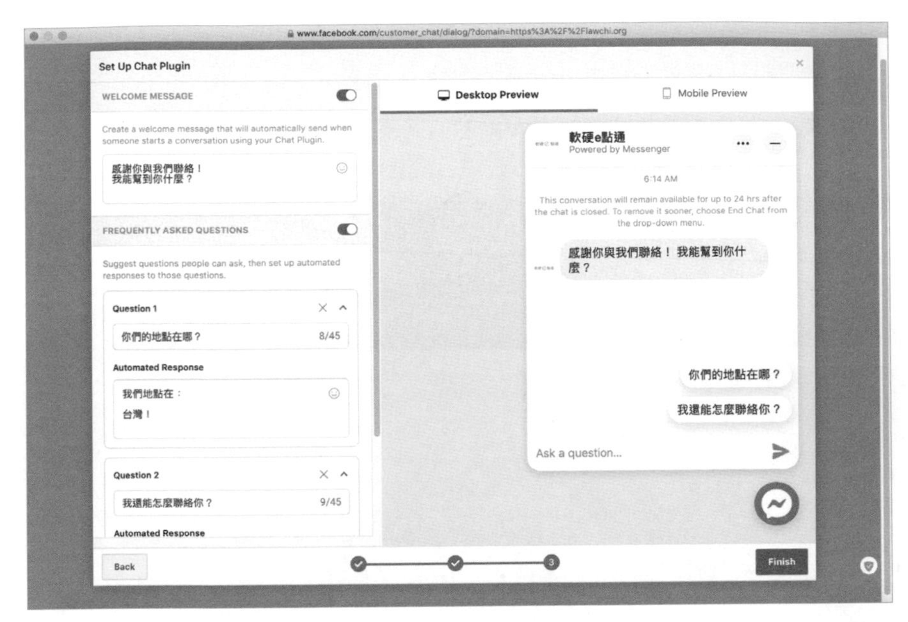

圖 6-5-14

回到網站中即可看到效果！

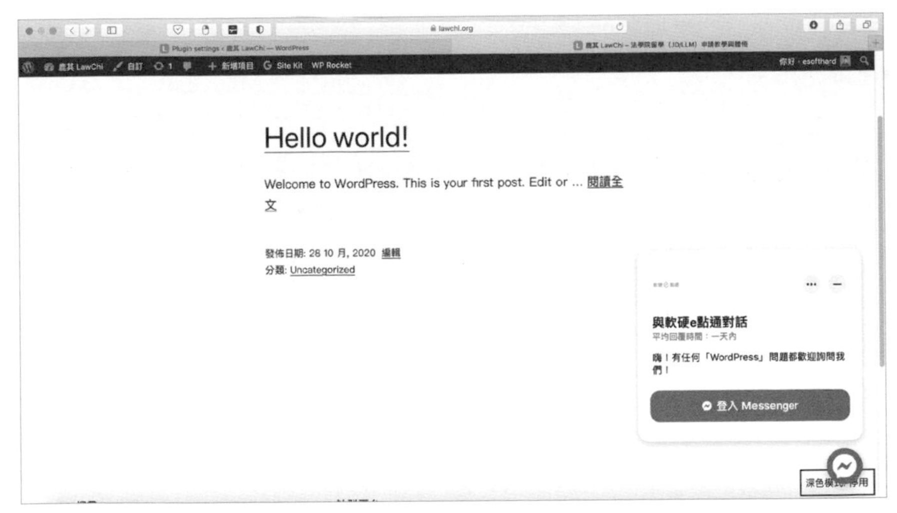

圖 6-5-15

Floating Chat Widget: Contact Icons, Messages, Telegram, Email, SMS, Call Button – Chaty

外掛網址：https://tw.wordpress.org/plugins/chaty/

作者：Premio（https://premio.io/downloads/chaty/）

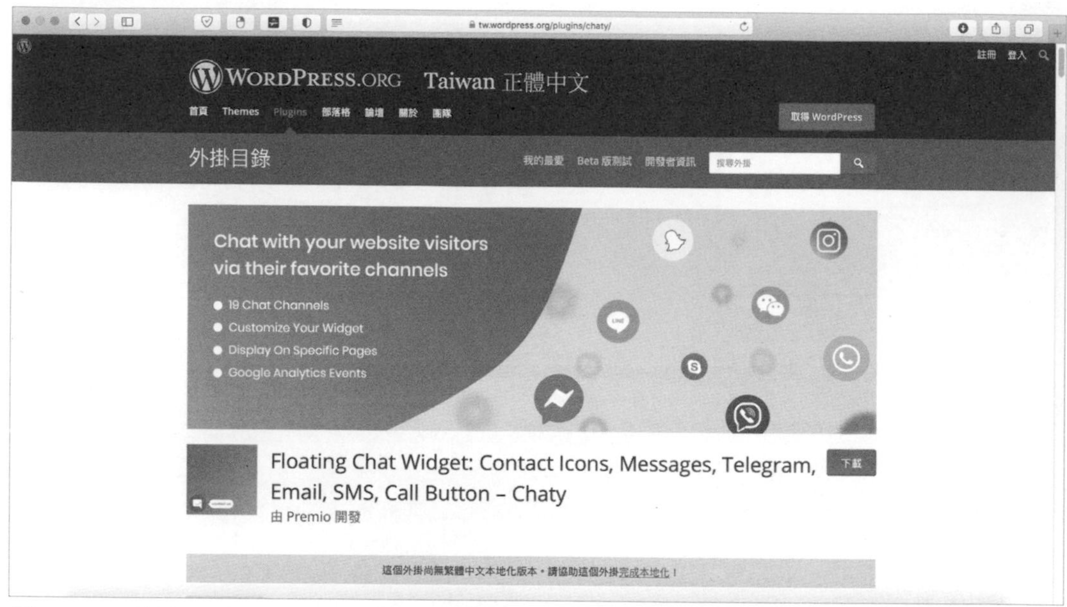

圖 6-5-16 外掛效果圖

簡介：上述介紹的 Facebook 聊天室官方外掛十分簡單設定，而台灣人愛用的 Line 又該如何呈現類似效果呢？這個 Chaty 外掛即可達成，然而如果想要呈現超過兩個平台需額外付費，但如果你的平台不超過兩個的話，推薦可以使用這個外掛來讓訪客聯絡你，並且這個外掛支援 Line 以及 IG 等等平台，符合台灣人使用需求，而他們推出的另一款名為 My Sticky Elements 的外掛，可以做出更多樣的設計。

使用教學：

安裝完後，首先會跳到一個頁面詢問是否訂閱他們的電子報，如不願意可以直接按「Skip」跳過。

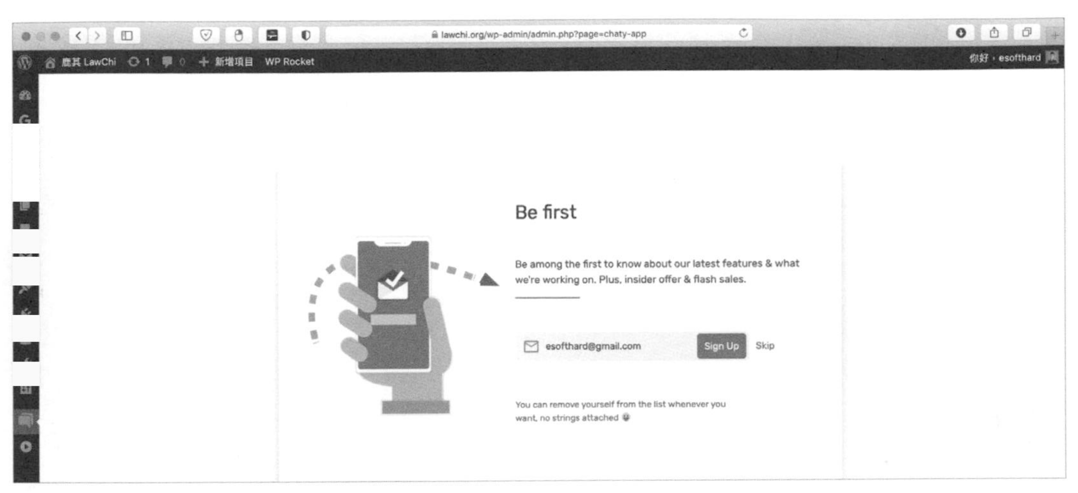

圖 6-5-17

接下來可以選擇你要顯示什麼平台在網站中，免費版只能選擇兩個，而右方一樣可以看到即時的樣式，所以設定起來一樣簡單。

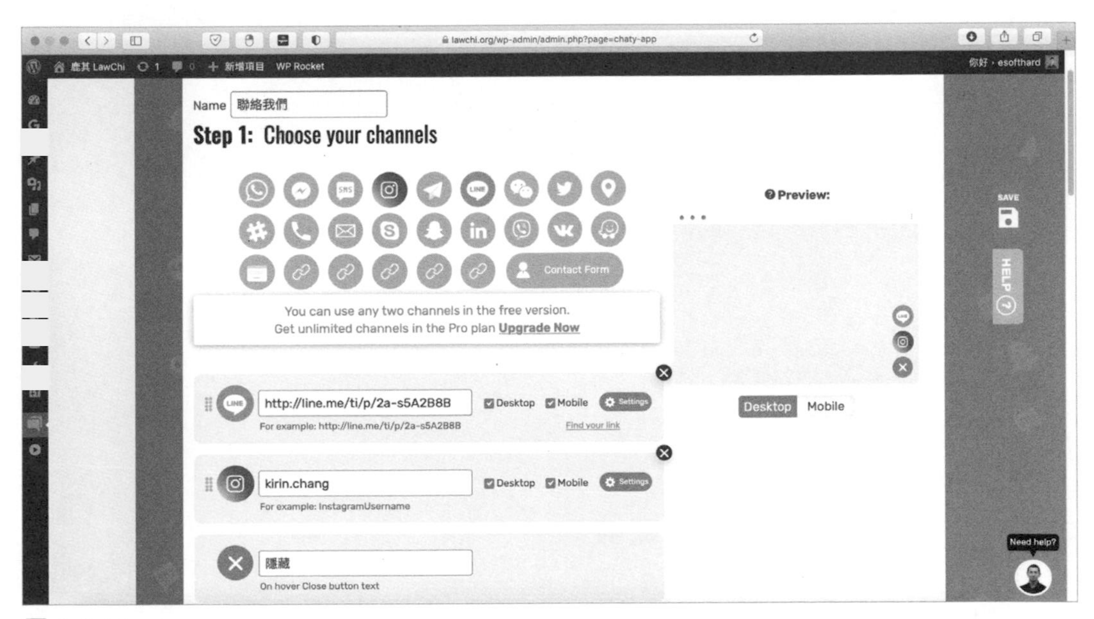

圖 6-5-18

下方有許多細項可以進行設定，例如字型、大小、顏色等等，可以設定到滿意再儲存。

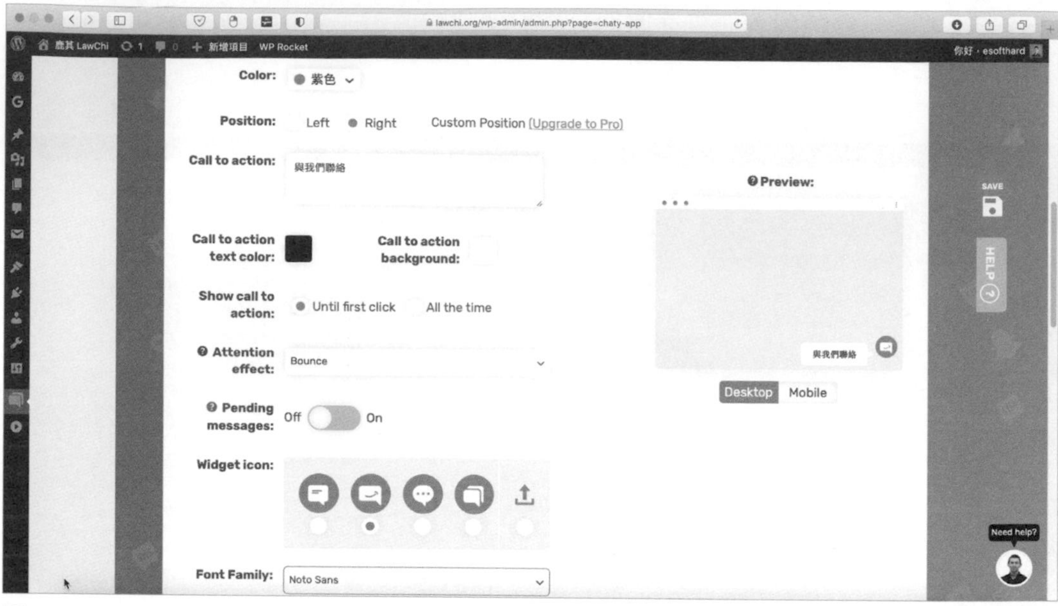

圖 6-5-19

完成後回到首頁即可看到效果！

圖 6-5-20

6.6 備份安全通吃

UpdraftPlus WordPress Backup Plugin

外掛網址：https://tw.wordpress.org/plugins/updraftplus/

作者：UpdraftPlus.Com，DavidAnderson（https://updraftplus.com/）

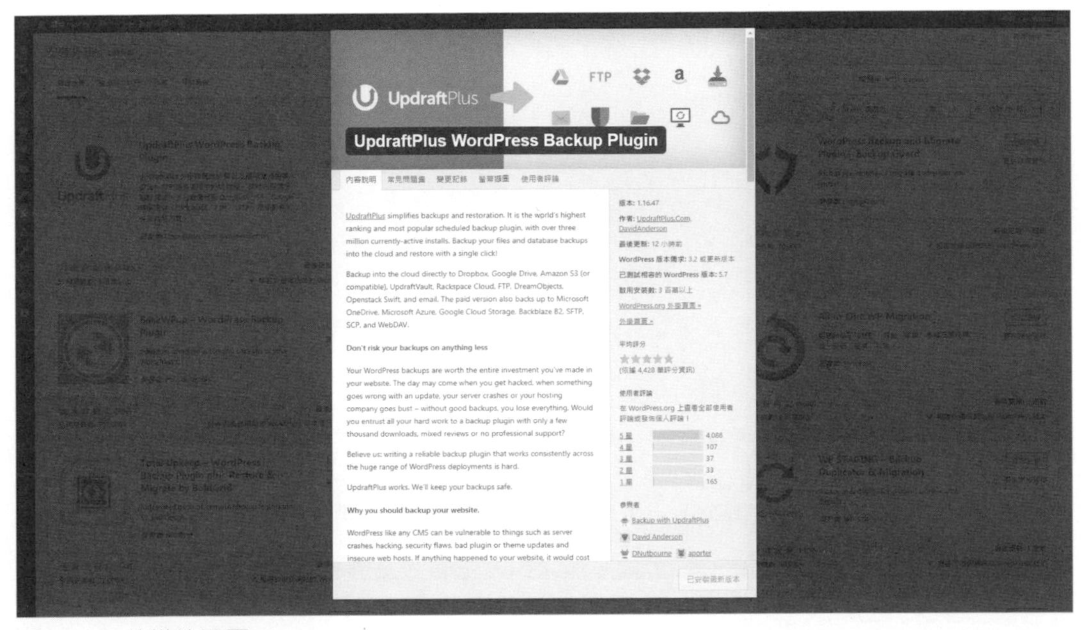

圖 6-6-1 外掛效果圖

簡介：UpdraftPlus WordPress Backup Plugin 是一個非常完整的 WordPress 備份外掛，百萬下載次數在同類型外掛中也是最多，筆者本身的網站也在使用這款外掛進行備份，它除了可以將資料庫資料備份外，也能將整個網站資料也備份起來，且也支援排程功能，讓網站在你睡覺時就能安全備份好，基本上如果設定好的話，這款外掛就能應付你的備份需求了，而付費版還有像是還原等功能。

使用教學：

安裝完後，會自動跳出設定帶你進去外掛的控制台。

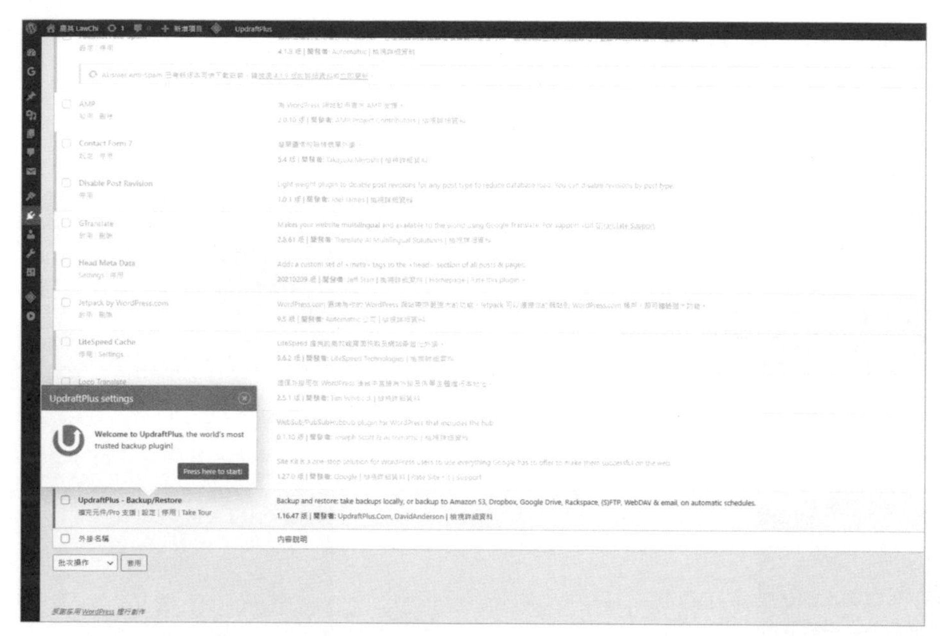

圖 6-6-2

並跳出提示要你進行「立即備份」，但可以先進行後續設定再備份。

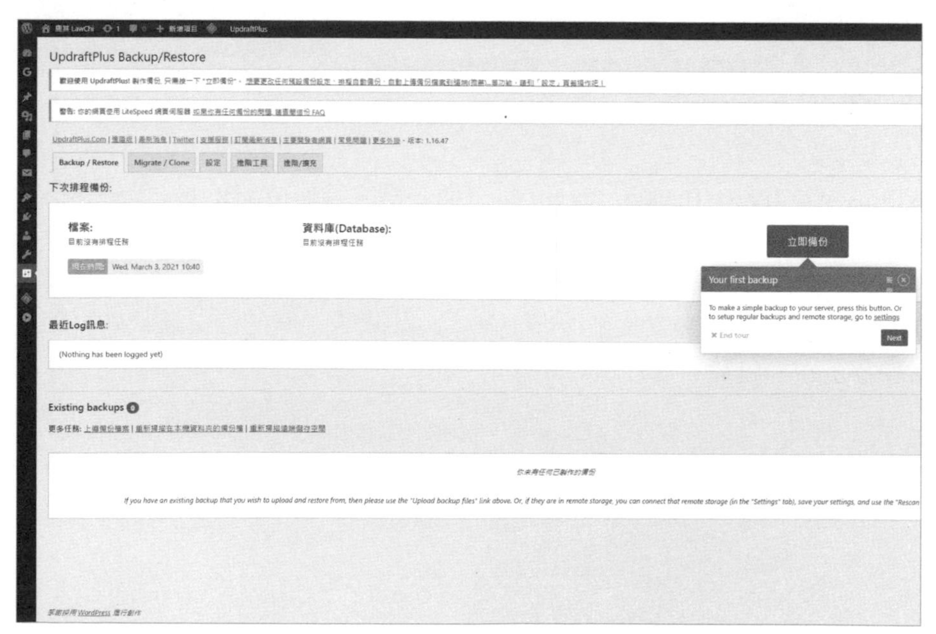

圖 6-6-3

按「Next」下一步後，會進入設定頁面，設定自動備份的排程以及要備份到哪裡。備份時程預設是手動，可以調整成每 4、8、12 小時、每日、每星期、每兩星期、每月的時間來做一次備份，保留排程備份數量則可以設定要保留多少份備份在遠端中；而下方有非常多雲端服務可以與本外掛配合，存放 WordPress 的備份資料。

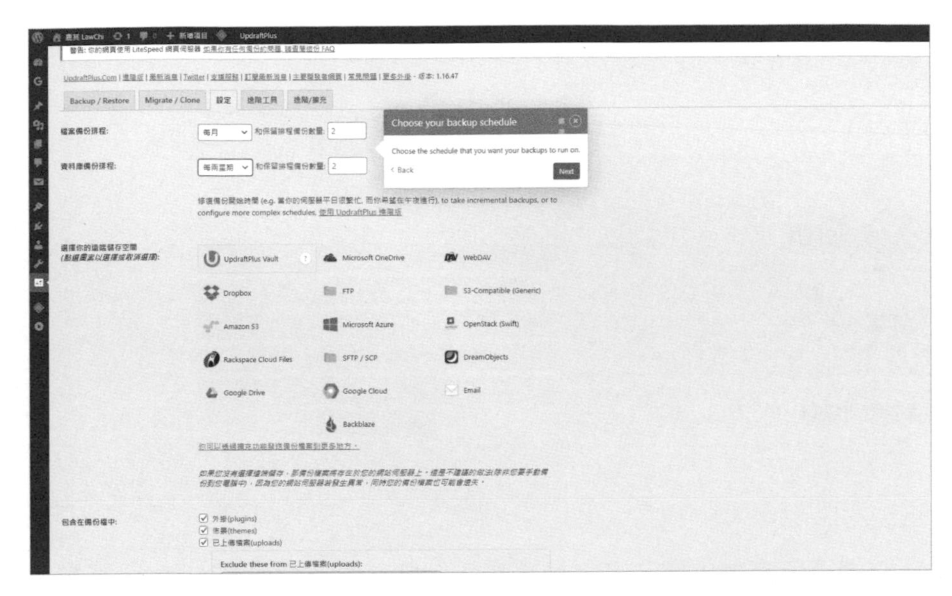

圖 6-6-4

UpdraftPlus 貼心地幫你預設好部分需要備份及不需要備份的資料夾，大家可以依據自己的狀況設定，如果沒有特別需求，建議維持預設即可，這樣可以讓網站備份全部檔案（除了一些不需備份的既有檔案）。

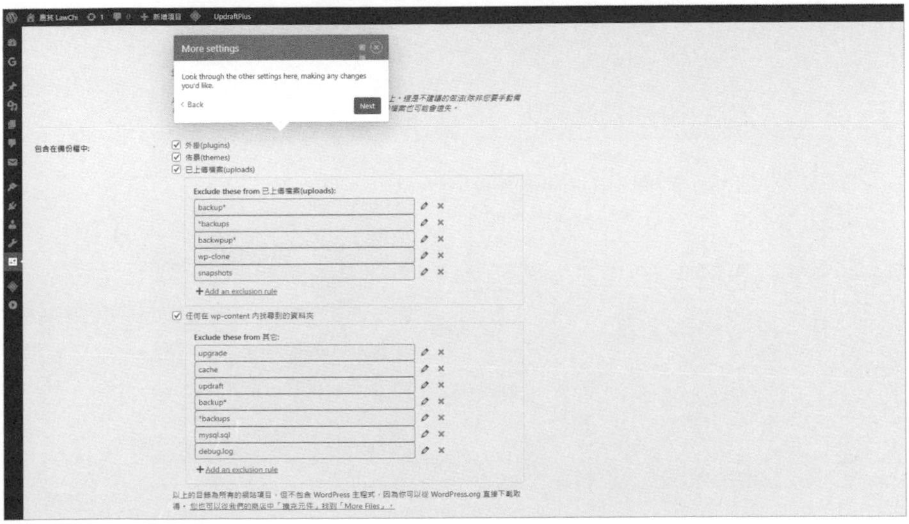

圖 6-6-5

設定完成後記得按下「儲存變更」儲存你的設定。

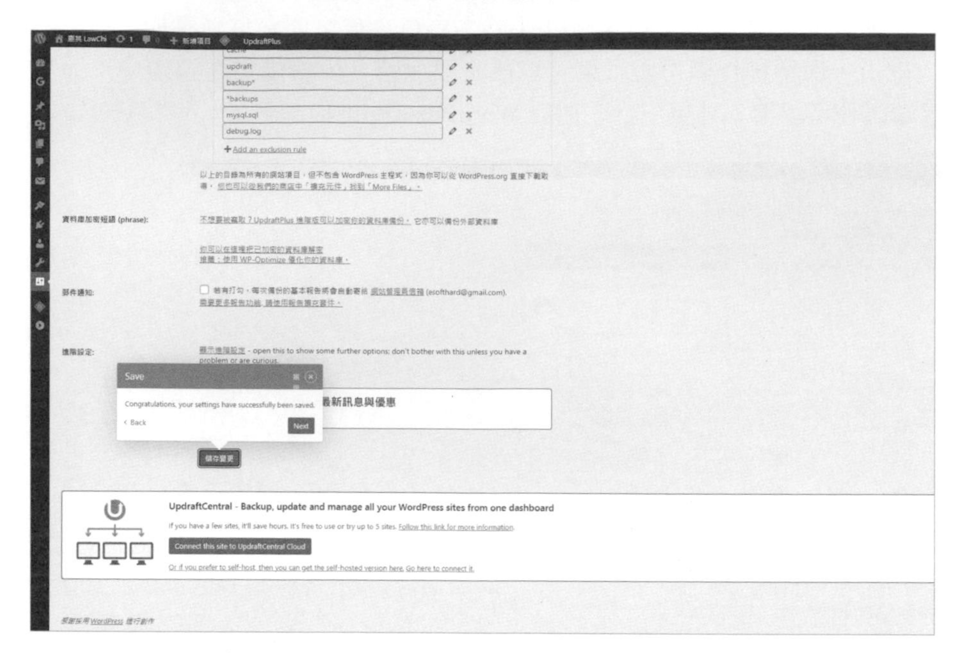

圖 6-6-6

這邊以 Google 雲端硬碟來做示範，在上述遠端備份儲存空間處選擇 Google 雲端硬碟，並拉到最下方儲存設定後，會提示你點該連結進行帳號授權。

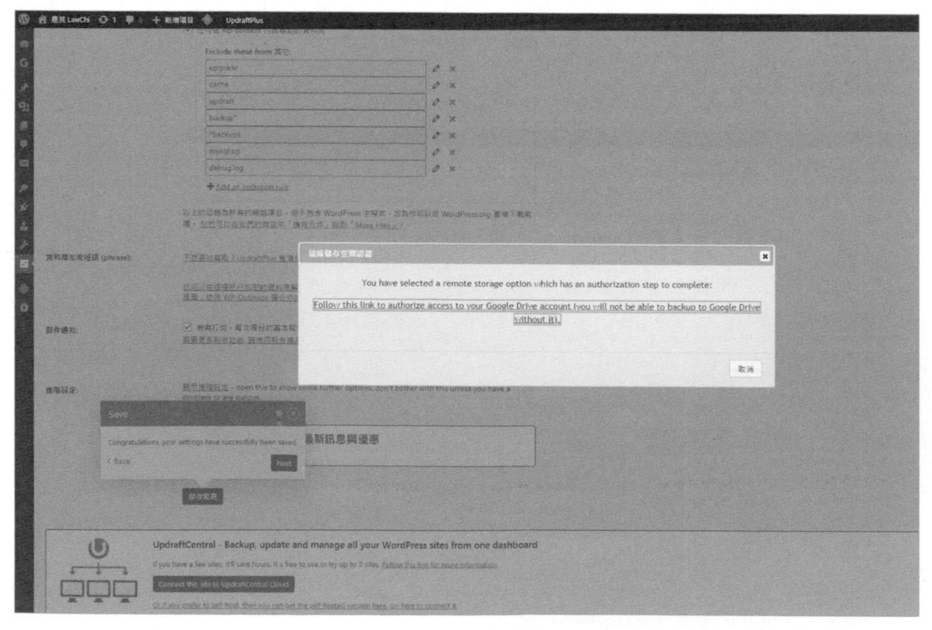

圖 6-6-7

接下來就是登入 Google 帳號以及要授權自己的雲端硬碟給 UpdraftPlus。

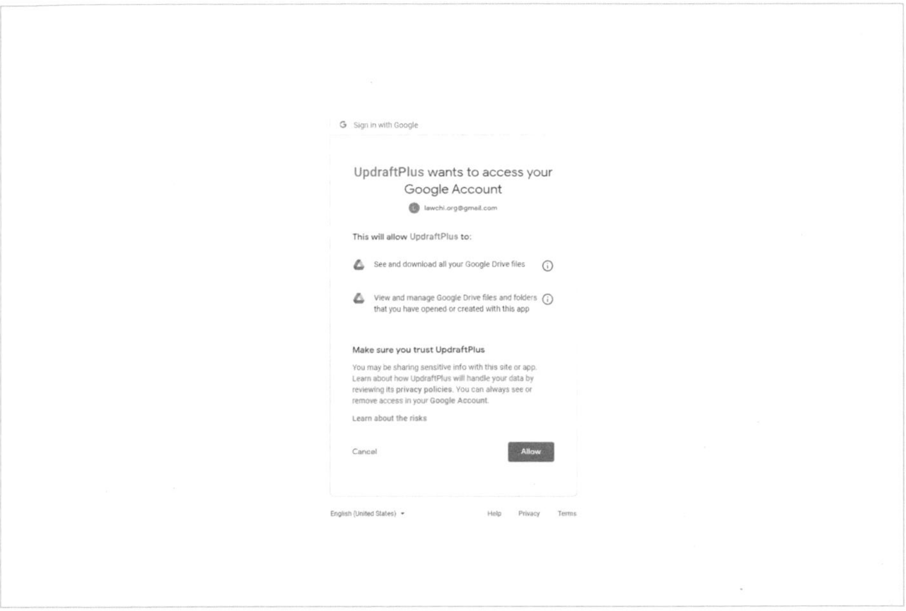

圖 6-6-8

授權完成之後會跳到橘紅色的頁面，按下「Complete setup」就會跳轉回自己網站。

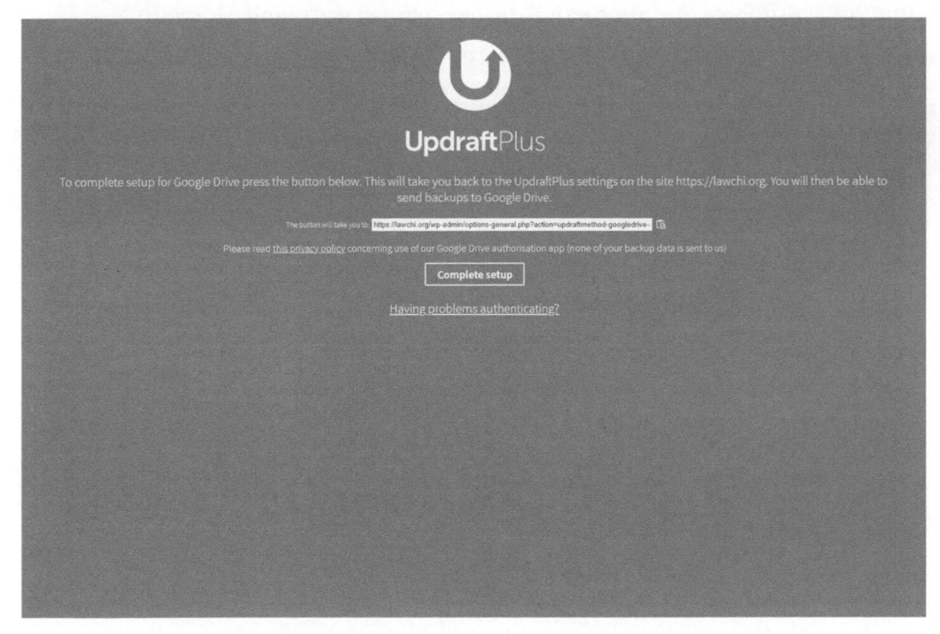

圖 6-6-9

跳轉回 UpdraftPlus 後，可以看到上方會顯示你已經連結 Google 雲端硬碟，以及剩餘的空間，接下就會按照你的排程設定備份，或是你也可以立即備份，備份完後可以在下方看到備份檔案，而且還能直接還原，非常方便。

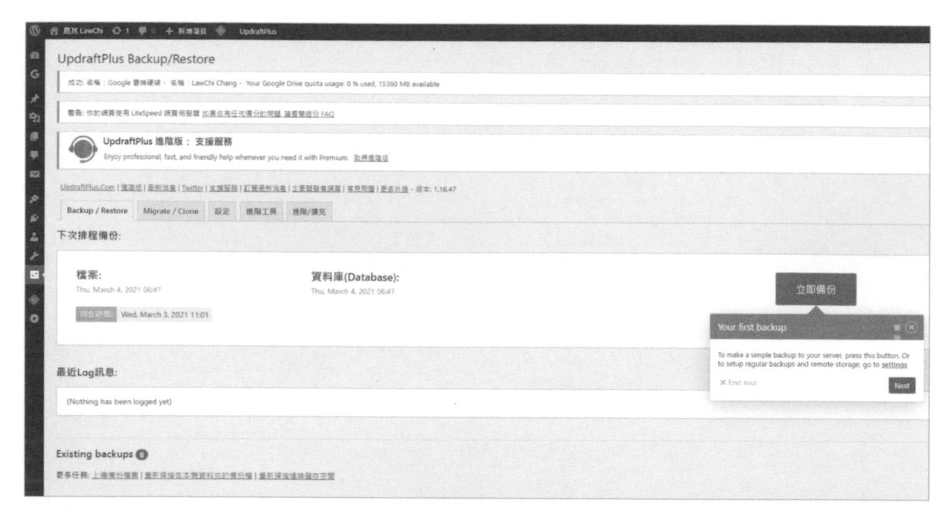

圖 6-6-10

All In One WP Security & Firewall

外掛網址：https://tw.wordpress.org/plugins/all-in-one-wp-security-and-firewall/

作者：Tips and Tricks HQ，Peter Petreski，Ruhul，Ivy（https://www.tipsandtricks-hq.com/）

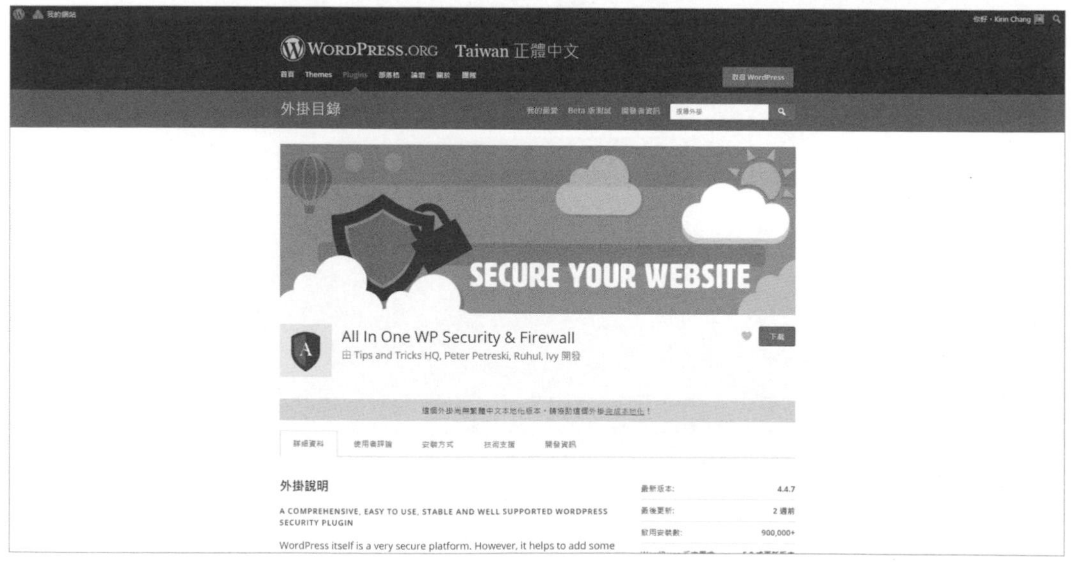

圖 6-6-11 外掛效果圖

簡介：當你辛苦建立好一個 WordPress 網站後，只依靠帳號密碼來保護略嫌不足，此時需要加強網站的安全性，而 All In One WP Security & Firewall 是個非常適合入門者的網站安全外掛，基本上把許多安全性外掛的功能都整合進其中，以下列出此外掛的功能特色（參考外掛頁面），讓讀者知道它的功能多麼完整，而且還免費，真是佛心來著！同類型外掛還有 Wordfence Security 可供選擇。

- 帳號安全

  避免使用「admin」當作管理者名稱
  檢測是否有登入名稱和管理者名稱相同
  提供密碼產生器，提升密碼強度

- 登入安全

  防護暴力破解，IP 封鎖，攻擊通知
  帳號封鎖清單管理，可查看封鎖清單，或手動解鎖
  強制帳號登出
  監控帳號登入錯誤的 IP、名稱、時間等等
  監控帳號登入活動
  自動封鎖 IP 範圍
  顯示目前已登入帳號清單
  IP 白名單設定
  在登入表單新增 Google reCaptcha
  在忘記密碼表單處新增 Google reCaptcha

- 註冊安全

  提供審核帳號註冊功能
  在帳號註冊表單處新增 Google reCaptcha

- 資料庫安全

  設定 WordPress 預設資料庫名稱前贅字
  自動排程資料庫備份，或一鍵即時資料庫備份

- 檔案系統安全

  辨認檔案或目錄是否有不安全的權限設定
  防止 PHP 程式修改
  提供方便檢視系統 LOG
  防止使用者讀取 readme.html、license.txt、wp-config-sample.php

- .htaccess 和 wp-config.php 備份還原

  備份原始 .htaccess 和 wp-config.php

  簡易修改 .htaccess 和 wp-config.php

- 黑名單功能

  依據 IP 或範圍封鎖使用者

  依據瀏覽器代理（user agents）封鎖

- 防火牆功能

  新增防火牆規則在 .htaccess 檔案，WordPress 在執行任何程式顯示網頁前，會先經過 .htaccess，.htaccess 可以設定規則防止惡意程式執行 WordPress 程式，防火牆的功能眾多，以下僅列出部分：

  1. 禁止讀取 debug log
  2. 拒絕錯誤或惡意的查詢 URL 字串
  3. XSS 防護
  4. 阻擋偽裝的機器人爬蟲
  5. 阻擋網站的圖檔被盜連
  6. 404 監控，也可以阻擋過多 404 的連線

- 暴力破解防護

  即時阻擋暴力攻擊

  可新增數學問題驗證碼在登入表單

  可變更登入表單網址

- 檔案安全掃描

  監控任何檔案是否被變更或注入惡意代碼

  評論與垃圾留言

  監控最常發送垃圾留言的 IP 並阻擋

  禁止不是從自己網域來的留言（留言機器人）

  新增驗證碼在留言表單

  自動阻擋超過留言限制的 IP

- 防止文章拷貝

  禁止滑鼠右鍵，防止選擇挑選文字拷貝

- 其他特色功能

  刪除 WordPress 版本訊息

  刪除 WordPress Generator Meta information

  防止網站被顯示在 iframe

使用教學：

安裝並啟用後，請於進入左側選單 WP Security -> Dashboard 控制台，首先會看到一個像是儀表板的圖示，該圖「Security Strength Meter」顯示目前的安全分數，啟動越多安全設定，分數就會越高。而「Security Points Breakdown」顯示目前的各種類安全設定的分配比例。

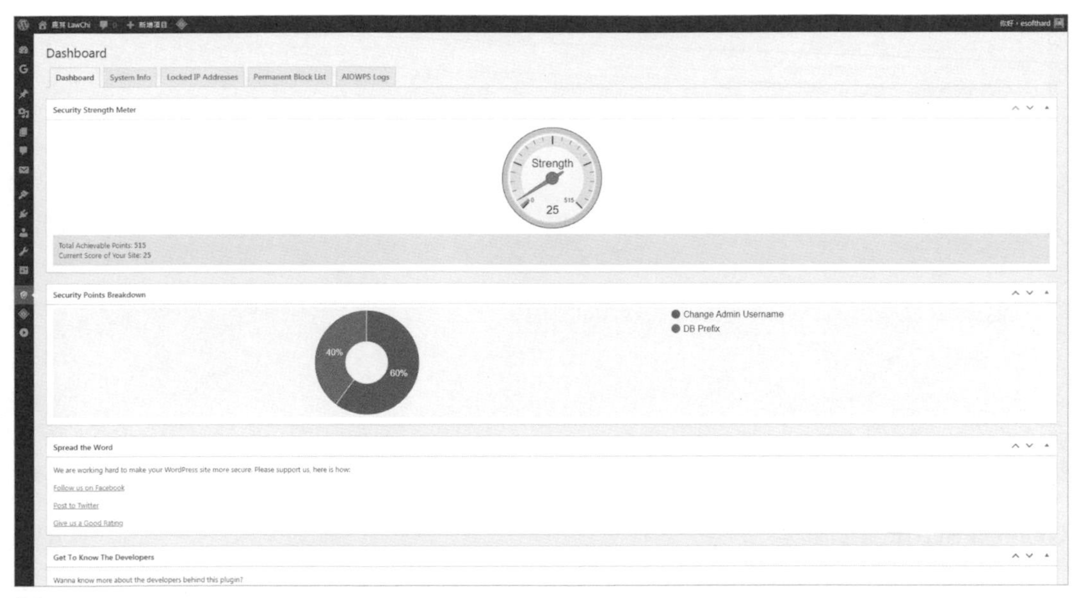

圖 6-6-12

「Critical Feature Status」顯示四個主要的安全設定，建議可以都開成 ON，而按下 ON 之後就會分別跳至各個設定細項。

Critical Feature Status

Below is the current status of the critical features that you should activate on your site to achieve a minimum level of recommended security

Admin Username ON OFF

Login Lockdown ON OFF

File Permission ON OFF

Basic Firewall ON OFF

圖 6-6-12-1

以下對該外掛的部分頁面進行介紹：

「Settings」

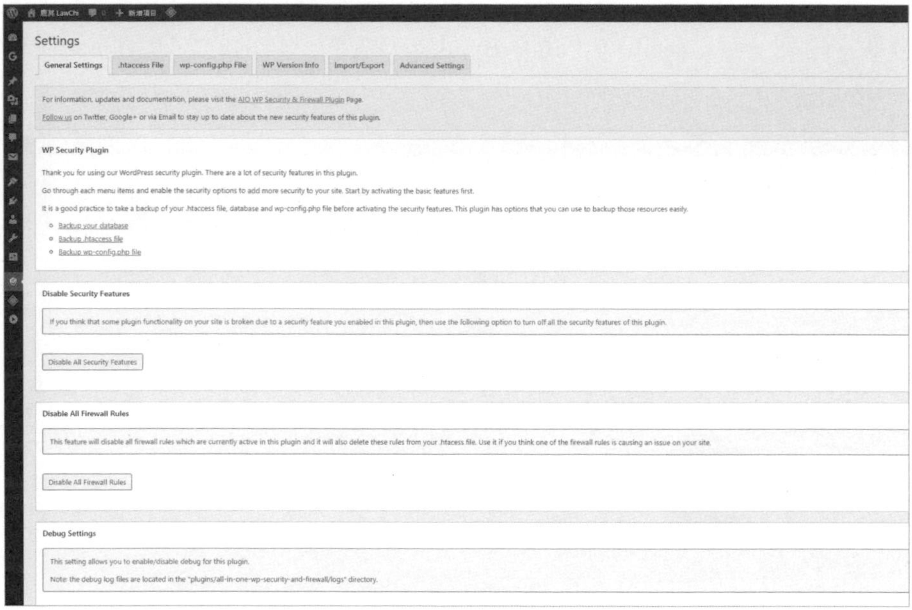

圖 6-6-13

General Settings 頁面：

- Disable All Security Features：如果認為有些外掛因為啟動了這個安全外掛而導致不正常，可以先暫時禁用所有安全性功能，再看看是否回復正常。
- Disable All Firewall Rules：如果認為有些防火牆規則造成其他外掛不正常，可以先禁用所有防火牆規則。

.htaccess File 頁面：

備份或還原 .htaccess 檔案。

wp-config.php File 頁面：

備份或還原 wp-config.php 檔案。

WP Version Info 頁面：

Remove WP Generator Meta Info：

WordPress 會自動產生版本資訊，顯示於網頁的 meta 標籤中，這些資訊會有安全性隱憂，建議勾選提升安全性。

Import/Export 頁面：

備份或還原外掛設定值。

「User Accounts」

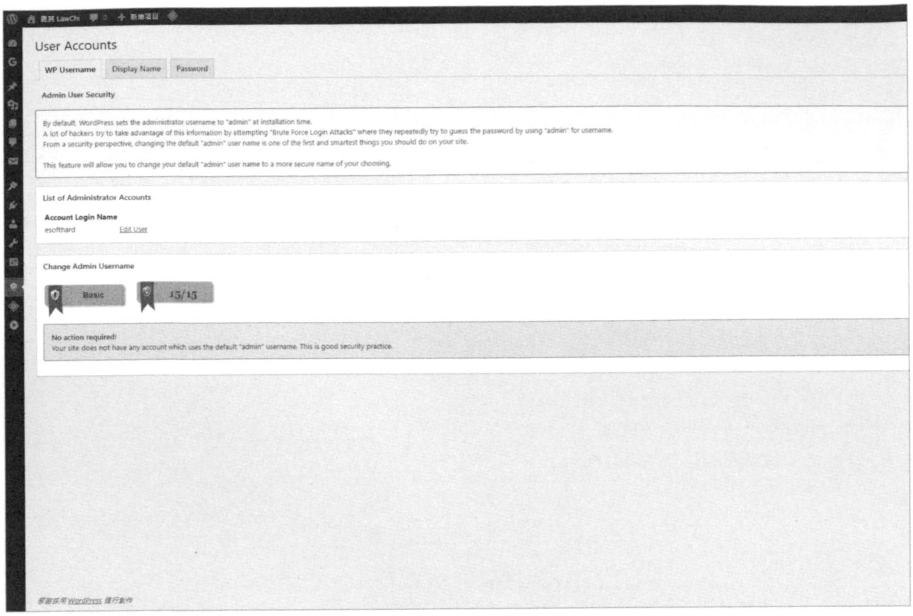

圖 6-6-14

WP Username 頁面：

WordPress 預設以 admin 當作管理者登入名稱，改用不同名稱可以降低安全疑慮。

Display Name 頁面：

WordPress 文章會顯示作者 nickname，WordPress nickname 和 login name 在預設是一樣的，這樣就會讓人知道登入名稱，最好是變更不同的 nickname，降低安全疑慮。

Password 頁面：

提供密碼強度工具，預估此密碼需要多少時間可以破解。

「User Login」

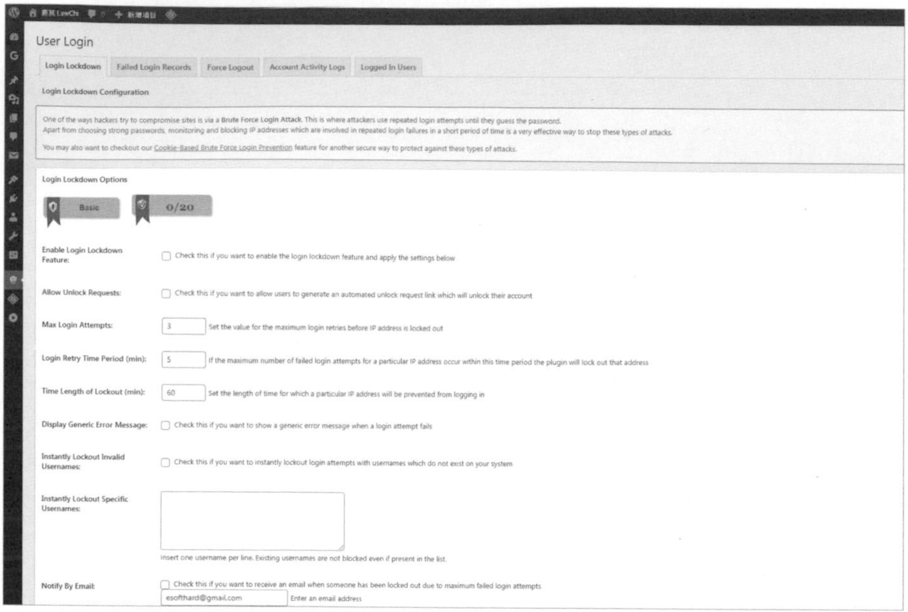

User Login

Login Lockdown | Failed Login Records | Force Logout | Account Activity Logs | Logged In Users

Login Lockdown Configuration

One of the ways hackers try to compromise sites is via a **Brute Force Login Attack**. This is where attackers use repeated login attempts until they guess the password.
Apart from choosing strong passwords, monitoring and blocking IP addresses which are involved in repeated login failures in a short period of time is a very effective way to stop these types of attacks.

You may also want to checkout our Cookie-Based Brute Force Login Prevention feature for another secure way to protect against these types of attacks.

Login Lockdown Options

Basic 0/20

Enable Login Lockdown Feature: Check this if you want to enable the login lockdown feature and apply the settings below

Allow Unlock Requests: Check this if you want to allow users to generate an automated unlock request link which will unlock their account

Max Login Attempts: 3 Set the value for the maximum login retries before IP address is locked out

Login Retry Time Period (min): 5 If the maximum number of failed login attempts for a particular IP address occur within this time period the plugin will lock out that address

Time Length of Lockout (min): 60 Set the length of time for which a particular IP address will be prevented from logging in

Display Generic Error Message: Check this if you want to show a generic error message when a login attempt fails

Instantly Lockout Invalid Usernames: Check this if you want to instantly lockout login attempts with usernames which do not exist on your system

Instantly Lockout Specific Usernames:

Insert one username per line. Existing usernames are not blocked even if present in the list.

Notify By Email: Check this if you want to receive an email when someone has been locked out due to maximum failed login attempts

esofthard@gmail.com Enter an email address

圖 6-6-15

Login Lockdown 頁面：

- Enable Login Lockdown Feature：建議勾選，自動封鎖登入錯誤次數太多的 IP。
- Max Login Attempts：設定最多登入錯誤次數，預設 3 次。
- Login Retry Time Period：這個設定值與 Max Login Attempts 配合，意思為設定 N 分鐘內，錯誤次數最多為 N 次。
- Time Length of Lockout：設定 IP 鎖定時間（分鐘）。
- 另可設定 IP 白名單，及被鎖住 IP 清單。

Failed Login Records 頁面：

這裡顯示嘗試登入錯誤的 IP 記錄。

Force Logout 頁面：

- Enagle Force WP User Logout：勾選後，會將登入者在指定的時間後強制登出。
- Logut the WP User After XX Minutes：設定時間（分鐘），預設 60，登入時間超過設定時間就會強制登出。

Account Activity Logs 頁面：

顯示最近 100 筆登入紀錄。

Logged in Users 頁面：

顯示目前已登入帳號。

「User Registration」

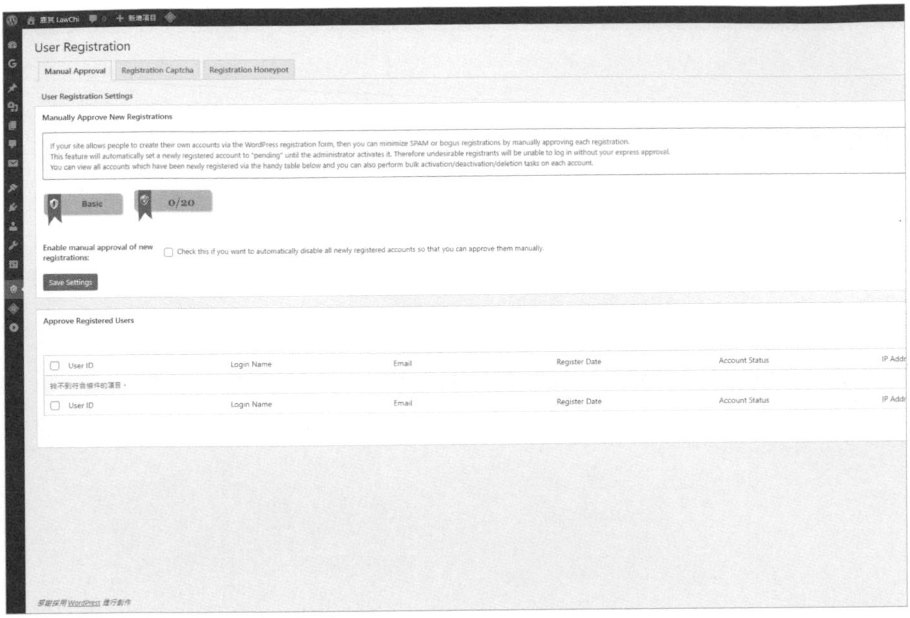

圖 6-6-16

Manual Approval 頁面：

Manually Approve New Registrations：勾選後，新註冊的使用者帳號必須經由管理者審核才可以登入。

Registration Captcha 頁面：

Enable Captcha On Registration Page：勾選後會在帳號註冊表單插入驗證碼。

Registration Honeypot 頁面：

Enable Honeypot On Registration Page：啟用後會在註冊表單中新增一個隱藏欄位，這個欄位一般使用者是看不到的，這是為了防範機器人自動註冊的機制。

「Database Security」

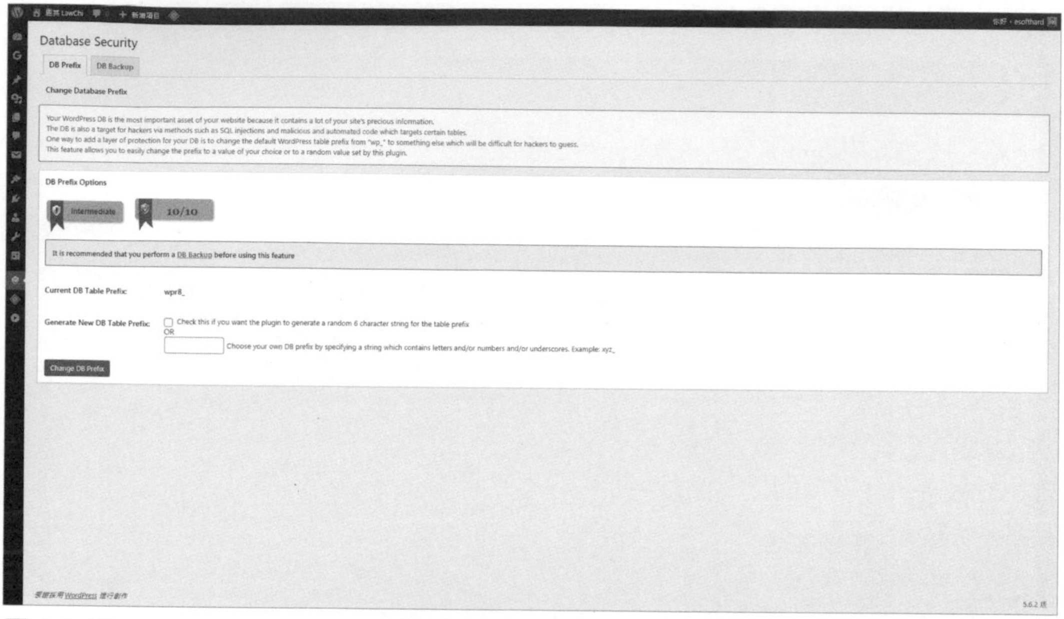

圖 6-6-17

DB Prefix 頁面：

- 資料庫是 WordPress 最重要的部分，安裝 WordPress 時，有選項可以自訂資料表前的前綴，但多數人並未改，維持預設的 wp_，代表大家的資料表名稱都一樣，例如文章的資料表是 wp_posts，會員資料表是 wp_users，駭客有可能有機可趁，最簡單保護資料庫的方式就是不要使用預設的資料庫名稱，這裡可以簡單的修改資料庫名稱，在使用這個功能前請先執行資料庫備份。
- Generate New DB Table Prefix：自行設定或自動產生 6 個隨機字符當作資料庫名稱前綴字。

DB Backup 頁面：

- Enable Automated Scheduled Backups：啟用後系統會定期備份資料庫。
- Backup Time Interval：備份間隔時間。
- Send Backup File Via Email：將資料庫備份檔案寄到指定 Email 信箱。

「Filesystem Security」

Filesystem Security

File Permissions | PHP File Editing | WP File Access | Host System Logs

File Permissions Scan

Your WordPress file and folder permission settings govern the accessability and read/write privileges of the files and folders which make up your WP installation.
Your WP installation already comes with reasonably secure file permission settings for the filesystem.
However, sometimes people or other plugins modify the various permission settings of certain core WP folders or files such that they end up making their site less secure because they chose the wrong permission values.
This feature will scan the critical WP core folders and files and will highlight any permission settings which are insecure.

WP Directory and File Permissions Scan Results

Basic　0/20

Name	File/Folder	Current Permissions	Recommended Permissions	Recommended Action
root directory	/home/lawchi/public_html/	0750	0755	Set Recommended Permissions
wp-includes/	/home/lawchi/public_html/wp-includes	0755	0755	No Action Required
.htaccess	/home/lawchi/public_html/.htaccess	0644	0644	No Action Required
wp-admin/index.php	/home/lawchi/public_html/wp-admin/index.php	0644	0644	No Action Required
wp-admin/js/	/home/lawchi/public_html/wp-admin/js/	0755	0755	No Action Required
wp-content/themes/	/home/lawchi/public_html/wp-content/themes	0755	0755	No Action Required
wp-content/plugins/	/home/lawchi/public_html/wp-content/plugins	0755	0755	No Action Required
wp-admin/	/home/lawchi/public_html/wp-admin	0755	0755	No Action Required
wp-content/	/home/lawchi/public_html/wp-content	0755	0755	No Action Required
wp-config.php	/home/lawchi/public_html/wp-config.php	0644	0640	Set Recommended Permissions
Name	File/Folder	Current Permissions	Recommended Permissions	Recommended Action

圖 6-6-18

File Permissions 頁面：

WordPress 預設的檔案與目錄的讀寫權限設定，可能會因其外掛或佈景相容性問題，而修改到了權限而造成安全疑慮，此處顯示重要檔案或目錄的權限，與建議的權限設定，建議按指示設定即可。

PHP File Editing 頁面：

Disable Ability To Edit PHP Files：禁止由 WordPress Dashboard 編輯 PHP 檔案。

WP File Access 頁面：

Prevent Access To WP Default install Files：禁止讀取 readme.html，license.txt，wp-config-sample.php。

Host System Logs 頁面：

查看系統紀錄檔案。

「Blacklist Manager」

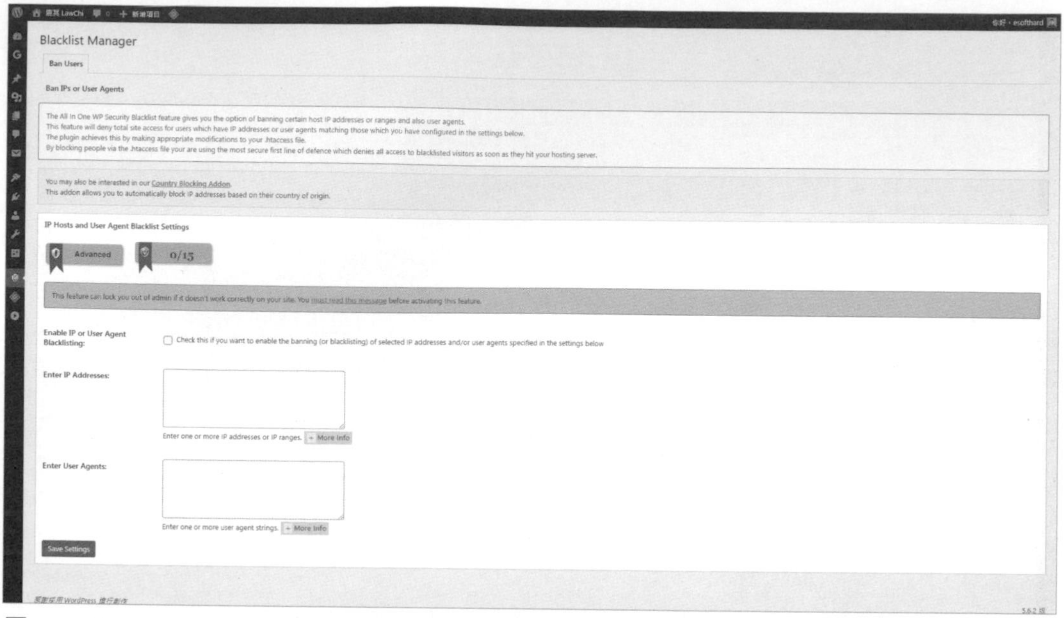

圖 6-6-19

Ban Users 頁面：

設定 IP 黑名單，此功能可能會讓你也無法進入網站控制台，當發生無法進入 WordPress 控制台時，請還原原有 .htaccess 檔案重試。

「Firewall」

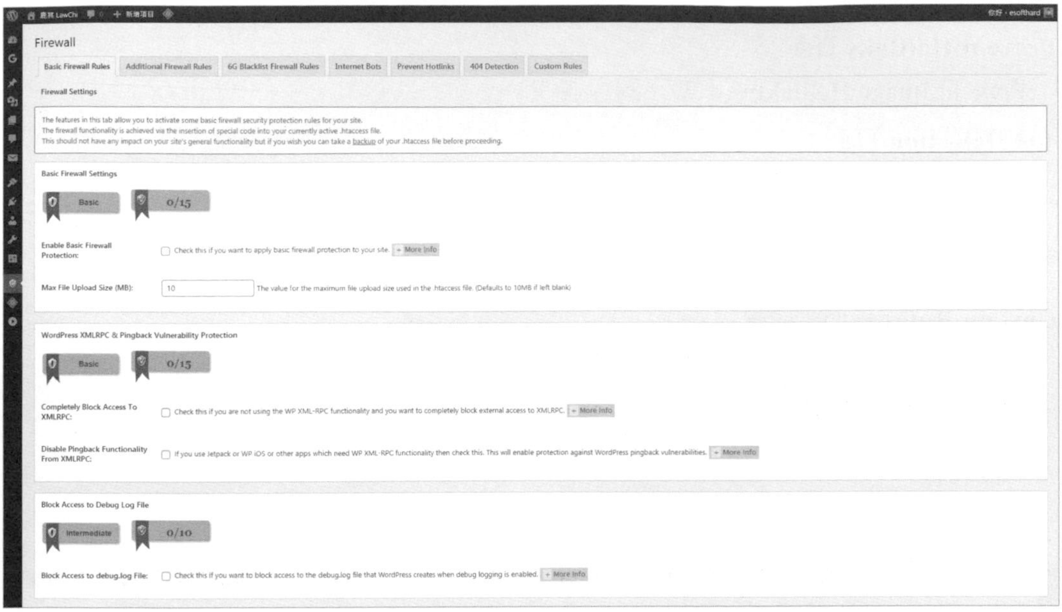

圖 6-6-20

防火牆規則主要是在 .htaccess 檔案新增規則，啟用防火牆前請先備份檔案。

Basic Firewall Rules 頁面：

- Enable Basic Firewall Protection：啟用最基本的防火牆規則。
- Max File Upload Size：設定上傳檔案的最大限制。
- Completely Block Access To XMLRPC：如果沒有使用 XML-RPC 的話，建議啟用。
- Disable Pingback Functionality From XMLRPC：如果有安裝 Jetpack 或其他外掛需要使用 XML-RPC，請啟用。
- Block Access to debug.log File：禁止讀取 debug.log

Additional Firewall Rules 頁面：

- Disable Index Views：禁止瀏覽網頁目錄。
- Disable Trace and Track：防止 HTTP Trace 攻擊。
- Forbid Proxy Comment Posting：禁止經由代理發送留言。
- Deny Bad Query Strings：防護 XSS 攻擊。
- Enable Advanced Character String Filter：防護 XSS 攻擊。

Internet Bots 頁面：

Block Fake Googlebots：禁止非 Google 的網路爬蟲機器人。

Prevent Hotlinks 頁面：

Prevent Image Hotlinking：禁止圖片盜連。

404 Detection 頁面：

- 駭客可能暴力測試許多網站根本不存在的網址，這會產生很多 404 錯誤，可以按這個回應判讀可能網站遭受攻擊。
- Enable 404 IP Detection and Lockout：啟用後，自動阻擋產生過多 404 回應的 IP。

Custom Rules 頁面：

- Enable Custom .htaccess Rules：啟用後可自訂防火牆規則。
- Place custom rules at the top：自訂的規則放在檔案的最上面。
- Enter Custom .htaccess Rules：自訂的規則在這裡設定。

「Brute Force」

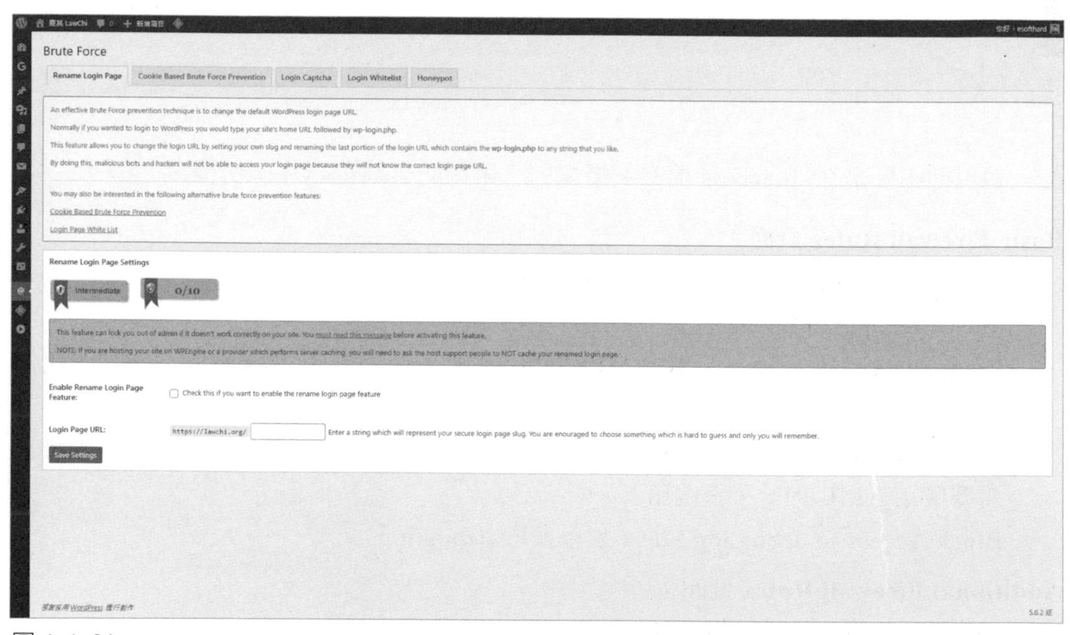

圖 6-6-21

Rename Login Page 頁面：

- Enable Rename Login Page Feature：啟用後，預設登入網址會變為指定的網址。
- Login Page URL：設定要變更的登入網址。

Cookie Based Brute Force Prevention 頁面：

Enable Brute Force Attack Prevention：啟用防護暴力破解攻擊，啟用這個選項可能為讓你無法登入管理者，請先備份 .htaccess 檔案。

Login Captcha 頁面：

- Use Google reCAPTCHA as default：預設使用 Google 圖形驗證。
- Site Key：Google 圖形驗證網站金鑰。
- Secret Key：Google 圖形驗證密鑰。
- Enable Captcha On Login Page：在登入表單插入圖形驗證。
- Enable Captcha On Lost Password Page：在忘記密碼表單中插入圖形驗證。
- Enable Captcha On Custom Login From：在自訂登入表單中插入圖形驗證。

Login Whitelist 頁面：

只有白名單內的 IP 可以使用網站。

- Login IP Whitelist Settings：啟用 IP 白名單。
- Your Current IP Address：目前的 IP。
- Enter Whitelisted IP Addresses：假如一個或多個 IP 至白名單。

Honeypot 頁面：

Enable Honeypot On Login Page：在登入頁中插入隱藏欄位，只有機器人看得到，阻擋機器人攻擊。

「SPAM Prevention」

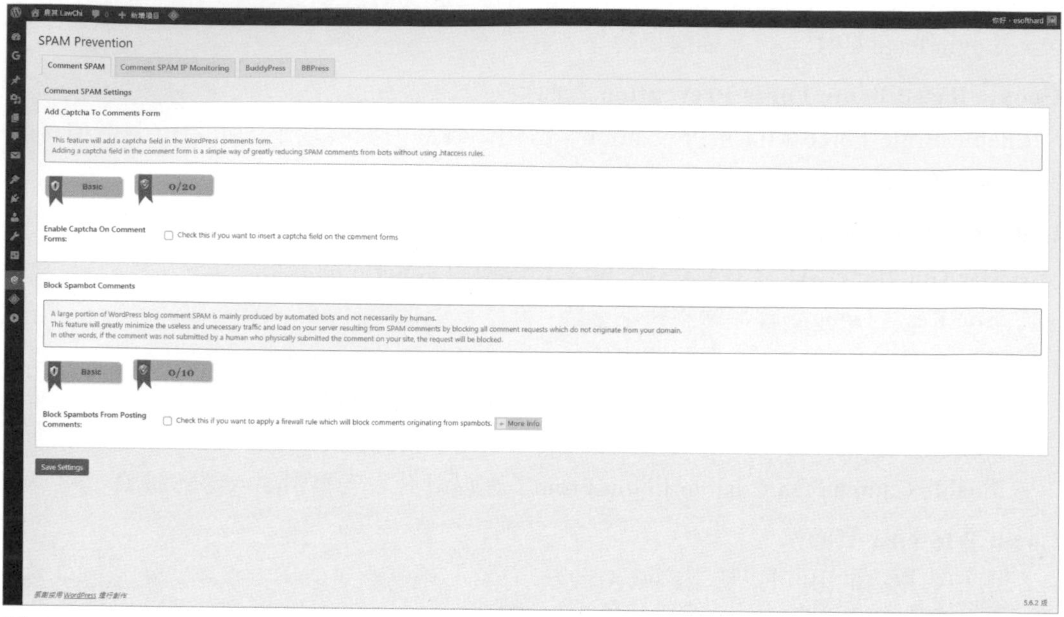

圖 6-6-22

Comment SPAM 頁面：

- Enable Captcha On Comment Forms：在留言表單中新增驗證碼。
- Block Spambots From Posting Comments：自動阻擋垃圾留言機器人。

Comment SPAM IP Monitoring 頁面：

- Enable Auto Block of SPAM Comment IPs：自動阻擋發送垃圾留言的 IP。
- Minimum number of SPAM comments per IP:：設定 IP 發了多少垃圾留言後就阻擋。

BoddyPress 頁面：

安裝 BuddyPress 外掛才能設定。

BBPress 頁面：

安裝 BBPress 外掛才能設定。

「Scanner」

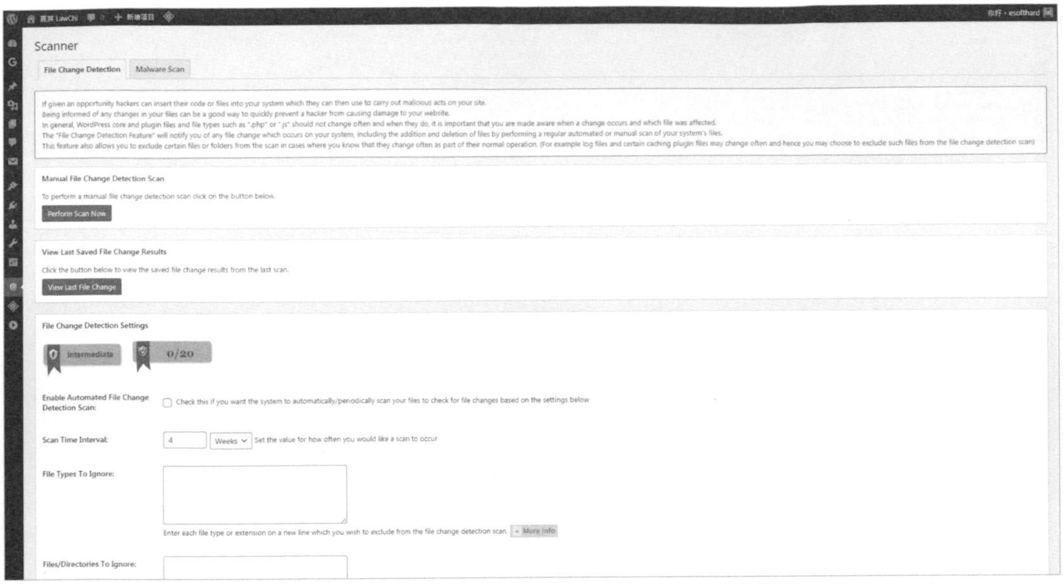

圖 6-6-23

File Change Detection 頁面：

- Enable Automated File Change Detection Scan：定期自動檢查檔案是否有變動。
- Scan Time Interval：設定檢查頻率。

「Maintenance」

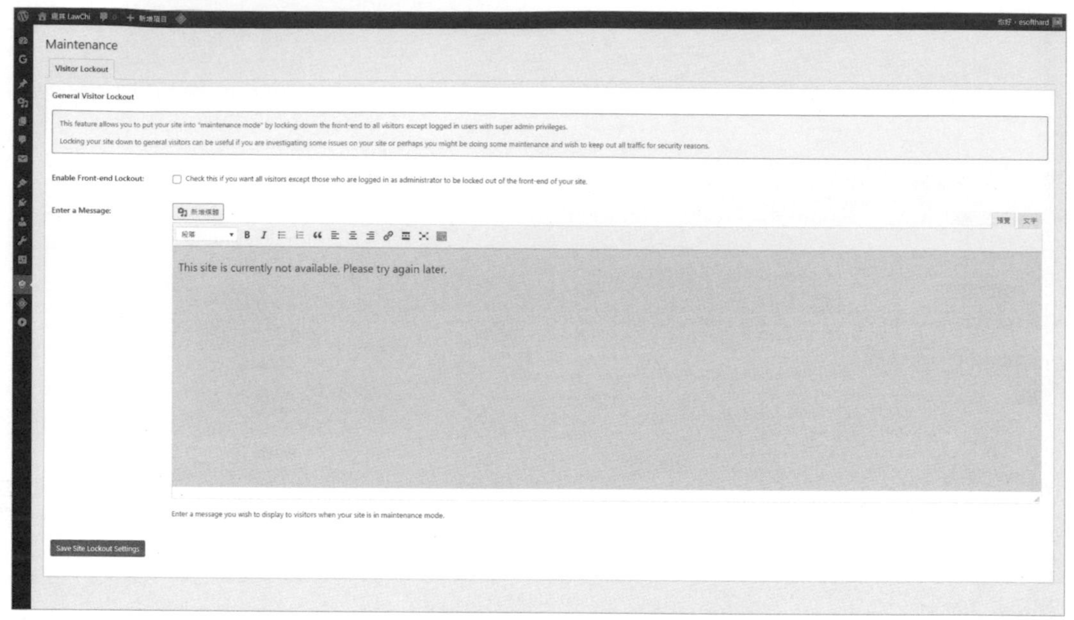

圖 6-6-24

Vistor Lockout 頁面：

- Enagle Front-end Lockout：禁止使用網站並顯示維護中的訊息，只有管理者帳號可正常登入。
- Enter a Message：設定維護中要顯示的訊息。

「Miscellaneous」

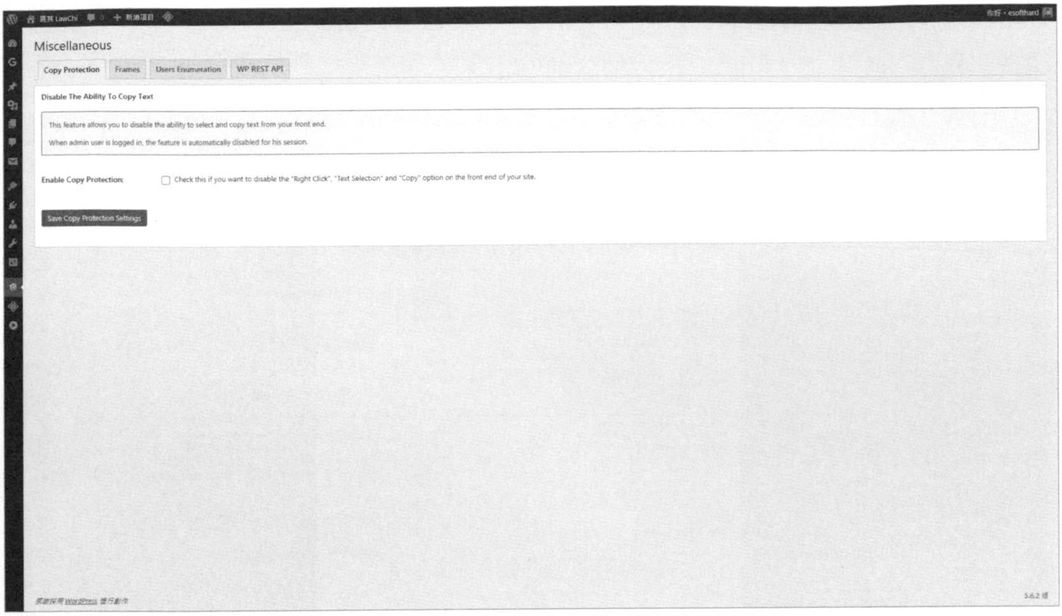

圖 6-6-25

Copy Protection 頁面：

Enable Copy Protection：禁止滑鼠右鍵，保護內容被拷貝。

Frames 頁面：

Enable iFrame Protection：禁止你的網站被顯示在 frame 或 iframe 中。

User Enumeration 頁面：

Disable Users Enumeration：禁止使用網址 /?author=1 這種方式取得使用者資訊。

WP REST API 頁面：

Disallow Unauthorized REST Request：禁止未登入使用者使用 REST API。

再次提醒讀者們，在設定此外掛前，強烈建議先備份 .htaccess 檔案，避免將自己也阻擋在網站外，「All In One WordPress Security And Filewall」外掛如上述功能超級完整，相信透過上述完整的中文翻譯介紹，大家一定可以透過這個外掛讓網站的功能提升不少。

WPvivid

外掛網址：https://tw.wordpress.org/plugins/wpvivid-backuprestore/
作者：WPvivid Team（https://wpvivid.com/）

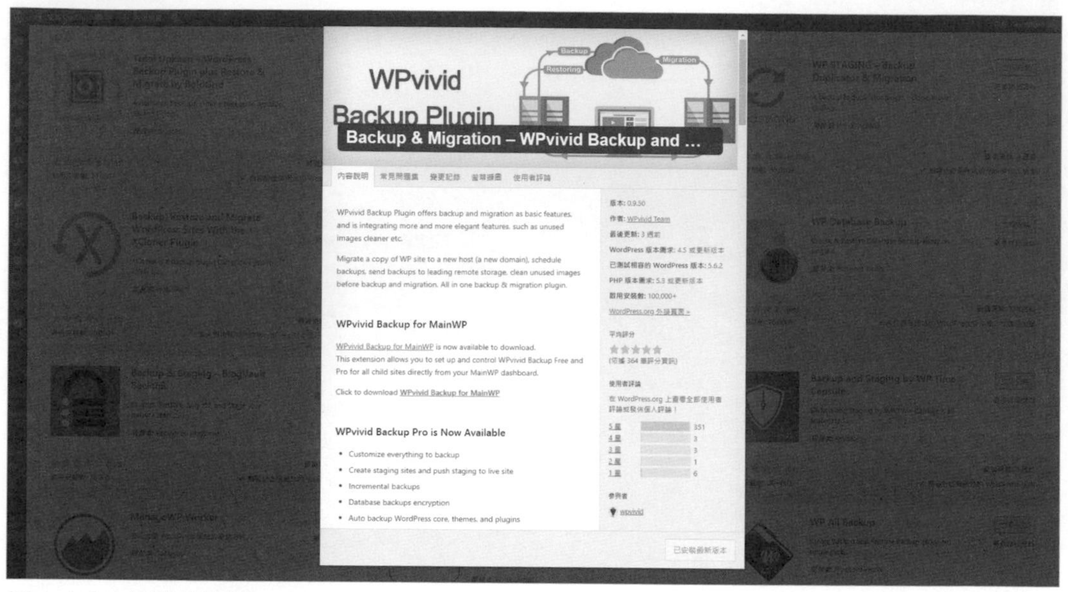

圖 6-6-26 外掛效果圖

簡介：上方介紹過了 UpdraftPlus WordPress Backup Plugin，而這個「Backup & Migration – WPvivid Backup and Migration Plugin」也是一樣功能，但它的備份以及還原功能皆為免費，且操作簡單。WPvivid 還有個很棒的特色，就是快速搬家功能，只需複製想要搬家的網站憑證，貼上至新網站的指定欄位，即可完成 WordPress 網站和資料庫搬家，所以也很推薦給讀者使用。

如何備份？

搜尋、安裝並啟用 WPvivid 外掛後，前往 Backup & Restore（備份和還原）頁面，再選擇「Remote Storage」可以選擇要備份到遠端何處，共支援 Google Drive、Dropbox 等位置。並在第一個欄位輸入方便你識別是什麼備份的名稱，完成後按藍色按鈕開始 Google 帳號授權。

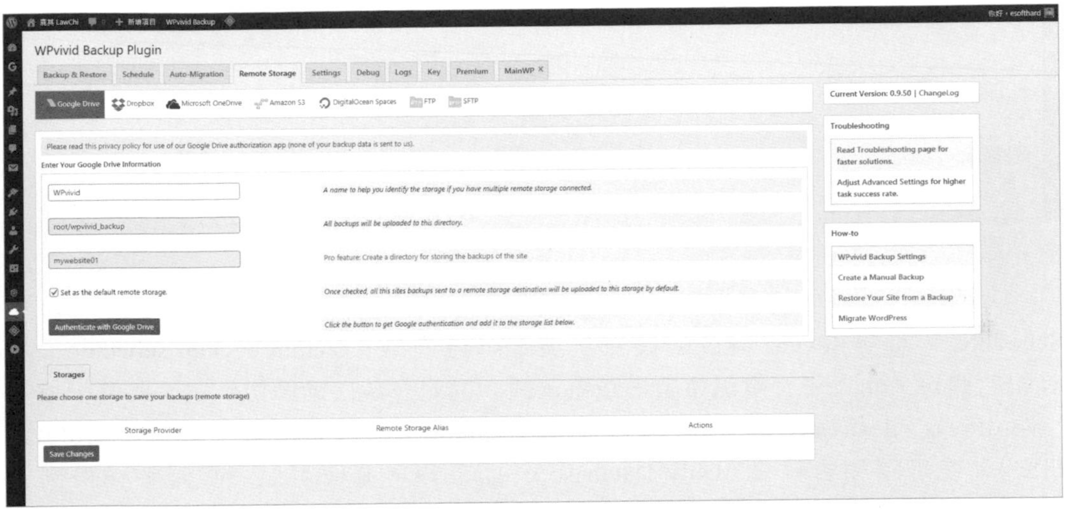

圖 6-2-27

如前述完成 Google 帳號授權步驟後，跳轉回控制台，並於上方出現「You have authenticated the Google Drive account as your remote storage.」，且該 Google Drive 圖示亮起，表示授權完成，按下「Backup Now」即可開始備份。

圖 6-2-28

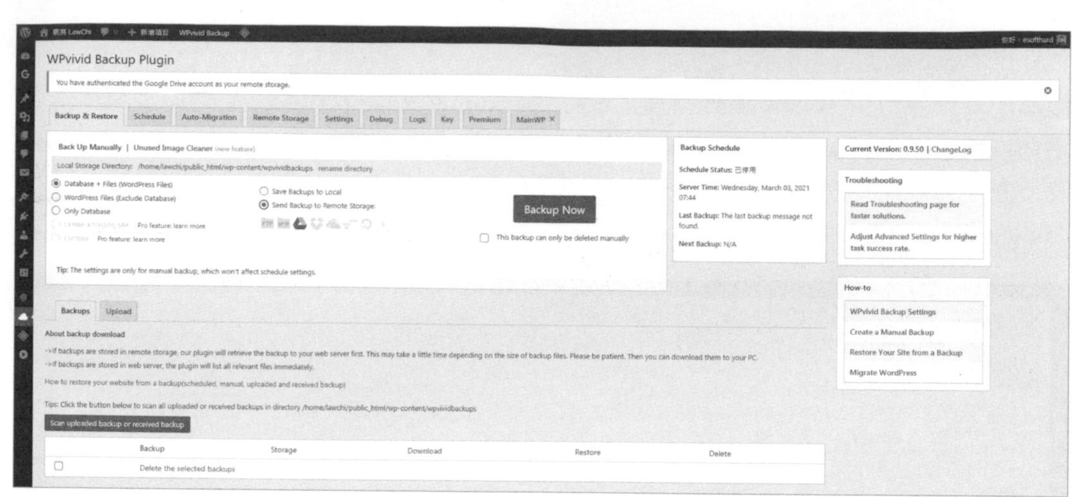

圖 6-2-29

Schedule 頁面則可以開啟自動備份功能，記得勾選「Enable backup schedule」才有開始備份。而以下有幾個選項供讀者選擇，例如多久自動備份一次、要備份檔案（WordPress Files (Exclude Database)）還是檔案加資料庫（Database + Files (WordPress Files)）或是單獨資料庫（Only Database）。而最後一個像可以選擇是要備份到主機上（Save backups on localhost (web server)）還是遠端（Send backups to remote storage），建議選擇遠端備份。

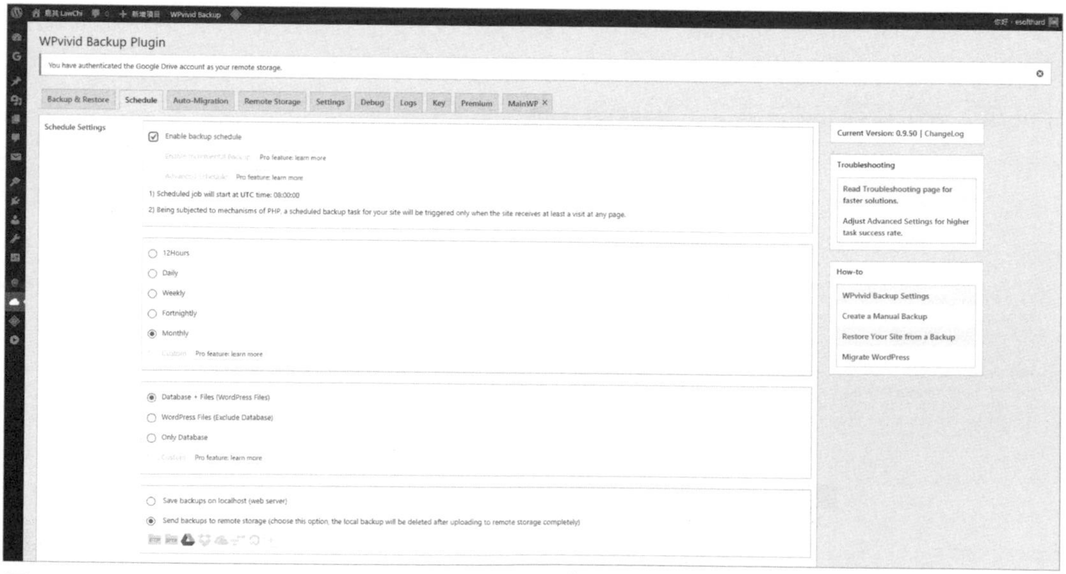

圖 6-2-30

如何搬家？

WPvivid 有一個厲害的自動搬家功能，簡單來說就是在新舊網站都安裝此外掛，然後先在新網站建立密鑰，並在舊網站貼上密鑰，開始還原，之後就等結果即可。

首先，前往新網站的 WPvivid 外掛 > Backup & Restore（備份和還原）選項。Key（憑證）分頁 > 選擇憑證過期時間（通常設定 8 小時都足夠搬家），點 Generate 開始產生。

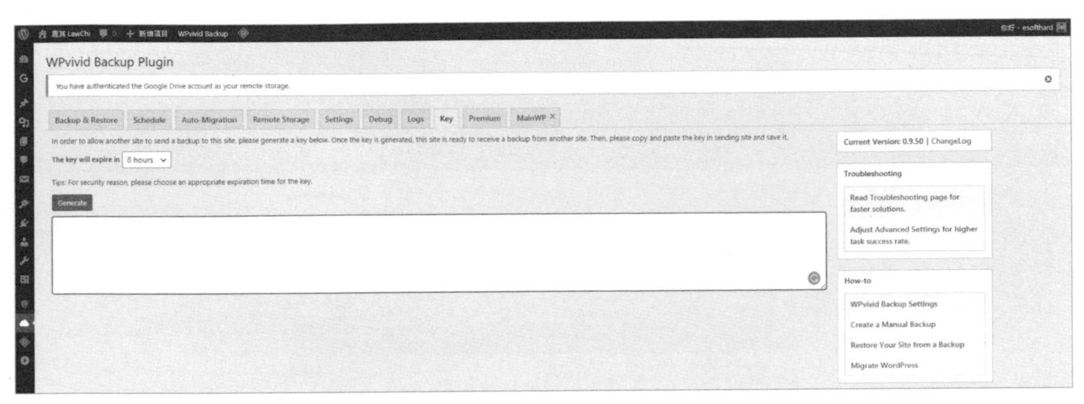

圖 6-2-31

在新網站建立網站搬家密鑰，憑證生成完成後把它複製下來，接著前往舊網站（要被搬家的網站）。前往 Auto-Migration 自動搬家分頁，把憑證貼入欄位中，然後 Save 儲存。然後選擇需搬家的檔案，如果要完整搬家就選 Database + Files（資料庫 + 檔案），最後點 Clone then Transfer 就會開始複製網站到目標網站囉。還原網站需要時間，等完成後也就代表正式搬家成功囉！

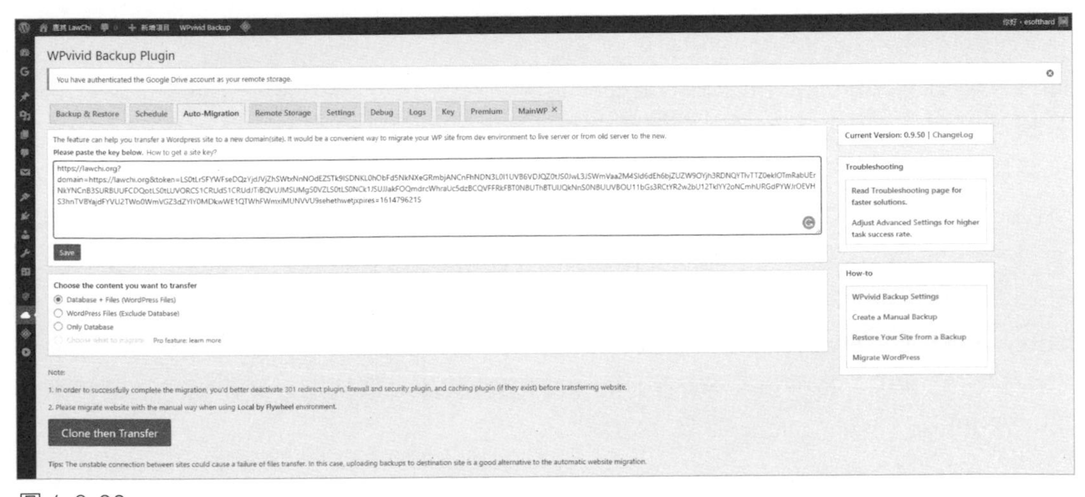

圖 6-2-32

6.7 提升網站效能

Breeze – WordPress 快取外掛

外掛網址：https://tw.wordpress.org/plugins/breeze/

作者：Cloudways（https://www.cloudways.com/）

圖 6-7-1 外掛效果圖

簡介：使用 WordPress，建議你一定要安裝快取外掛，快取是什麼呢？簡單來說，快取外掛能將網站的內容靜態化，靜態的網頁開起相對快速，並能減少資料庫的存取，降低系統效能負擔，而快取外掛十分多款，像是其他知名快取外掛「W3 Total Cache」、「Hyper Cache」、「Quick Cache」甚至是付費的「WP Rocket」，每個都有不同的使用介面以及特殊功能，就看大家怎麼去做選擇，但快取外掛不是安裝啟用越多款越有用，一個網站只需啟用一個快取外掛，重複安裝啟用同類型外掛只會造成網站的負擔。而「Breeze」由 Cloudways 團隊所開發，是個輕巧、功能強大且方便使用的 WordPress 快取外掛。它提供了各種設定來為不同層級的 WordPress 效能進行最佳化，且同時適用於 WordPress、WooCommerce 及多站點。

Breeze 在以下幾個方面表現優異：

效能：Breeze 除了能改進網站速度及主機資源最佳化外，還包含了檔案層級快取系統、資料庫清理、最小化、支援 Varnish 快取及簡化 CDN 整合設定等功能。

便利：在 WordPress 網站中，直接安裝及設定 Breeze 相當容易。設定 Breeze 相當簡單，且按照預設值便能在多數的環境中運作良好。建議設定應該能在所有 WordPress 網站上無痕般的運作。

簡單：Breeze 設計成要讓所有人都能輕鬆上手。僅需安裝並啟用這個外掛，便能立刻體驗到絕佳的效果。

使用教學：

控制台搜尋安裝「Breeze」並啟用後，上方也會如同筆者建議，不要一次使用多個快取外掛，確認好自己已經停用其他快取外掛後，從左方側邊欄「設定」中的「Breeze」打開設定，雖然說要打開設定，但其實當你啟用後基本上什麼都不做也已經很有效果了，在 Breeze 設定裡的「基本設定」中找到「快取系統」、「Gzip 壓縮」、「瀏覽器快取」三個選項將它勾選、啟用就能實現最基本（但速度一樣很快）的快取功能。

至於要多久清除快取？我建議保留預設值 1440 分鐘（一天），如果你的網站更新頻率較高，一天會有好幾篇文章，可以考慮將這個數值調低一些，最小化的話不一定要開啟。

圖 6-7-2

如果你想要開啟 Breeze 的最小化功能，那麼也可以到「進階設定」內將「合併檔案」打開，這會讓網站內的 CSS 和 JS 檔案合併成單一檔案，但速度不一定較快，而且也可能遭遇一些問題，若你知道自己在做什麼也有能力修復問題再考慮這個選項。

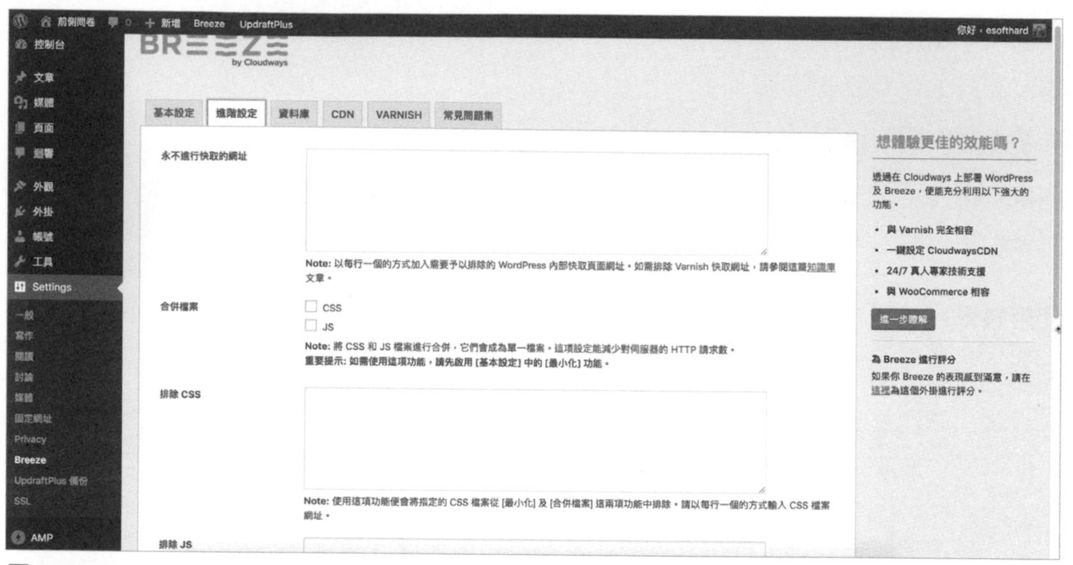

圖 6-7-3

Breeze 內建資料庫最佳化（清理）功能，不過這個工具要謹慎使用，因為有可能會讓你網站暫時停擺無法存取，若資料很多的話建議還是分批進行比較安全，使用前也記得備份資料庫，備份外掛可參考 6.6 節的外掛推薦。

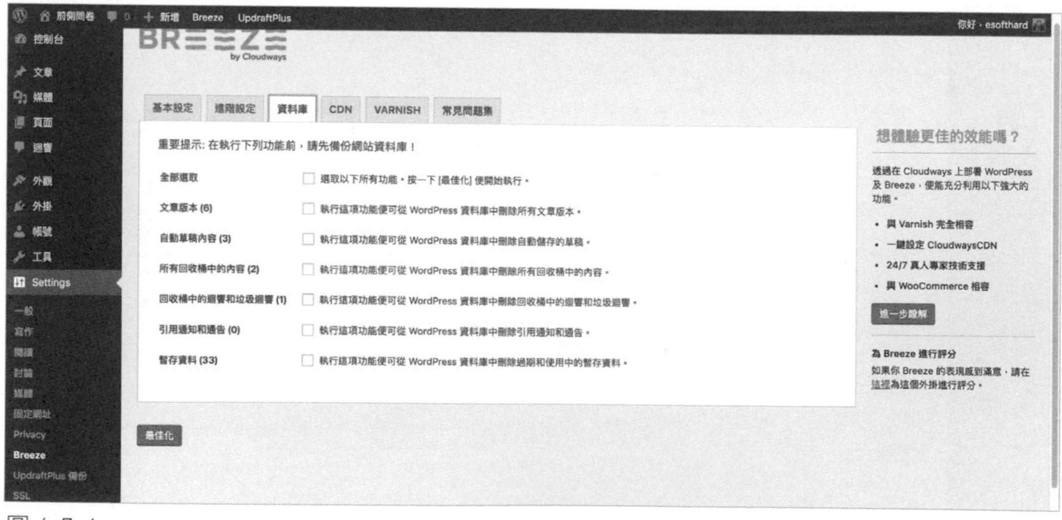

圖 6-7-4

當前較多人會接觸到的功能可能是 CDN，也就是如果你的網站流量很大，CDN 可以達到分流、加速效果，而 Breeze 讓你不用透過其他外掛就能自動改寫網站裡圖片、JS 和 CSS 的存取鏈結，改為透過 CDN 網址來存取這些靜態資料，如果你需要可以在這裡將設定開啟使用。

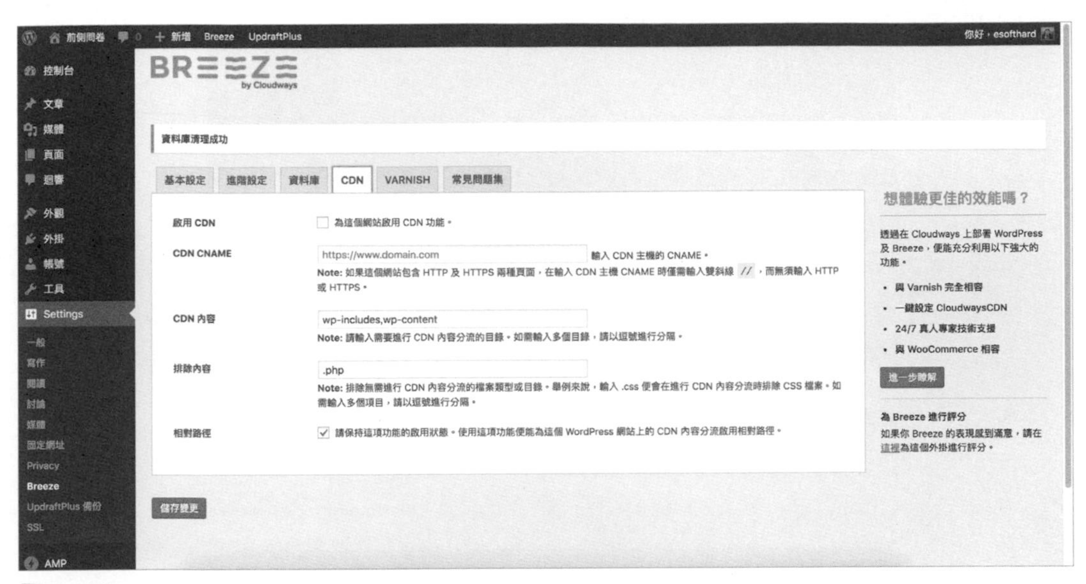

圖 6-7-5

想要知道 Breeze 有沒有正常運作，只要登出帳號或用無痕模式檢視網站原始碼發現最下面有出現類似以下字串：<!-- Cache served by breeze CACHE - Last modified：Sat，01 Sep 2018 16:20:56 GMT -->

即代表快取壓縮設定成功囉！

```
296 </symbol>
297 <symbol id="icon-thumb-tack" viewBox="0 0 21 32">
298 <path class="path1" d="M8.571 15.429v-8q0-0.25-0.161-0.411t-0.411-0.161-0.411 0.161-0.161 0.411v8q0 0.25 0.161 0.411t0.411 0.161 0.411-0.161 0.161-0.411zM20.571 21.714q0 0.464-
    0.339 0.804t-0.804 0.339h-7.661l-0.911 8.625q-0.036 0.214-0.188 0.366t-0.366 0.152h-0.018q-0.482 0-0.571-0.482l-1.357-8.661h-7.214q-0.464 0-0.804-0.339t-0.339-0.804q0-2.196
    1.402-3.955t3.17-1.759v-9.143q-0.929 0-1.607-0.679t-0.679-1.607 0.679-1.607 1.607-0.679h11.429q0.929 0 1.607 0.679t0.679 1.607-0.679 1.607-1.607 0.679v9.143q1.768 0 3.17
    1.759t1.402 3.955z"></path>
299 </symbol>
300 <symbol id="icon-arrow-left" viewBox="0 0 43 32">
301 <path class="path1" d="M42.311 14.044c-0.178-0.178-0.533-0.356-0.711-0.356h-33.778l10.311-10.489c0.178-0.178 0.356-0.533 0.356-0.711 0-0.356-0.178-0.533-0.356-0.711l-1.6-1.422c-
    0.356-0.178-0.533-0.356-0.889-0.356s-0.533 0.178-0.711 0.356l-14.578 14.933c-0.178 0.178-0.356 0.533-0.356 0.711s0.178 0.533 0.356 0.711l14.756 14.933c0 0.178 0.356 0.356 0.533
    0.356s0.533-0.178 0.711-0.356l1.6-1.6c0.178-0.178 0.356-0.533 0.356-0.711s-0.178-0.533-0.356-0.711l-10.311-10.489h33.778c0.178 0 0.533-0.178 0.711-0.356 0.356-0.178 0.533-0.356
    0.533-0.711v-2.133c0-0.356-0.178-0.711-0.356-0.889z"></path>
302 </symbol>
303 <symbol id="icon-arrow-right" viewBox="0 0 43 32">
304 <path class="path1" d="M0.356 17.956c0.178 0.178 0.533 0.356 0.711 0.356h33.778l-10.311 10.489c-0.178 0.178-0.356 0.533-0.356 0.711 0 0.356 0.178 0.533 0.356 0.711l1.6 1.6c0.178
    0.178 0.533 0.356 0.711 0.356s0.533-0.178 0.711-0.356l14.756-14.933c0.178-0.356 0.356-0.711 0.356-0.889s-0.178-0.533-0.356-0.711l-14.756-14.933c0-0.178-0.356-0.356-0.533-0.356s-
    0.533 0.178-0.711 0.356l-1.6 1.6c-0.178 0.178-0.356 0.533-0.356 0.711s0.178 0.533 0.356 0.711l10.311 10.489h-33.778c-0.178 0-0.533 0.178-0.711 0.356-0.356 0.178-0.533 0.356-
    0.533 0.711v2.311c0 0.178 0.178 0.533 0.356 0.711z"></path>
305 </symbol>
306 <symbol id="icon-play" viewBox="0 0 22 28">
307 <path d="M21.625 14.484l-20.75 11.531c-0.484 0.266-0.875 0.031-0.875-0.516v-23c0-0.547 0.391-0.781 0.875-0.516l20.75 11.531c0.484 0.266 0.484 0.703 0 0.969z"></path>
308 </symbol>
309 <symbol id="icon-pause" viewBox="0 0 24 28">
310 <path d="M24 3v22c0 0.547-0.453 1-1 1h-8c-0.547 0-1-0.453-1-1v-22c0-0.547 0.453-1 1-1h8c0.547 0 1 0.453 1 1zM10 3v22c0 0.547-0.453 1-1 1h-8c-0.547 0-1-0.453-1-1v-22c0-0.547
    0.453-1 1-1h8c0.547 0 1 0.453 1 1z"></path>
311 </symbol>
312 </defs>
313 </svg>
314
315 </body>
316 </html>
317
318 <!-- Cache served by breeze CACHE - Last modified: Sat, 01 Sep 2018 16:20:56 GMT -->
319
```

圖 6-7-6

WP-Optimize

外掛網址：https://wordpress.org/plugins/wp-optimize/

作者：David Anderson，Ruhani Rabin，Team Updraft（https://updraftplus.com/）

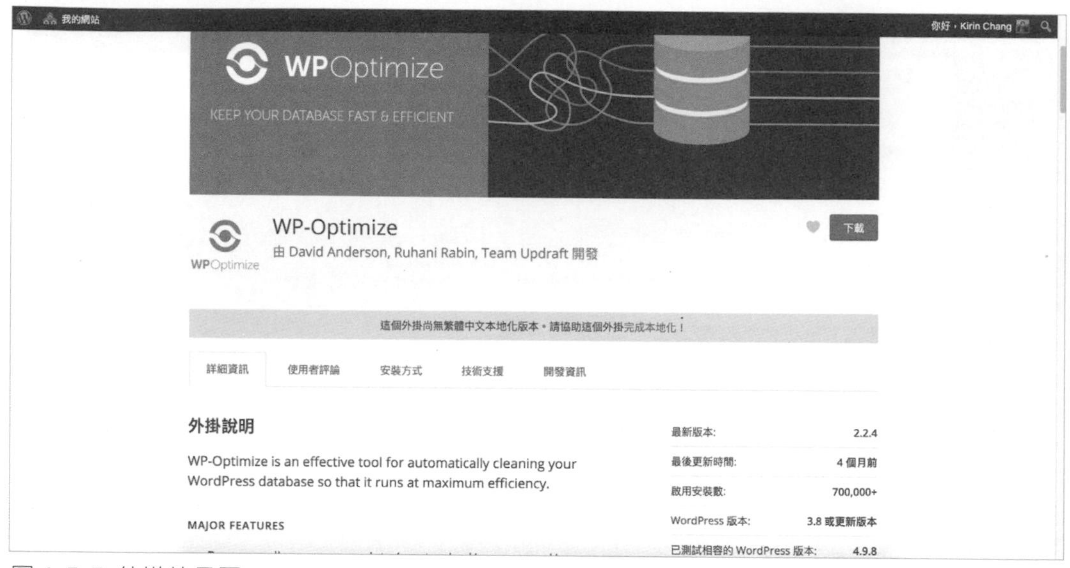

圖 6-7-7 外掛效果圖

簡介：網站運作久了，讀取的時間相對增加，這樣也容易拖累 WordPress 網站效率的降低，而且像是你使用了某個外掛日後刪除掉，外掛所殘留的資料表卻還是留在資料庫中，透過「WP-Optimize」外掛能一鍵最佳化你的資料庫，將不需要、無用的資料表移除，除此之外也提供了一些其他最佳化項目，像是移除多版本文章、移除自動儲存的草稿等等。目前外掛還新增一個排程清理最佳化資料庫的功能，讓網站自動幫自己瘦身。除此之外該外掛已經新增了其他功能，例如圖片最佳化、以及快取功能，其分頁就簡單幫你分清楚了，實際要操作也是點選按鈕就好，對初學者來說很好理解，如果你覺得一次要安裝頁面快取、圖片優化、資料庫清理之類的外掛太麻煩，就可以用這款一次處理好。但如果要在專一領域中比較，如速度方面完整性，就不如 W3 Total Cache、Breeze 強大且完整（免費版）。

使用教學：

啟用成功後，進到 WP-Optimize 設定頁面會看到一些英文選項，這邊幫大家稍微翻譯一下，其他沒翻譯到，而在選項前呈現驚嘆號圖示的部分因為比較會有風險，建議大家就不要勾選了。

- Optimize database tables 優化資料庫資料表
- Clean all post revisions 刪除所有文章修訂記錄
- Clean all auto draft posts 刪除所有自動草稿
- Clean all trashed posts 刪除回收站內的文章
- Remove spam and trashed comments 刪除垃圾評論和回收站內的評論
- Remove unapproved comments 刪除未清除未審核的評論

選擇好自己想要優化的項目後，按下「Run all selected optimizations」，之後就會優化你選的項目以及資料庫表單囉！下方還有一行字「Take a backup with UpdraftPlus before doing this」，可以先用 UpdraftPlus 備份自己的資料庫。

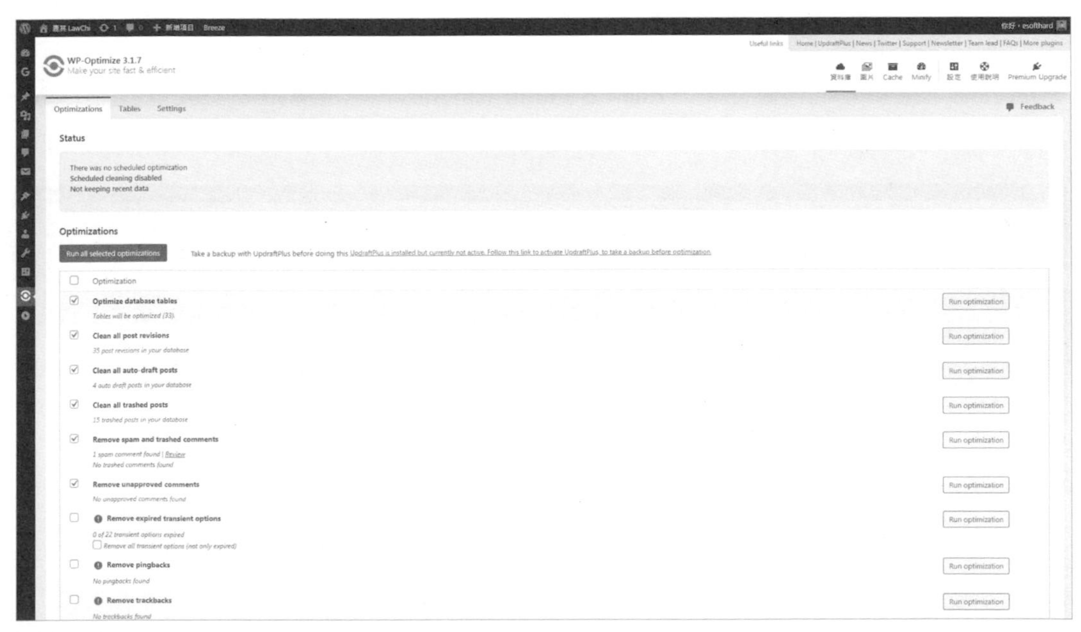

圖 6-7-8

「Tables」可以看到資料庫表單的詳細大小以及類型。

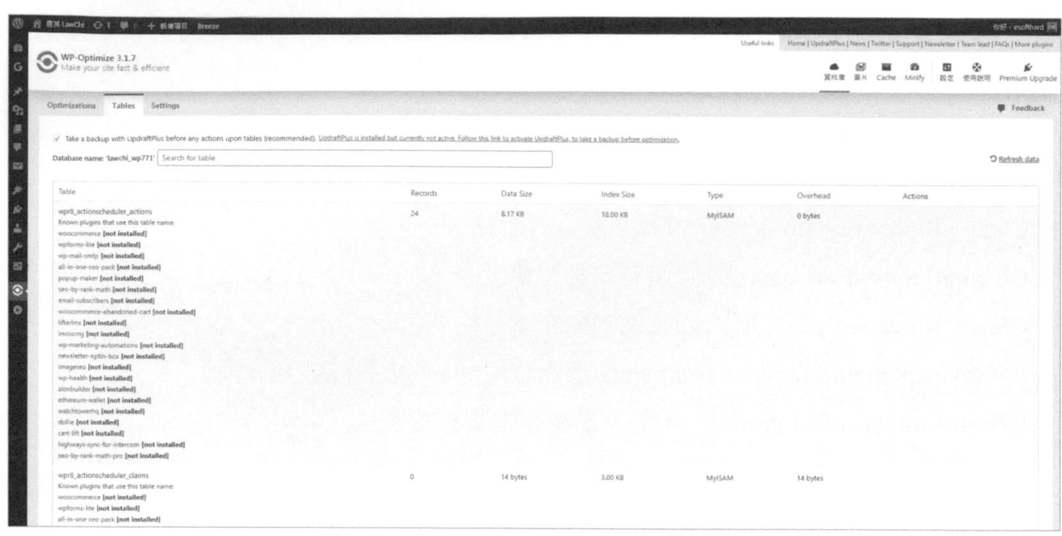

圖 6-7-9

在「Settings」設定中「Keep last 2 weeks data」可以設定要先保存資料庫的東西至少多少星期，避免它們被刪除！「Enable admin bar link」設定像是要不要在控制台 bar 上方增加一個「刪除快取」的快捷功能，而排程清除功能則需付費。

WP-Optimize 3.1.7
Make your site fast & efficient
Dismiss
Optimizations
Tables
Settings
Feedback
General settings
Whether manually or on a schedule, these settings apply whenever a relevant optimization is run.
Keep last 2 weeks data
This option will, where relevant, retain data from the chosen period, and remove any garbage data before that period.
Scheduled clean-up settings
Take control of clean-ups: Upgrade to Premium for a more powerful and flexible scheduler
Enable scheduled clean-up and optimization (Beta feature)
Select schedule type (default is Weekly)
Weekly
Optimize database tables
Clean all post revisions
Remove auto-draft posts
Remove trashed posts
Remove spam and trashed comments
Remove unapproved comments
Remove expired transient options
Save settings

圖 6-7-10

WP Rocket

外掛網址：https://wp-rocket.me/

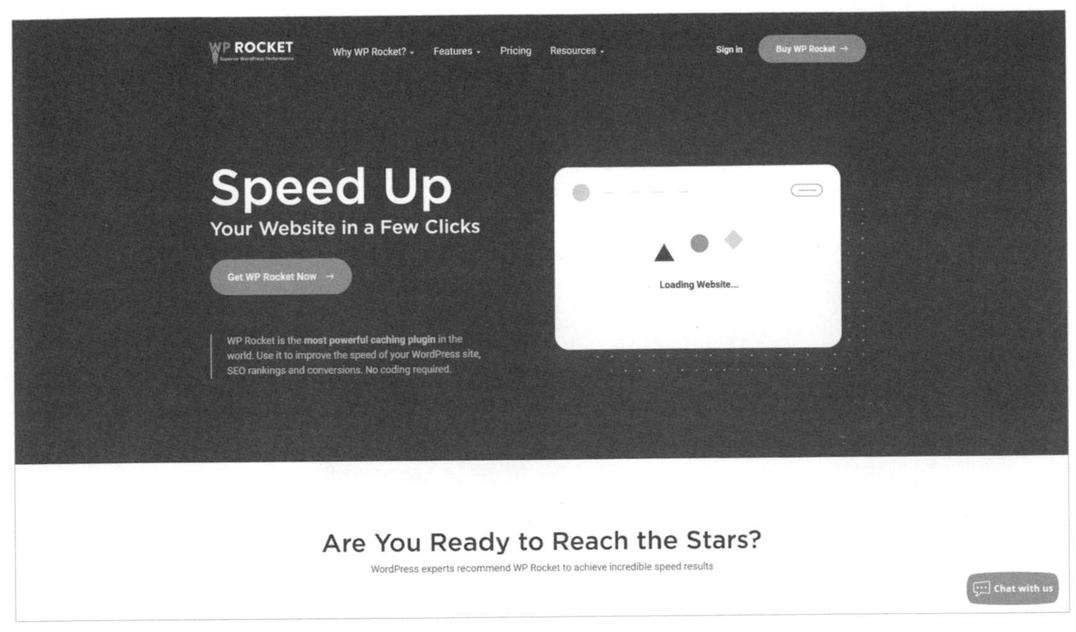

圖 6-7-11 外掛效果圖

簡介：上述有提到一個付費的快取外掛，就是這裡要介紹的「WP Rocket」。這個外掛不誇張，非常多網站都在推薦它，原因無他，因為它是目前筆者用過最有感的快取外掛，且基本上也是所有功能都包含，只要裝了這個外掛，其他同類型外掛都相形失色，然而這個 WP Rocket 是收費外掛，且無免費版提供，故如果有成本考量等等可以斟酌購買，以下提供截稿前的收費方式：

- Single 方案：可用於單一網站，一年的客戶支持 & 軟體更新，美金 $49。
- Plus 方案：可用於 3 個網站，一年的客戶支持 & 軟體更新，美金 $99。
- Infinite 方案：可用於無限制網站，一年的客戶支持 & 軟體更新，美金 $249。

使用教學：

這個外掛於 WordPress 外掛目錄是無法搜尋到的，需到上述官網註冊帳號並付費後才可以下載，下載完後透過上傳壓縮檔的方式進行安裝。

接下來介紹 WP Rocket 的各個頁面的功能以及參考設定，首先是外掛的控制台，可以看到你的授權資訊，以及一些快速操作，但比起在這設定，直接進入頁面設定我想是更快的方式。

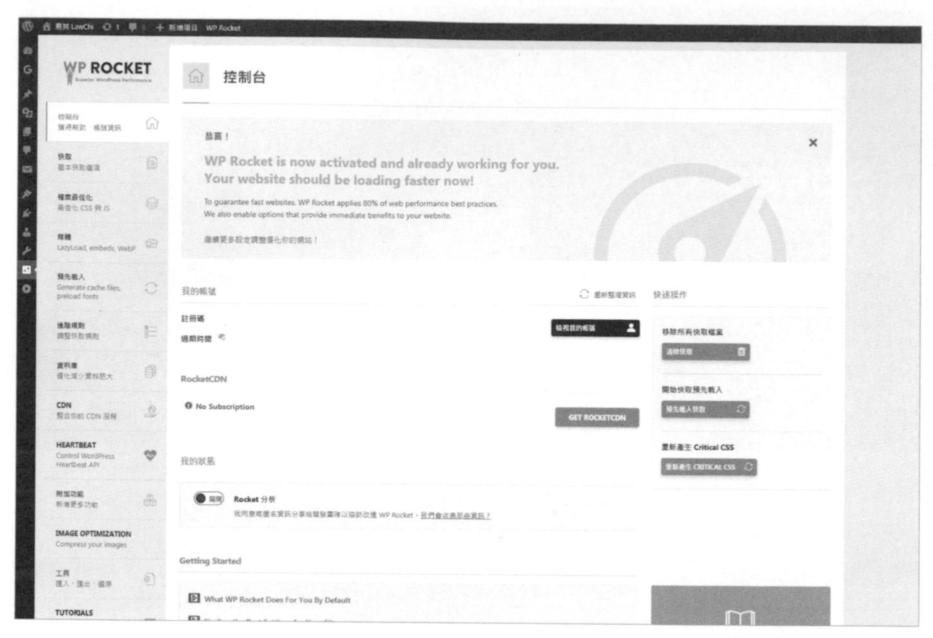

圖 6-7-12

「快取」

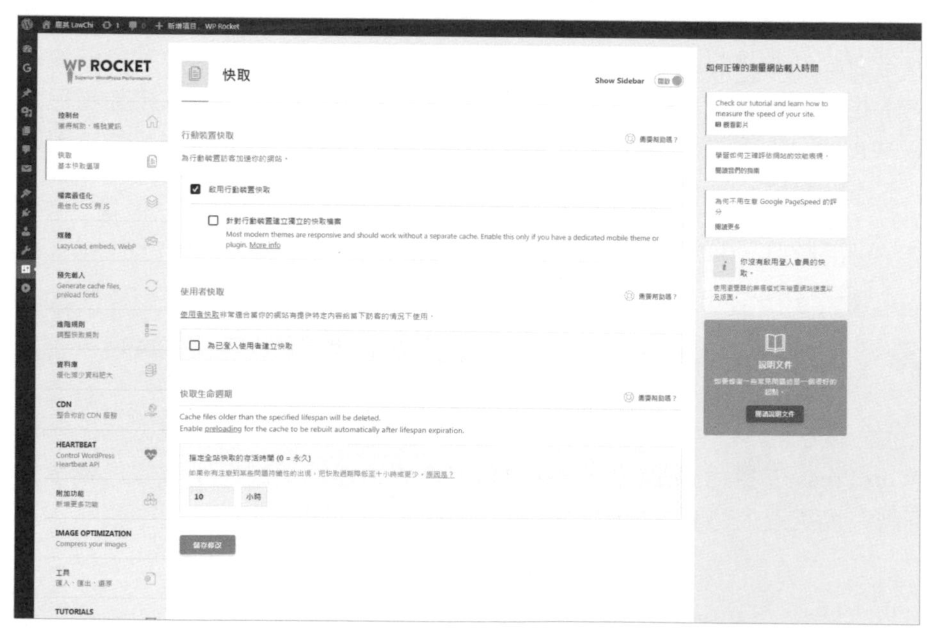

圖 6-7-13

- 啟用行動裝置快取（建議開啟）：可讓手機板網站也有快取功能，對於速度提升有幫助。
- 針對行動裝置建立獨立的快取檔案（不建議開啟）：為手機板網站多準備一份快取，除非兩種版本頁面差距過大，不然不需要多增加一份快取。
- 使用者快取（視情況開啟）：除非網站會員有獨立內容，不然建議不用開啟。
- 快取生命週期（維持預設）：意指超過指定的時間，原快取檔案會自動刪除，建議設 10 小時即可。

「檔案最佳化」

圖 6-7-14

- 壓縮 CSS（建議開啟）：而壓縮 CSS 功能，就是把檔案多餘的空白 & 註解刪除，減少體積大小。
- 合併 CSS 檔案（不建議開啟）：每一個網站中的檔案，都會向伺服器發出請求，檔案越多代表越多請求，此功能把多個不同 CSS 檔案併為一個，藉此減少 HTTP 的請求次數，有時遇到合併後的檔案，因為內文順序被更改，導致網站前台的畫面有落差，不建議開啟，除非確認開啟後網站無錯誤。
- 排除 CSS 檔（維持空白）：用來排除有狀況的 CSS 檔案，因有時可能會遇到不同主題，彼此的 CSS 檔案互相覆蓋導致畫面出錯，可對 CSS 進行個別排除，如有狀況的檔案再填入即可。
- 最佳化 CSS 分派（建議開啟）：只先載入關鍵的 CSS 檔案，其他的再用非同步的方式載入，如此一來就能減少讀取的體積，提升網站速度。

- 壓縮 JavaScript（建議開啟）：JavaScript 是網站的腳本檔案（簡稱 JS），使用效果如上述壓縮 CSS 一致。
- 合併 JavaScript（不建議開啟）：理由如合併 CSS 一樣。
- 排除 JavaScript 檔（維持空白）：功能如上述排除 CSS 檔，如果有狀況的檔案再填入。
- 非同步載入 JavaScript（建議開啟）：就是多了一個方式載入 JS 檔案，不會因個別檔案有狀況，而影響到整個網頁速度。
- Delay JavaScript Execution（建議開啟）：延遲不重要的 JS 執行，可減少網頁的讀取時間。

「媒體」

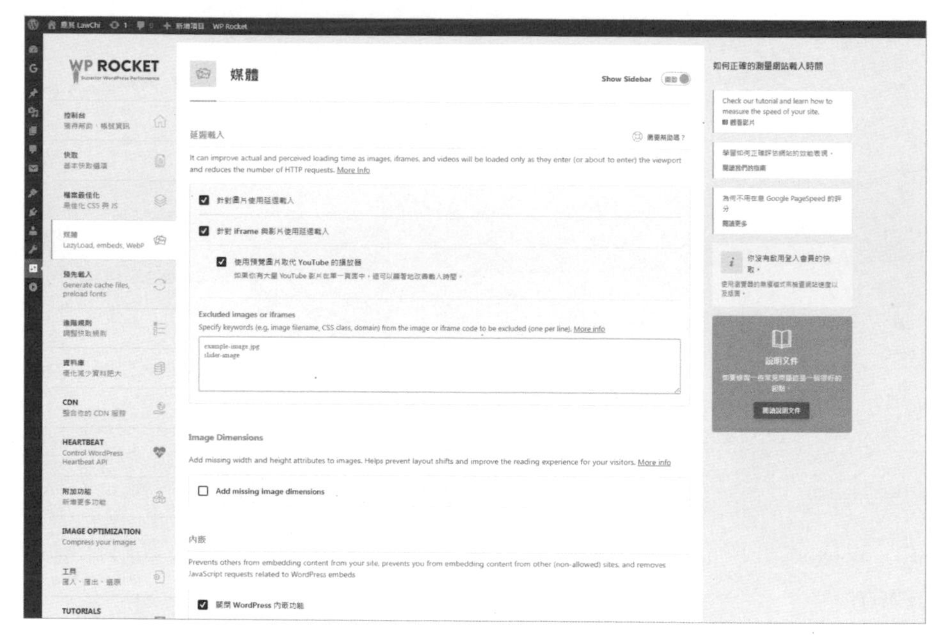

圖 6-7-15

- 延遲載入（建議開啟）：所有選項都可以開啟，只有當該檔案進入訪客眼簾時才開始載入，可以提升瀏覽速度。
- Excluded images or iframes（維持空白）：排除指定圖片或 iframe，如有些圖片不想用延遲載入，就可在此處填寫路徑，如網站 Logo 等。
- Image Dimensions-Add missing image dimensions（建議開啟）：補上缺少的圖片尺寸，幫圖片加上缺失的寬度、高度資訊，減少系統自行判斷所耗費的資源。
- 內嵌 - 關閉 WordPress 內嵌功能（建議開啟）：防止其他網站，把你的網站內容嵌入到他們網站上，耗費你主機流量。

- WebP compatibility（WebP 兼容性）（視情況開啟）：。WebP 是 Google 開發的新一代圖片格式，圖片畫質和原來的 PNG、JPG 檔案幾乎一樣，但檔案大小卻可減少約 30% 的神奇格式，然需額外搭配其他外掛進行設定。

「預先載入」

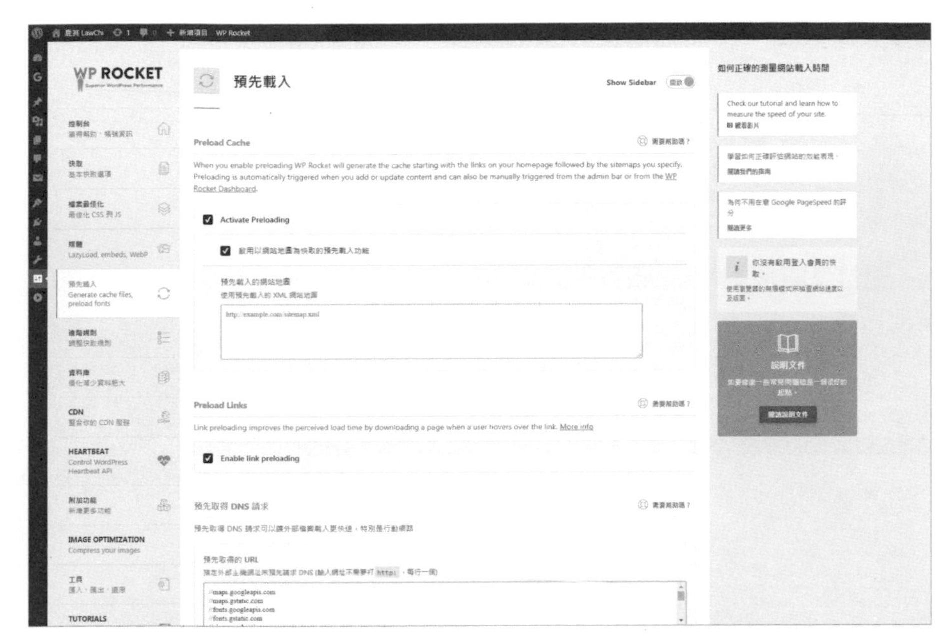

圖 6-7-16

- 預先載入功能：讓網站提前載入第三方檔案，如 Youtube、Facebook、Gravatar 大頭貼等。當訪客造訪你網站時，原先這些要讀取的檔案，都已事先讀取完成，能大幅最佳化網站速度。
- Preload Cache-Activate Preloading（建議開啟）：開啟所有選項，如無偵測到網站地圖請自行填寫。
- Preload Links-Enable link preloading（建議開啟）：預先載入連結內容，非常實用的功能。
- 預先取得 DNS 請求（建議開啟）：當網站中有其他外部網站連結，像是 YouTube、Facebook 的服務時，常常會有讀取速度過慢的問題，而開啟這個選項，並填入這些請求網址，就能避免拖慢速度，而要填入的網址，可以參考國外的清單（https://gist.github.com/lukecav/9931c3f6e402e23f58065d6b2665ef5b）：

//maps.googleapis.com	//api.pinterest.com	//platform.linkedin.com
//maps.gstatic.com	//cdnjs.cloudflare.com	//w.sharethis.com
//fonts.googleapis.com	//pixel.wp.com	//s0.wp.com
//fonts.gstatic.com	//connect.facebook.net	//s1.wp.com
//ajax.googleapis.com	//platform.twitter.com	//s2.wp.com
//apis.google.com	//syndication.twitter.com	//s.gravatar.com
//google-analytics.com	//platform.instagram.com	//0.gravatar.com
//www.google-analytics.com	//disqus.com	//2.gravatar.com
//ssl.google-analytics.com	//sitename.disqus.com	//1.gravatar.com
//youtube.com	//s7.addthis.com	//stats.wp.com

Preload Fonts（視情況開啟）：預先載入網站使用的字體，提升網站速度，如果有自己字型的可以開啟。

「資料庫」

圖 6-7-17

其實這個部分與 WP-Optimize 功能類似，只是這裡有中文版，但不管怎樣記得操作這類型最佳化時，記得備份！

其他部分基本上用預設值即可，而筆者在自己個人網站上運用本外掛，從原本的 19 分（行動版）一舉進步到 97 分，是測試過的外掛中效果最好的，然需要付費，請讀者自行斟酌，如不使用搭配其他外掛也能有很好的表現。

07 佈景主題篇｜打造個性化風格

7.1 什麼是 WordPress 佈景主題

7.2 如何新增及切換 WordPress 佈景主題

7.3 如何修改現有的 WordPress 佈景主題

7.4 購買 WordPress 佈景主題的注意事項

7.5 如何打造自己的佈景主題

7.1 什麼是 WordPress 佈景主題

筆者當初選用 WordPress 做為主要建置網站的工具，最主要的原因，應該就是豐富、多樣且免費的佈景主題了。透過佈景主題的選用與設定，網站的質感瞬間提升，只要設定得宜，網站的外觀，就和專業網站沒有兩樣。只要你喜歡，你可以隨時變更主題，讓網站看起來的風格完全不一樣，但是不管你怎麼換，你的網站內容（文章、圖片、表單以及頁面等）均可以不受到影響。更棒的是，切換佈景主題不用複雜的技術和操作，只要在 WordPress 控制台中使用滑鼠點按幾下就可完成，非常方便。

就如同外掛程式一樣，WordPress 的佈景主題也是被包裝在一個 .zip 的壓縮檔中，所以要安裝佈景主題，可以選擇直接在 WordPress 的控制台介面中搜尋，或是在網路上找到其他設計者所設計的檔案再上傳即可。新增及切換佈景主題的方法，我們將在下一節詳細地介紹。

值得一提的是，WordPress 佈景主題一旦切換之後，其實更改的細節還是蠻多的，所以如果事先在你的網站外觀有加了許多的網頁元素以及相關的部件排版，那麼在找尋新的佈景主題時，要特別注意到一些功能和特性是否能夠持續地支援。例如原本的網站使用的是三欄式佈景主題，如果切換到兩欄式之後，很明顯的有一些文字小工具就沒有那麼地方可以顯示。另外，有一些佈景主題支援到同時顯示三個功能表，但也有些只支援一個功能表，這也是很大的差異。此外，佈景主題的設計有沒有提供特別的頁首和頁尾，以及圖標橫幅圖片的大小，也是在更換主題時要列入考量的內容。

有些朋友可能想要透過 WordPress 網站來加入電子商務的功能，那麼 WooCommerce 絕對是最佳的而且可能是華人世界目前唯一的選擇（因為中文化非常完整）。但不是每一個佈景主題都能夠支援 WooCommerce 在商品的呈現，如果使用 WooCommerce 來建立電子商店網站的話，那麼在選用主題時，一定要留意和這個外掛的相容性。

還有，現在有愈來愈多人使用手機來瀏覽網站，你的 WordPress 網站是否也要讓手機的瀏覽者看起來更方便舒服呢！那麼別忘了在挑選主題時要找有 Responsive 特性的，而在安裝之後，也要用幾支手機都瀏覽看看才比較知道佈景主題對手機瀏覽時的支援度是否和他們宣稱的一樣。此外，也可以使用你原有的佈景主題，然後透過外掛來提供行動網站的顯示效果。

7.2 如何新增及切換 WordPress 佈景主題

我們先在 WordPress 的佈景主題介面中來找找看。也是到控制台的「外觀」選項，第一個項目就是佈景主題，如圖 7-2-1 所示。在這裡列出的是目前在你的網站中已裝好的佈景主題。你可以安裝一個以上的佈景主題在你的網站中，但是同一個時間只能啟用一個。

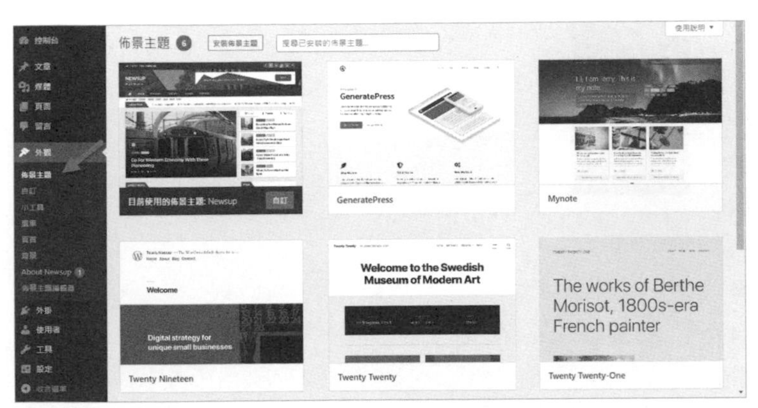

圖 7-2-1 WordPress 中佈景主題的管理介面

為了選擇一個新的佈景主題，只要按下上方的「安裝佈景主題」按鈕，就可以看到列出許多已上架的精美佈景主題。會放在這邊的，都是可以免費使用的主題（當然，有些是試用版，要付費之後才能使用一些額外的功能，或是可以去除他們的 Logo）。

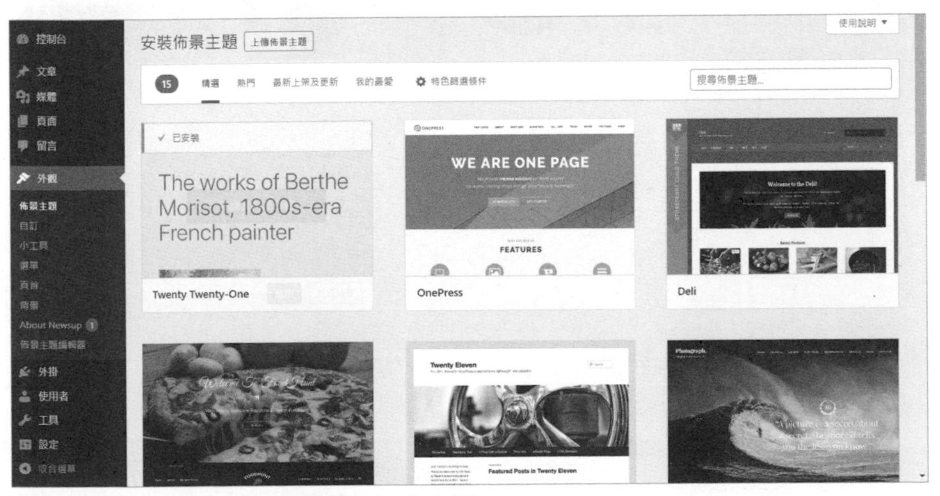

圖 7-2-2 WordPress 新增佈景主題的介面

可以新增的佈景主題種類非常多，光是在架上可以選用的就多達上千種，為了方便選擇，我們也可以使用「功能篩選」按鈕，如圖 7-2-3 所示，先挑選出一些我們想要的佈景主題的特色。

圖 7-2-3 功能篩選的選項內容

不過，使用功能篩選功能要特別注意的是，這些功能設定愈多，表示限制條件多，呈現出來的結果就會隨之變少。如果不趕時間的話，點選「熱門」或是「特色」以及「最新」來一個一個慢慢挑選也可以。如圖 7-2-4 所示。

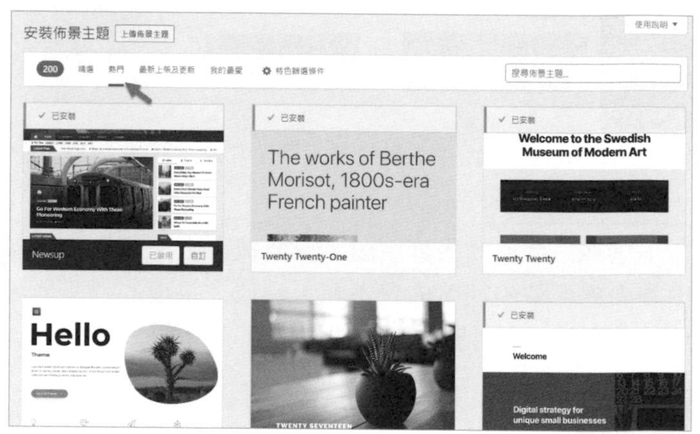

圖 7-2-4 熱門佈景主題選單有許多受歡迎的佈景主題

不過，熱門的類別中有一些是每一期 WordPress 預設的佈景主題，他們未必是最受歡迎好用的，只不過有許多的人在安裝了 WordPress 之後並沒有另外選擇其他的佈景主題，使得這些預設的主題就成為了熱門的項目之一。

如果在網站中打算加入 WooCommerce 電子購物車功能，就要選擇和它可以相容的，其中 Storefront 這個佈景主題（可以直接在右上角的搜尋框中輸入 storefront 就可以找到了）就是由 WooCommerce 團隊所開發的，在相容性上保證沒問題。請先選擇「預覽」這個按鈕，可以看到如圖 7-2-5 所示的詳細說明。

確定符合需求之後，再按下左上角的安裝按鈕，不到一分鐘的時間就可以安裝完成。WordPress 其實是幫我們到提供此佈景主題的網站上幫我們下載佈景主題的壓縮檔，然後在 wp-content/themes 下解壓縮並放在一個單獨的資料夾中。所以，如果你發現安裝過程花費非常多的時間而且經常失敗，那就是網站主機的對外網路有問題，或是所使用的主機系統不穩定，日後在經營及維護此網站時就要特別地留心。回到佈景主題的介面中，可以看到如圖 7-2-6 所示的畫面，所有安裝好的佈景主題都會被放在介面中提供選用。

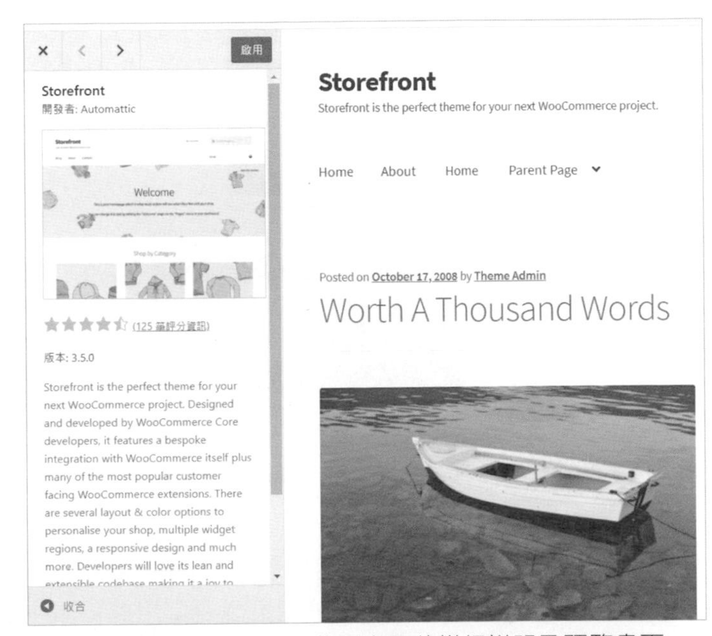

圖 7-2-5 說明 Storefront 佈景主題的詳細說明及預覽畫面

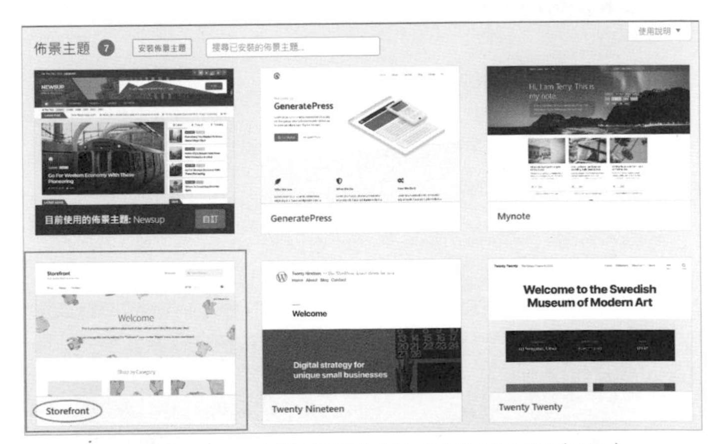

圖 7-2-6 Storefront 安裝完畢之後回到佈景主題介面中的樣子

先按下「即時預覽」，看看套用的情形是否還可以接受，如圖 7-2-7 所示。不用擔心太過於細節的地方，因為所有的內容都還可以再進一步做調整，只要你熟悉 HTML 和 CSS 語言，那麼調整這些設定更是小菜一碟。

圖 7-2-7 Storefront 佈景主題套用之後的預覽結果

從圖 7-2-7 中可以看出來，這個佈景主題比起我們之前選用的「Newsup」陽春多了，讀者們可以自行決定是否選用。如果想要選用此佈景主題的話，請直接按下左上角的「啟用並發佈」按鈕即可。套用之後，範例網站就會呈現出和之前完全不同的風貌，如圖 7-2-8 所示。

圖 7-2-8 套用新佈景主題之後的結果

套用新的佈景主題之後，除了外觀有所改變之外，有一些 CSS 的自訂內容以及小工具的位置及設定值，以及選單的內容都有可能改變或遺失，就算是切換回原有的佈景主題也有可能不會復原，因此，筆者的建議都是一開始就要選好主題，選定之後，除非有重要的理由，不然能不改就不要改。

另外一種切換佈景主題的方法是以「上傳檔案」的方式完成，此種情形通常是發生在另外付費購買佈景主題的情況。例如，筆者在知名佈景主題供應商 elegant themes 購買了一套佈景主題，下載它的 Divi 佈景主題之後，會得到一個 divi.zip 的壓縮檔案，即可在此上傳佈景主題的介面中執行上傳並安裝的介面，如圖 7-2-9 所示。

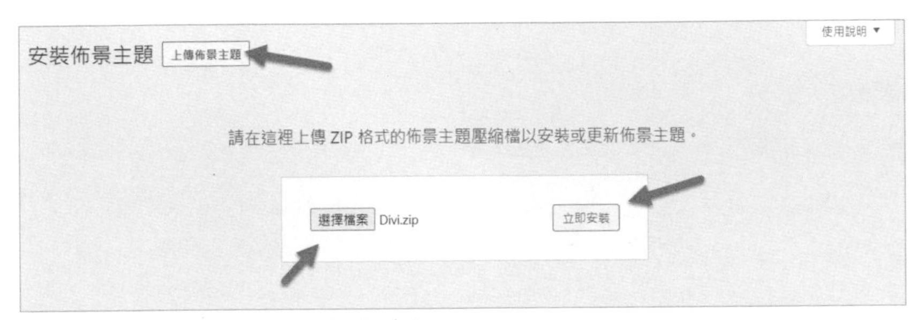

圖 7-2-9 以上傳的方式安裝佈景主題

如圖 7-2-9 按下「立即安裝」按鈕之後，即可看到如圖 7-2-10 所示的安裝完成畫面，此時只要再按下「啟用」按鈕即可完成佈景主題的啟用操作。

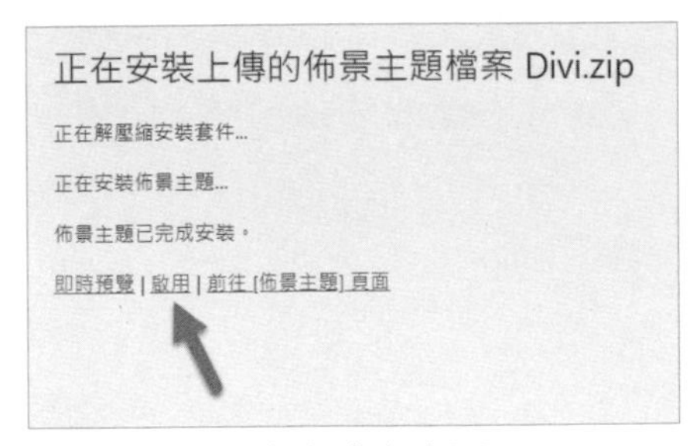

圖 7-2-10 安裝完成之畫面

之前我們曾經提過，所有新增加的外掛以及佈景主題，其實都是以目錄的方式儲放在主機檔案之中，可以透過虛擬主機主控台的檔案管理員看到這個結果。

請進入你的主機檔案管理員，找到 wp-content/themes 的目錄下，就可以看到目前所有的佈景主題所相對應到的資料夾，十分容易找到，因為資料夾的名稱基本上和佈景主題的名稱是相同的。也因為是以資料夾的型式來放置相關的檔案，意思是說，如果你不小心安裝了一個佈景主題結果和你目前的網站並不相容，以致於網站無法順利運作，你也可以到檔案管理員的地方暫時把相對應的資料夾改名或刪除，這也是救回網站的方法之一。

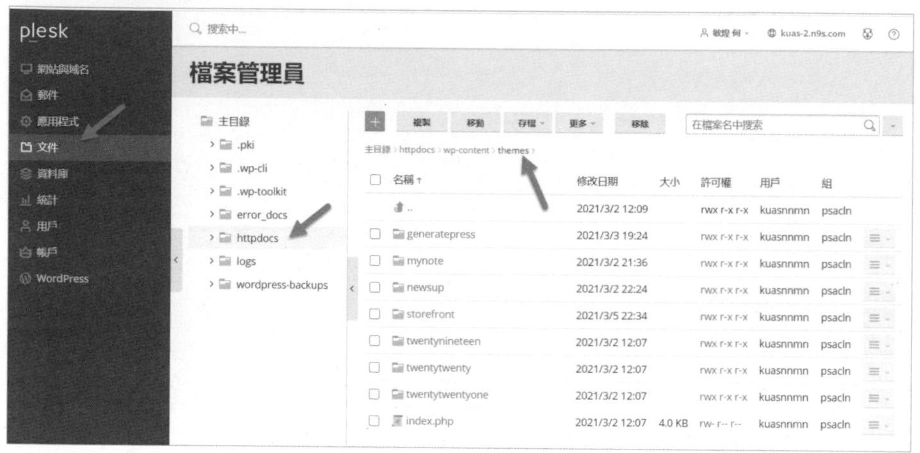

圖 7-2-11 佈景主題在網站中放置的資料夾位置

7.3 如何修改現有的 WordPress 佈景主題

不可否認的，大部份網路上能找到的佈景主題都是以英文為主要語言，我想大概主要的原因還是在於台灣的朋友不習慣在網路上花錢購買軟體，以至於沒有設計師以及公司願意專職投入這個領域的關係吧！

如同在上一節中大家看到的，免費的佈景主題非常地多，但可惜就是均為英文介面。對於筆者來說，讓人看起來舒服的網站，顯示的字型也是一個很主要的關鍵！此外，也可能有一些圖片甚至是一些元件放置的位置會讓站長想要動手去調整，如果你精通 CSS 以及 HTML 甚至是 PHP 程式碼，好消息是，所有的網站內容你都可以自行調整及修改。如果讀者真的有興趣或是有此需求的話，請繼續往下參考本節的內容！因為很棒的是，WordPress 是開放源碼系統，所有的程式碼通通呈現在我們的面前！

不過，在正式修改之前，有幾點要注意的地方。首先，一定要做最壞的打算，在修改之前，做好所有的網站的備份。因為在進行修改之後，誰能夠保證這可能是你的網站最後一次正常運作呢！有些 PHP 程式碼如果改錯的話，有可能會把的資料庫弄亂，再也沒有恢復的機會，此時除了透過舊有的資料還原，可能再也沒有其他的方法。甚至更極端的是，如果你的 PHP 程式碼因為改錯造成進入無窮迴圈而吃掉大量的主機資源，有可能你的帳戶還會因此被暫停（如果是免費主機帳號，可能就永遠無法恢復了），到時候還是蠻麻煩的。

除了程式碼的錯誤之外，也有可能在編輯檔案的過程當中不小心刪除或覆蓋了某些檔案，對於不是精通 WordPress 系統的人來說，要改回來也是不可能的任務，風險其實是滿高的。筆者曾經就在操作主機 cPanel 主控台刪除 FTP 帳號時，不小心把是否一併刪除檔案的核取盒打勾，不到一分鐘的時間，所有的檔案瞬間化為烏有，真是很恐怖。

最後，改完的網站，在大部份的情形之下，如果你的網站進行佈景主題或系統的更新，有可能會把你改過的部份再一次覆蓋掉，所有的工作就要再重來一次。

基於上述原因，在此建議大家，對於網站的主系統（*.php 檔案），能不改就不要改，能的話儘量找到適合的外掛或是自行設計外掛，以外掛的方式來完成你想要完成的想法。另外，佈景主題在改過之後，可以用另外一個名字來儲存，以避免後來原佈景主題的更新版本把你的努力成果覆蓋刪除。可以的話，其實儘量選用功能進階的新式佈景主題，新式的佈景主題幾乎都有自己的主控台，能夠調整的項目非常多，只要用心去發掘它們的功能就可以了。使用子佈景主題的方式也是一個可行的方法。

掌握以上的原則，我們先來教大家，如果要對佈景主題做微調，要從何處下手。首先，最安全的地方，就如圖 7-3-1 所示的，在「外觀 / 佈景主題」下的「自訂」選項，找到「附加 CSS」。這個地方的 CSS 語法擁有最高的權限，大部份的佈景主題都會讓在這邊設定的內容享有最高優先權，也就是在這邊設定的內容，通常都會被反應在網站。筆者最常修改的地方，就是將所有的字型通通換成微軟正黑體，如圖 7-3-2 所示。

圖 7-3-1 編輯 CSS 選項所在的位置

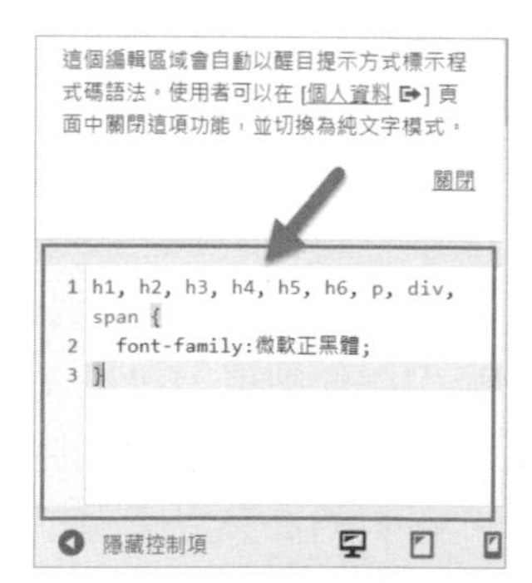

圖 7-3-2 常用的整體網站字型設定

就像是圖 7-3-2 所示的樣子，使用 CSS 語法，把 h1、h2、h3 等等標籤的字型全部設定為特定的字體就可以了。除了設定字體之外，所有的 CSS 語法也都可以在此使用。有時候，我們也可以設定一些常用的 CSS 選擇器（CSS Selector）標籤，然後在自訂 HTML 小工具或是文章還是頁面中使用這些類別標籤。

至於要針對某些佈景中特定的項目去做修改，那麼就要選用另外一個功能，在「外觀」選單裡面的「佈景主題編輯器」，如圖 7-3-3 所示。

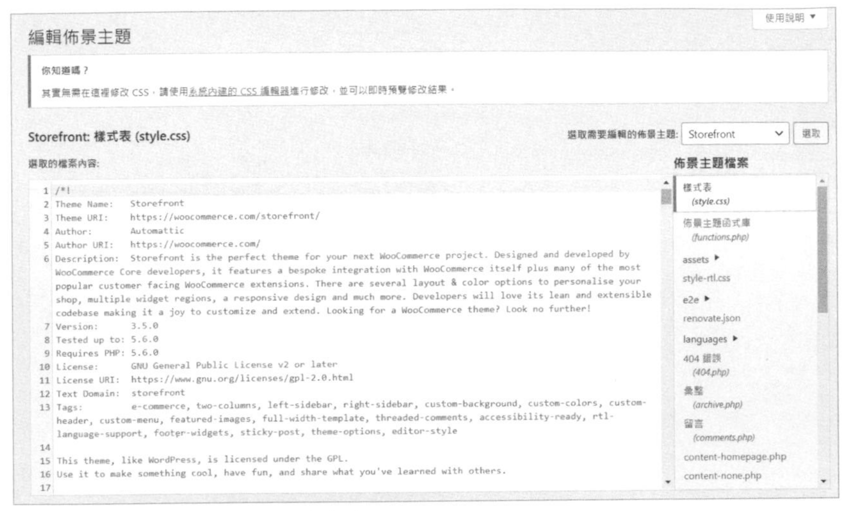

圖 7-3-3 佈景主題編輯器的主畫面

大部份的佈景主題都會把所有的 CSS 樣式設定放在 style.css 中（請注意，是大部份，而不是全部，有些佈景主題會用另外的檔案分別存放不同的功能），只要修改這個檔案的內容，在儲存之後就會立刻影響到你的網站外觀。而這裡面所使用到的語言，只接受 CSS。除了目前正在使用的佈景主題之外，在這個介面中的右上方的選單，也可以選擇其他已安裝但是未啟用的佈景主題，如圖 7-3-4 所示。

圖 7-3-4 選取編輯其他佈景主題的地方

除了修改 style.css 樣式表之外，其他的 PHP 檔案也可以在這個介面中編輯，如圖 7-3-5 所示，在這裡還可以修改 404 頁面，就是當訪客找不到網站中某個指定頁面時，我們要呈現給訪客看的自訂網頁畫面。

圖 7-3-5 修改 404 找不到檔案的自訂頁面

因為這個頁面是使用 PHP 開發的，所以在這個檔案中使用的自然是 PHP 的語法，如果寫錯了可能會造成你的網站出現問題，修改時要特別小心。其實，要調整樣式，除了外觀的自訂功能之外，最安全的方式就是透過佈景主題自己提供的介面來設定，如圖 7-3-6 所示。

圖 7-3-6 Storefront 佈景主題所提供的設定介面

在現在這些新式的介面中，自訂介面具有即時預覽的功能。所有在左側的功能設定所調整的項目，均能即時地反應到右側的預覽畫面中。此外，在自訂介面的下方還有三個圖示，如圖 7-3-7 所示，可以透過這三個圖示去檢視分別在電腦、平板、以及行動電話上看到此網站的外觀。

圖 7-3-8 即是模擬行動裝置預覽之結果。

圖 7-3-7 不同裝置的預覽圖示

圖 7-3-8 模擬行動裝置之網站預覽畫面

有些高等級的付費佈景主題，甚至還有自己的選單及主控台，可以讓你把想要的程式碼整合到網站的一些指定位置，像是放在文章前面或後面，甚至可以把你的一些設定碼放在 header 標籤中，如圖 7-3-9 所示。

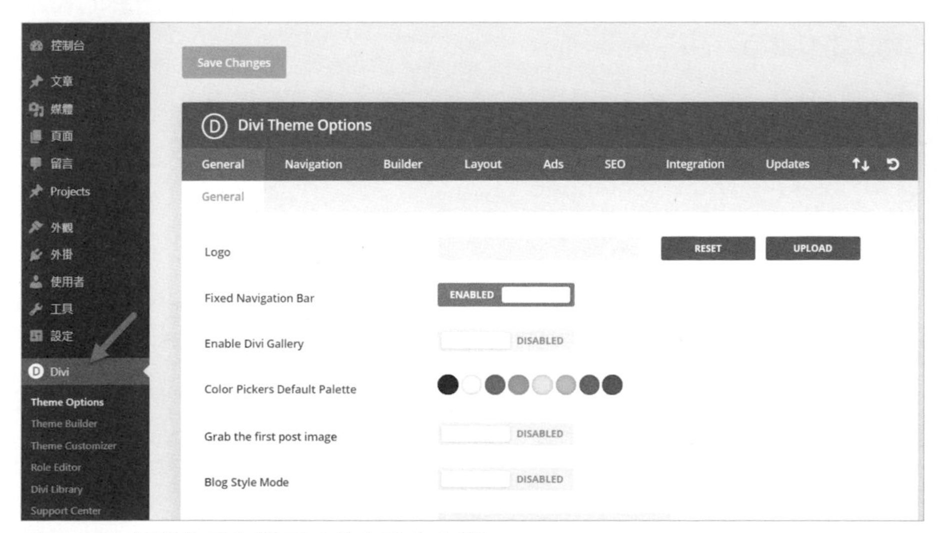

圖 7-3-9 付費佈景主題 Divi 的主控台介面

如圖 7-3-9，在 Divi 的控制台中可以設定的項目不少，除了可以調整 SEO 所需要的項目之外，也可以更改佈局的方式還有廣告區塊的整合等等，如圖 7-3-10 所示的 Integration 頁籤中，更可以做到在網站的不同區塊插入你想要加入的程式碼，真的非常方便，省下了另外安裝外掛的工作。

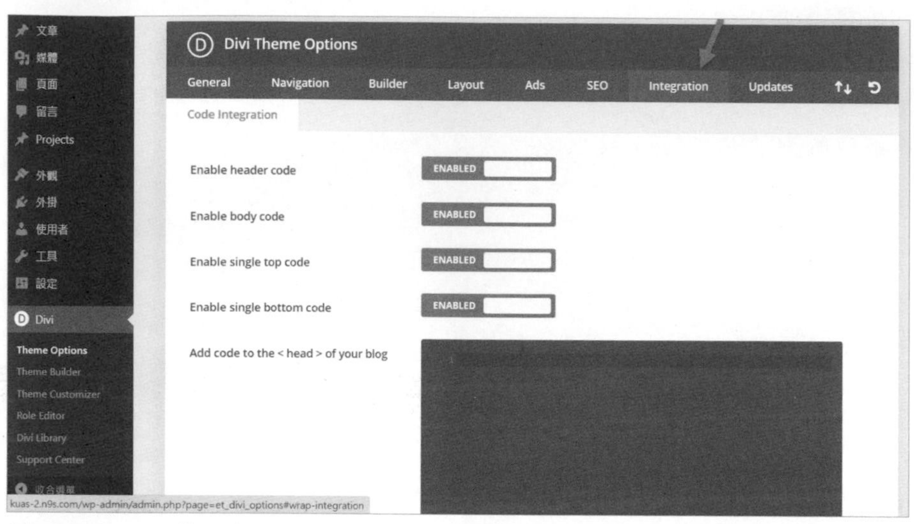

圖 7-3-10 Divi 佈景主題的 Integration 頁籤功能

最後，甚至你可以不用透過 WordPress 介面來修改佈景主題，因為是開放源碼的關係，所以我們也可以直接到虛擬主機的主控台中，藉由檔案管理員來找出相關的檔案進行修改，如圖 7-3-11 所示。

圖 7-3-11 透過主機主控台的檔案編輯功能修改佈景主題的檔案

7.4 購買 WordPress 佈景主題的注意事項

大家在選用免費的佈景主題時可能都有注意到，許多佈景主題都有付費升級的功能。沒錯！除了一些功能簡單的佈景主題以及 WordPress 官方釋出的佈景主題之外，網路上有許多專門從事 WordPress、Joomla、Drupal 等等知名 CMS 系統佈景主題設計與製作的公司，既然他們是以此維生，當然也想要賺到你的錢。除了佈景主題之外，外掛也是一樣的情形。

所以，這些公司所釋出的佈景主題，基本上可以看做是試用版，如果你喜歡，就要付費以便去除這些主題中的一些屬於他們公司的商標（如果你的網站是正式的官網，當然不想在自己公司的網站上有別家公司的商標），或是付費取得更多的功能（一般都是以自訂化的功能為主，有些也有加上一些專屬的外掛功能）。

至於如何購買呢？最簡單的是在佈景主題中按下「購買」或「升級」按鈕，然後依照它們的購買步驟來執行即可，但在購買之前，有一些注意事項還是要先瞭解一下。

首先，是佈景主題的授權方式，也就是計費的方式，一般來說，有以下五種：

- 對單一網站的年繳式授權
- 對單一網站的永久授權
- 對多個網站的年繳式授權
- 對多個網站的永久授權
- 開發者的授權

差別在哪裡呢？就在於你所購買的佈景主題，究竟可以用在多少個網站上。對於多功能的佈景主題來說，只要你用心設定及調整，使用同一個佈景主題的網站可以看起來完全不一樣。那麼，你買了一個佈景主題，可以用在多少個網站上呢？通常這些授權的價格並不一樣。

此外，你所購買的主題，是永久可以使用，並且可以永久免費更新，還是每一年都要繳交年費才能夠使用？或是現有的版本可以永久使用，但是沒有繳年費就無法取得更新服務？這些權益在購買之前也要先弄清楚才行。

最後一種是開發者授權，大部份是用在如果你是網站的開發人員，你可不可以把這個佈景主題拿來應用在你的客戶網站上？如果可以的話，可以使用的次數或是數量又有多少呢？

當然，付費之後，有沒有在某一個期限內可以有不滿意退款的保證？讓你購買之後等於有一段時間的試用期，對於某些朋友來說，這也是很重要的考量要點。尤其是我們的中文環境，對於使用太多花俏字型的佈景主題來說，常常會有排版不佳的問題，沒有認真使用是不知道的。至於退款的話，如果你使用的是 PayPal 付款就不用擔心，退款的速度很快，對於收款人來說，要退款對他們來說只要按一個按鈕就可以完成了。而且因為 PayPal 的規定，所以網路公司處理退款都會非常迅速，以免消費者跟 PayPal 客訴而影響到該網站的信用。

網路上幾個比較大型的 WordPress 佈景主題販售網站，包括如下：

- Themeforest
- ElegantThemes
- StudioPress
- WooThemes
- MyThemeShop

你只要在搜尋引擎中輸入關鍵字，就可以找到這些佈景主題的網站，他們也會提供免費版和試用版，去逛一下就可以挖到許多的寶藏。至於繁體中文佈景主題的部份，好像還沒有類似的網站出現，主要都是一些個人設計師所提供的單一佈景主題，這也要使用佈景主題做為關鍵字搜尋看看才行。

以 ThemeForest 網站為例，進入首頁之後，就有非常多的佈景主題可以選擇，這還包括一些除了 WordPress 以外的 CMS 系統。如圖 7-4-1 所示。

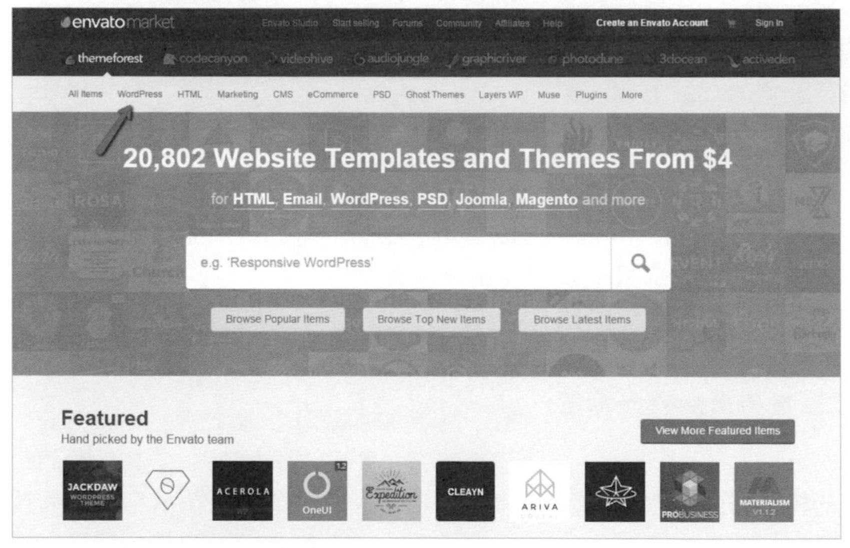

圖 7-4-1 ThemeForest 主畫面

我們依照箭頭所指的地方，點擊 WordPress 功能選項，就會出現專屬於 WordPress 的佈景主題，如圖 7-4-2 所示。

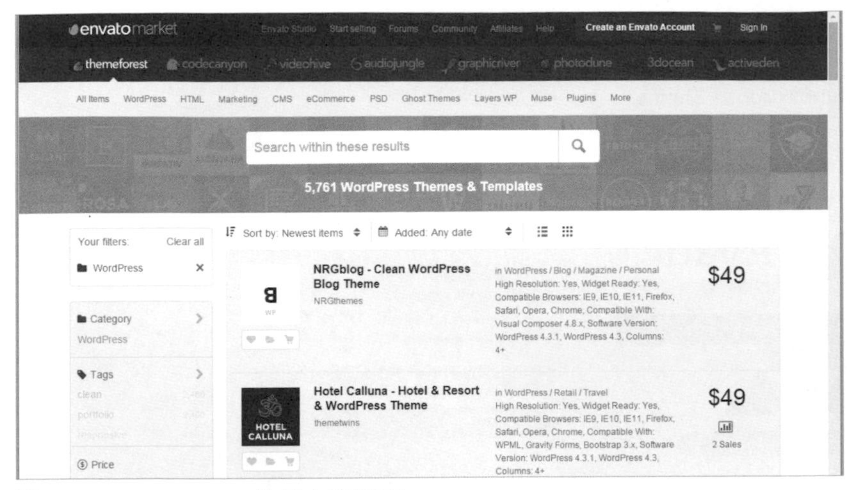

圖 7-4-2 WordPress 佈景主題列表

在這麼多的佈景主題中，大部份的價格都在 50 美元左右。要看最多人購買的主題，可以點擊上方的 Sort by: Best sellers 排序一下，如圖 7-4-3 所示。

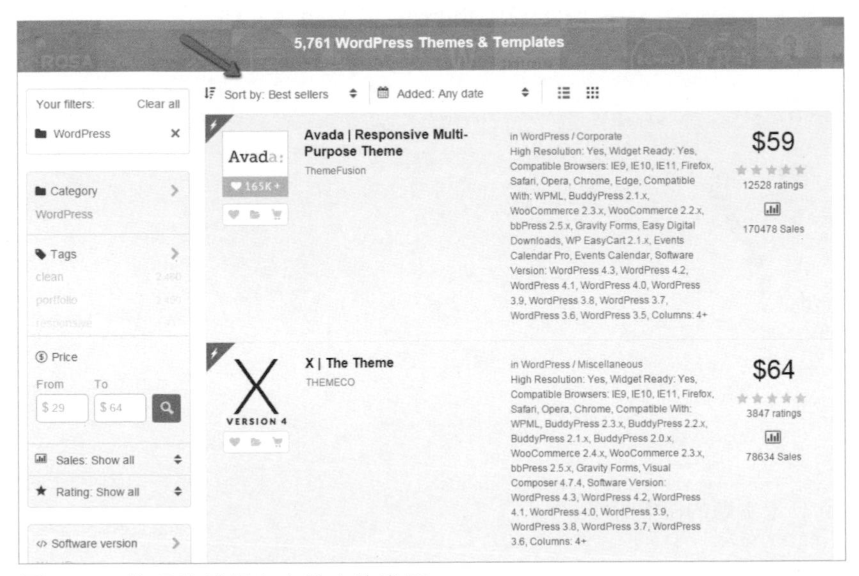

圖 7-4-3 依照熱銷程度來排序的畫面

第一名的佈景主題，居然已經快要達成 2 萬次銷售了，真是不可思議。點擊佈景主題的標題，可以看到更多的資訊，如圖 7-4-4 所示。

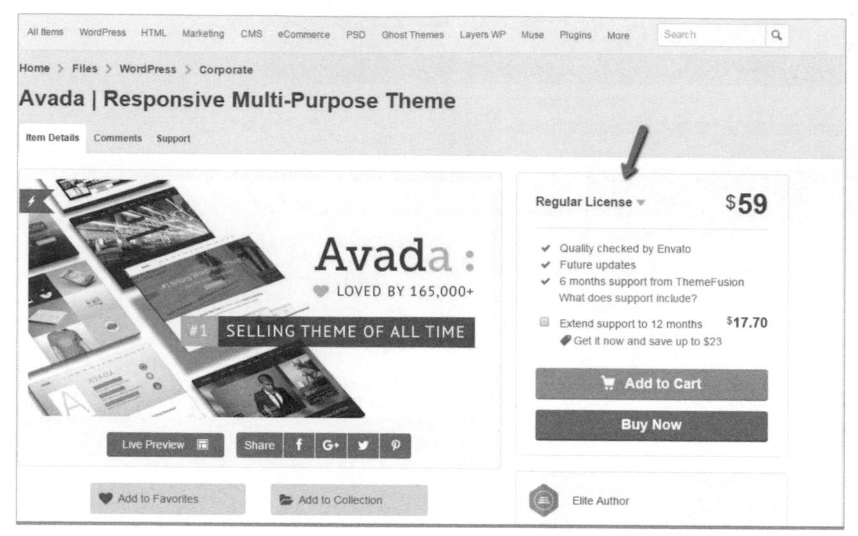

圖 7-4-4 在 ThemeForest 銷售第一名的佈景主題

除了主題的介紹之外，在價格的地方有沒有注意到 Regular License？對了，59 美元是正規的授權價格。點擊進去看說明，這主題有兩種價格，如圖 7-4-5 所示：

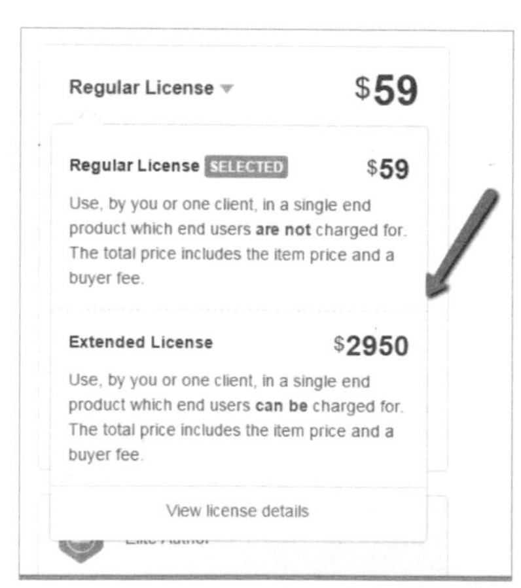

圖 7-4-5 ThemeForest 佈景主題的授權說明

另外一個延伸授權，讓你可以用這個佈景主題來幫客戶製作網站，也可以向你的網站客戶收取費用，想要利用這個佈景主題來做為生財工具，授權費用當然就更高了。

販售佈景主題的網站中比較特別的是 ElegantThemes 這個網站。他們是以年費的方式，只要繳交年費，就可以不受限制地使用他們開發的所有佈景主題（我們在之前所介紹的 Divi 主題，就是它們現在力推的佈景主題），此外，還可以享有他們所開發出來的一些可以增加流量以及協助我們設計頁面的外掛，值得推薦。

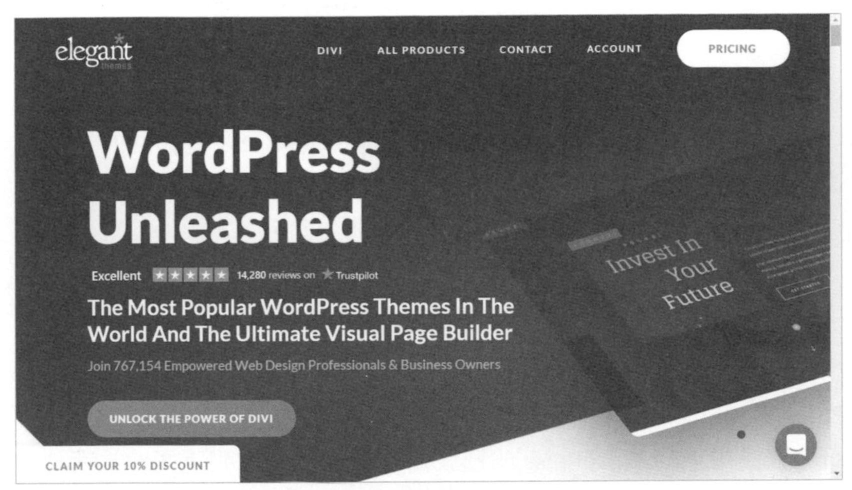

圖 7-4-6 ElegantThemes 的主網頁畫面

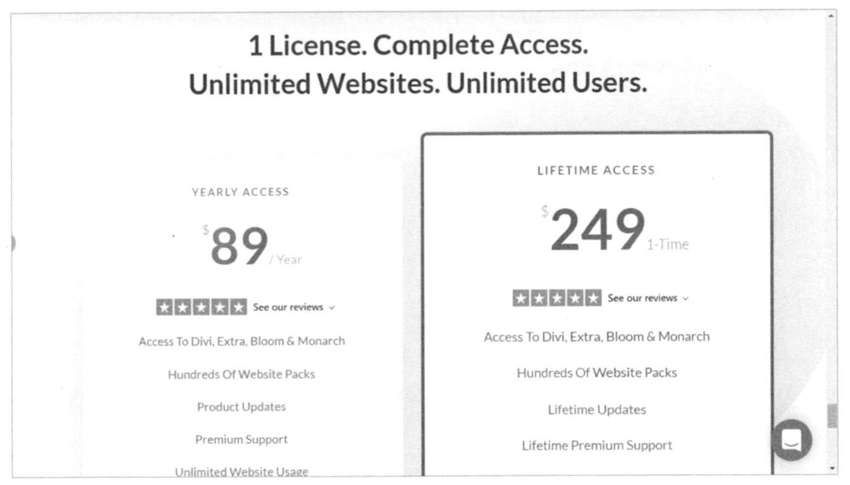

圖 7-4-7 ElegantThemes 佈景主題網站的收費方式，以年繳費用為主

7.5 如何打造自己的佈景主題

既然 WordPress 是開放源碼（Open Source）的系統，而我們也在前面的章節中看到佈景主題實際上的基本架構。所以，假使讀者願意挑戰的話，當然也可以建立屬於自己的佈景主題。只要你依循應有的格式，把所有需要的檔案都準備好即可。然而檔案的數量以及相關的函數還不少，因為篇幅的限制，我們沒有辦法示範所有的內容，但是可以給有興趣的讀者們一個可以開始研究的方向。

由於建立佈景主題會影響到網站的外觀，有時候如果一些細節沒有注意到或是不小心打錯了一些指令，也有可能馬上影響到網站的運作，甚至造成無法瀏覽網站的情形發生，因此筆者並不建議你直接在現有正在運作中的網站中修改佈景主題，比較好的方式是依照本書第 4.2 節（如果你的作業系統是 Mac OS，則請參考 4.3 節）的方法，在自己的電腦中安裝一份 WordPress，在本機的環境中做測試，直到滿意之後再上傳到想要上線的網站即可。

延續第 4.2 節中的設定，我們在自己的電腦中安裝了一份 WordPress，所以只要使用瀏覽器，連結到 localhost/wordpress（假設我們的 WordPress 是安裝在 wordpress 目錄之下，這是使用 Bitnami 安裝本地端 WordPress 的預設路徑）就可以看到這個網站了。要登入控制台，也只要 localhost/wordpress/wp-admin，再輸入安裝當時設定的帳號以及密碼即可進入。

因為是安裝的自己的電腦中，我們要操作有關於佈景主題的資料夾，只要使用電腦中的檔案管理員（檔案總管）直接對目錄或檔案進行操作即可。此外，由於 WordPress 的所有檔案內容都是標準文字檔，所以只要使用你用得順手的文字編輯器就可以了，如果要修改的內容不多，直接用 Windows 內建的記事本也行。

製作一個新的佈景主題，如果你打算從頭開始全部自己來，也不需要所有的檔案全部都自己準備，說真的，要準備的檔案還真是非常多，也有它們特定的目錄結構，從無到有一個一個製作檔案並不容易。所幸，已經有網站幫我們準備好了基本的架構，只要下載下來，放到正確的 WordPress 目錄之下，就可以正常運作。這個基本的佈景主題網站叫做 underscores，它的網址是：https://underscores.me/，進入之後網站如圖 7-5-1 所示。

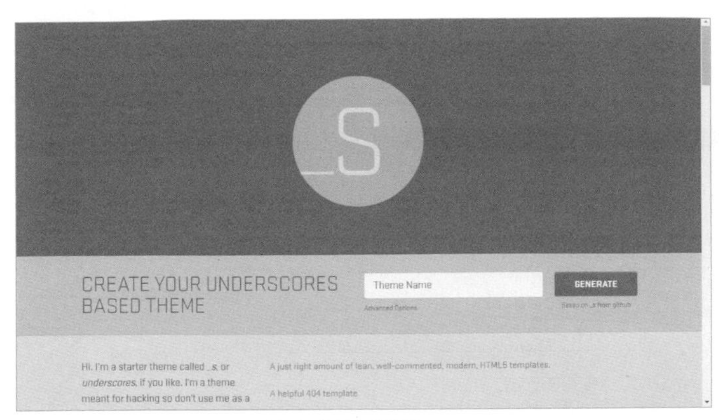

圖 7-5-1 underscore 的主網站畫面

在 underscore 的主網站中有一個顯著的文字框，這是讓我們輸入要建立的新佈景主題名稱的地方，在這裡我們輸入 My First WP Theme 再按下右側的「GENERATE」按鈕，過一會兒網站就會產生一個空白的佈景主題壓縮檔給我們下載，如圖 7-5-2 所示。

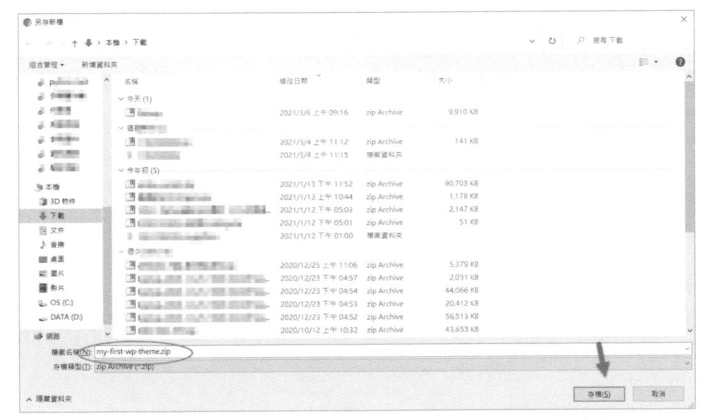

圖 7-5-2 下載 underscore 所產生的新建佈景主題檔案 my-first-wp-theme.zip

這是一個馬上就可以使用的佈景主題檔案。只要回到 WordPress 控制台的「外觀 / 佈景主題 / 新增佈景主題」然後選擇上傳即可，如圖 7-5-3 所示。

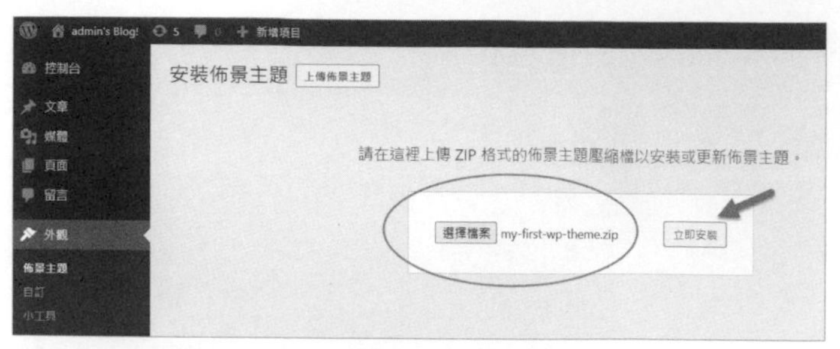

圖 7-5-3 上傳新建立的佈景主題 .zip 檔案

過一段時間之後就完成安裝。按下「啟用」即可，如圖 7-5-4 所示。

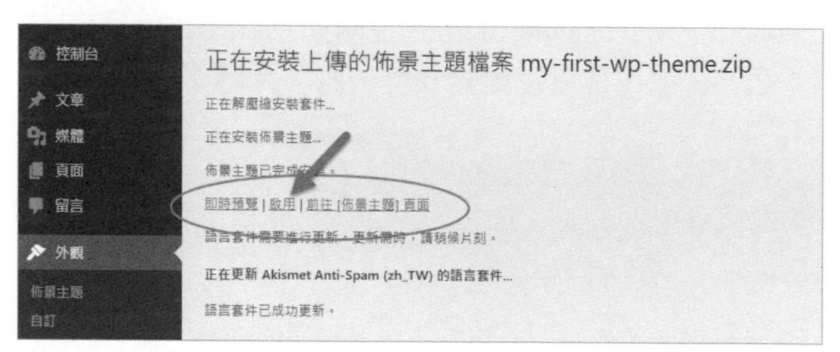

圖 7-5-4 安裝完成的 my-first-wp-theme 佈景主題畫面

啟用之後，就可以看到我們的佈景主題「My First WP Theme」已經被放置在佈景主題的瀏覽畫面中了，如圖 7-5-5 所示。

圖 7-5-5 My First WP Theme 佈景主題的啟用畫面

這時候回到我們的網站畫面，就可以看到套用新佈景主題之後的樣子，如圖 7-5-6 所示。

圖 7-5-6 套用新建佈景主題的網站首頁

因為是空白的佈景主題架構，所以想當然爾沒有任何的佈置內容，這些內容還是要等我們一個檔案一個檔案去修改才會出現可以上得了台面的樣子。不過，在正式修改這些檔案之前，因為目前我們的網站是測試用的，所以沒有什麼具體的內容，就算你用心改了佈景主題的內容也不大看得出具體的改變是什麼，因此在正式修改佈景主題之前，我們還需要下載一些測試用的資料。完整的測試資料叫做 Theme Unit Test，可以到 WordPress 的官方說明網頁 https://codex.wordpress.org/Theme_Unit_Test 去下載。如圖 7-5-7 所示。

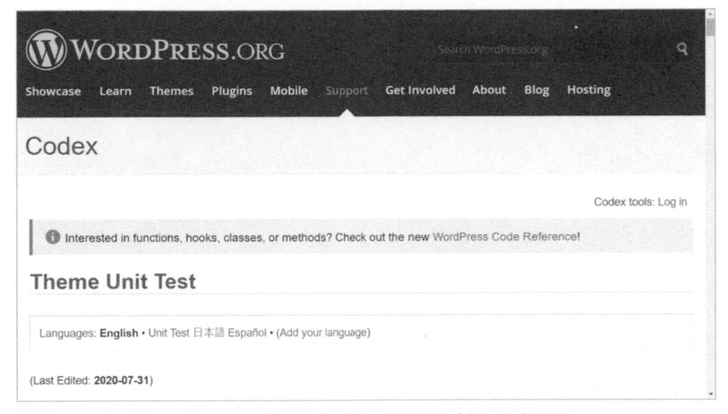

圖 7-5-7 WordPress 佈景主題測試資料說明網頁

請依網頁說明，點擊 themeunittestdata.wordpress.xml 這個檔案的連結下載到你的電腦中，如圖 7-5-8 所示。請留意，要使用滑鼠右鍵選單，然後以「另存連結」的方式來儲存成本機中的一個獨立的檔案。

Test Environment Setup

1. Clone the theme test data file `themeunittestdata.wordpress.xml` from the GitHub repository https://github.com/WPTT/theme-unit-test (last updated 30/January/2020).

Or Download a copy from https://raw.githubusercontent.com/WPTT/theme-unit-test/master/themeunittestdata.wordpress.xml

圖 7-5-8 下載測試佈景主題用的 XML 檔案

有了這個檔案之後，我們就可以把這個檔案用匯入的方式，把所有的相關測試用資料都放到我們的網站中。先到 WordPress 控制台，執行匯入的功能，選擇 WordPress 類別按下「立即安裝」按鈕，會安裝匯入程式的外掛，如圖 7-5-9 所示。

如箭頭所指示的連結按下「執行匯入程式」，如圖 7-5-10 所示，選擇在本地端的電腦中選擇剛剛下載的那個檔案，再按下「上傳檔案並匯入」按鈕。

在匯入之前，如圖 7-5-11 所示，可以設定是否要以某個特定的名稱來當作是匯入者，同時也要指定是否要下載相關的附件檔案。在設定正確之後，按下「送出」按鈕就可以了。由於測試用的資料還滿多的，所以這個操作進行的時間會有一點久，在此過程中請確保網路的連線速度是否夠穩定及快速。

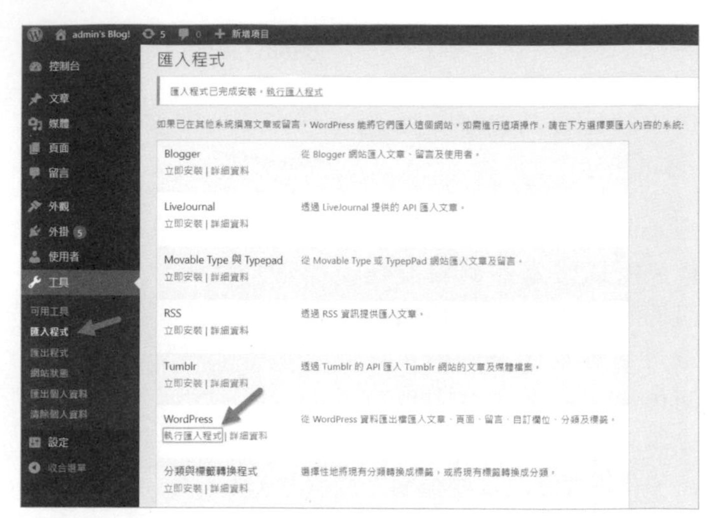

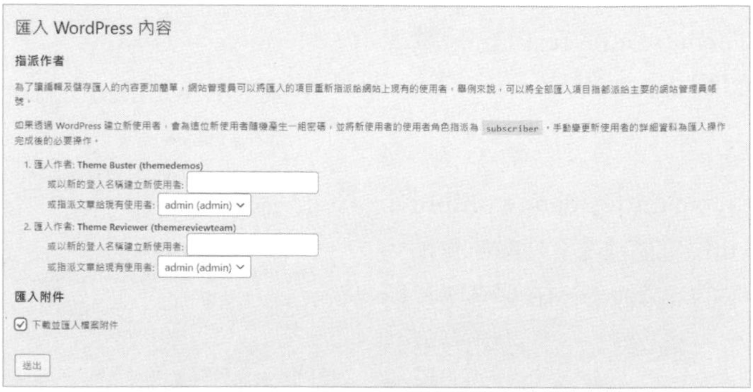

圖 7-5-9 在控制台中執行匯入的功能

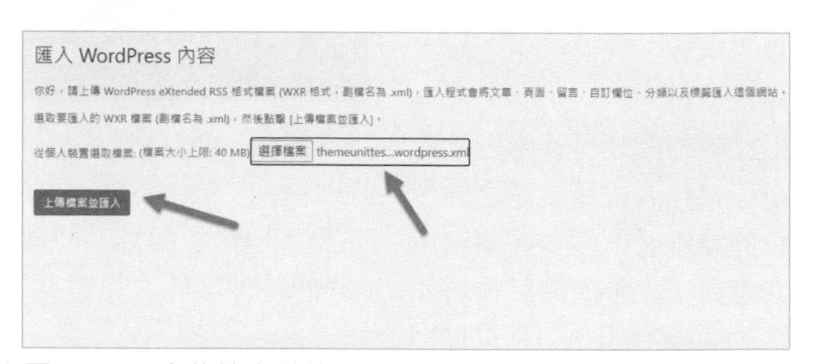

圖 7-5-10 上傳檔案並執行匯入功能

圖 7-5-11 設定匯入前的一些訊息和設定

如果你在匯入進行的過程當中出現一些錯誤訊息，像是無法上傳或是執行的時間太久等等，你可能需要變更的 php.ini 的設定才能解決這個問題。以 WampServer 為例，你可以在右下角運行圖示上點擊滑鼠右鍵就可以找到 php.ini 這個檔案，選擇之後，作業系統就會以預設的文字編輯程式把 php.ini 打開，如圖 7-5-12 所示。

如圖 7-5-12 所示，要確定 file_uploads 的功能是有打開的（On），同時一些 size 以及 filesize，或是執行的時間 execution_time 等等，都可以把它們調大一些，直到可以上傳並匯入我們的測試檔案為止。存檔之後，還是要到 Apache 的 service 中重新啟動網頁伺服器，如此剛剛修改完的參數才會生效。重新啟動 WampServer 的 Apache 之方法如圖 7-5-13 所示。不過的 WAMP 或是 MAMP 系統之編輯 php.ini 和重新啟動 Apache 伺服器的方法並不相同，請特別留意。

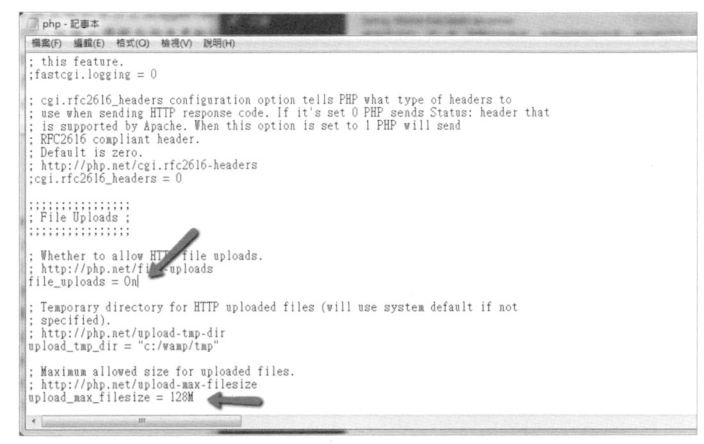

圖 7-5-12 用記事本開啟 php.ini，並修改其中的設定內容

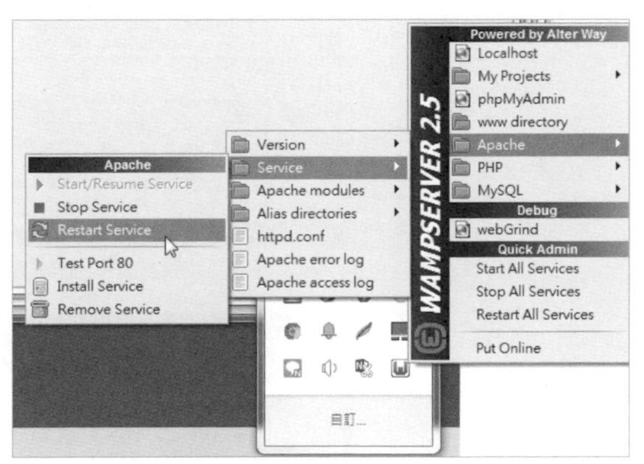

圖 7-5-13 重新啟動 WampServer 網頁伺服器的方法

順利完成匯入之後，在網頁上看到如圖 7-5-14 所示的樣子就算是大功告成了。如果你多執行幾次匯入的操作，有可能在畫面上會出現一些重複的訊息，因為這個網站是測試佈景主題用的，所以不太需要去在意這個地方。

圖 7-5-14 測試資訊匯入完成的訊息畫面

匯入完成之後回到主網頁，就可以看到一大堆的資訊，各式各樣的內容都有，非常方便讓你做測試使用，如圖 7-5-15 所示。

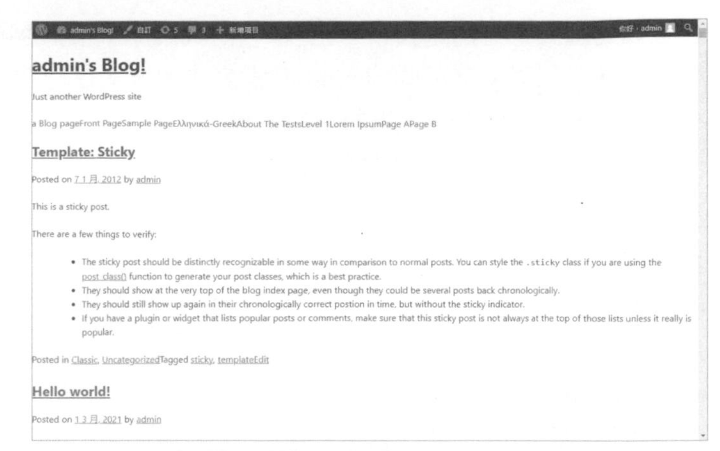

圖 7-5-15 匯入所有測試資訊的畫面

另外還值得一提的是，有些朋友使用本地端 WAMP 來安裝 WordPress，在上傳測試資訊時經常會發生執行時間過久的問題，此錯誤訊息的畫面如圖 7-5-16 所示。

(!) Fatal error: Maximum execution time of 60 seconds exceeded in C:\wamp\www\wp\wp-includes\class-http.php on line 1610

Call Stack

#	Time	Memory	Function	Location
1	0.0010	321440	{main}( )	..\admin.php:0
2	1.3691	29868600	call_user_func:{C:\wamp\www\wp\wp-admin\admin.php:321} ( )	..\admin.php:321
3	1.3701	29868808	WP_Import->dispatch( )	..\admin.php:321
4	1.3961	29883120	WP_Import->import( )	..\wordpress-importer.php:92
5	2.2301	31520712	WP_Import->process_posts( )	..\wordpress-importer.php:116
6	6.1003	32196352	WP_Import->process_attachment( )	..\wordpress-importer.php:611
7	6.1003	32196632	WP_Import->fetch_remote_file( )	..\wordpress-importer.php:859
8	6.1304	32198200	wp_get_http( )	..\wordpress-importer.php:905
9	6.1304	32198808	wp_safe_remote_request( )	..\functions.php:594
10	6.1304	32199952	WP_Http->request( )	..\http.php:51
11	6.2054	32208088	WP_Http->_dispatch_request( )	..\class-http.php:277
12	6.2054	32209920	WP_Http_Curl->request( )	..\class-http.php:363
13	6.2054	32216904	curl_exec ( )	..\class-http.php:1525
14	66.1488	43901624	WP_Http_Curl->stream_body( )	..\class-http.php:1525

圖 7-5-16 匯入測試資訊執行時間過久的問題畫面

如果在修改了 php.ini 之後還是沒有解決這個問題，需要到 wp-include 底下的 functions.php 做修改，如圖 7-5-1 所示，找到 functions.php。

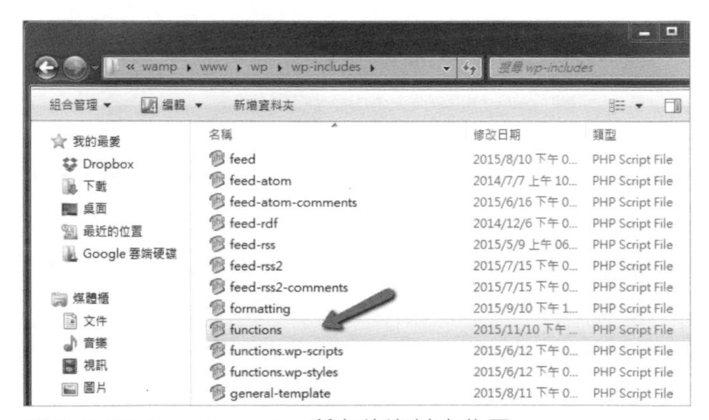

圖 7-5-17 functions.php 所在的資料夾位置

使用文字編輯器開啟該檔案，找到 @set_time_limit(60); 這一行，把其中的 60 改為 120 或更多，就可以順利進行匯入的工作了。不過，在正確匯入所有的資料之前，建議你還是先把所有之前匯入到一半的那些文章、頁面、使用者、分類以及標籤、媒體等等都先清除，在匯入時會比較順利。如圖 7-5-18 所示的樣子。

```
566 /**
567  * Perform a HTTP HEAD or GET request.
568  *
569  * If $file_path is a writable filename, this will do a GET request and write
570  * the file to that path.
571  *
572  * @since 2.5.0
573  *
574  * @param string      $url       URL to fetch.
575  * @param string|bool $file_path Optional. File path to write request to. Default false.
576  * @param int         $red       Optional. The number of Redirects followed, Upon 5 being hit,
577  *                               returns false. Default 1.
578  * @return bool|string False on failure and string of headers if HEAD request.
579  */
580 function wp_get_http( $url, $file_path = false, $red = 1 ) {
581     @set_time_limit( 120 );
582
583     if ( $red > 5 )
584         return false;
```

圖 7-5-18 使用文字編輯器修改 set_time_limit 函數

到這邊準備工作就算完成了。接下來就可以到新建立的佈景主題目錄中去編輯檔案，所有編輯過的內容會立刻反應在你的網站上。我們剛建立的 My First WP Theme 會被放在資料夾 C:\Bitnami\wordpress-5.6.2-0\apps\wordpress\htdocs\wp-content\themes（此資料夾的位置視你安裝的 WAMP 系統而定，在此是以 Bitnami 所建立的 WordPress 為例）底下，如圖 7-5-19 所示。

名稱	修改日期	類型
my-first-wp-theme	2021/3/6 上午 11:46	檔案資料夾
twentynineteen	2021/3/1 下午 02:41	檔案資料夾
twentytwenty	2021/3/1 下午 02:41	檔案資料夾
twentytwentyone	2021/3/1 下午 02:41	檔案資料夾
index.php	2014/6/5 下午 11:59	PHP 檔案

圖 7-5-19 新建立的佈景主題 My First WP Theme 所在的位置

打開此目錄，就可以看到所有佈景主題設定相關的檔案，如圖 7-5-20 所示。不同的檔案各自有它的用途，只要是 .css 結尾的就要使用 CSS 語法，而 .php 結尾的則是要使用 PHP 的語法。WordPress 本身提供了許多的函數可以讓我們在 .php 檔案中呼叫使用，這些函數的用法種類繁多，由於篇幅的關係，還請讀者自行參考其他的書籍資料，也可以直接前往此網站：【https://developer.wordpress.org/themes/】，瀏覽全部可以使用的函數以及開發佈景主題的流程和技巧。

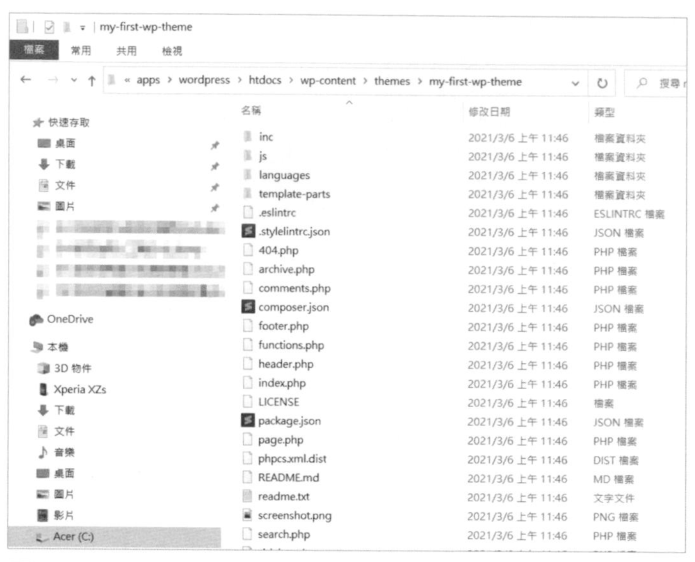

圖 7-5-20 說明 佈景主題的所有的目錄以及檔案群

在本節的最後要特別說明的是，在大部份的情形下，其實我們不用把一個佈景主題從無到有全部自己動手設定，WordPress 提供了一個叫做子佈景主題（Child Theme）的方式來幫大家解決這個問題。也就是說，你可以延襲某一個特定的佈景主題，然後改一些你要改的部份就可以了。只有你改到的部份才會以你改的為主，沒改到的地方，就參考父佈景主題的內容設定。

要建立子佈景主題的方法非常簡單，第一步就是在佈景主題所在的資料夾中建立一個空的資料夾，是用來放置子佈景主題的地方，如圖 7-5-21 所示。

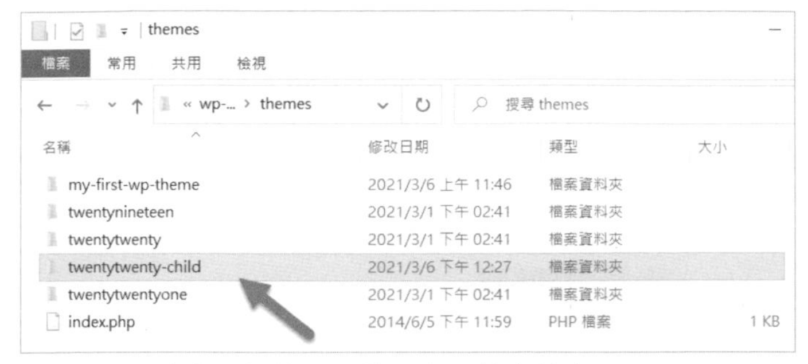

圖 7-5-21 建立一個放置子佈景主題的資料夾 twentytwenty-child

由於我們打算參考 WordPress 的預設佈景主題 twentytwenty 來製作，所以就建立一個空的資料夾叫做 twentytwenty-child。然後，在此資料夾中建立一個 style.css 的檔案，這是子佈景主題唯一必要的檔案，如圖 7-5-22 所示。

圖 7-5-22 子佈景主題唯一必要的檔案

而在 style.css 中，一定要加入如下所示的內容才可以正確地參考到父佈景主題的設定檔案。

```
/*
Theme Name：  2021 Child
Theme URI:    localhost:81/wordpress/
Description： 2021 子佈景主題範例
Author：      何敏煌
Author URI：  https://104.es
Template：    twentytwenty
Version：     0.1.0
*/
```

在 style.css 中，Template 是這個子佈景主題要參考的範本名稱，只要父佈景主題的名稱是正確的，就可以順利參考到所有需要的設定檔案。其他的部份主要是對於你的子佈景主題的描述，可以依自己的資料填寫即可，其內容並不會影響到功能。在資料夾和 style.css 檔案建立完成之後，回到控制台佈景主題的設定畫面就可以看到我們新建立的子佈景主題了，如圖 7-5-23 所示，其詳細資料檢視畫面則如圖 7-5-24 所示。

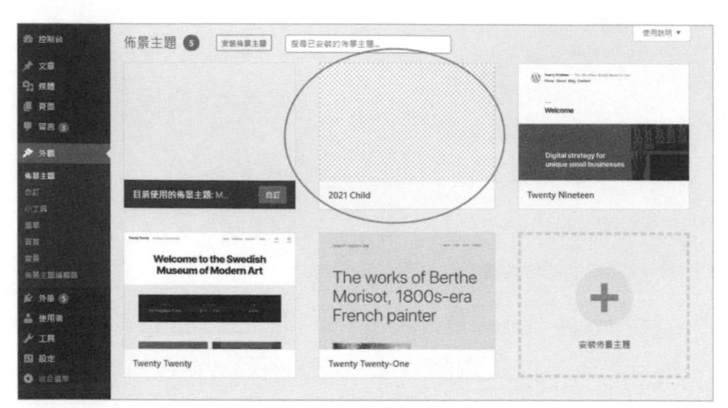

圖 7-5-23 新建立的子佈景主題在佈景主題安裝介面看起來的樣子

圖 7-5-24 檢視子佈景主題的詳細資料畫面

啟用此子佈景主題之後，回到網站，看起來的外觀和原有的 twentytwenty 是一模一樣的，如圖 7-5-25 所示。

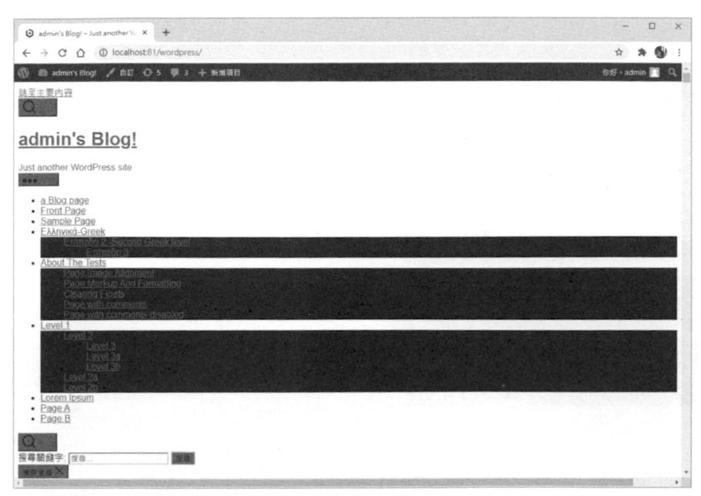

圖 7-5-25 啟用子佈景主題之後的網站外觀

在啟用子佈景主題之後，由於還沒有修改任何的內容，所以全部的內容和預設的 WordPress twentytwentyone 佈景主題是完全一樣的。為了示範可以修改的內容，我們試著在 style.css 的解說檔後面加上以下的這一段 CSS 指令：

```
 body {
    background-color：#ccffcc;
 }
h1，h2，h3，h4，h5，h6，div，span {
    font-family：標楷體 ;
 }
```

回到網站重新整理網頁之後，可以看到字體都被更改，而且也加上了一個背景色，如圖 7-5-26 所示，雖然一點都不美觀，但是已經可以看到修改後的結果了。

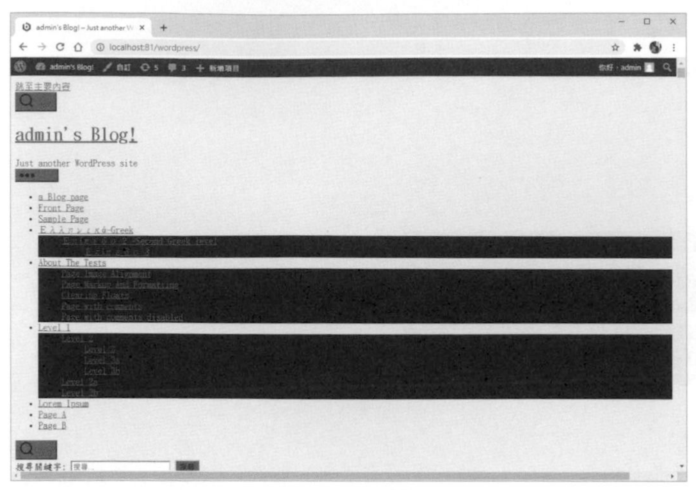

圖 7-5-26 修改了 style.css 之後的首頁畫面

由此可知，所有在子佈景主題內的更改，均會覆蓋原有的父佈景主題的設定，除了 style.css 之外，所有在子佈景主題資料夾中出現的檔案，也會取代父佈景主題，這樣子我們就可以循序漸進來修改佈景主題，讓設計的過程比較方便有彈性，這是目前在調整網站外觀時最常用的方法。

08 進階改造篇｜讓您的網站與眾不同

8.1 使用 CSS 進一步優化網頁外觀
8.2 留言區設定與 LINE Notify 通知
8.3 在網站上加入即時通訊系統
8.4 把部落格變成手機 App

8.1 使用 CSS 進一步優化網頁外觀

只要是可以使用 CSS 的地方，我們就可以改變網站顯示的外觀，那麼，在 WordPress 網站中要如何改 CSS 呢？當然不要去動到原始檔案，在上一章中有提到，在「外觀」的「自訂」選項裡的「附加的 CSS」介面就提供了可以讓你在不用動到系統檔案就可以設定 CSS 的方法，而一些比較進階高級的佈景主題也提供這樣的能力。

為了說明如何修改網頁上的 CSS 項目，我們在這一節中以 Jetpack 的「網誌訂閱」小工具作為範例，教大家一步一步地把小工具原本醜醜的外觀改得稍微美觀一些。要使用網誌訂閱小工具，需先安裝 Jetpack 外掛，並在其設定頁面中開啟小工具以及網誌訂閱功能。開啟附加外掛的功能在如圖 8-1-1 所示的「撰寫」設定功能中。

圖 8-1-1 Jetpack 外掛設定頁面

如圖所示選擇了「撰寫」頁籤之後，請把畫面往下捲動，找到開啟附加小工具的地方，如圖 8-1-2 所示。

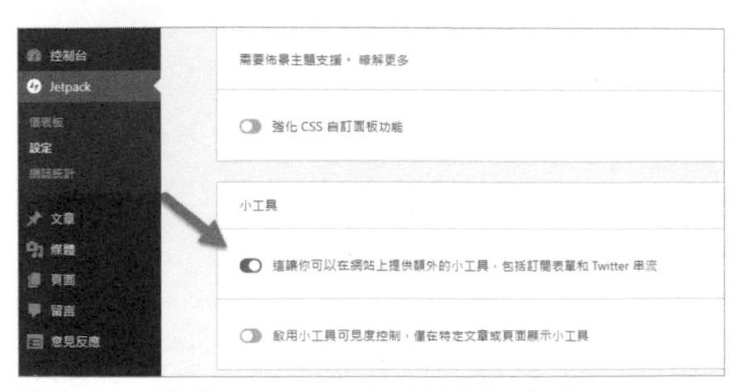

圖 8-1-2 開啟 Jetpack 小工具的設定處

接著點選「討論」頁籤，開啟網誌訂閱的功能，如圖 8-1-3 所示。

然後到外觀 / 小工具的地方，找到「網誌訂閱 (Jetpack)」這個小工具，如圖 8-1-4 所示。

圖 8-1-3 在 Jetpack 設定功能中開啟訂閱功能

圖 8-1-4 網誌訂閱小工具的位置

請把它加到側邊欄中，並修改其中的內容，如圖 8-1-5 所示。

圖 8-1-5 設定網誌訂閱小工具的相關內容

佈置完成按下儲存之後，回到網頁中，我們就可以看到這個小工具在我們的主網頁上看起來的樣子，如圖 8-1-6 所示。

圖 8-1-6 還沒有調整 CSS 之前網誌訂閱看起來的樣子

外觀的樣式取決於佈景主題的設定，如果想要讓這個小工具看起來更顯目，想辦法吸引到瀏覽者的目光，可以把這個小工具使用 CSS 修飾一下。為了找出這一段內容所使用的 CSS 選擇器，可以使用 Chrome 瀏覽器的「開發人員工具」，如圖 8-1-7 所示。

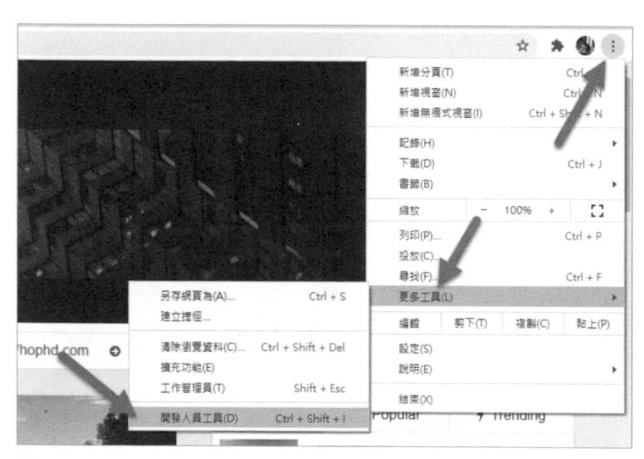

圖 8-1-7 Chrome 瀏覽器的開發人員工具

在開發人員工具中找到左上角的 Inspect 小工具，點選之後即可自由地網頁上移動，它會標示出任何我們感興趣的網頁 CSS 作用範圍，請選擇你想要設定的範圍，然後按下滑鼠左鍵，如圖 8-1-8 所示。

圖 8-1-8 利用 Inspect 工具選定想要出的 CSS 作用範圍

然後，就可以在右側的視窗中看到如圖 8-1-9 所示，剛剛所選擇到的那一個作用範圍之原始 HTML 碼。

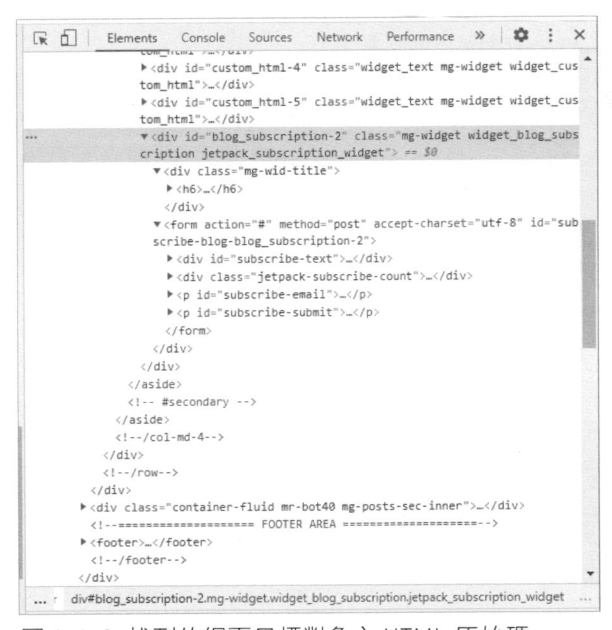

圖 8-1-9 找到的網頁目標對象之 HTML 原始碼

這一段的原始碼摘要如下：

```
<div id="blog_subscription-2" class="mg-widget widget_blog_subscription jetpack_subscription_widget"><div class="mg-wid-title"><h6> 歡迎訂閱本站 </h6></div>
            <form action="#" method="post" accept-charset="utf-8" id="subscribe-blog-blog_subscription-2">
<div id="subscribe-text"><p> 你可以透過訂閱本站，隨時取得本站的最新促銷訊息，只要一個電子郵件帳號就可以了。</p>
</div>
<div class="jetpack-subscribe-count">
<p>
一起加入其他 1 位訂閱者的行列
</p>
</div>
<p id="subscribe-email">
<label id="jetpack-subscribe-label" class="screen-reader-text" for="subscribe-field-blog_subscription-2">
                    電子郵件位址                    </label>
<input type="email" name="email" required="required" value="" id="subscribe-field-blog_subscription-2" placeholder=" 電子郵件位址 ">
                    </p>
<p id="subscribe-submit">
<input type="hidden" name="action" value="subscribe">
<input type="hidden" name="source" value="http://kuas-2.n9s.com/">
<input type="hidden" name="sub-type" value="widget">
<input type="hidden" name="redirect_fragment" value="blog_subscription-2">
<input type="hidden" id="_wpnonce" name="_wpnonce" value="d03eec157e">
<button type="submit" name="jetpack_subscriptions_widget">
   馬上訂閱本站      </button>
</p>
</form>


</div>
```

上面這段程式碼雖然看起來有些雜亂，但仔細看一下我們用粗體和底線所標記起來的文字，它們是 CSS 語法中的 id 選擇器，透過修改這些 id 選擇器的 CSS 內容，即可針對該選擇器的樣式進行變更。另外，class 後面的文字也是 CSS 選擇器，它們是類別選擇器，並不具備有唯一性，修改它的 CSS 樣式之後，所有使用到該類別選擇器的 HTML 標記均會同步變更。

在此例中，我們發現，Jetpack 使用了 jetpack_subscriptsion_widget 這個 class，意思是說，如果我們在「附加的 CSS」中設定這個 class，那麼在網頁中的這個小工具，外觀也就會跟著被改變。為了簡單示範起見，我們只使用了少少的語法，主要就是加個外框及陰影，其他的部份就請讀者自行發揮了。如圖 8-1-10 所示。

圖 8-1-10 變更 .jetpack_subscription_widget 選擇器的樣式

CSS 程式碼如下：

```
.jetpack_subscription_widget {
    box-shadow：10px 10px 5px #888888;
    width：250px;
    padding：5px;
    border：#ff2222 5px solid;
}
```

在這段 CSS 程式碼輸入之後，就可以在如圖 8-1-10 右側中預覽到不一樣的訂閱小工具外觀了。

當瀏覽者輸入電子郵件訂閱之後，內容也會順利的變成如圖 8-1-11 所示的樣子。

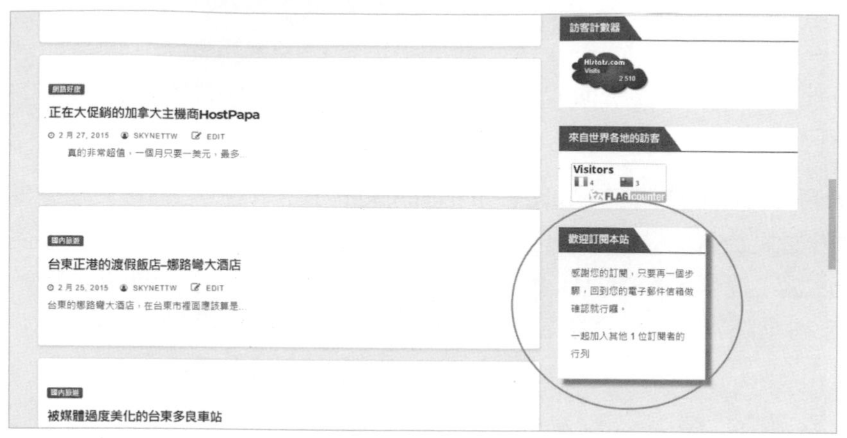

圖 8-1-11 讀者訂閱後，小工具看起來的樣子

當然此時訂閱的網友會收到一封確認信，如圖 8-1-12 所示。

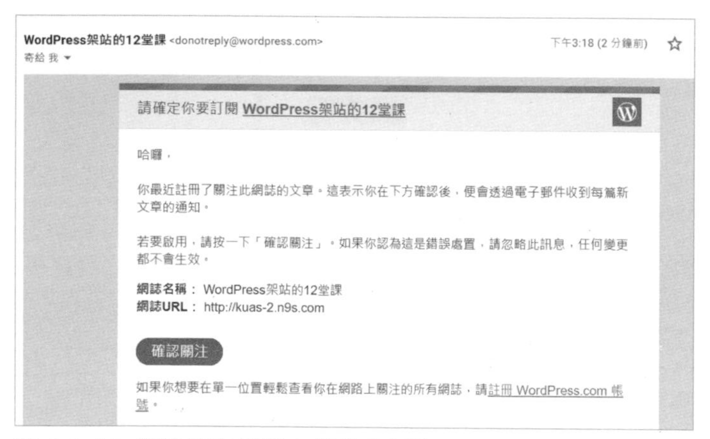

圖 8-1-12 網站讀者訂閱之後的確認信

在網友按下「確認關注」按鈕之後，會被引導到 wordpress.com 的網頁，這樣就算是完成訂閱的動作，如圖 8-1-13 所示。接著 wordpress.com 還會再寄一封通知信告知訂閱的讀者，提醒他訂閱的相關訊息。

圖 8-1-13 在 wordpress.com 上的讀者訂閱摘要訊息

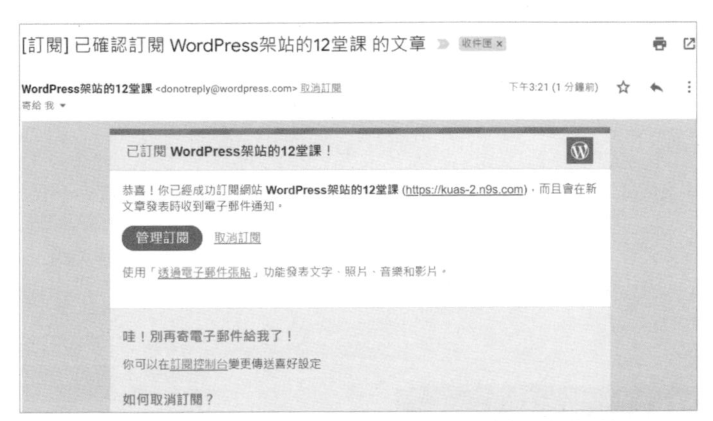

圖 8-1-14 訂閱完成之後，wordpress.com 的確認信件

由上述的內容我們可以學習到，為了提升和部落格讀者的互動需要加強網站的功能，而其中第一步最基礎的功能就是提供網友訂閱。透過 CSS 的調整，我們可以把這些功能在網頁上更加地突顯，讓網友能夠馬上就看到進而提升這些功能被使用的機率。新版的 CSS 語法在外觀的設定上還加了非常多的特性，連漸層色彩以及動畫都沒有問題，要好好經營網站的未來站長們，一定要好好研究這些功能，讓你的網站更加地獨一無二。

除了訂閱的功能之外，留言板以及線上即時互動，甚至把你的網站做成手機的 App 都是非常有趣的課題，這些就留待接下來的幾節中說明。

8.2 留言區設定與 LINE Notify 通知

和部落格的網友透過留言在網路上互動是和讀者交流最直接的做法，也是提升讀者粘著度成效很好的方式。在早期為每一篇文章加入留言功能以增加和網友之間的互動是非常簡單的一項設定，不過，由於網路上的垃圾留言實在太多，使得一些防範措施愈來愈多，最後乾脆大家都直接要求註冊會員並登入帳號之後才能夠留言，反而造成了因為要再多記一個帳號和密碼而降低了網友留言的意願實在是可惜。

好在，社群媒體現在十分發達，每個人至少都會有一個 Facebook 或是 Google 的帳號，也因此，如果我們的留言系統直接整合這些帳號的設定，那麼建立的留言板會員驗證的部份只要透過這些社群網站幫我們把關即可，這樣使用者留言的意願就會大大地提升。最常見的狀況是，網友在瀏覽你的網站之前已經在 Gmail 或是 Facebook 中登錄過，因此在你的網站中要留言，只要第一次的授權就可以了，非常地方便。

這一類的留言功能，我們在第 6 章中所介紹的 Jetpack 外掛就具備有此項整合帳戶的功能，只要在 Jetpack 的設定功能中把「討論」中的「留言」功能打開即可，之後網友只要透過 wordpress.com、twitter、facebook、或 Google 其中一個帳號即可登入留言。

如你看到的，在評論文字框的右下方，有 4 個圖示，分別是 WordPress、Twitter、Facebook 以及 Google，網友們只要有其中任何一個帳號，就可以登入留言了，如圖 8-2-1 所示的樣子。

圖 8-2-1 Jetpack 外掛的留言功能

通常在 WordPress 網站上的留言都會透過電子郵件通知我們，但是，在這個大家都有 LINE 帳號的時代，如果還能夠以 LINE 訊息來通知站長，相信在管理網站上會更加地便利，這時候我們就需要另外一個外掛 LINE Notify，如圖 8-2-2 所示。

圖 8-2-2 WP LINE Notify 訊息通知外掛

請在外掛介面中安裝 WP LINE Notify 外掛，安裝完畢並加以啟用，啟用之後，可以在設定的選單中找到 LINE Notify 的設定選項，如圖 8-2-3 所示。

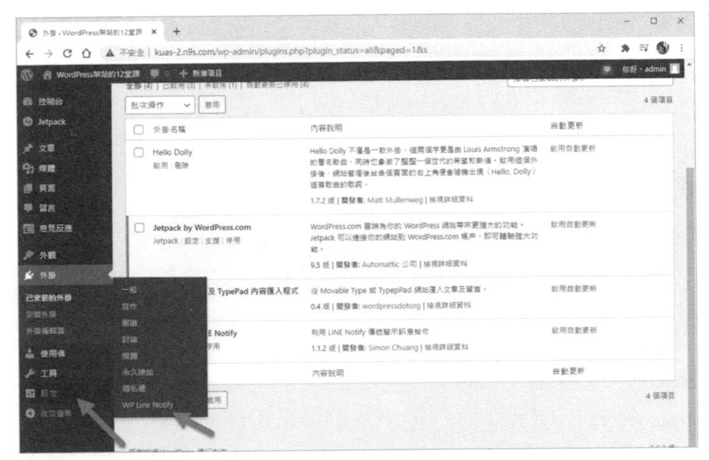

圖 8-2-3 WP Line Notify 的設定位置

在按下 WP Line Notify 的設定頁面之後，可以看到如圖 8-2-4 所示的設定畫面。

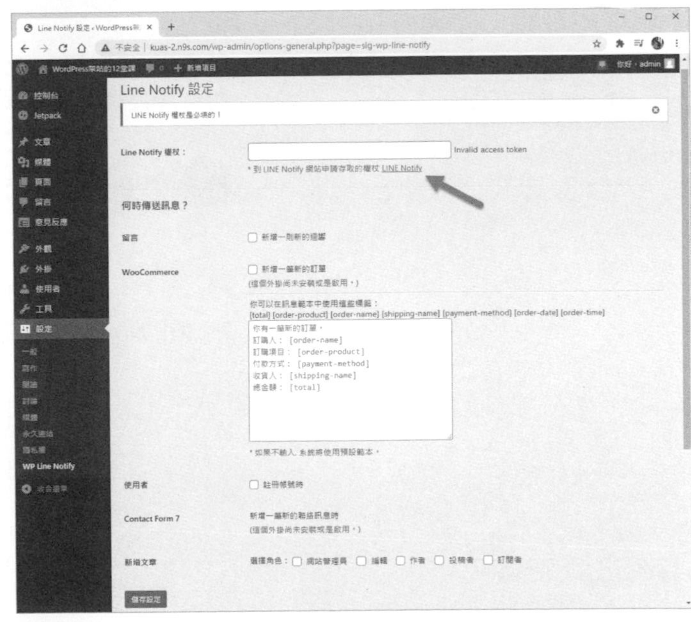

圖 8-2-4 WP Line Notify 的設定畫面

在此設定畫面中最重要的部份就是取得 LINE 的操作權杖，請如圖中的箭頭所示的位置，點選其連結，登入 LINE 帳號以取得所需要的權杖字串，如圖 8-2-5 所示。

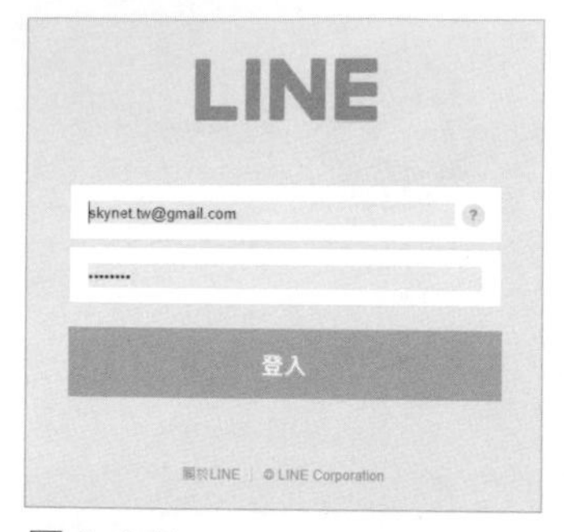

圖 8-2-5
LINE Notify 的登入畫面

在輸入登入的帳號及密碼之後，還會有一個 LINE 的驗證畫面，它會顯示一個數字讓你在手機上輸入，如圖 8-2-6 所示。

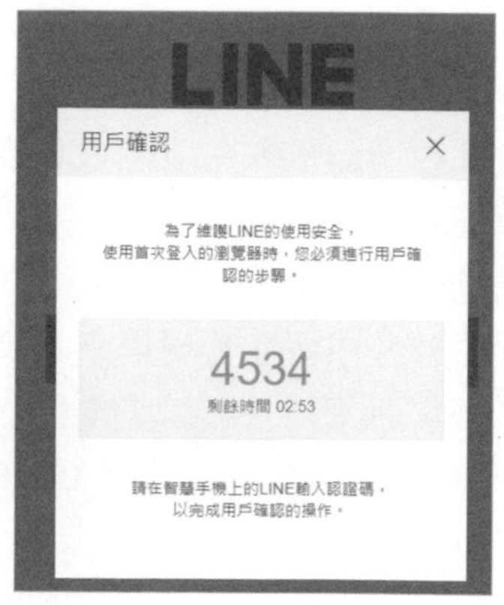

圖 8-2-6
LINE Notify 的驗證畫面

在手機上輸入正確的驗證畫面之後，即可進入 LINE Notify 的連動服務管理介面，因為作者之前已有設定了幾個連動的通知服務，所以在畫面上會有現在正在連接中的設定，如圖 8-2-7 所示。

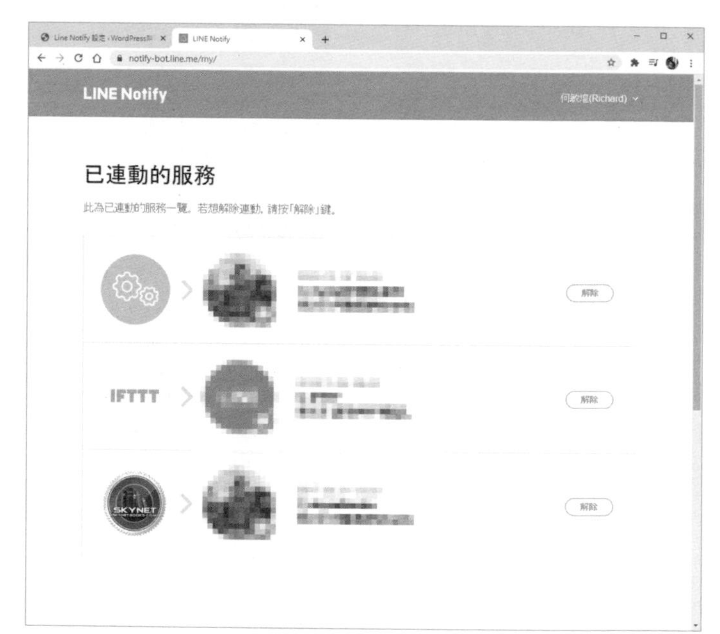

圖 8-2-7 LINE Notify 連動服務的管理介面

在此頁面中請往下捲動畫面，直到出現「發行權杖」按鈕為止，如圖 8-2-8 所示。

圖 8-2-8 在 LINE Notify 中發行存取權杖

在按下「發行權杖」按鈕之後，即會出現如圖 8-2-9 的設定畫面，在此畫面中可以輸入權杖的名稱，並選擇要接收通知的聊天室。

圖 8-2-9 設定權杖的名稱以及通知的對象

從圖 8-2-9 的內容可以發現，通知除了可以給個人之外，也可以通知現有你已加入的群組聊天室。在這個例子中，我們選擇通知到個人，在設定完畢即可按下「發行」按鈕，然後就會顯示出本次產生的權杖，如圖 8-2-10 所示。

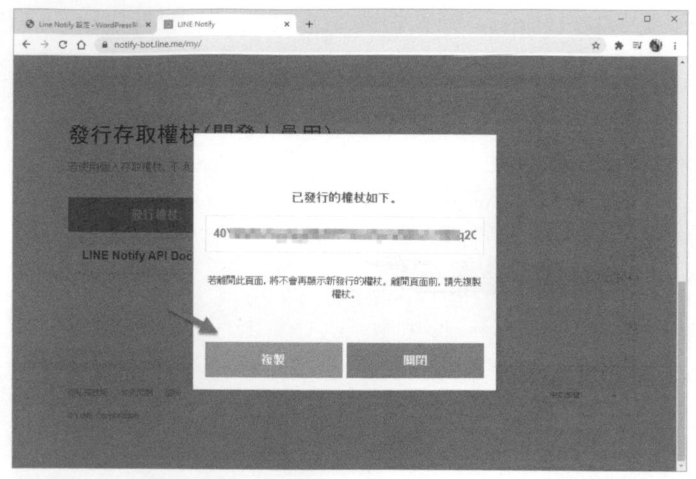

圖 8-2-10 顯示已發行的權杖

此時請按下「複製」按鈕，把這段權杖字串填入 WordPress 網站 WP Line Notify 外掛的設定欄位中，並選擇想要透過 LINE Notify 通知網站管理員的時機點，如圖 8-2-11 所示。

在這個例子中，我們把留言、WooCommerce 新訂單、以及註冊帳號時都設定成需要建立通知。全部設定完畢之後再按下「儲存設定」按鈕就好了。

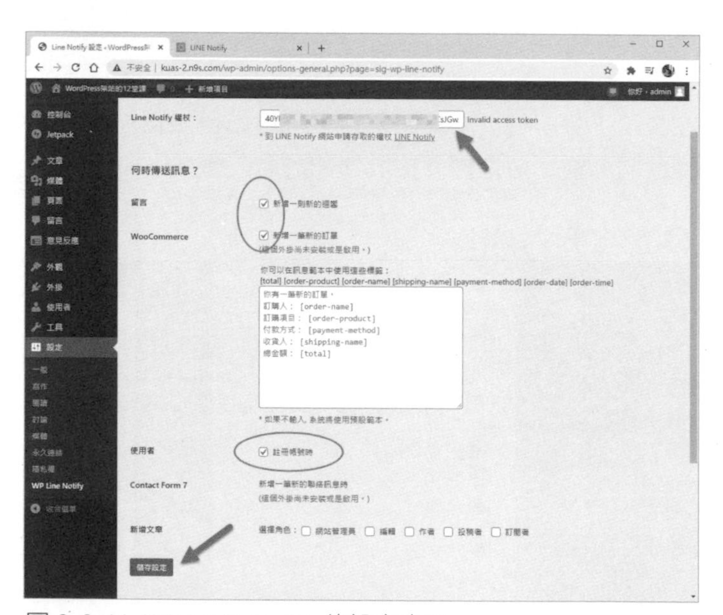

圖 8-2-11 WP LINE Notify 的設定畫面

為了確定 LINE Notify 外掛是否能夠順利運作，在「儲存設定」按鈕的下方其實還有一個測試用的文字框，如圖 8-2-12 所示。

如圖 8-2-12 中按下「測試連結」按鈕之後，立即會在你的 LINE 中顯示此測試的訊息，如圖 8-2-13 所示。

點擊進入該訊息內容之後，即可看到如圖 8-2-14 所示的內容。

如此就可以確保 LINE 的通知可以順利地連線了。特別要留意的地方是，如果你選擇連動的是群組的話，還要再把 LINE Notify 邀入該群組中，該群組才能夠順利收到來自於 LINE Notify 的通知訊息。

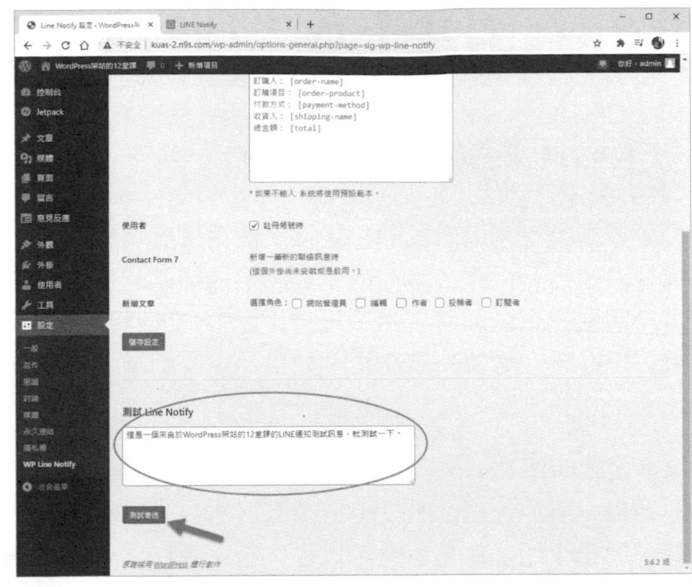

圖 8-2-12 測試連結是否成功

圖 8-2-13
LINE Notify 的通知訊息

圖 8-2-14
LINE Notify 的通知訊息內容

8.3 在網站上加入即時通訊系統

看了前面兩節的內容之後，你的網站應該已經陸續加上了可以和使用者互動的訂閱和留言功能了。使用訂閱，你的網站可以在有新增文章時寄送通知信給訂閱者，提醒對方抽空來看看我們的網站。使用留言功能可以讓讀者在你的文章後面加上留言或是評論，藉由這些留言的互動，增加網站的使用友善度。但是，這些都不如我們在這一節要介紹的即時通訊系統來得厲害，因為，這套系統可以讓我們知道網友從哪裡來、現在正在看哪一篇文章，如果他願意的話，我們可以直接和網友在網頁上就聊了起來！立即連線，馬上聊天！

這套系統叫做 SmartSupp，只要申請註冊它們的網站服務，然後在你的網站中使用它們的外掛，再加上適當的設定，你的網站右下角就會出現一個 online 的對話訊息盒，平時是收起來的，但是你也可以從後台主動打開，或是由網友自己點開訊息盒，在建立連線之後就可以立即線上聊天，非常適合用來做線上即時的客服系統。

連結 SmartSupp.com，可以看到如圖 8-3-1 所示的頁面。

請如圖 8-3-1 箭頭所指的地方，按下「Create a free account」，進入註冊畫面，如圖 8-3-2 所示。

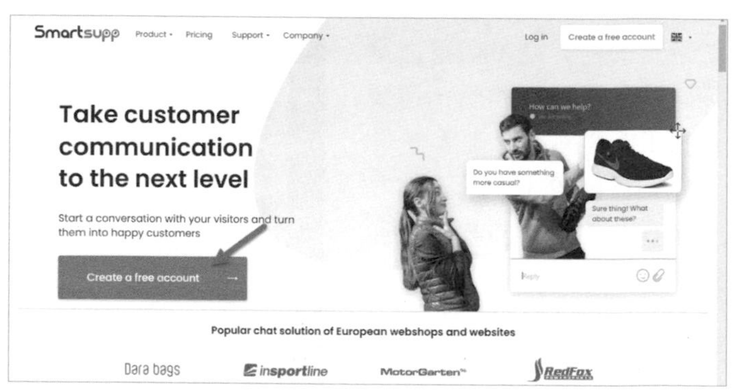

圖 8-3-1 SmartSupp 的網站首頁

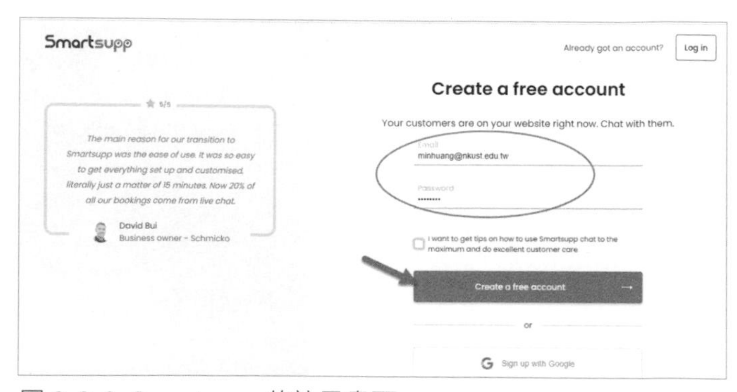

圖 8-3-2 Smartsupp 的註冊畫面

請在此畫面中輸入你要註冊的電子郵件帳號及密碼，因為密碼只輸入一次，所以一定要確定密碼的正確性。按下「Create a free account」之後，會出現如圖 8-3-3 所示的畫面。

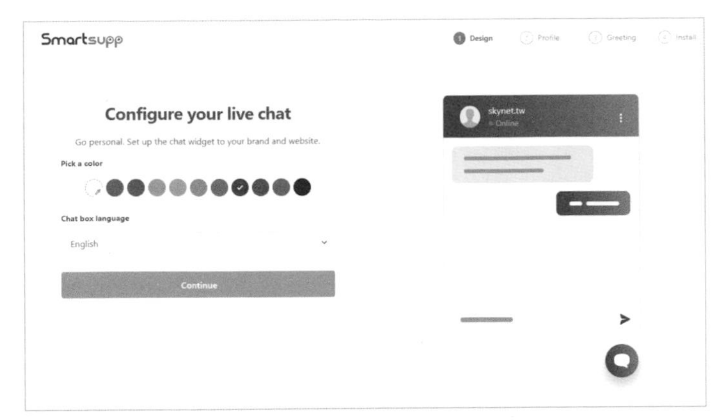

圖 8-3-3 新帳號的交談視窗設定頁面

新註冊的帳號第一步先要選用使用的語言以及想要使用在對話框中的顏色。語言的部份請點選目前的語言「English」，然後在下拉式選單中選取「中國傳統」再按下「Continue」進入下一步，如圖 8-3-4 所示。

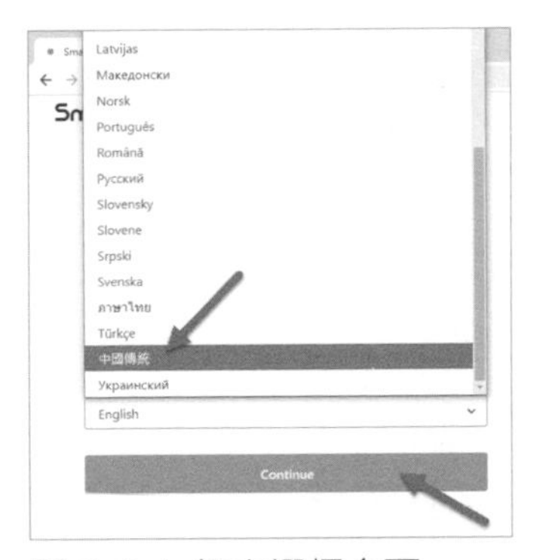

圖 8-3-4 語言選擇介面

選擇了語言及顏色之後，下一步是要設定在對話盒中顯示的名稱，如圖 8-3-5 所示。

圖 8-3-5
設定要顯示在對話盒中的名稱

請設定中文或英文的名稱，在你設定之後，右側會有即時預覽的畫面，確定沒問題之後請再按下「Continue」按鈕進入下一步，如圖 8-3-6 所示。

圖 8-3-6 設定要顯示的歡迎文字

在圖 8-3-6 所設定的是要顯示在啟用之對話框的第一句歡迎詞，總共可以輸入 250 個字，使用中文也沒有問題。輸入完畢之後即完成設定的步驟，按下「Continue」按鈕之後會進入安裝的說明畫面，如圖 8-3-7 所示。

圖 8-3-7
在網站中安裝 Smartsupp 的畫面

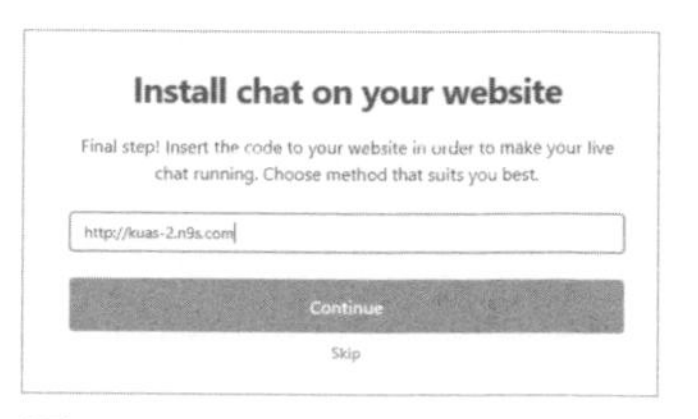

圖 8-3-8
輸入想要安裝的網站網址

圖 8-3-7 主要是說明各種網站安裝 Smartsupp 程式碼的方法，對於 WordPress 網站來說只要安裝外掛即可，所以這個步驟可以直接跳過，請按下「Continue」按鈕，進入圖 8-3-8 的畫面。

圖 8-3-8 只要輸入我們要安裝的網站網址即可，在此例中，我們的範例網站之網址為 http://kuas-2.n9s.com。

圖 8-3-9 是設定完成之後的控制台介面，一開始的說明畫面請直接把它點擊移除即可，正式的 Dashboard 如圖 8-3-10 所示。

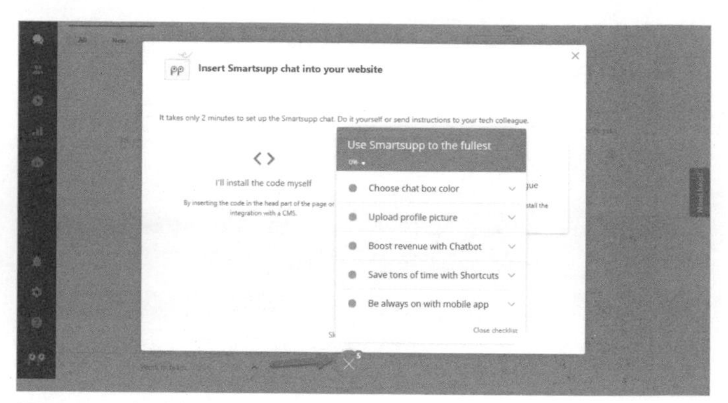

圖 8-3-9 完成設定的畫面

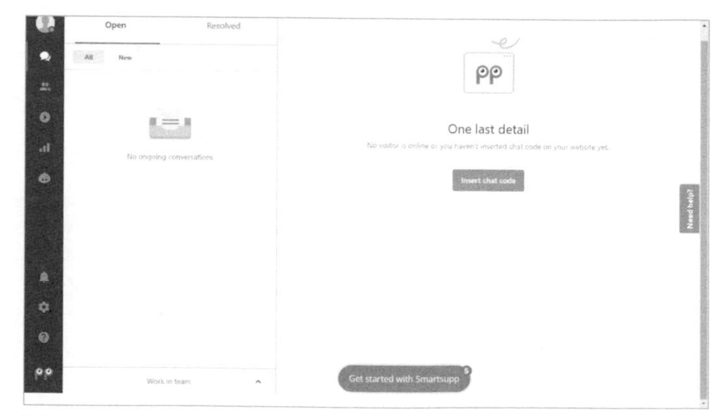

圖 8-3-10 Smartsupp 的控制台介面

因為我們還沒在網站上安裝外掛，所以目前的控制台中並沒有任何的連線資料。接下來是回到 WordPress 安裝外掛的時候了，請找到如圖 8-3-11 所示的 Smartsupp 官方外掛。

圖 8-3-11 Smartsupp 官方外掛

請按下「立即安裝」並完成「啟用」，啟用之後回到 WordPress 的控制台，即可看到左側有 Smartsupp 的選單，點擊 Smartsupp 選單之後，隨即會進入如圖 8-3-12 所示的設定頁面。

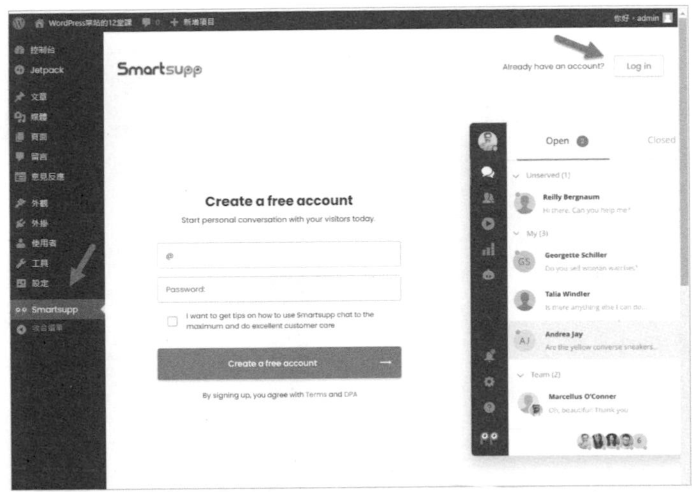

圖 8-3-12 Smartsupp 官方外掛之設定頁面

在網站中啟用 Smartsupp 的方式很簡單，只要如圖 8-3-12 中箭頭所指示的地方，按下右上角的「Log in」按鈕，登入你在 Smartsupp 網站中註冊的帳號即可，登入完畢之後，即可看到如圖 8-3-13 所示的畫面。

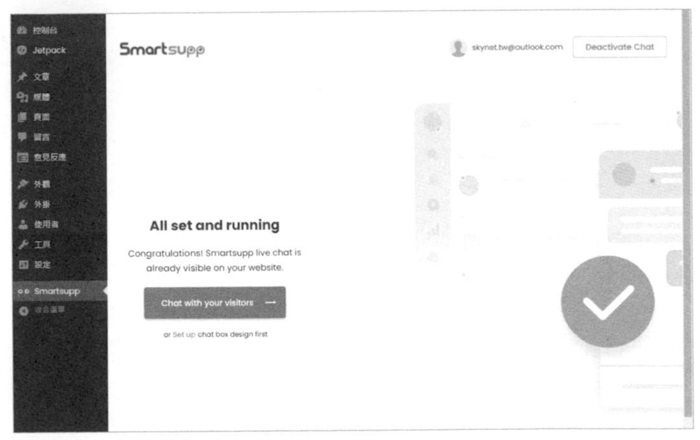

圖 8-3-13 首次登入成功的畫面

登入成功，建立連結之後，就不會在用到圖 8-3-13 的設定頁面了。之後的操作，都是回到 smartsupp 的控制台。

當網站安裝了 Smartsupp 之後，在網站的右下角會有一個小小的 Smartsupp Chat 圖示，瀏覽網頁的使用者如果點選了該圖示，不僅圖示會放大成為一個聊天對話框，如圖 8-3-14 所示。

圖 8-3-14 網友點開對話框的樣子

同時，在 Smartsupp 的控制台也會有通知，點開之後就會出現對話的介面，如圖 8-3-15 所示。

圖 8-3-15 在 Smartsupp 的對話模式

此時，兩邊的程式就可以透過 Smartsupp 介面進行對話，非常有趣且好用。Smartsupp 還有許多功能，請讀者們自行研究。

另外，值得一提的是，一開始 Smartsupp 會給你功能比較多的試用版套裝，當試用期結束之後，你再次登入控制台即會出現如圖 8-3-16 所示的降級訊息。

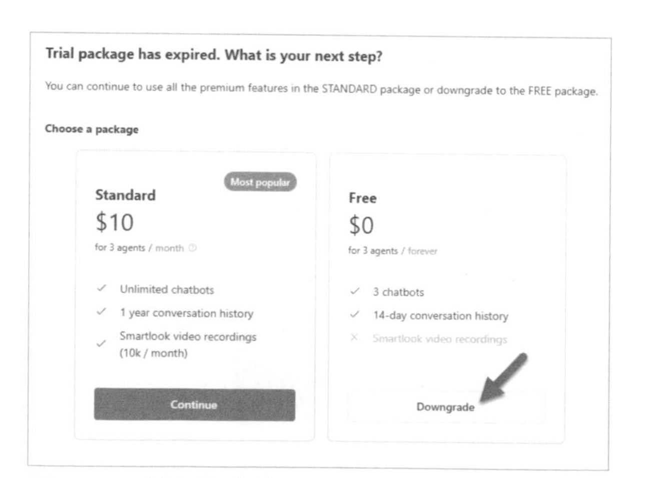

圖 8-3-16 試用期滿的降級選擇

讀者們可以視自己的需求決定是否付費維持目前的功能，或是降級免費使用有一些限制的方案。

要增加部落格或網路商店的人氣，即時客服現在是不可缺少的一環，透過 SmartSupp 的加入，你的網站馬上就能夠變身成為可以即時和網友互動的網站，非常方便。

8.4 把部落格變成手機 App

沒錯，有了自己的 WordPress 網站，只要一些簡單的步驟，就可以馬上把你的網站變身成為手機 App，讓你的讀者網友們安裝在它們的手機中，而且過程完全免費。除了把檔案複製給網友安裝之外，如果你不嫌麻煩，也可以把你的 App 在 Google Play 中上架，成為眾多的手機 App 之一喔！

方法很簡單，其實就是一個提供此項轉換服務的網站：https://www.appyet.com/。這個網站只要註冊登入之後，就可以在網站中輸入網址，然後把你的網站轉換成為 Android 手機中的可安裝程式檔案，把這個檔案傳輸到手機中（用電子郵件附件的方式寄到自己或是朋友的信箱，然後在手機上收信下載附件即可），再執行 App 的安裝動作即可。

進入網站之後，可以看到如圖 8-4-1 所示的主網頁，上面列出了該網站所有提供的功能。

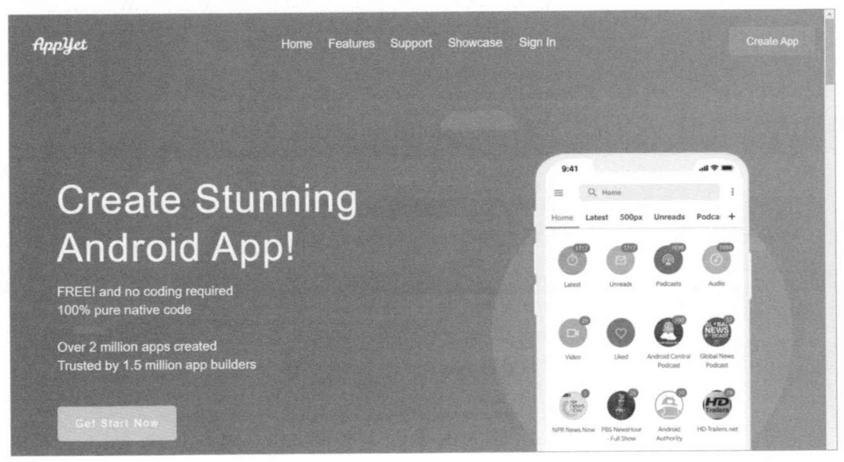

圖 8-4-1 AppYet 主網站

如果你是第一次使用這個網站，請點擊「Get Start Now」按鈕，再按下「Sign Up」連結，就可以進入如圖 8-4-2 所示的註冊畫面。在此頁面中，只要輸入電子郵件帳號、要用的密碼以及自己的名和姓就可以了。當然後續還有密碼的啟用動作。

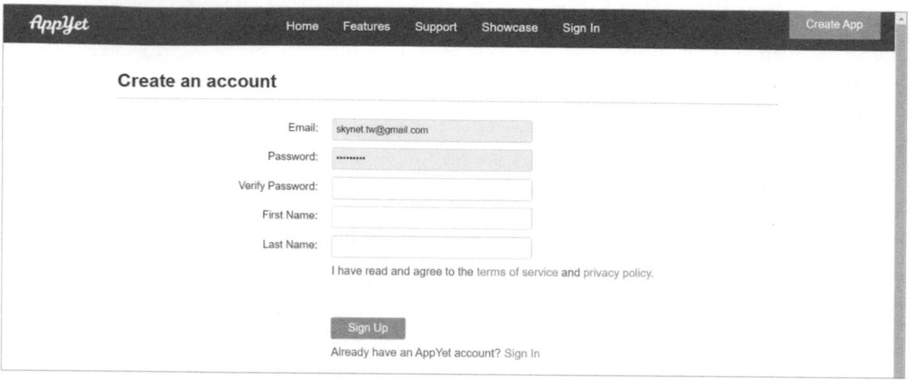

圖 8-4-2 AppYet 的帳號註冊畫面

因為作者之前已經有使用過了，所以在按下「Sign In」進入網站之後，可以看到之前的產生過的 App 列表。要建立新的 App，只要選擇右上角的「Create App」按鈕即可。

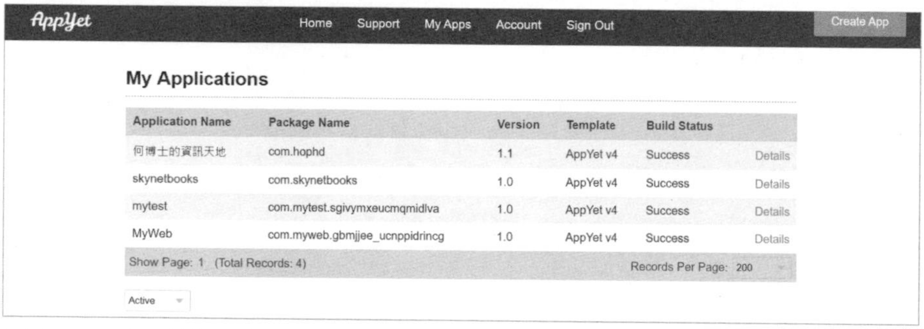

圖 8-4-3 已經製作完成的 App 列表

在選擇要建立新的 App 之後，首先要輸入的是 App 的名稱以及套件的名稱。其實你只要輸入 App 的名稱之後，套件的名稱網站會自動幫你填入。如圖 8-4-4 所示的樣子，下方還可以選擇預設的模板樣式以及導覽列的型式，選擇完畢之後在右側都會有 App 的預覽畫面。確定之後請按下「Create App」按鈕。

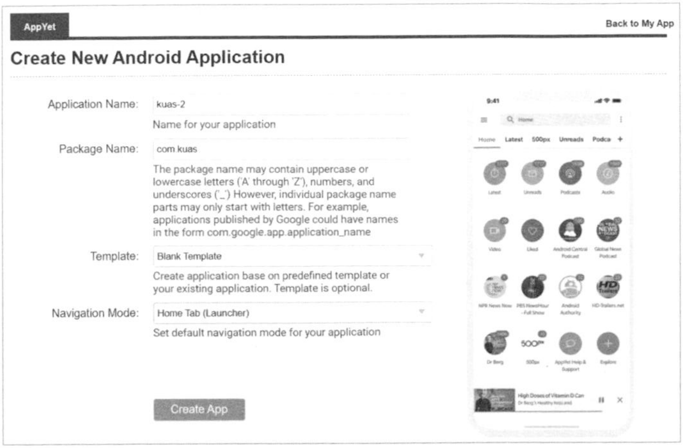

圖 8-4-4 建立 App 的第一個步驟，先選取一個 App 的名稱

然後如圖 8-4-5 所示，會有許多的參數可以設定和修正。但是別擔心，幾乎所有的內容都使用預設值就可以。首先在「General」的地方，看看有沒有想要自訂不同的圖示和標題背景圖，設定完成之後，別忘了按下方的「Save Changes」按鈕，剛剛的調整才會生效。

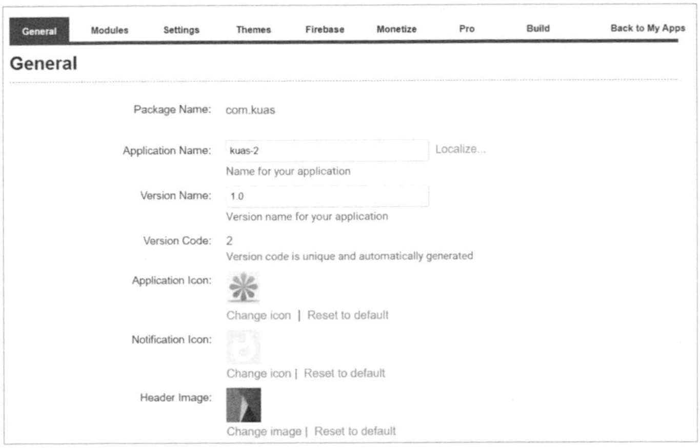

圖 8-4-5 AppYet 新建 App 時的「General」設定頁面

App.Yet 透過設定模組（Modules）的方式來為 App 增加或修改功能，如圖 8-4-6 所示。所有的內容都使用預設值就好，我們只要新增一個 WordPress 的 Feed 模組，讓這個 App 可以把我們的網站內容讀進來。WordPress Feed Module 在比較下方的位置。

如圖 8-4-7 所示，只要點擊此模組，網頁馬上轉到建立模組（Create Module）的頁面，如圖 8-4-8 所示。在此頁面中，我們需要輸入此模組出現在 App 的選單中時所要使用的文字、此選單的排序以及最重要的我們的 WordPress 網站位置。

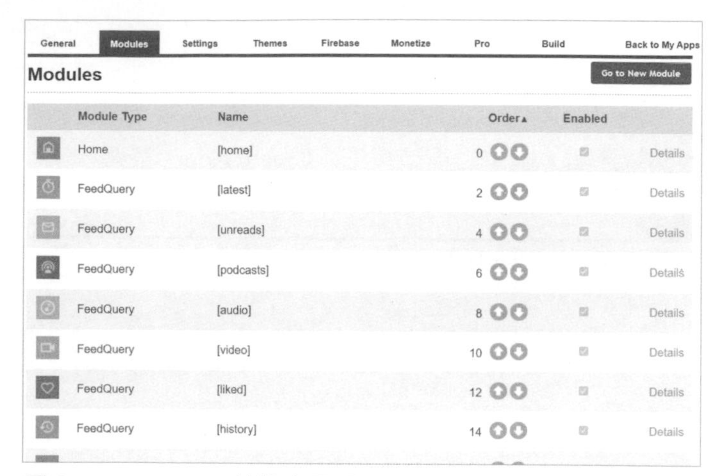

圖 8-4-6 Modules 的設定頁面

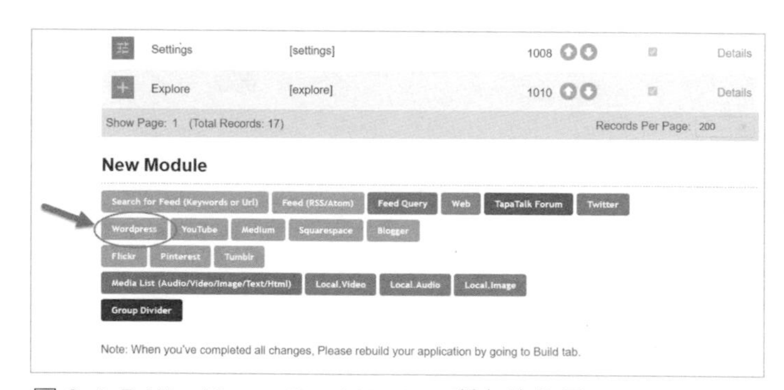

圖 8-4-7 WordPress Feed Module 所在的位置

圖 8-4-8 建立一個匯入 WordPress 網站的模組

在按下「Save」按鈕之後，就會看到更多詳細的設定，如圖 8-4-9 所示。還是一樣，大部份都只要使用預設值就可以了，我們只要確定最上方的網站是否為我們網站的網址，後面再加上 feed 即可。在按下「Update」按鈕之後，網頁就會列出此設定的摘要，如圖 8-4-10 所示。

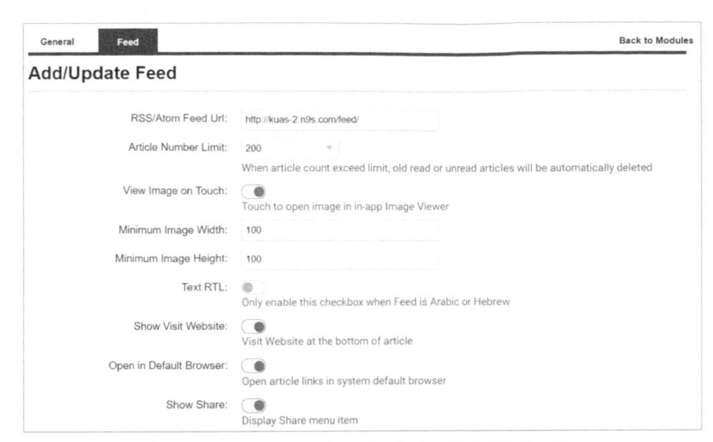

圖 8-4-9 新增 WordPress 網站內容的詳細設定頁面

然後按下右上角的「Back to Modules」連結之後，回到模組列表在第一個位置處就是我們剛剛新增加的 My Blog 模組了。如圖 8-4-11 所示。

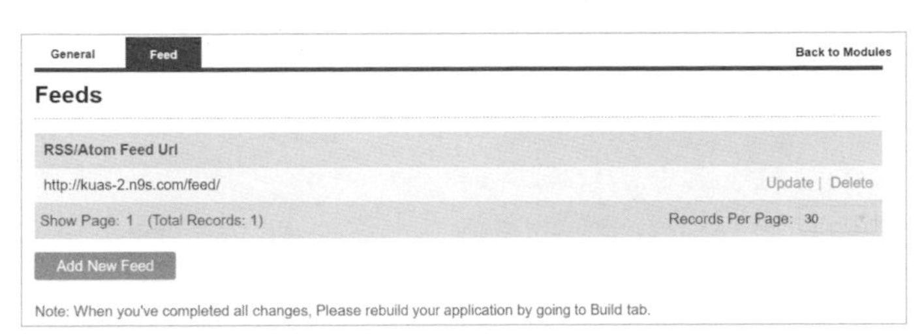

圖 8-4-10 WordPress Feed Module 設定完成之後的頁面

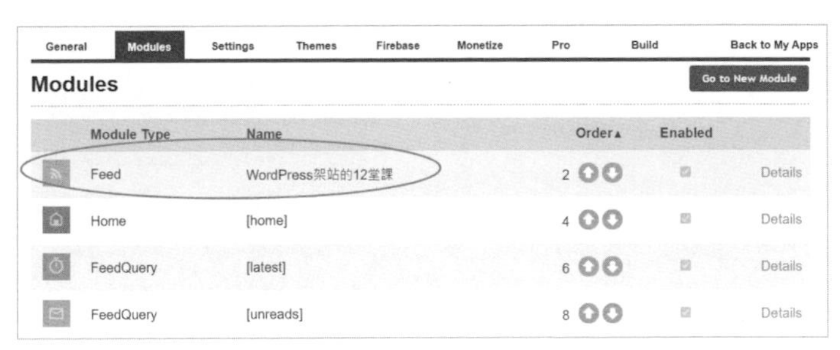

圖 8-4-11 新增「WordPress 架站的 12 堂課」模組之後的樣子

按下來還有 Setting 可以設定，在這裡需要調整的就是語系以及佈景主題，是要使用淺色的還是暗色系的，可以自行選擇。

全都檢查一遍沒有問題之後，接下來就可以建立 App 應用程式了。請點擊「Build」頁籤，會看到一個「Submit to Build」的按鈕，按下去就對了！

不需要太久的時間，建立好的 App 程式套件安裝檔就會使用電子郵件附件的方式寄到自己的電子郵件信箱中，如圖 8-4-14 所示。

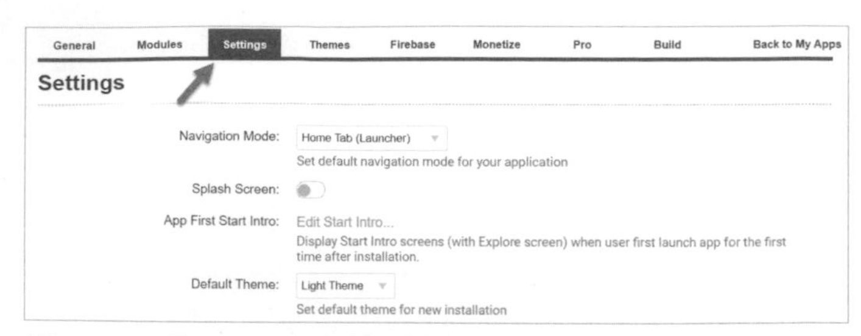

圖 8-4-12「Settings」的設定頁面

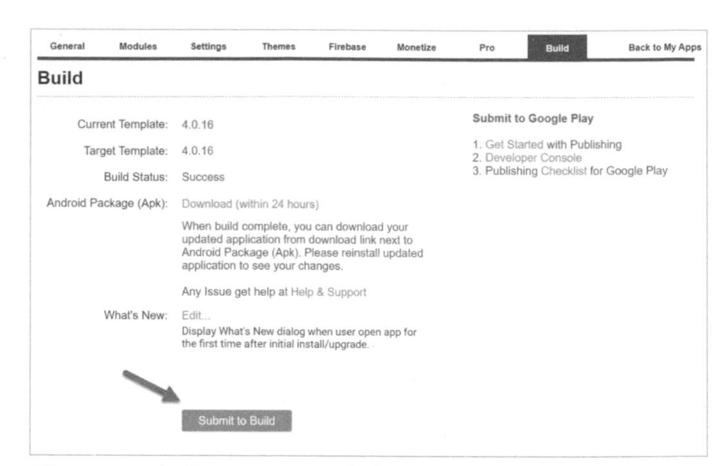

圖 8-4-13 在「Build」頁面中建立 App 了

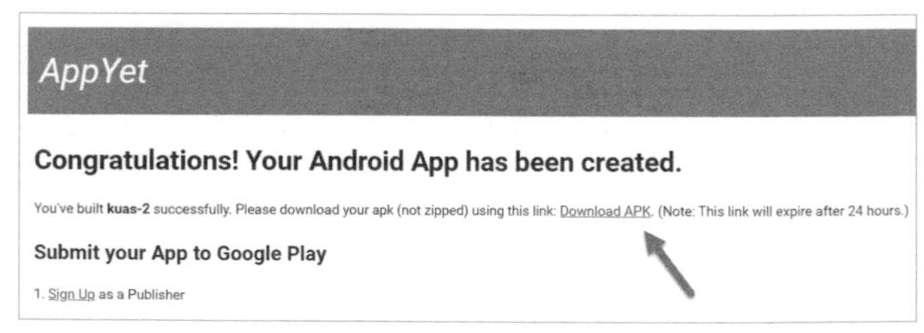

圖 8-4-14 我們的網站 App 會被以電子郵件的方式寄送

那如何安裝呢？很簡單，這時候把你的手機拿出來收信就可以。如圖 8-4-15 所示。

請直接點選「Download APK」這個連結，大部份的手機就會進入下載檔案的程序，先詢問你是否確定要下載這個檔案，如圖 8-4-16 所示。

請選擇「下載」這個按鈕，在選用 File Commander 之後，下載完畢之後就可以看到這個檔案的名稱。在請此檔案上按一下即可。下載完畢之後，有些手機會直接詢問是否安裝，有一些則要到上方的訊息列中找出下載完成的檔案再重新點選一下才會有如圖 8-4-16 所示，詢問是否安裝的對話訊息。

由於此程式不是從 Play 商店來的，所以作業系統會有一些安全的防護程序會進行詢問，有些手機要安裝之前還需要去開啟允許安裝第三方 APP 的功能。以三星的 Galaxy A71 為例，它會先詢問如圖 8-4-18 所示的問題。

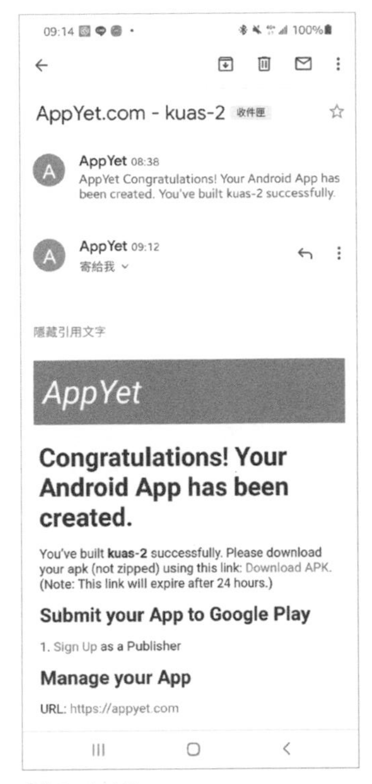

圖 8-4-15
用手機收電子郵件的畫面擷圖

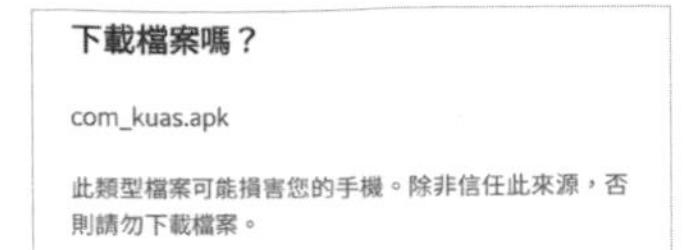

圖 8-4-16
手機作業系統詢問是否要下載程式

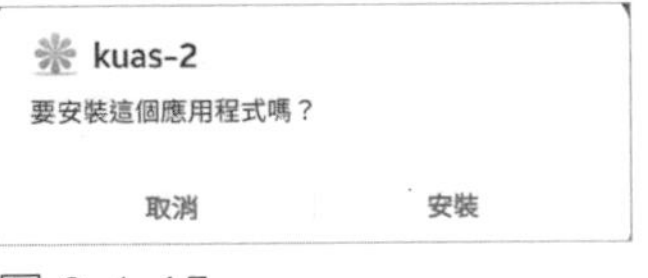

圖 8-4-17
詢問是否執行安裝作業

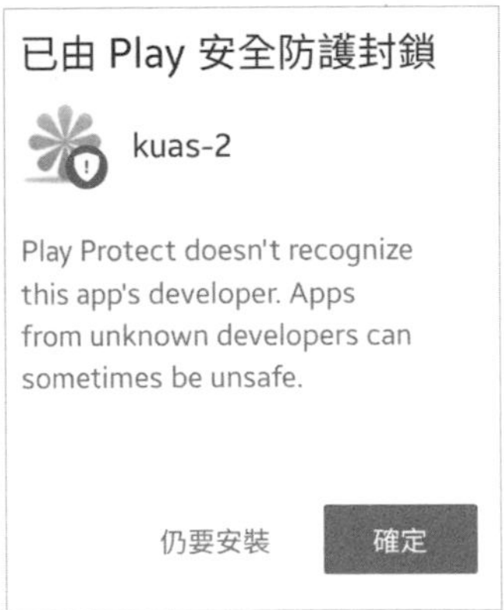

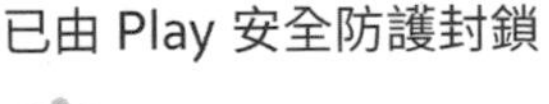

kuas-2

Play Protect doesn't recognize this app's developer. Apps from unknown developers can sometimes be unsafe.

仍要安裝 確定

圖 8-4-18
詢問是否要安裝此程式

在圖 8-4-18 中請回答「仍要安裝」，即會出現如圖 8-4-19 所示的問題，詢問是否把此應用程式送交安全掃描，請回答「不傳送」即可。

接下來進行安裝程序，安裝完成之後，即會出現如圖 8-4-19 所示的畫面，告知 APP 已安裝完成。

完成之後，當然是選擇開啟，一進入之後馬上可以看到「一篇新文章」的提示，如圖 8-4-21 所示。

點選其中的一篇文章，看起來的樣子如圖 8-4-22 所示。

要將應用程式送交掃描嗎？

kuas-2

Play 安全防護未曾檢查過這個應用程式。為了保護您和其他使用者的安全，請將這個應用程式傳送到 Play 安全防護進行安全性掃描。

☐ 一律傳送不明應用程式

你可以前往 Play 安全防護設定變更這項設定

不傳送　傳送

圖 8-4-19
詢問是否要把程式送交安全掃描

kuas-2
已安裝應用程式。
完成　開啟

圖 8-4-20 安裝完成的畫面

圖 8-4-21
新安裝完成的 App 主程式畫面

圖 8-4-22
在 APP 中閱讀部落格文章的介面

整個操作的過程就好像是在瀏覽我們的網站一般，但是多加了一些 APP 操作的元素，不用受限於手機上的網路瀏覽器的通用功能，閱讀的體驗會比直接瀏覽網站還要好。

這時候回到 AppYet 的主畫面，就可以看到我們的 App 已經在列表中呈現。

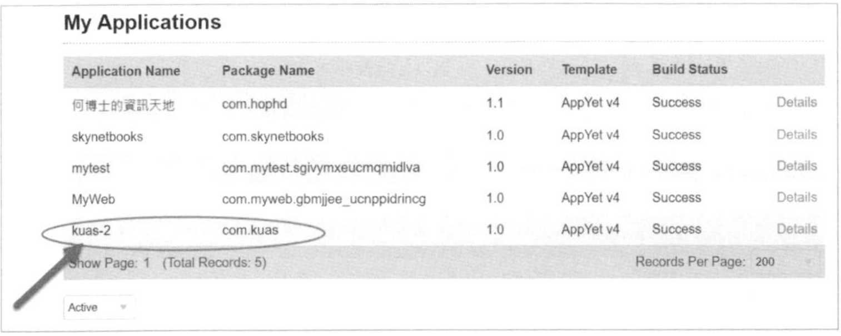

My Applications

Application Name	Package Name	Version	Template	Build Status	
何博士的資訊天地	com.hophd	1.1	AppYet v4	Success	Details
skynetbooks	com.skynetbooks	1.0	AppYet v4	Success	Details
mytest	com.mytest.sgivymxeucmqmidlva	1.0	AppYet v4	Success	Details
MyWeb	com.myweb.gbmjjee_ucnppidrincg	1.0	AppYet v4	Success	Details
kuas-2	com.kuas	1.0	AppYet v4	Success	Details

Show Page: 1 (Total Records: 5) Records Per Page: 200

Active

圖 8-4-23 AppYet 的 App 列表頁面

經過以上的設定操作，你的網站馬上變成為 Android 手機上的一支 App，以後你的文章都可以在此 App 中被呈現出來，此外，只要你的網站有新增了任何的文章，此 App 還會在手機的左上角主動通知，提醒閱讀文章，非常方便。而要把這個 App 給別人安裝，只要把剛剛的那封郵件轉寄給要安裝此 App 的對象可以，或者是把檔案放在自己的部落格上提供網友下載也沒問題。

此外，就像是我們在本章一開始提到過的，以此方式完成的 App 也可以上架到 Google Play 上，有興趣的朋友可以自己試試看。

09

搜尋引擎最佳化｜網站經營的必修課

基本概論

網域申請

安裝架設

基本管理

外掛佈景

人流金流

社群參與

9.1 什麼是 SEO？為什麼 SEO 重要？如何學？

9.2 SEO 的原則：如何提升網站人氣

9.3 幫助你 SEO 的工具

9.1 什麼是 SEO？為什麼 SEO 重要？如何學？

SEO = 搜尋引擎最佳化

SEO 是「Search Engine Optimization」（搜尋引擎最佳化）或「Search Engine Optimizer」（搜尋引擎最佳化服務商）的縮寫。簡單來講，就是提升網站在搜尋結果中的排名，增加網站來客數。

圖 9-1-1

為什麼 SEO 重要？

如果你沒有注意到 SEO 的要點，網站有可能因此被搜尋引擎降低權重，甚至因為設定沒有調整好而導致尋引擎放棄檢索你的網站。反之，如果你的網站在搜尋引擎中排名越高，訪客流量越有機會隨之正向上升，不管你是透過網站營利、收取廣告費或是純粹想要因為你的教學文章讓世界變得更美好，都需要有訪客來支撐整個網站，好的網站內容背後也要有得宜的 SEO 設定才能讓網站的經營事半功倍。

而搜尋引擎 Google 也寫明「做好 SEO：為你的網站進行最佳化處理」，可協助 Google 瞭解你網站的內容。這些資訊有助於我們為搜尋者（你的潛在客戶）提供符合需求的結果。

許多商店服務或是網站想要在搜尋引擎曝光，不外乎就是透過關鍵字廣告來增加人氣，當你做好自己網站特定關鍵字的 SEO，每年絕對能省下一筆可觀的廣告費用，而且比起廣告，搜尋引擎中的搜尋結果更容易為網站帶來訪客人氣。有些幫忙 SEO 的公

司會強調，他們擁有搜尋引擎優先提交權或者是與搜尋引擎合作，這些也都是廣告詐術，沒有人可以保證能在搜尋引擎上排名第一。

以搜尋引擎龍頭 Google 為例，他們從不提供優先收錄某某網站的待遇。事實上，將網站地圖直接提交至 Google 或是等待 Google 自行收錄，而且提交網站地圖的事，你可以自行操作，完全不需任何費用。除此之外，還有一些聲稱能將你的網站提交至上千個搜尋引擎的 SEO 商。這些通常只是空口說白話，並不會改變你在主要搜尋引擎結果中的排名（至少不會是你想像中的正面效益，甚至帶來負面的效果）。你聽過的搜尋引擎從不出售搜尋結果的排名名次，搜尋引擎的廣告一般都標示的很清楚，而且與搜尋結果分在不同欄位。如果你有付費請別人幫你進行 SEO 的話，請務必詢問你要合作的 SEO 商：你的業務或服務對客戶而言有哪些特點和價值？你的客戶為哪些對象？你的事業透過哪些方式營利？搜尋結果可以提供什麼協助？你目前使用哪些其他廣告管道？等等問題。

學習 SEO 資源

而這邊提供當你想要更了解 SEO 時可以參考的公正或是真正有用不會害到你之資源，而主要的工具都會集中在由淺入深與 Google 相關的 SEO 技巧教學，一來是因為 Google 為全世界最主要的搜尋引擎龍頭，二來是 Google 官方推出了非常多的 SEO 教學，從簡單易懂的指南，到給進階開發者閱讀的 SEO 文件，應有盡有，故將資源推薦給你：

Google 搜尋中心（https://developers.google.com/search/docs）

圖 9-1-2

Google 搜尋中心可以幫助你瞭解網站在 Google 搜尋中的樣貌，並且儘可能提升網站的搜尋結果排名。而在這個網站中，Google 提供了不同程度（基本概念、初級搜尋引擎最佳化、進階搜尋引擎最佳化）的說明，告訴你如何讓 Google 更容易檢索你的網站。而且裡面的內容全部都是正體中文所撰寫而成，比起筆者天花亂墜講一大堆好上許多，也讓你不用白花冤枉錢。

其中位於「初級搜尋引擎最佳化」中的「搜尋引擎最佳化 (SEO) 入門指南」，筆者認為是所有想要入門 SEO 技術必讀的文章，簡單而實用，是學習 SEO 很好的基礎教材。

圖 9-1-3

而在「最新消息」中，跟搜尋相關的最新消息都會最先發表在此處，例如行動優先索引、網站管理員改版成搜尋中心等等。此網誌內容很多都會被其他知名行銷及 SEO 網站引用，當你看到 Google 有什麼新政策時，強烈建議先來此處閱讀 Google 的官方說法。

圖 9-1-4

Google 數位學程（https://bit.ly/3eFQ4Kf）

圖 9-1-5

截至截稿以前，Google 數位學程共推出了 13 堂有關於數位行銷的課程，相較於上一個 Google 搜尋中心內的教學，更為簡單，但我認為也非常適合作為入門課程來學習，可以簡單而廣的理解數位行銷到底是怎麼一回事，並且應用於 SEO 當中，推薦可以上完「數位行銷基礎知識完整版」，除了課程完全免費還能得到 Google 的認證，一定程度也能增加履歷豐富度等，相信只要把上述及「搜尋引擎最佳化 (SEO) 入門指南」內容理解完畢，就能對於 SEO 有良好的基礎。

Google 搜尋中心 YouTube 頻道（https://www.youtube.com/c/GoogleSearchCentral）

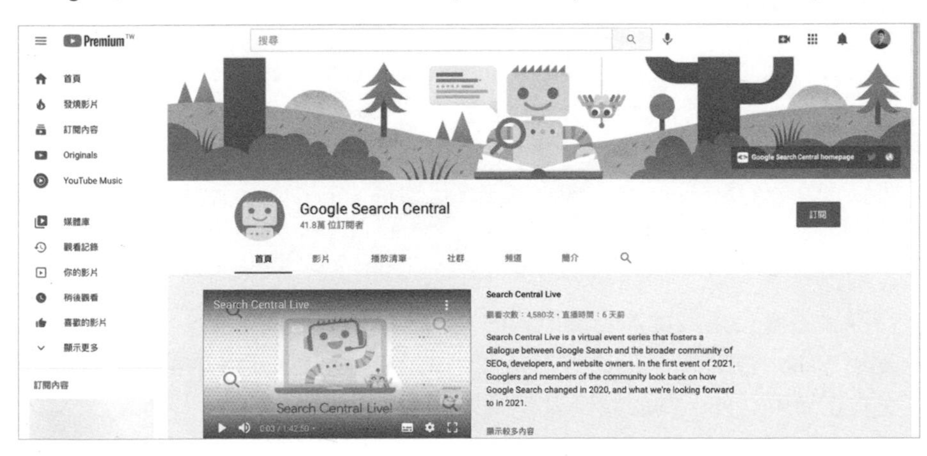

圖 9-1-6

觀看 Google 搜尋的官方 YouTube 影片，瞭解如何改善網站在 Google 搜尋中的呈現方式。頻道內有不同系列不同角度 Google 對於 SEO 的看法，裡面內容多數為英文，以及較深入的主題，大家可以視自己程度進行學習。

百度搜尋資源平台（https://ziyuan.baidu.com/）

圖 9-1-7

如果你有心在中國搜尋引擎中展露頭角，研讀這裡面所有的文章應該也會收到不錯的效果，可以參考上方「搜尋學院」中的熱門內容先下手，一般熱門文章都是大家比較常遇到的問題，有需要的讀者，可以多加利用百度搜尋引擎搜尋資料。

Bing - 網站管理員工具（https://www.bing.com/webmasters/about）

圖 9-1-8

現在的 Yahoo 搜尋，搜尋結果其實都是由微軟的 Bing 搜尋引擎所提供的，所以要鎖定特定年齡層及愛用 Yahoo 搜尋結果的訪客，這個網站內的資料就變得很重要。不過，除了該工具頁面有正體中文外，其餘說明只有英文文件可供參考。

將 WordPress 網站新增至到 Google Search Console

上面介紹了一些線上資源幫助大家瞭解 SEO，而相信大多數人都會想加快 Google 收錄你網站的速度，那你需要做的就是把 WordPress 網站的地圖提交到 Google Search Console。

什麼是 Google Search Console 呢？

Google Search Console 是 Google 提供給站長們的免費網站管理工具，Search Console 的工具和報告可協助你衡量網站的 Google 搜尋流量和成效、修正問題，並讓你的網站從眾多 Google 搜尋結果中脫穎而出。

新架設的網站可以用 Google Search Console 提交網站地圖（Sitemap，一種能讓搜尋引擎更方便索引你網站的頁面），加速網站內容被 Google 搜尋引擎收錄的速度。除此之外它也能針對網站進行基本的 SEO 錯誤偵測，並反應給網站站長，避免錯誤影響搜尋結果排名，且還提供關鍵字排名追蹤功能，例如：總點擊次數、平均點擊率、平均關鍵字排名等，可方便網站進一步 SEO 最佳化。雖然此提交步驟並非必要，照樣可以待 Google 自動收錄你的網站，但 Google 的爬蟲機器人無法即時更新，所以建議新網站還是由此提交網站地圖，還能得到 Google 的 SEO 建議。

使用教學

首先進入「Google Search Console」（https://search.google.com/search-console/），按下「立即開始」。

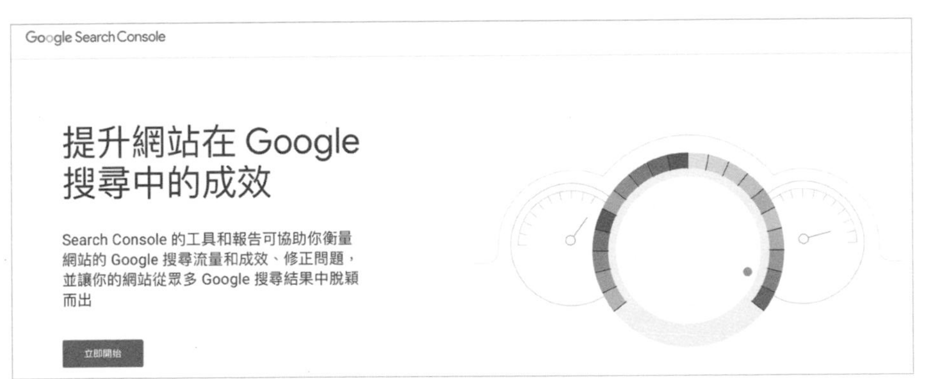

圖 9-1-9

登入帳號後輸入你的網站網址，使用「網址前置字元」比較簡單。

圖 9-1-10

並選擇「HTML 標記」，將該代碼插入至佈景主題 <header> 中。

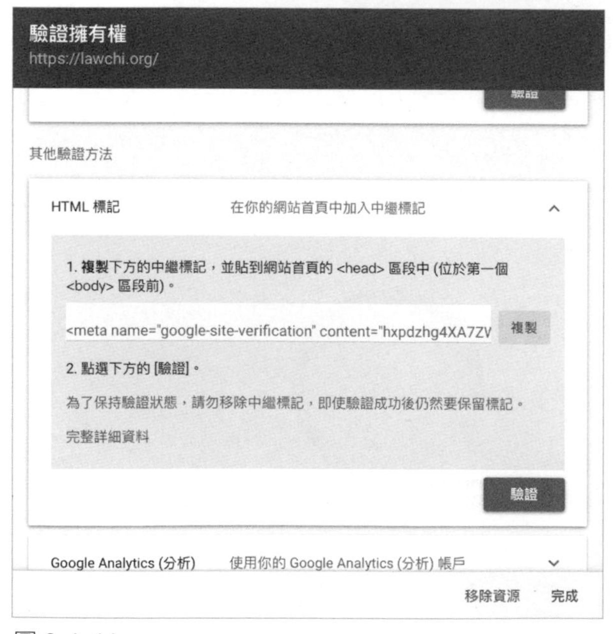

圖 9-1-11

如果不會插入，可以直接下載「Insert Headers and Footers 」或是「Head Meta Data」等外掛進行插入。

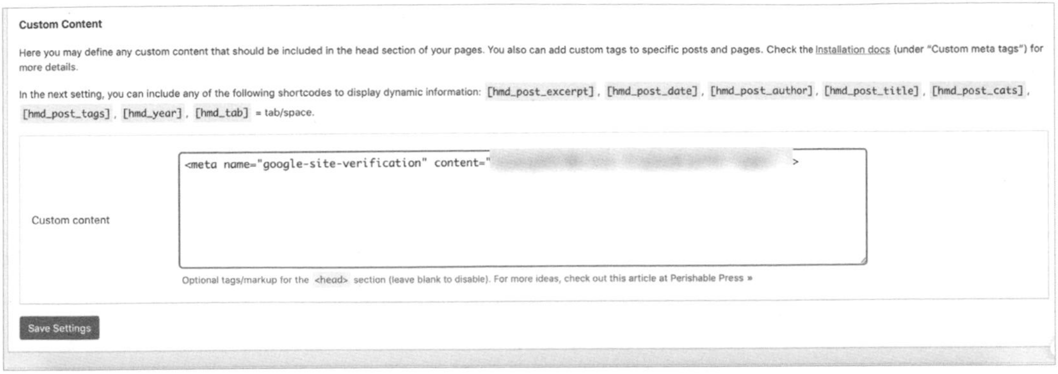

圖 9-1-12

插入完成後回到「Google Search Console」進行驗證，如果出現如下顯示「已驗證擁有權」的畫面代表完成，其他功能可以搭配上面提過的各種 Google 搜尋引擎教學資源自行玩玩看。

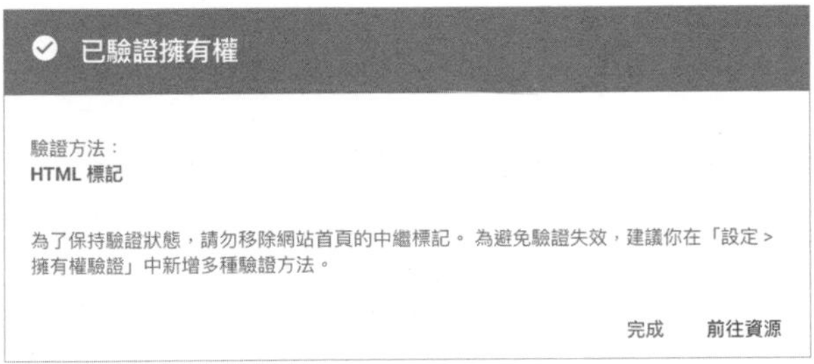

圖 9-1-13

提交網站地圖

接下來說明如何提交網站地圖給 Google。首先你要有一個 sitemap 頁面，基本上多數 SEO 外掛都有內建這個功能，如果沒有的話也可以單獨下載如「Google XML Sitemaps」等 WordPress 外掛。這裡以「Yoast SEO」舉例，進入「一般」>「特色」，往下拉可以看到「XML Sitemap 支援：XML Sitemap 啟用 Yoast SEO 產生的 XML 網站地圖」。記得開啟此功能，並且按下「查看 XML sitemap」。

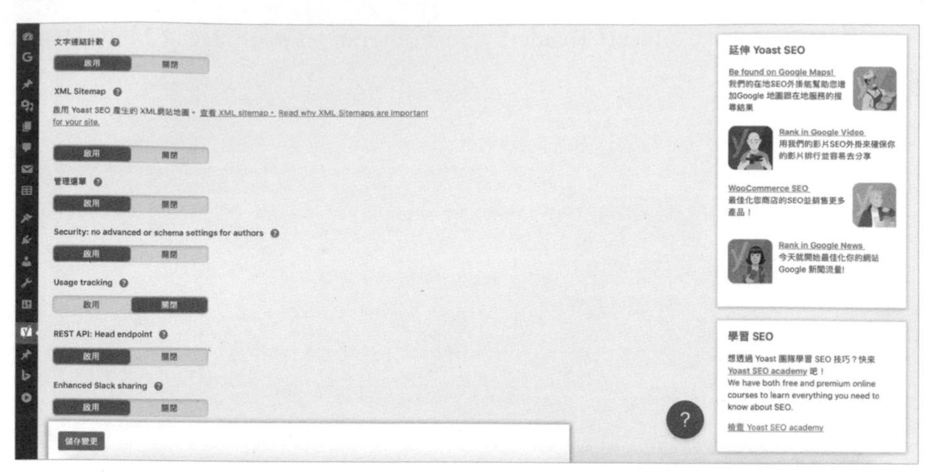

圖 9-1-14

之後就會看到你的網站地圖，將該地圖網址複製起來。

XML Sitemap

Generated by **YoastSEO**, this is an XML Sitemap, meant for consumption by search engines.

You can find more information about XML sitemaps on **sitemaps.org**.

This XML Sitemap Index file contains 3 sitemaps.

Sitemap	Last Modified
https://lawchi.org/post-sitemap.xml	2021-03-07 00:28 +00:00
https://lawchi.org/page-sitemap.xml	2021-03-06 20:35 +00:00
https://lawchi.org/category-sitemap.xml	2021-03-07 00:28 +00:00

圖 9-1-15

回到「Google Search Console」之後將地圖網址提交，提交後狀態不一定會馬上顯示成功，但確實已經進入 Google 的處理流程，大功告成！

Google Search Console　檢查「https://lawchi.org/」中的任何網址

https://lawchi.org/

Sitemap

概述
成效
網址審查
索引
涵蓋範圍
Sitemap
移除網址
強化
網站使用體驗核心指標
行動裝置可用性
AMP

新增 Sitemap

https://lawchi.org/ 輸入 Sitemap 網址　提交

已提交的 Sitemap

Sitemap	類型	已送出	上次讀取時間	狀態	已找到的網址數
/sitemap_index.xml	Sitemap 索引	2021年3月7日	2021年3月7日	成功	0

每頁列數：10　1-1 列，共 1 列

圖 9-1-16

如何檢測 SEO 成效？

這邊向讀者介紹的工具可以用來衡量一定的 SEO 成效（或者是說網站速度等等），但還是要提醒大家，其實分析出來的項目都屬技術層面，不一定會影響訪客，而真正重要的還是內容及其是否能解決訪客問題，所以不用執著一定要拿滿分（大型網站也不會滿分）。

Google PageSpeed Insights
https://developers.google.com/speed/pagespeed/insights/

Google PageSpeed Insights 能幫你檢測網站的速度如何，以及如何改善網站問題，進而提升網站的速度，而網站速度的最佳化是對於 SEO 最基本的要求，因為這將影響轉換率、訪客的用戶體驗，也都會影響 SEO 的結果。而目前 Google 為最大搜尋引擎，其推出的工具十分簡單易用，也告訴我們該如何改進。

圖 9-1-15

將你的網址貼在檢測框中，按下「分析」

之後就會得到一個分數，該分數分為手機版以及電腦版，分別有不同分數以及建議可供參考。

圖 9-1-18

Web.Dev

https://web.dev

這也是 Google 的網站檢測平台。WEB.DEV 主要是針對網站的四大指標：效能、無障礙、最佳化、SEO 進行檢測。檢測完畢後，一樣會為網站進行評分，並提出相關的改善建議報告，這個評分更廣，但網站無正體中文版本，且在效能分數並沒有區分電腦及手機版，但多了其他三項分數，也非常值得一用！

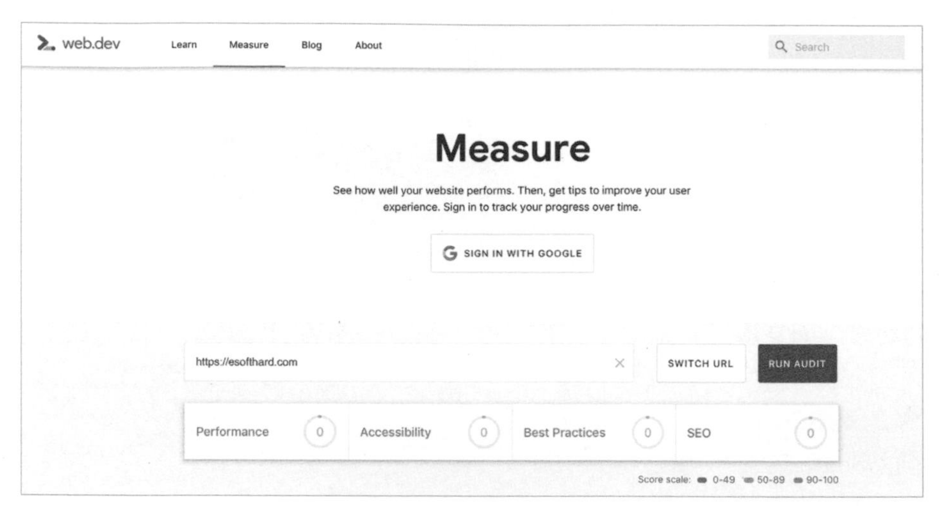

圖 9-1-19

輸入網址並按下「RUN AUDIT」之後，會在四大指標之下列出評分結果以及改善建議。

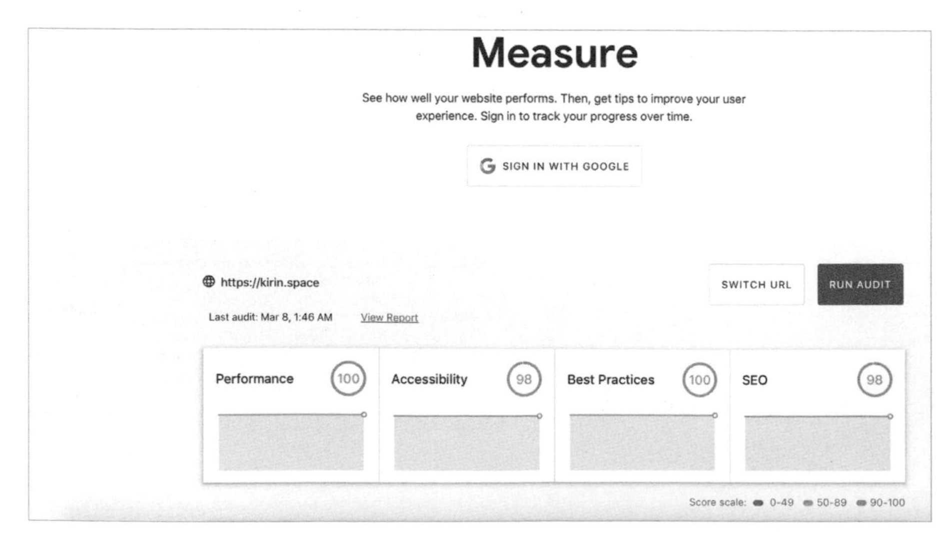

圖 9-1-20

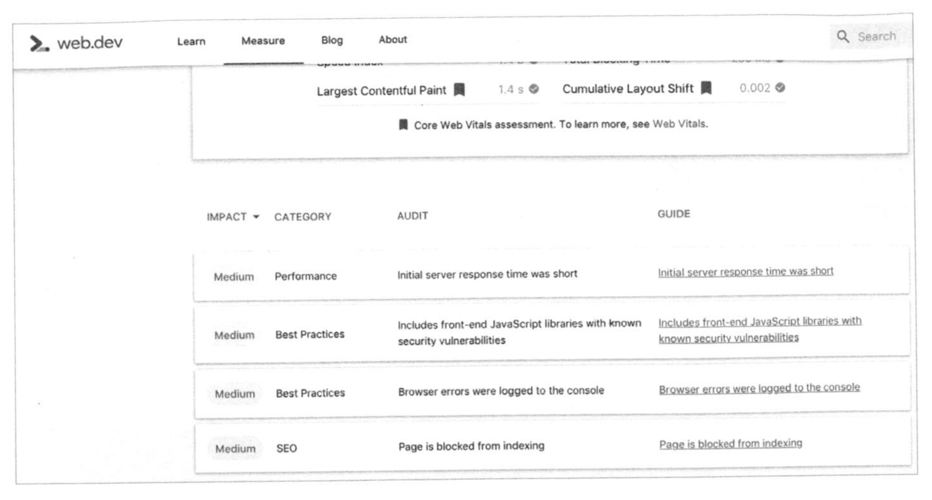

圖 9-1-21

按下「View Report」檢視詳細報告，並多按照指示修改。

圖 9-1-22

安全瀏覽網站狀態 - Google Transparency Report
https://transparencyreport.google.com/safe-browsing/search

Google 安全瀏覽是 Google 提供的阻止列表服務，可提供包含惡意軟體或網路釣魚內容的網址列表，一旦系統偵測到不安全的網站，就會在 Google 搜尋和瀏覽器中顯示警告，透過這個網站可以確保你的網站沒有被變成釣魚網站等等，因為一旦出現問題，在搜尋引擎上是根本不可能出現了！甚至瀏覽器都會直接阻擋你的網站（也可以用 https://www.urlvoid.com 來查詢更多其他網頁安全檢測的結果）。除此之外，這個工具下方也會看到 Google 是在什麼時候查詢你的網站，這個速度也可以看出來 Google 多久去你的網站一次，盡量維持更新才能讓搜尋引擎更記得你。

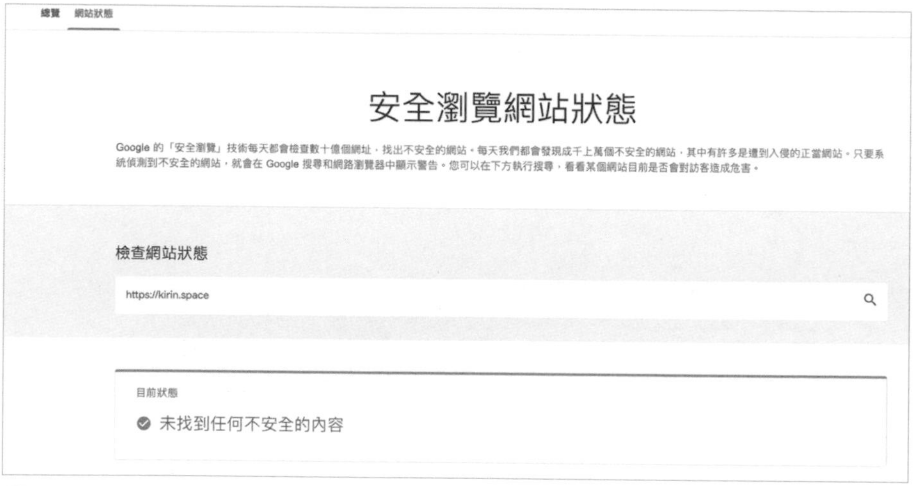

圖 9-1-23

9.2 SEO 的原則：如何提升網站人氣

知道了什麼是 SEO 以後，大家都想趕快為自己的網站進行 SEO 吧！這邊就提供一些有效的方法來讓大家當參考使用，為什麼是參考呢？因為其實沒有人能確定搜尋引擎搜什麼看什麼，而網路的方法也都是人想出來並經過實測後，確實有些成效。而雖然各家搜尋引擎沒有清楚明白的一一條列出他們的搜尋引擎是如何收錄各類網站，這邊提供一些關於 SEO 的觀念釐清以及規劃，我想在搜尋引擎的結果上面應該也是多少有點成果的，大家不妨試試看。

事前規劃是 SEO 關鍵

你的網站在發表文章之前最好就對網站的定位以及風格有所認知，例如你網站是要用來發表原創小說、運動評論、美容美妝或是資訊類網站，當你在建立網站之初就該定位完成，不然你偶爾寫寫小說，偶爾講一下政治，三不五時評論籃球比賽，不時還要拍拍美食，這樣網站看似多元，實則會讓讀者覺得這個網站內容太過雜亂，就算你樣樣精通，專攻一樣來寫也可增加讀者對於你專業領域的信任，而如果你真的要寫不同類型的文章，建議你可以分別發布在不同平台（意思是可以架兩個網站分別寫不同類型的內容）。

至於經營網站的宗旨絕對就是持續的寫出新的內容，但靈感不可能源源不絕，總是會有江郎才盡的時候，而以下簡述內容發想方式，供讀者於發想文章時參考。

- 心智圖：心智圖思考模式能讓你的文章更全面，也能記錄下自己現有的靈感再做延伸，且這種思考模式如果常常執行的話，其實也有助於自己未來的思考模式的擴展。
- Google 搜尋：透過 Google 搜尋跳出的推薦結果，其實可以發現現在的趨勢是什麼，這也有助於靈感的產生以及文章走向參考。
- 與他人交流：最後一個就是多與人討論，可以按照你的網站主題，與相關人士多討論，不論是業界狀態或是最新消息等等，都能對你文章產出有新的靈感。以筆者為例，像是筆者撰寫 WordPress 書籍時參與了 WordPress 小聚（最後一個章節有講解這是什麼，簡單來說是 WordPress 愛用者聚會），就在其中得到了許多寫作靈感。

至於取網站名稱也不可馬虎，一開始在取網站名稱時，不要抱持著「隨便啦！以後再改」或是「之後再改也沒差」的心態，假如你用了舊的網站名稱在許多地方留下名打廣告，或是搜尋引擎所收錄的頁面，都是收錄舊的名稱，之後一做修改，就會有非常多地方等待更新，可謂牽一髮動全身。另外像是圖片的部分也是我們要考慮的地方，假如你拍了美美的風景照或是教學過程中的截圖，是否會想要在圖片上面加上自己網站的浮水印資訊以防小人盜用呢？如果有這方面的需求那就規劃好從一開始就要在照片中加上浮水印，不然沒規劃好貿然執行只會增加自己的麻煩。

不要因為別人的錯誤害到你

假如看到一個東西錯誤百出，你一定懶得繼續看下去，同樣地，搜尋引擎不喜歡佈景主題中有錯誤語法的網站，網站佈景主題錯誤愈多，對 SEO 愈不利，我們不會太專業的網站語言，那要如何檢測佈景中有多少錯誤呢？以下提供的是制定 HTML 語法機構 W3C 所提供的語法檢查服務，你只要輸入網站網址，開始檢測後一陣子就會出現結果，現在的 HTML 語法越來越多人使用 HTML5，所以你也可以選擇是要檢測 HTML4 還是 HTML5，當然這邊也要提醒大家，不要因為檢測出有一些語法錯誤就停用該佈景，筆者自己用的佈景也會出現一些小錯誤，很少看到完美無缺的佈景，如果自製佈景或有能力修改的人，也能透過這項服務提供的錯誤資訊，來進行編輯與修改。如果你的網站符合 W3C 的標準，不但網站速度會提升，自己維護起來也更加方便：

The W3C Markup Validation Service
https://validator.w3.org/

使用說明：

進入 W3C 驗證網站語法網址，除了有透過網址來檢測語法問題之外，還能透過上傳 html 檔等方式來進行驗證，一般比較常用的就是預設方法，在「Address:」後方輸入你要驗證的網址。

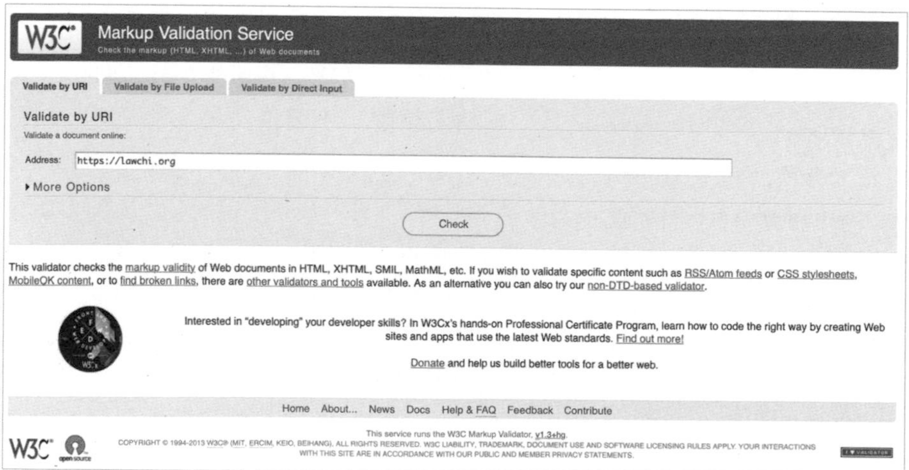

圖 9-2-1 在「Address:」後方輸入你要驗證的網址

下方還有滿多細項可以修改驗證，像是預設網站編碼以及網頁語法都會自動偵測，你也可以自行修改，像是「Character Encoding」是修改編碼，「Document Type」則是用來設定不同的網頁語法。

▾More Options

Character Encoding (detect automatically) Only if missing

Document Type (detect automatically) Only if missing

List Messages Sequentially　Group Error Messages by Type

Show Source　Clean up Markup with HTML-Tidy

Show Outline　Validate error pages　Verbose Output

Check

圖 9-2-2 可根據需求設定不同的驗證選項

檢測結果出爐，可以看到 WordPress 預設的佈景主題幾乎沒有任何錯誤，你也可以測測一些知名網站。一般來說，這些網站的錯誤都相當少。

Nu Html Checker

This tool is an ongoing experiment in better HTML checking, and its behavior remains subject to change

Showing results for https://lawchi.org/

Checker Input

Show source outline image report Options...

Check by address

https://lawchi.org/

Check

Use the Message Filtering button below to display options for hiding/showing particular messages, and to see total counts of errors and warnings.

Message Filtering

1. Error **A charset attribute on a meta element found after the first 1024 bytes.**
At line 44, column 84
charset="utf-8"> <meta name

2. Error **A document must not include more than one meta element with a charset attribute.**
From line 44, column 64; to line 44, column 85
27.0" /> <meta charset="utf-8"> <me

3. Warning **The banner role is unnecessary for element header.**
From line 70, column 1; to line 70, column 87
內容</a> <header id="masthead" class="site-header has-title-and-tagline has-menu" role="banner">

圖 9-2-3 顯示檢測結果

而另外一種他人的錯誤則是外部連結的部分，先感謝一下由於我們使用的是 WordPress，會自動將錯誤頁面重新導向至 404.php 這個頁面，將訪客留在網站中，但當你的網站有其他網站的外部連結時，要注意連到別人的網址是否沒輸入正確、或是該網站連結已經失效，請定期檢查把這種連結從網站移除，錯誤無效的連結會降低網站評分，而如果網站經營久了，外部連結也多了，無效連結當然也會隨之增多，這時候就很難一一檢查修復無效連結，可以透過後面介紹外掛 Broken Link Checker 來代勞，使用教學就請大家翻到後面參閱囉！

發表文章的 SEO 關鍵

- **文章標題的訂定：**文章標題可以說是影響 SEO 非常非常非常重要的關鍵，因為在搜尋引擎收錄只會看到內文簡述加上一個標題，讀者一定先會看標題來決定是否點擊進來閱讀裡面的內容，沒有一個好標題陪襯，內容再好也是枉然，設定標題不建議太浮誇，像是「XXX 震驚了 70 億人」、「一生必看的 XX 種 XX」這種標題大家相信都已經看膩了，當然網站標題也不要太死硬，像是「IG 照片下載」，多數人可能會比較喜歡像是「如何下載 IG 照片？」「三步驟輕鬆下載 IG 照片」，總之研究一個不管怎樣能讓讀者點進連結閱讀你網站內容的標題，你就已經先成功一半了。
- **文章字數的多寡：**寫一篇文章字數最好控制在 1000 字上下，每篇字數大致維持在一定數量上讓讀者在閱讀時也比較不會有吃力的感覺，因為現代人比較常看字數相對少的社群媒體，像是 Facebook 貼文、Line 貼圖等等，所以遇到太多字的文章都會有想跳過的念頭，如果你的內容字數要不少才能完整描述出來，建議將文章分為上下篇的方式或是其他有換頁功能的方式來替代，就如同小說上下冊的概念一樣，只要互相在兩篇文章中加入另一篇的連結網址，讀者依舊能快速閱讀完文章又比較不會有字數上面的障礙。前面說到的是字數多的狀況，字數少一樣也會有問題，如果你的網站文章都只有兩三行，說不定讀者也只會在你的網站停留兩三秒，所以盡量充實自己的網站文章內容，以筆者的資訊教學類網站為例，可以多寫詳細一點的步驟或是使用心得，一方面讓大家更了解內容，另一方面也能避免字數過少的問題。
- **定期更新文章：**網站需要更新才能持續吸引讀者閱讀你的文章，假設你兩個月前寫了一篇文章，讀者可能一開始過幾天就會再來造訪你的網站，當讀者發現你都一直沒有更新的話，勢必會逐漸拉長造訪你網站的頻率，從兩三個禮拜、甚至到幾個月，最後就是忘了你的網站或是被其他同類型網站取代，反觀如果你能很規律的幾天就發一篇文章，網友們一定會定時來看看今天這個網站有要帶給我們什麼樣的好東西，而搜尋引擎機器人也會將你的網站權重提升，另外，就算你某天文思泉湧、振筆疾書寫出了非常多篇的文章，這時候請別著

急將所有文章一股腦兒全部在同一時間發表出來，請善用 WordPress 文章排程的功能，能將文章依你的設定自動在特定時間將文章 PO 出來，當你在度假時，讀者可能還以為你在認真發文呢！

WordPress 內的 SEO

WordPress 是對於 SEO 很方便，並幫助你在沒有經驗的情況下有一個良好的基礎。WordPress 的優點是讓那些沒有經驗的人，甚至是那些不把自己歸類為技術人員的人都能輕鬆地使用它，但你需要明白，選擇了 WordPress 不能代替一個好的 SEO 策略，唯有付出努力，你仍然需要寫出優秀的內容，並確保你的網站經過良好的最佳化，沒有網站錯誤等技術問題，你的網站才能在 Google 上獲得好的搜尋結果。

以下提供一些概要性的小技巧，讓你在 WordPress 上進行 SEO 的入門，但 SEO 畢竟是一門專業的技巧，本書的內容絕對不是全部，如果有興趣的讀者仍要自行多鑽研！

選擇可靠的主機供應商

需確保你的網站是由一個可靠的主機商所管理著，因為網站速度、正常運行時間和安全性都是你仔細考慮將使用誰作為主機的關鍵原因。

網站速度對你的 WordPress 網站的 SEO 有直接的影響，不佳的正常運行時間和安全漏洞都會導致網站品質問題，不要被誘惑去選擇一些看似超便宜的主機商選項，因為你更有可能因網站速度問題而影響 SEO。

而選擇主機商的原則，以新手來說建議就是找網路上越多心得分享、牌子越大的主機商做選擇，而本書也與戰國策主機商合作，能讓讀者免費使用主機，所以在這個方面無須擔心。

安裝有利於 SEO 的 WordPress 佈景主題

當你第一次安裝 WordPress 時，你肯定會看到 WordPress 預設的「Twenty Twenty-One」佈景主題，但是多數人一定會想更換成其他佈景主題，而如前面章節所述，有數以千計的免費佈景主題可以直接從控制台下載，但你仍需要仔細選擇主題，否則你可能會使用到一個對 SEO 不友善的佈景主題。

雖然許多佈景主題網站都會說自己的佈景是有利於 SEO 的，但許多佈景會有很多笨重而不常用的功能，這些將降低你網站的效能。而在安裝一個佈景主題之前，可以透過 Google 的 web.dev 工具輸入該主題的 Demo 網站，以了解其潛在的效能和 SEO 問題。

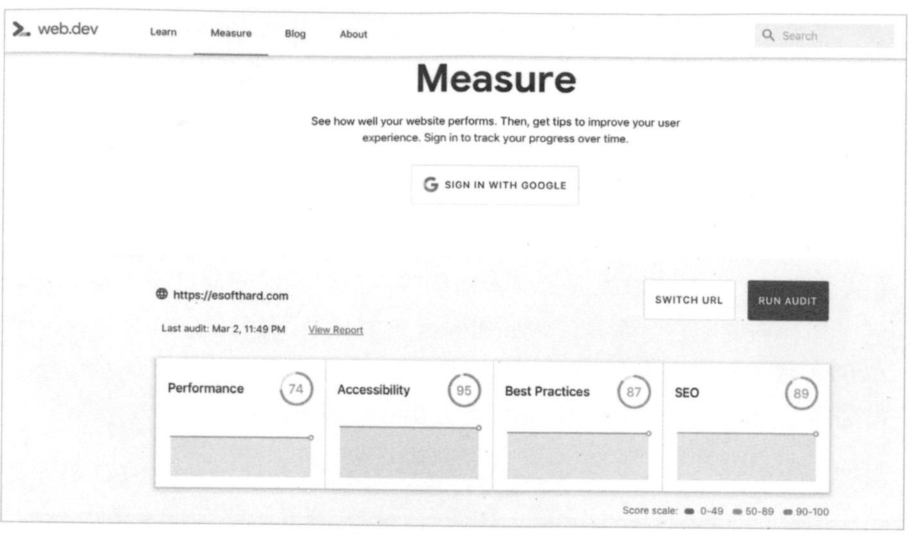

圖 9-2-4 透過 Web.dev 測試你想要選的主題，能避免它拖你的後腿。

安裝免費的 WordPress SEO 外掛程式

當你開始最佳化你的網站時，你會需要一個 SEO 外掛來讓你更容易做好 SEO，幸運的是，WordPress 有眾多優秀的 SEO 外掛可以供你選擇，而後面工具部分會介紹 All-in-One SEO，除此之外，還有 Yoast SEO、Rank Math、SEOPress 或 The SEO Framework 大家可以做使用，這些外掛都有免費的功能，筆者認為免費版即可做好基本的 SEO。

設定你確定要使用的域名

無論你選擇你要以域名 https://domain.com 或是 https://www.domain.com，都不會對你的 SEO 產生影響，但需要確保你的網站只使用一個網域來進行連線，因為此兩種網域會被 Google 認為是不同的網址。

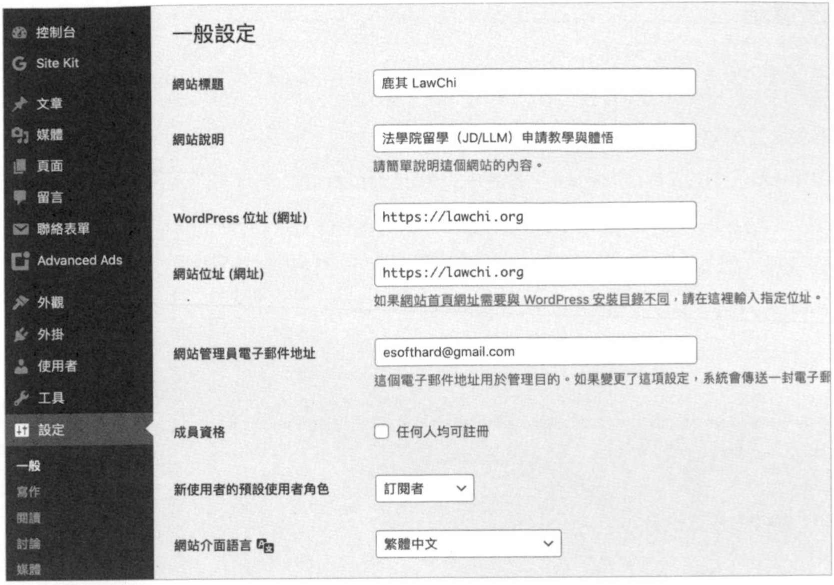

控制台
Site Kit
文章
媒體
頁面
留言
聯絡表單
Advanced Ads
外觀
外掛
使用者
工具
設定
一般
寫作
閱讀
討論
媒體

一般設定
網站標題　鹿其 LawChi
網站說明　法學院留學（JD/LLM）申請教學與體悟
請簡單說明這個網站的內容。
WordPress 位址 (網址)　https://lawchi.org
網站位址 (網址)　https://lawchi.org
如果網站首頁網址需要與 WordPress 安裝目錄不同，請在這裡輸入指定位址。
網站管理員電子郵件地址　esofthard@gmail.com
這個電子郵件地址用於管理目的。如果變更了這項設定，系統會傳送一封電子郵
成員資格　任何人均可註冊
新使用者的預設使用者角色　訂閱者
網站介面語言　繁體中文

圖 9-2-5
「設定 > 一般」，此處可以設定網站位置

確認你網站的「搜尋引擎可見度」設定

WordPress 可以設定是否要讓網站被搜尋引擎搜尋到，這個選項通常是開發人員在網站開發過程中使用，避免網站在頁面和內容不完整時被搜尋引擎索引。

而許多人在勾選這個選項之後就忘記取消掉了，所以你需要做的是進到「設定 > 閱讀 > 搜尋引擎可見度」，並把「阻擋搜尋引擎索引這個網站」取消勾選。

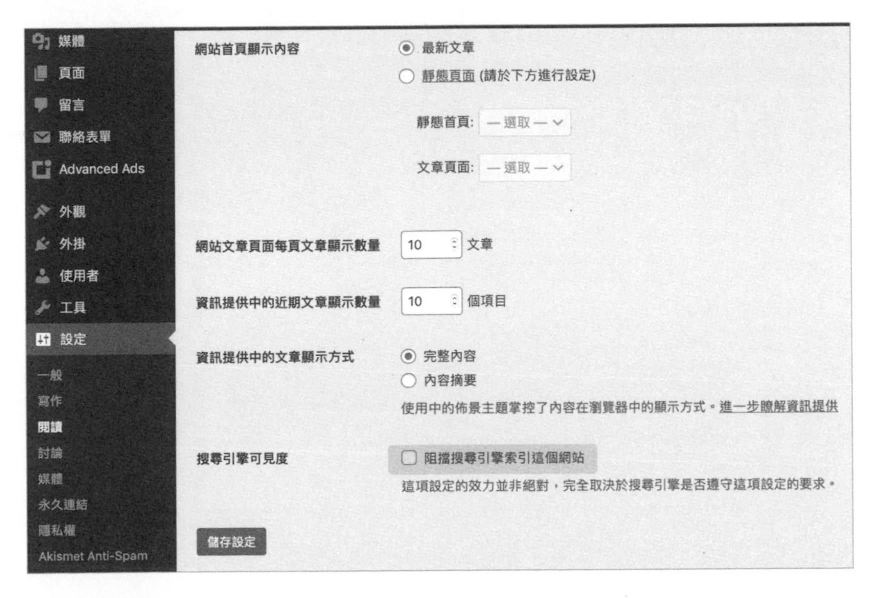

圖 9-2-6
取消勾選「阻擋搜尋引擎索引這個網站」

啟用有利 SEO 的永久連結

WordPress 為你提供了許多不同的永久連結結構選項，你需要確保使用最有利於 SEO 的選項。

預設情況下，WordPress 使用這樣的連結：https://domain.com/?p=123。這些連結不利於搜尋引擎最佳化，且訪問者也不能直觀的了解文章的內容。好在你可以選擇一個自訂連結結構，你可以到「設定 > 永久連結」裡進行設定，對於大多數網站來說，建議使用「%postname%」作為你的永久連結，這樣能在網址中顯示你的文章標題。

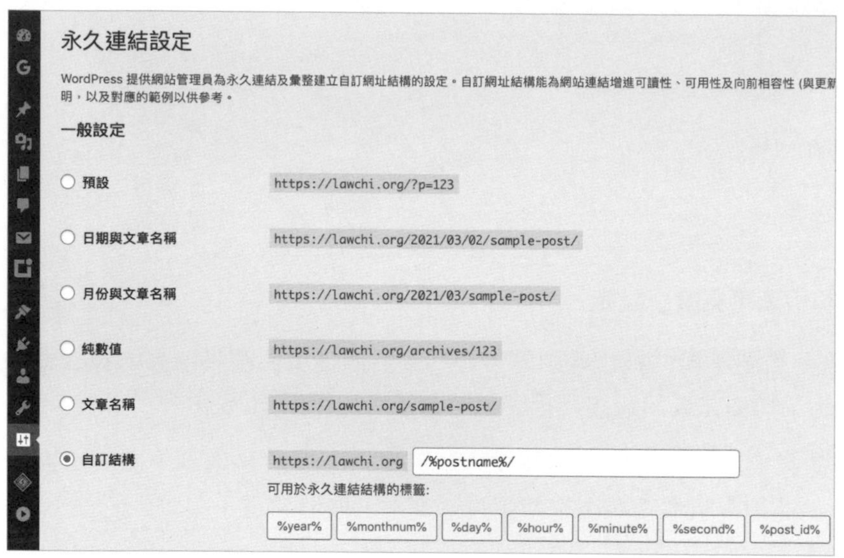

圖 9-2-7「設定 > 永久連結」

9.3 幫助你 SEO 的工具

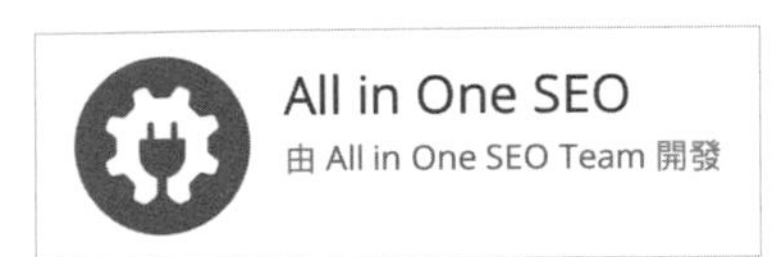

外掛網址：https：//tw.wordpress.org/plugins/all-in-one-seo-pack/
作者：Michael Torbert（http：//semperfiwebdesign.com/）

簡介：前面已經介紹過一些 SEO 的相關資訊，而 All in One SEO Pack 算是一個非常容易上手的 SEO 懶人外掛，其實安裝啟用後幾乎不用多做什麼設定，採用預設值也能達到 SEO 搜尋引擎優化的效果，加上現在已經有完整的中文介面，這個外掛由於此懶人特性，所以目前有超過 200 萬的安裝次數，而他也從原本的 SEO 優化到後來加入的社群功能、網站地圖功能，這些功能都能在設定中開啟，而當你在發文的時候，下方也會有 SEO 選項可供填寫，讓你自訂這篇文章的簡述，雖然說這個外掛不太需要設定，但如果你能好好研究相信也能設定出更符合你需求的 SEO 設置。

使用教學：

安裝完成啟用成功後，該外掛會自動跳轉到安裝嚮導，進入外掛設定後，其實你幾乎不用動到什麼設定，除非你有其他特殊需求。

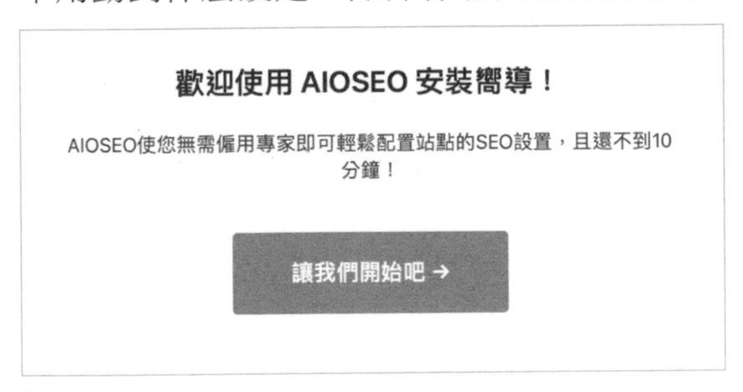

圖 9-3-1

之後就依照指示選擇符合網站的設定（雖然中文翻譯的有點掉漆 ...），像是網站是什麼類型、社群平台網址、以及要啟用什麼 SEO 功能（可以把三個免費的功能都勾選起來）等等，最後兩步驟分別是訂閱他們的電子報以及貼上他們的付費金鑰，可以選擇跳過。

圖 9-3-2 選擇網站類型

完成設定後回到 AIO SEO 的控制台，如果想要對剛剛的設定進行更改，都可以從左邊側邊欄裡的子選項中進行設定，而控制台也能看到你目前的 SEO 分數。

圖 9-3-3

發表文章 SEO 設定

當你在發表文章時，拉到內容框下方就會看到「All in One SEO Pack」設定選項。

進入文章編輯頁面之後你也可以自己自訂文章的標題、描述等等，這裡的自訂結果只會影響在搜尋引擎的搜尋結果上，實際看文章是不會有影響的。「預覽代碼片段」功能則能預覽搜尋引擎呈現你網站文章的搜尋結果。

圖 9-3-4

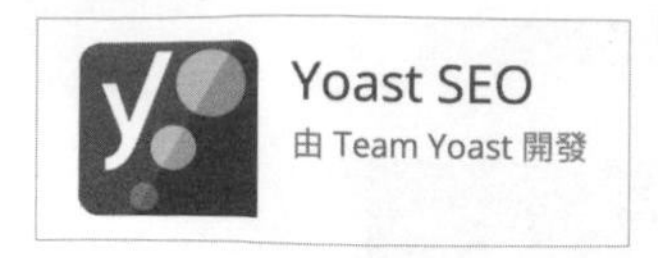

https：//tw.wordpress.org/plugins/wordpress-seo/
作者：Team Yoast（https：//yoast.com）

簡介：「Yoast SEO」是 WordPress 最有名的 SEO 外掛，目前已經累積超過 500 萬次的安裝，並且擁有比剛剛介紹 AIO SEO 還要好的正體中文介面，而且擁有非常好的 SEO 效果，功能上十分完整，故被大家所推崇，但要提醒大家的是，一個網站只需要一個 SEO 外掛，所以這個 Yoast SEO 與上述 AIO SEO 請擇一使用即可。

使用教學：

安裝啟用 Yoast SEO 之後，進入控制台後，可以看到上面提示進入「設定精靈」。

該設定精靈會請你選擇你的網站類型、標題設定、網站是否多作者等等，問題都十分好懂，所以可以按照自己網站真實情況作設定。

圖 9-3-5 設定精靈

而按照設定精靈指示設定完成後，其實基本的設定都已經差不多了，以下就細項需注意的地方提醒讀者。

首先是「搜尋外觀」>「內容類型」，在這個地方的「Meta 描述」貼上「%%excerpt%%」，系統會自己轉成「內容摘要」，也就是系統會自己抓文章的前幾個字當成 Meta 描述預設值，而選單內無該選項，所以請讀者自行貼上上述「%%excerpt%%」。

圖 9-3-6「Meta 描述」貼上「%%xcerpt%%」，系統會自己轉成「內容摘要」

而「媒體」選項中的「將附件網址轉址到附件本身？」，請記得設定為「是」，避免 Google 認為你的網站在產生大量垃圾網頁。

圖 9-3-7「將附件網址轉址到附件本身？」，請記得設定為「是」

再來就是發文時，拉到下方會看到「Yoast SEO」的選項，這裡記得發文前要修改一下「Meta 描述」。而目前 Google 手機版結果顯示的 Title / Meta 描述字數比桌機版多，再加上手機用戶眾多，建議以手機版為重點去設定，然後重點放前面，約寫 1.5 行即可。

圖 9-3-8 Meta 描述大約寫 1.5 行即可

外掛網址：https：//tw.wordpress.org/plugins/pushpress/

作者：Joseph Scott & Automattic

簡介：這個外掛能讓網站加入一種名叫 WebSub（先前稱 PubSubHubbub）的協定，讓各搜尋引擎更快收錄你發表的新文章，此外這個外掛安裝啟用後，也無須任何的設定，就能達成效果，又是一款佛系的外掛，這個外掛四位開發者其中一位還是 WordPress 的母公司 Automattic，所以我認為這也算一款必裝的 SEO 外掛。

使用教學：

只要找到這款外掛安裝啟用後即可生效。

外掛網址：https：//tw.wordpress.org/plugins/broken-link-checker/
作者：WPMU DEV（https：//premium.wpmudev.org/）

簡介：在前面有提到，搜尋引擎不喜歡錯誤的連結，透過 Broken Link Checker，你能在控制台讓外掛自動幫你檢查網站每個地方（迴響也可以喔）的連結是否正確，也能設定定期檢查網站內的所有連結，介面也是正體中文，使用起來無難度，而檢查的範圍不只是網址而已，也能檢查像是 YouTube 連結等等，但要注意這個外掛在檢查網址時會耗相對比較多資源，可以在進階設定中設定一個資源上限，到達該設定值即停止檢查連結。

使用教學：

安裝啟用完外掛後，進到「設定」裡的「連結檢查程式」就是此外掛的設定頁面，本身這個外掛已經有正體中文介面，大家使用起來應該沒有太大的問題。一點進去在「狀態」欄位可以看到你網站裡面有多少個失效連結，如果顯示「沒有找到失效的連結。」就恭喜你，你的網站裡並沒有找到任何失效連結，而如果有失效連結則會顯示「找到〔　〕個中斷的連結」。另外也可以設定多久檢查一次網站內的連結並啟用通知功能，當找到新的失效連結時用電子郵件通知你。

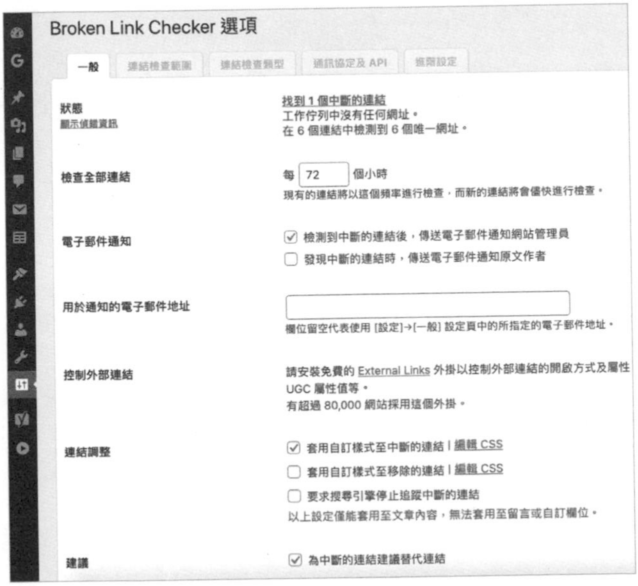

圖 9-3-9

點擊剛剛的『找到〔 〕個中斷的連結』就能跳轉到「工具」內的「中斷的連結」選項，對失效連結進行編輯、刪除或者手動判定該連結為失效，以及顯示該連結出現的來源。

圖 9-3-10

回到「設定」裡的「連結檢查程式」還能對外掛更進一步的設定，像是「連結檢查範圍」則能控制失效連結檢查的範圍。

「連結檢查類型」則可以設定要檢查哪些類型的連結，還能設定排除特定連結。

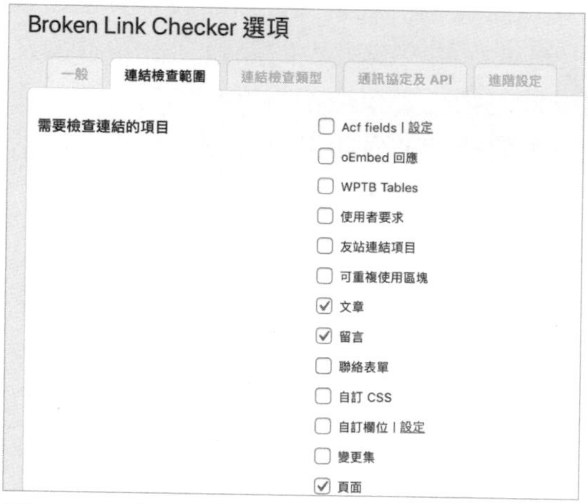

Broken Link Checker 選項

一般 | 連結檢查範圍 | 連結檢查類型 | 通訊協定及 API | 進階設定

需要檢查連結的項目

- [ ] Acf fields | 設定
- [ ] oEmbed 回應
- [ ] WPTB Tables
- [ ] 使用者要求
- [ ] 友站連結項目
- [ ] 可重複使用區塊
- [x] 文章
- [x] 留言
- [ ] 聯絡表單
- [ ] 自訂 CSS
- [ ] 自訂欄位 | 設定
- [ ] 變更集
- [x] 頁面

圖 9-3-11「連結檢查範圍」能控制失效連結檢查的範圍

「進階設定」中則能設定像是連結需要多久時間未回應會被標示為無效，「強制重新檢查」功能使外掛重新檢查整個網站所有連結等等。

外掛網址：https：//tw.wordpress.org/plugins/amp/

作者：AMP Project Contributors（https：//github.com/ampproject/amp-wp/graphs/contributors）

簡介：這個 Automattic 官方外掛可以為 WordPress 網站上啟用加速行動版網頁（Accelerated Mobile Pages，簡稱 AMP）。這個外掛由 WordPress 官方及 Google 共同開發，能為 WordPress 網站整合開源 AMP 專案所提供的速度及功能。外掛啟用後，便會動態為網站上所有文章產生一份 AMP 相容版本的內容，並且可以直接透過在文章網址結尾處加上 /amp/ 加以檢視。如果你尚未設定自訂之永久連結，可以透過在文章網址結尾加上 ?amp=1 達成同一目的。

AMP 是？

簡單來說能讓讀者透過 Google 搜尋引擎點擊網站時能更快速載入，並最佳化在 SEO 上的表現。然而很多人的裝置網速，因國家而有很大差異，Google 又要如何讓網頁瞬間就開好呢？

Google 作法是要大家提供一個精簡版的網頁，限制網頁的語法，只能留最基本的，捨棄內容以外的東西。這就是所謂的 AMP 專案。

使用教學：

這個外掛不用額外設定太多其他東西，首先可以進入設定精靈開始設定。之後選擇你的技術程度，我這裡選擇下方的意思代表我只想要簡單設定。

先選擇想要的模式（建議選擇閱讀器模式即可），而後選擇想要呈現在 AMP 中的佈景主題。

圖 9-3-12 選擇技術程度

之後基本上就設定完成囉！可以先到設定中的「可支援範本」裡面把頁面勾選起來，這樣頁面也能支援了。

進到寫文章部分，可以看到「啟用 AMP」，就代表已經設定完成了，如不想在這篇文章使用也可以關閉此選項。

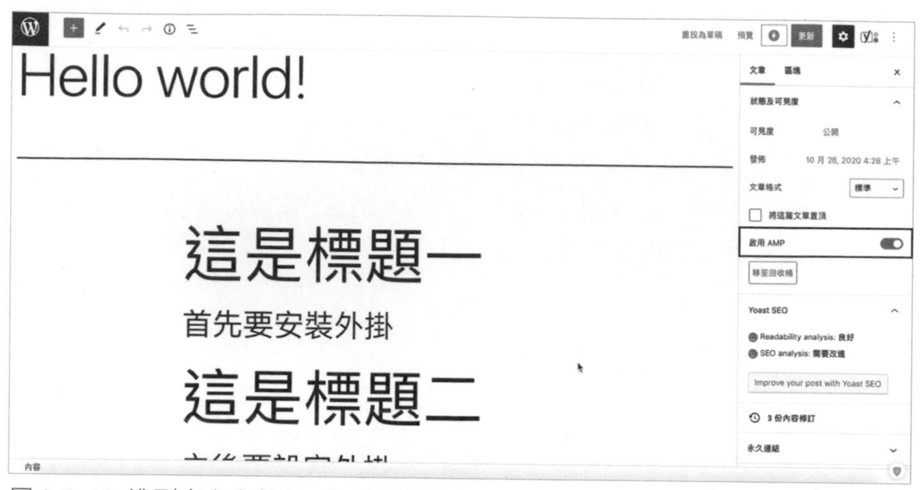

圖 9-3-13 進到寫文章部分，如果看到「啟用 AMP」，就代表已經設定完成了

如果想要驗證文章是否有啟用 AMP 且沒有錯誤，可以連上 The AMP Validator（https://validator.ampproject.org/）並貼上文章網址，如果檢測後下方寫 PASS 就代表沒問題囉！

圖 9-3-14 如果 Validation Status 是 PASS 就代表沒問題囉！

外掛網址：https：//tw.wordpress.org/plugins/bing-webmaster-tools/

作者：Bing Webmaster（https：//www.bing.com/webmaster）

簡介：Bing URL Submissions 外掛能為 WordPress 網站啟用自動提交網址至 Bing Index 的功能，為什麼要有這個外掛呢？因為 Yahoo 搜尋出的東西是採用 Bing 的搜尋結果，由於台灣部分使用者仍然愛用 Yahoo，所以此外掛也可以考慮安裝，外掛安裝完畢後，輸入從 Bing Webmaster portal 取得的 API 金鑰，外掛便能偵測 WordPress 網站的新增頁面及頁面更新，並在背景自動提交網址，讓網站在 Bing Index 處永遠是最新資料，這個官方外掛是 Bing 網站管理員工具團隊開發。

這個外掛具備以下功能：

- 開啟 / 關閉自動提交網址功能。
- 手動提交網址至 Bing Index。
- 檢視外掛最近提交的網址清單。
- 在最近提交網址的清單中，重新提交任何提交失敗的網址。
- 下載最近提交的網址以供後續分析。

使用教學：

安裝完後進入此外掛的設定頁面，會看到要求填入 API KEY，按下下方「Click here to know how to generate.」取得 API KEY。

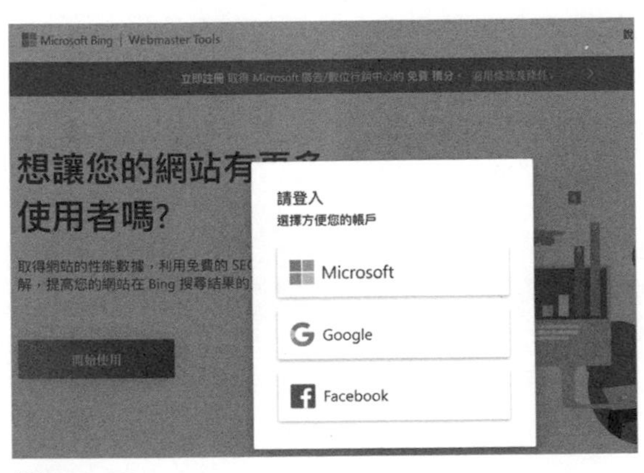

圖 9-3-15

連上「Bing Webmaster Tools」（https://www.bing.com/webmaster），登入帳號，這裡我選擇 Google 帳號登入。

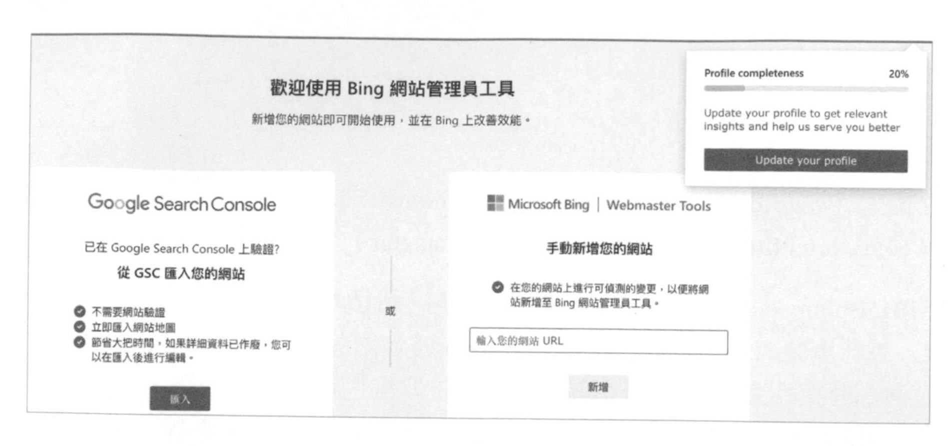

圖 9-3-16

登入後可以選擇從 Google Search Console 匯入網站資料，如果有設定的話可以選擇這裡匯入，必須授權 Bing 存取你的 Google 帳號。完成後會顯示「新增網站成功」。

之後點擊右上角的齒輪，找到「API 存取」裡面可以產生 API 金鑰，產生完後將此金鑰複製起來，回到剛剛 WordPress 網站中貼上金鑰處。

成功貼上金鑰並進入外掛，可以看到自動提交網址給 Bing 的功能已經打開，並且每日可以提交 10 個連結等等。

圖 9-3-17 點選右上角的齒輪

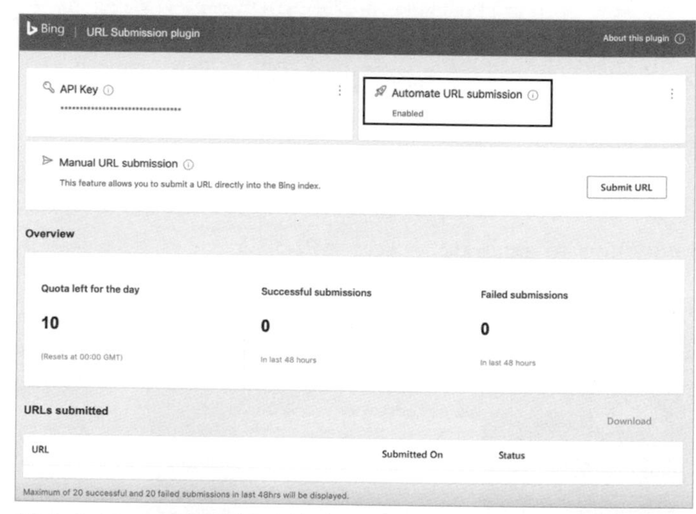

圖 9-3-18 自動提交網址的功能已經打開

10

WordPress 電商篇｜使用 WooCommerce

基本概論

網域申請

安裝架設

基本管理

外掛佈景

人流金流

社群參與

10.1 使用 WordPress 建立電子商店的基本觀念

10.2 WooCommerce 的安裝與設定

10.3 折價券設定與新增付款選項

10.4 設定運送方式與上架商品

10.5 WooCommerce 訂單處理流程

10.6 打造全功能電子商店

10.1 使用 WordPress 建立電子商店的基本觀念

在以前，WordPress 被定位為是一個部落格的管理系統，主要的功能就是讓站長們可以有一個在網路上建立定期貼文的地方。但是隨著外掛功能的不斷增加，WordPress 已經可以成為全方位的架站系統，幾乎是只要安裝了合適的外掛以及佈景主題，你可以透過 WordPress 建立大部份你想要的網站。當然，電子商店也是其中一個簡單且重要的應用。

只要透過適當的外掛，我們可以輕易地把 WordPress 變身成為電子商店。這是本章主要的教學重點。然而電子商店的方式有非常多種型式，不同的型式有其個別需要注意的事項，在實際建立你的網路商店開始販售商品之前，還是必需要有一些基本的認識與瞭解，以避免日後衍生出意料之外的問題。

要透過你的網站來販售商品或服務，以下是要考慮的因素：

- 是實體商品還是數位商品，或是個人服務？
- 有需要在網站上陳列這些商品嗎？
- 陳列商品的數量是多還是少？
- 提供客戶或網友何種付款方式？
- 在你的網站上需要保留客戶的哪些資料？

實體商品需要有實際的運送服務，運送的內容需不需要收取運費，如果消費者要退換貨，有沒有一個流程或條件做為參考的依據。相較而言，數位商品（諸如軟體、網站空間，電子書、影音版權檔案等等）就比較單純，但還是要考慮到付費之後的下載或設定等相關問題。個人或工作室的服務（如翻譯、諮詢、校稿、打字、網站 VIP 等等），如何順利建立相互信任的管道，也是要考慮的因素。

商品需要有一個陳列的網頁，還是只要透過部落格的型式以文章介紹的方式就好？需要有購物車的功能嗎？如果有購物車的話，那麼消費者要透過何種方式來付費給你？付費之後，有沒有一個自動化的結帳及出貨的機制？最後，也是最重要的，你需要在你的網站上保留客戶的哪些資料？這些資料會有資訊外洩所造成的資訊安全風險的疑慮嗎？

簡單地說，如果你只是單純地把你的網站當作是一個媒介的平台，可能是透過介紹某些導購商品（如聯盟行銷的商品）來獲得利潤，所有的交易行為以及客戶資料均是透過你的網站的連結轉向到被導購的網站，並在別人的網站上完成交易的所有過程，

也就是你只是一個介紹人的角色而已，那麼在網站安全性上就比較沒有那麼需要注意的地方，但是，如果你的網站中所陳列的商品或是服務都是屬於你自己的，當消費者在你的網站上購買了商品之後，它的購買記錄和消費資料都會被保留在你的網站中的話，想想看，如果你的網站遭到駭客入侵取走這些資料而造成客戶的財產損失，身為店長的你可能就要因此負擔一些責任，這是在資訊安全上一定要留意的地方。

所以，當做練習的網站，還不用考慮到這麼多，但如果你的網站要上線而且想要開始做些生意的話，還是建議購買並安裝 SSL 憑證，能夠讓使用者們覺得比較放心些。

在你的網站安裝 SSL 細節已超出本書的範圍，但是基本上的步驟大致如下：

1. 到網站上購買憑證（https://goto.buyname4.me/products/ssl）。
2. 使用自己的網址驗證，確為購買憑證的本人所擁有。
3. 在自己的網站主機中使用 openssl 功能產生一組 key。
4. 透過產生的 key，憑證商在完成驗證手續之後，亦會簽發一組 key 給我們下載。
5. 取得 key 之後，再完成網頁伺服器的設定即可使用（有些主機商可以直接在 cPanel 控制台中完成，而有一些則是要使用 VPS 主機才行）。
6. 回到 wordpress，設定相關參數。
7. 編輯 .htaccess，強制使用 https

完成以上的動作之後，你的網站就能夠使用購買來的憑證進行 https 的傳輸，讓電子商店的安全性多一層保障。

10.2 WooCommerce 的安裝與設定

要使用 WordPress 建立電子商店，最多人、也幾乎是中文環境的唯一選擇就是 WooCommerce 外掛。透過這個外掛，幾乎大部份的電子商店購物車功能均可以在你的 WordPress 網站中完成，而且，你原有的部落格文章內容以及閱讀型式一樣也可以保留，和我們原有的網站整合度非常高。因此，從這一節開始，我們就來教大家如何透過 WooCommerce 建立一個優質的電子商店網站。

首先，還是一樣到新增外掛功能區搜尋 WooCommerce，如圖 10-2-1 所示。啟用安裝數已經超過 5 百萬次，足見此外掛的受歡迎程度。點擊「立即安裝」按鈕。

圖 10-2-1 WooCommerce 外掛介紹

基本設定

安裝以及啟用之後，最新版的 WooCommerce 已有一個新式的介紹精靈引導我們對網站做初始化的電子商店安裝工作。如圖 10-2-2 所示。電子商店設定精靈的第一步是設定商店的地址，請填寫依自身需求填寫即可，填寫完畢之後請按下「繼續」按鈕，即進入下一步畫面。

圖 10-2-2 WooCommerce 電子商店安裝精靈

在圖 10-2-3 中根據你的商店類型選擇產業別，再按下繼續。

如圖 10-2-4 所示，在此畫面中可以設定商店販售的商品型態，現在新版的 WooCommerce 除了實體產品和下載次數這兩種型態之外，其餘種類的商品如需販售都需要另外收費才行，在此例我們只選擇前面兩種免費的型態作為示範。設定完畢之後請按下「繼續」按鈕進入下一步。

在圖 10-2-5 中請依自己的狀態簡易填寫即可，填寫完畢即可按下「繼續」按鈕完成電子商店的初始設定，前往佈景主題的選用畫面

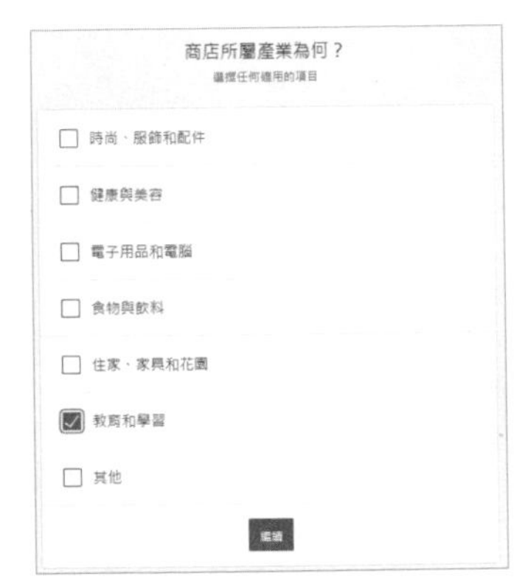

圖 10-2-3
設定商店所屬的產業別

圖 10-2-4
設定商店所要販售的商品型態

圖 10-2-5
業務資訊相關的調查畫面

在圖 10-2-6 中，可以選擇想要使用的佈景主題，也可以直接移到畫面的最下方，選擇跳過這一步。

圖 10-2-6 WooCommerce 推薦的佈景主題

圖 10-2-7 的服務，請直接點選「不，謝了」按鈕。

圖 10-2-7 選用是否使用 Shipping &Tax 的服務

完成之後，即可看到如圖 10-2-8 所示的畫面。按「下一步」按鈕，能夠瞭解 WooCommerce 有哪些特色。

圖 10-2-8 首次進入 WooCommerce 控制台的歡迎畫面

完成前述的導覽後，最終會回到如圖 10-2-9 所示的畫面，提醒管理者，此商店中還有哪些需要設定的部份。

圖 10-2-9 WooCommerce 控制台的提醒畫面

付款方式設定

設定付款的部份如圖 10-2-10 所示，預設可選用的三種方式，分別是 Paypal、貨到付款、以及銀行轉帳。其中，PayPal 的設定很簡單，但是你必需要先有一個 PayPal 帳號，準備好 PayPal 帳號之後，點選 PayPal 結帳設定。

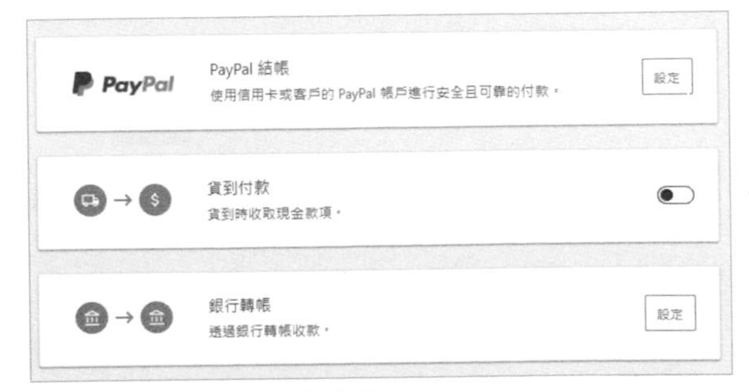

圖 10-2-10 付款設定畫面

如圖 10-2-11 所示為 PayPal 的設定頁面，系 統會先幫我們安裝 WooCommerce PayPal 外掛，只要按下「連結」按鈕，就可以連接你的 PayPal 付款進行設定。不過，PayPal 付款的部份，因為台灣法令限制之故，Paypal 已經停止國內帳號間的轉帳交易。因此，如果你的銷售對象以台灣人為主的話，PayPal 付款方式就派不上用場了。

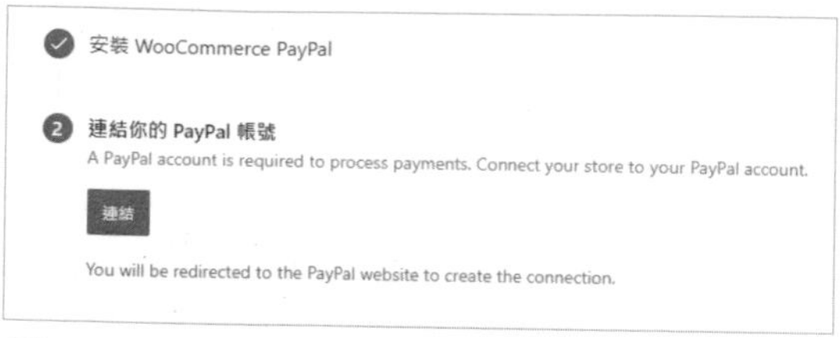

圖 10-2-11 PayPal 付款設定介面

至於貨到付款的部分很單純。它只是一個開關，預設是關閉的狀態，如果開啟的話，在結帳畫面中就會出現這個選項。當按下銀行轉帳的設定時，看到的是如圖 10-2-12 所示的銀行轉帳資訊畫面。銀行資訊請依需求填入即可。

圖 10-2-12 輸入銀行轉帳詳細資料的畫面

運費的設定畫面如圖 10-2-13 所示。這裡最重要的是一定要確定「世界其他地區」的開關狀態，如果你沒有將商品銷售到國外的計畫，建議關閉這個選項以免日後有爭議。

圖 10-2-13 運費的設定畫面

回到 WooCommerce 的首頁，如果不想再看到「完成設定」的提示訊息，請如圖 10-2-14 所示，點擊右上角的「隱藏此項目」選項，即會回到原有的 WooCommerce 控制台介面，如圖 10-2-15 所示。

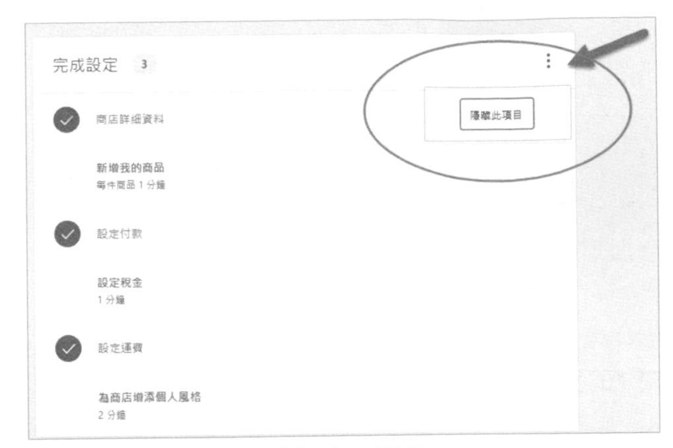

圖 10-2-14 隱藏「完成設定」提示

圖 10-2-15 WooCommerce 控制台介面

營運設定

WooCommerce 的控制台中有一些商店管理的快速連結，同時也提供目前商店營運的相關資訊以及最新消息等，其中如果有一些設定仍未完成（例如圖中所顯示的貨幣單為是歐元，就需要再加以更改），可以透過 WooCommerce 左側選單的「設定」選項，隨時回到商店設定的地方，點選之後的畫面如圖 10-2-16 所示。

圖 10-2-16 WooCommerce 的完整商店設定介面

在「一般」設定中，最重要的資訊除了商店的實體地址之外，下方的銷售地區一定要設定，以避免不必要的困擾。一般來說，我們都會強制設定指定的一些國家或地區。此外，是否使用稅率計算以及貨幣選項也要跟著調整，圖 10-2-17 是典型的設定值。

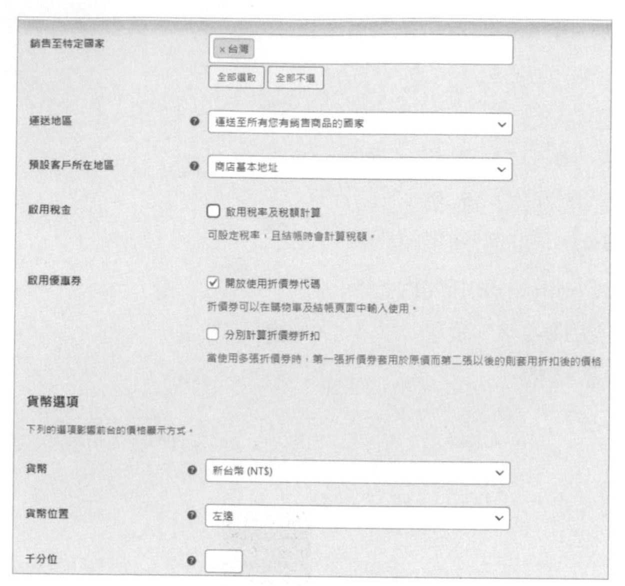

圖 10-2-17 設定銷售地區及使用幣別

「商店」的設定主要有三個，分別是「一般」、「庫存」、以及「可下載商品」等。其中，商店的設定部份如圖 10-2-18 所示。這裡主要是對於商品呈現行為以及購物車的出現時機進行設定，另外商品的預設單位以及是否開放使用者評論及評分等，可依需求加以設定。

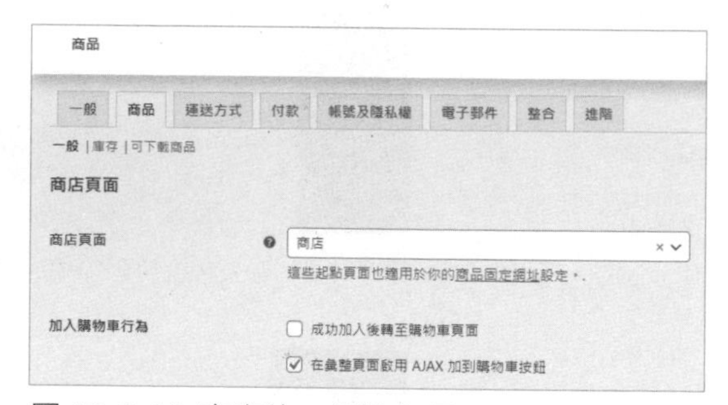

圖 10-2-18 商店的一般設定項目

庫存的設定如圖 10-2-19 所示，可在此設定是否需要開啟庫存管理機制，以及低庫存通知的電子郵件。如果是實體商品，就會有庫存管理的問題。透過臨界值的設定，WooCommerce 也可以協助我們做好庫存管理，以避免出現超賣，同時也可以在庫存不夠時通知店長（可以設定電子郵件帳號）趕快補貨。

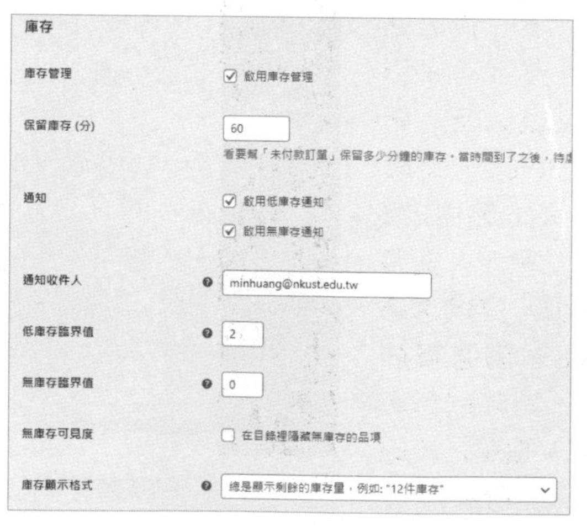

圖 10-2-19 庫存管理設定畫面

付款的設定部份，主畫面如圖 10-2-20 所示，因為我們之前已開啟了 PayPal 和貨到付款，所以可以看到這兩個項目是已開啟的狀態。本地的收款方式將會在下一節中介紹。

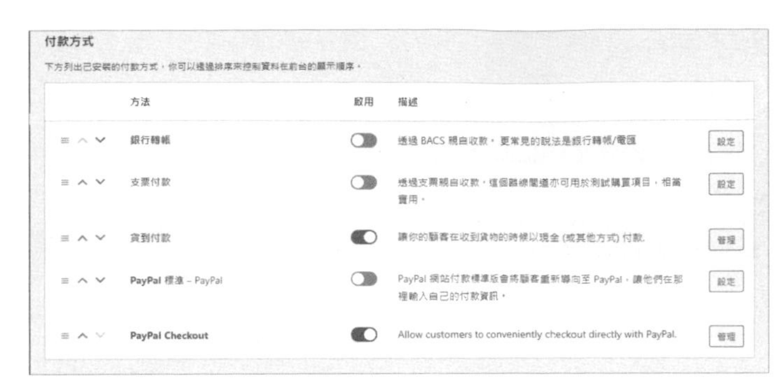

圖 10-2-20 付款的設定頁面

帳號及隱私權

在帳號及隱私權的設定中，其畫面如圖 10-2-21 所示。在此設定頁面中主要是關於使用者在結帳時所需要進行的作業，通常在結帳時都需要讓使用者在本商店中建立一個帳號，建立之帳號需要如何的處理，請依自身的需求進行設定。因為我們會在網站中儲存使用者的個人資訊，所以，也需要在隱私權政策中做一些文字上的宣告，讓使用者可以安心，也符合法規上的要求。

圖 10-2-21 帳號及隱私權的設定

電子郵件設定

一個電子商店的運作免不了會許多的電子郵件往返，每個步驟需要使用到的電子郵件內容，以及寄送通知的對象，都被放在如圖 10-2-22 所示的「電子郵件」設定頁面中。

圖 10-2-22 電子郵件的設定介面

在電子郵件設定介面中除了可以指定收件者之外，在每一個電子郵件後面請按下「管理」，即可看到如圖 10-2-23 所示的畫面。在電子郵件內容的管理介面中，可以充份地客製化此封電子郵件中所有的呈現型式和內容，對於專業的商店來說，寄給客戶一份值得信任的郵件，是決定能否成交與爭取客戶回購非常重要的因素之一。

圖 10-2-23 電子郵件內容的管理介面

設定至此，基本上你的電子商店已經可以順利地運作了，由於 WooCommerce 的中文化相當地完整，所以大部份的設定都可以自行調整試用，直到滿意為止。建議你在網站正式上線之前一定要多做測試，找出商店的購物流程邏輯，並檢視所有寄出的信件以及訊息是否正確美觀，該做的宣告以及品訊息是否都有。牽涉到金錢交易的地方還是不要怕麻煩，小心為上。

商品上架

為了開始測試商品的販售流程，此時請讀者前往左側的「商品」功能，第一次進入時會看到如圖 10-2-24 所示的畫面。

圖 10-2-24 首次建立商品的畫面

在按下「建立產品」按鈕之後即會出現如圖 10-2-25 所示的新增商品介面。基本上這就是一個標準的新增貼文的介面，只要依序填入商品名稱、基本的描述內容、設定庫存、建立分類、設定商品標籤、上傳圖片再設定價錢等等，最後按下「發佈」按鈕，即可完成商品的上架。

圖 10-2-25 新增商品的介面

最後要補充說明的是，有許多人使用的虛擬主機或是利用自己的個人電腦建立的網站，其寄信功能並不完備，甚至有可能發生網站根本就無法寄出信件的情形，這時候透過第三方的電子郵件寄信服務是一個比較好的選擇，練習用的網站，也可以啟用 gmail 的外信郵件服務進行少量的測試。

10.3 折價券設定與新增付款選項

折價券設定

電子商店網站最重要的功能，當然是收款的部份。WooCommerce 已經幫我們做好了完整的購物車功能，我們要做的就是把設定的資料都填寫正確，讓消費者可以正確且順利的完成付款的動作。

在 WooCommerce 的設定功能中，「結帳」頁籤的內容就是設定用來付款方式的地方。在此頁籤中，結帳選項是可以整體設定，WooCommerce 預設支援銀行轉帳、支票、貨到付款以及 PayPal 等四種付款方式，我們還可以使用外掛的方式來讓它支援更多的種類（在本節末會介紹國內的歐付寶線上付款）。每一種都可以選擇是否要啟用，只有被啟用的付款方式才會出現在結帳的頁面選項中。

在預設的這四種付款方式當中，支票付款是美國以前流行的方式，在台灣並不適用，直接不要啟用該項目即可。貨到付款可以設定加計額外的費用，而 PayPal 則可以直接連結到出貨操作，讓消費者在付款完畢之後，如果是數位商品的話就可以馬上得到下載的連結網址以完成訂單。

在電子商店中經常會使用到的是電子折價券，在 WooCommerce 選單的「行銷」選單中有一個專屬的「折價券」設定頁面，如圖 10-3-1 所示。在電子商店中使用折價券的方式非常簡單，它就是一組由文字跟數字所組成的字串而已。請按下「建立第一張折價券」，即會出現如圖 10-3-2 所示的新增折價券之介面。

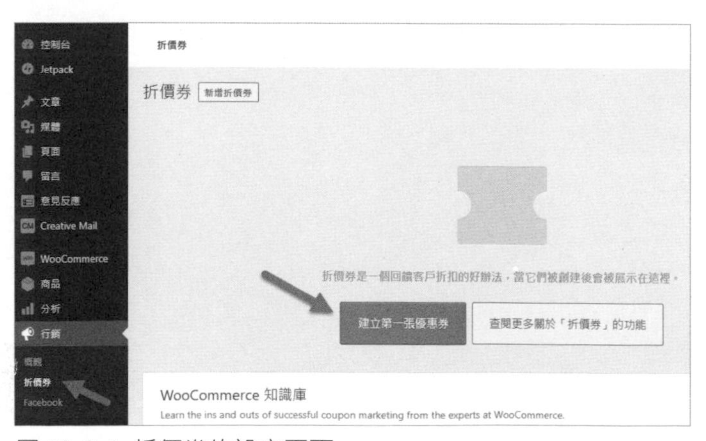

圖 10-3-1 折價券的設定頁面

在新增折價券的頁面中，按下「產生折價券代碼」按鈕，在折價券的文字框中即會出現一串文數字的字串，也可以自行設定所想要設定的字串。任何人或特定對象只要在結帳時輸入此字串，就可以執行折價券內容所載明的項目以折扣的方式重新計算結帳金額，非常地方便。下方則要輸入此優惠券的使用說明，最底下則是設定折扣的計算方式。

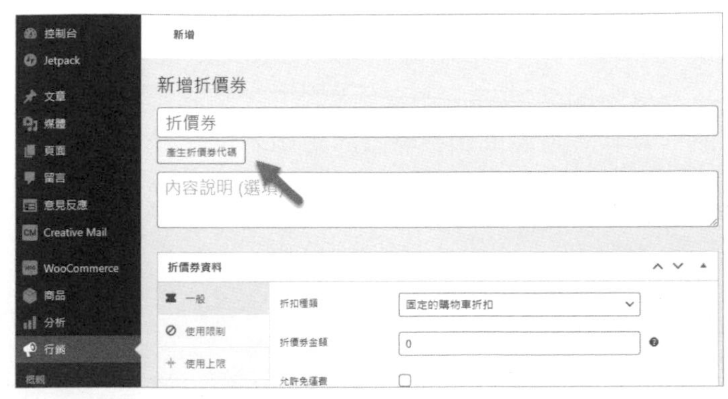

圖 10-3-2 折價券的設定介面

以圖 10-3-3 為例，我們設定以折扣種類為百分比折扣，折扣券金額為 20%，也就是打八折的意思。

圖 10-3-3 設定折扣的內容

在「使用限制」頁籤中，可以設定更細節的使用方式或上限，如圖 10-3-4 所示。我們可以指定此折價券限用的商品項目等等，細節的部份就留待讀者們自行去發掘。

圖 10-3-4 限定折價券的使用限制

設定完成之後，可以在摘要的地方看到目前已新增了一張優惠券，如圖 10-3-5 所示。你可以依照自己的需求增加任意數量的優惠券，不過，在設定條件時一定要留意並加以測試，以免設定錯誤造成售價不敷成本，那就麻煩了。等你的商店實際運作了一段時間之後，在此摘要畫面中還可以看到優惠券被使用的數量，檢視促銷的成效。

折價券 新增折價券　顯示項目設定 ▼　使用說明 ▼

Mailchimp for Woocommerce is not yet connected to a Mailchimp account. To complete the connection, visit the plugin settings page.

全部 (1) | 已發佈 (1)　搜尋折價券

批次操作　套用　顯示所有類型　篩選　1 個項目

折價碼	折價券類型	折價券金額	描述	商品編號	使用 / 限制	到期日
women38	百分比折扣	20	38婦女節8折優惠券	–	0 / ∞	8 3 月, 2021
折價碼	折價券類型	折價券金額	描述	商品編號	使用 / 限制	到期日

批次操作　套用　1 個項目

圖 10-3-5 折價券摘要畫面

新增付款選項

除了 WooCommerce 提供的預設的付款方式之外，你也可以加入其他廠商提供的第三方支付服務。除了轉帳和信用卡等支付方式之外，消費者還能選擇超商繳款。提供這類服務的廠商很多，本書就以如何串連歐付寶為例，來說明如果透過安裝外掛方式來串連第三方支付功能。

圖 10-3-6 歐付寶（https://www.opay.tw/）第三方支付的主網頁畫面

圖 10-3-6 所示的是歐付寶的網站頁面。如果你還不是會員，請依照網頁上的說明申請註冊成為會員，一般的會員是免費的，不過每筆收費都會抽取手續費，這是要留意的地方。所有的程式串接動作，一定要是會員才行，更何況如果你不是會員，那麼消費者付的錢要放在哪裡呢？

圖 10-3-7 歐付寶的會員登入及註冊畫面

圖 10-3-7 是歐付寶的會員登入及註冊畫面。

在申請成為會員之後並登入首頁之後，請直接到上方的「商務專區」選擇金流規格，如圖 10-3-8 所示。

圖 10-3-8 前往金流規格設定頁面

點擊「金流規格」選項之後，會出現如圖 10-3-9 所示的說明頁面。

請點擊右下角的「購物車串接模組」，就可以找到各種購物車的串接程式，其中 WooCommerce_Payment 被放在第 4 項，如圖 10-3-10 所示，請點擊 WooCommerce_Payment 連結。

畫面會轉往 github.com 開放源碼網站，如圖 10-3-11 所示，在這裡有完整的說明以及所有的程式碼。在此頁面中我們要做的事情是將上方的 opay.zip 下載到自己的電腦中，然後上傳到 WordPress 的外掛安裝介面，安裝並啟用之後，再進行設定即可。請點擊 opay.zip，在它的右方即會有一個「Download」的按鈕，按下該按鈕即可完成下載。

圖 10-3-9 歐付寶金流規格之說明頁面

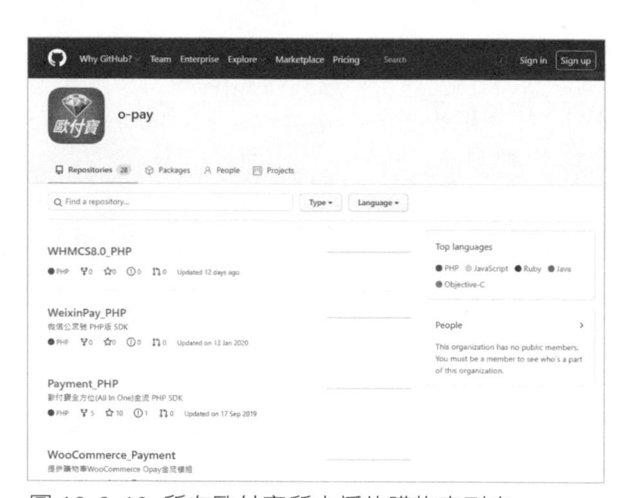

圖 10-3-10 所有歐付寶所支援的購物車列表

圖 10-3-11 WooCommerce 歐付寶金流在 Github 上的說明頁面

接著，回到 WordPress 網站中，請進入外掛的安裝介面，選擇上傳外掛檔案，如圖 10-3-12 所示。

在按下安裝及啟用該外掛之後，回到外掛摘要介面，請確定如圖 10-3-13 所示，WooCommerce O'Pay Payment 這個外掛是處於啟用的狀態。

此時回到 WooCommerce 的「付款」設定畫面，即會如圖 10-3-14 所示，出現了歐付寶付款的選項，請將其中之一啟用。

圖 10-3-12 在 WordPress 介面中上傳安裝 opay.zip 外掛

圖 10-3-13 看到 WooCommerce O'Pay Payment 已順利啟用

圖 10-3-14 歐付寶已出現在「付款」的選項中

在按下歐付寶右側的「設定」按鈕之後，會出現如圖 10-3-15 所示的設定畫面。在圖 10-3-15 的設定中，從特店編號之後的內容，都需要回到歐付寶的管理介面去申請相關的資訊。

圖 10-3-15 歐付寶的串接參數設定

歐付寶網站在快速串接接學的頁面中提供有測試用的相關參數讓店長可以先行測試，如圖 10-3-16 所示。至於付款方式的選項，可以搭配 Ctrl 按鈕配合滑鼠已進行多重選取，選擇想要在歐付寶中加入的付款方式。

圖 10-3-16 在串接教學頁面中提供的測試資訊

測試完成之後，可以前往「廠商管理後台」，選擇左側的「系統開發管理」功能之「系統介接設定」選項，即可看到所有需要填寫的資訊，如圖 10-3-17 所示，如果沒有的話，請執行申請的相關作業。

圖 10-3-17 串接系統所需要的參數位置

當我們回到 WordPress 網站把所有的內容都設定完成之後，之後在我們的商店選購了商品進入購物車，並按下結帳時，往下捲動畫面即可看到如圖 10-3-18 所示的付款選擇，在選項中就多出了歐付寶的選項，而且付款方式也是我們在設定時所選用的那些。

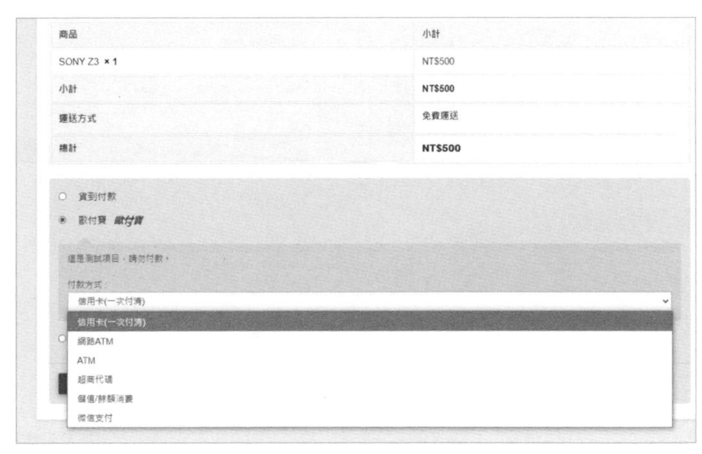

圖 10-3-18 付款頁面中的歐付寶付款方式

到此為止，你的商店已經能夠順利透過 ATM、超商代碼、微信支付等方式收取款項囉！

10.4 設定運送方式與上架商品

經過前面幾節的設定工作，該是來上架商品的時候了。不過在上架之前，再檢視一下運送設定的部份。其實對於小賣家來說，運送部份的設定還算是簡單，如果業務量不大的話，有時候收到訂單之後再電話連絡一下也是可以的。

如圖 10-4-1 所示，是運送方式的一般設定，如果是販售實體商品的話，一定要啟用配送的功能，另外限制配送的地區也很重要，以免出現收到海外訂單卻無法寄送的悲劇。

圖 10-4-1 WooCommerce 的運送選項設定

WooCommerce 預設提供了三種配送方式的選項，最主要還是在購物車中要計算運費的考量。如圖 10-4-2 所示，我們可以在地區的設定中分別設定這些運送方式的計費方法。

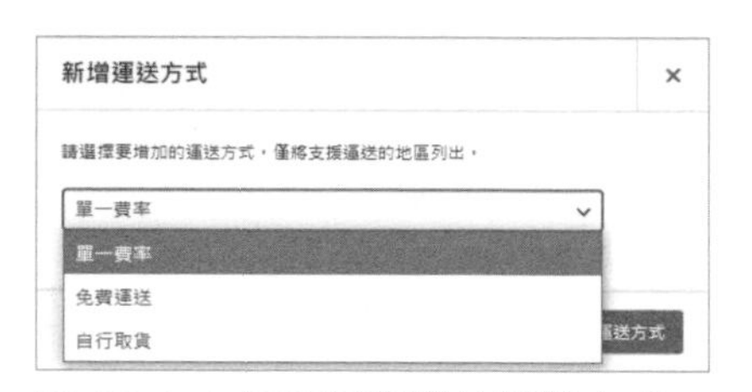

圖 10-4-2 三種可新增的運送方式

圖 10-4-3 是設定免費運送的條件，如上述的說明，可以選擇「不提供」或是設定不同的條件才能夠使用，讀者們可以自行測試看看。

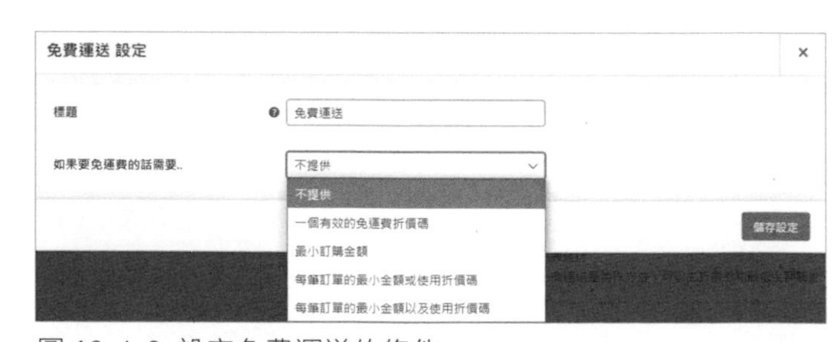

圖 10-4-3 設定免費運送的條件

圖 10-4-4 則是設定單一費率的介面，在此介面中最重要的是選擇是否包含稅金以及費用要設定為多少。

圖 10-4-4 設定單一運送費率

全部設定完畢之後，回到運送方式選項頁面的下方就可以看到剛剛啟用的項目。我們可以透過滑鼠拖曳的方式來設定這幾種啟用的配送方式在購物車中顯示的優先順序，如圖 10-4-5 所示。

圖 10-4-5 設定配送方式在購物車中的顯示順序

現在，可以上架商品了。在 WordPress 控制台的左側就有商品的選項，點擊之後即會出現如圖 10-4-6 的商品清單列表，因為在前面的小節中我們已經加入了一件商品，因此這裡已經有一筆資料。點按上方的「新增」按鈕，就能上架新的商品。

圖 10-4-6 商品清單管理介面

如圖 10-4-7 所示，新增商品的介面跟編輯頁面文章的介面很類似，也有標題、內文、分類以及標籤的設定。此外，在下方還多加了商品資料的設定。建議在新增商品之前，最好能夠先好好規劃一下你的商品分類。

圖 10-4-7 新增商品的編輯介面

就如同編輯文章一樣（不過這個編輯介面是傳統的文章編輯介面，並不是 WordPress 5 版之後的古騰堡區塊編輯器），我們需要加上商品的標題，然後設定固定網址，再加上對於商品的詳細說明，同時也別忘了在右側要設定商品的分類，以及為商品加上標籤。

圖 10-4-8 新增商品的說明以及分類

在此例中，由於我們要上架的是 NDS Lite，所以分類設定為 3C 商品，並把商品標籤加上「任天堂」。在此頁的下方，則是設定商品的編號以及售價（分為原價和促銷價，促銷價還能設定促銷時間）。分別如圖 10-4-8 以及圖 10-4-9 所示。

商品資料的設定除了編號和價格之外，還有庫存的設定以及進階的備註等項目，此商品我們分別設定如圖 10-4-10 以及圖 10-4-11 所示的內容。

圖 10-4-9 設定商品的編號、售價以及標籤

圖 10-4-10 設定庫存狀態

圖 10-4-11 對於商品添加備註內容

再往下要設定商品的簡短說明，另外再上傳商品的圖片以及可以讓消費者瀏覽更多相片的商品圖庫，如圖 10-4-12 所示。

圖 10-4-12 新增商品的簡短說明以及商品的相關圖片

設定完成之後，可以使用預覽的方式檢視商品上架之後在網站上呈現的樣子。如圖 10-4-13 所示，可以看到商品的簡短說明會先呈現出來，然後下方才是對於商品的詳細說明。

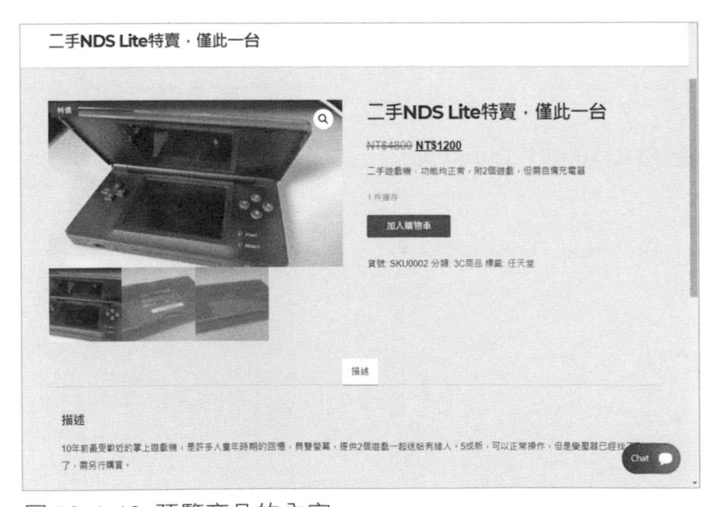

圖 10-4-13 預覽商品的內容

如果檢視之後沒有發現問題，就可以按下「發佈」按鈕將商品上架。回到網站的首頁，預設的情況下，在安裝了 WooCommerce 的網站都會有標準的選單，包括「商店」、「我的帳號」、「結帳」、「購物車」等，如圖 10-4-14 所示。

圖 10-4-14 具電子商店之網站首頁選單

在圖 10-4-14 中按下「商店」選單，即可瀏覽上架到商店的商品目錄，如圖 10-4-15 所示。

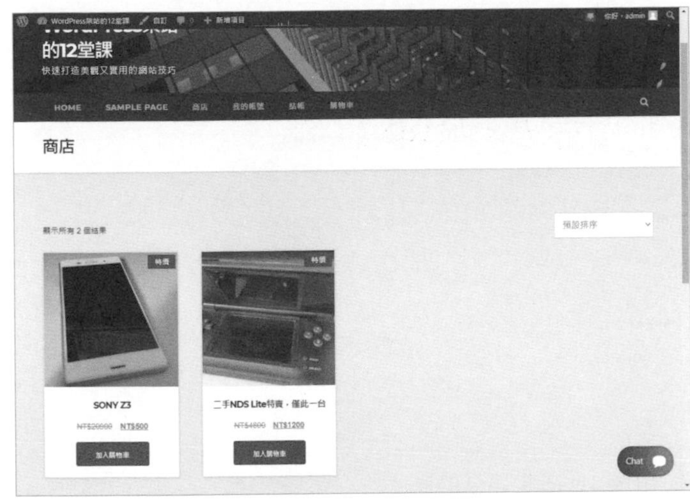

圖 10-4-15 新增一件商品之後的商品目錄

圖 10-4-16 是商品管理的摘要列表，如同管理文章一樣，在此列表中也可以進行快速編輯。只要按下商品名稱下方的「快速編輯」按鈕，就會出現如圖 10-4-17 所示的快速編輯畫面。除了內容以及商品圖片不能編輯之外，其他的項目幾乎都可以在這裡做修正調整，非常方便。

有時候我們會想要把相同性質的商品連結在一起，讓購買者在選購或瀏覽了其中一件商品時主動推薦另外一件商品，此時可以在編輯商品時選擇「連結商品」，如圖 10-4-18 所示，然後在文字框中輸入商品名稱的任一字串即可尋找到想要連結的商品。

圖 10-4-16 商品管理的摘要列表清單

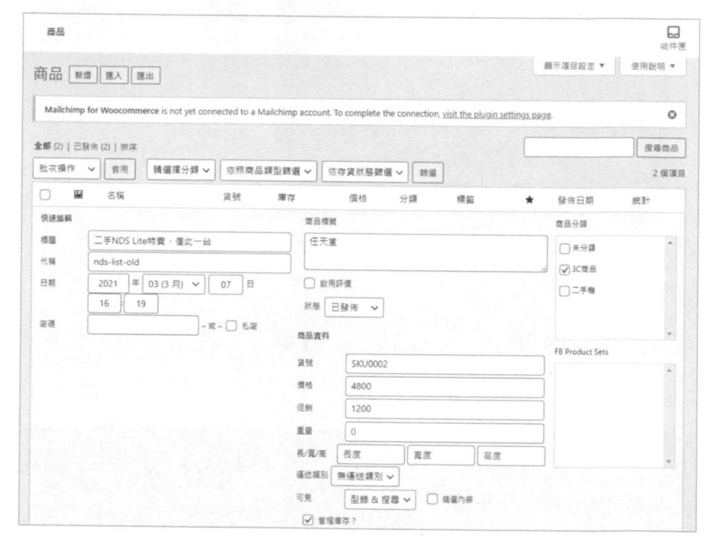

圖 10-4-17 商品檢視的快速編輯介面

圖 10-4-18 設定連結的商品

因為我們在第二件商品中設定了對於第一件商品的連結，所以在檢視第二件商品時，在商品的最下方還會看到「你可能也喜歡…」這個項目，列出剛剛設定連結的商品。如圖 10-4-19 所示。

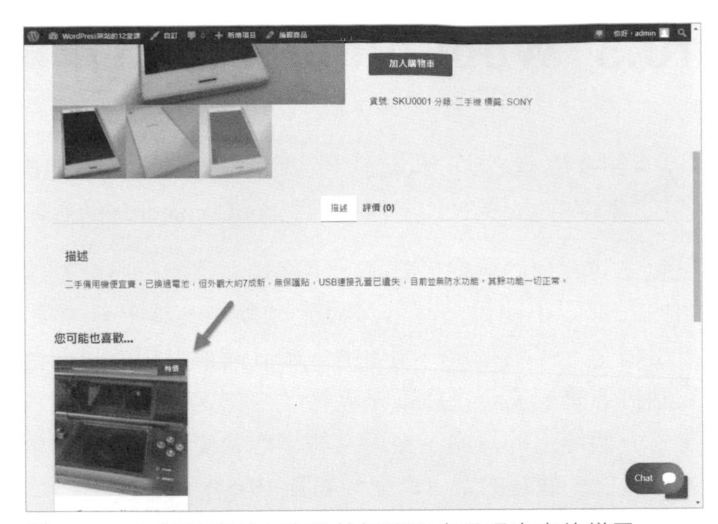

圖 10-4-19 連結商品在商品檢視頁面中呈現出來的樣子

其他的項目就留待讀者們自行研究了。最後要特別提到的是，由於中文字的設定經常會造成一些 WooCommerce 電子商店在連結上的問題，所以，如果你遇到明明有看到連結項目，點擊進去之後卻說找不到該網頁的狀況，有可能是網址被錯誤設定了。你可以回到 WordPress 控制台中設定「永久連結」的地方，把畫面捲到最下方，可以看到 WooCommerce 也有自己的固定網址設定，在此處稍做調整再儲存，應該就能夠解決找不到商品網頁的問題了。

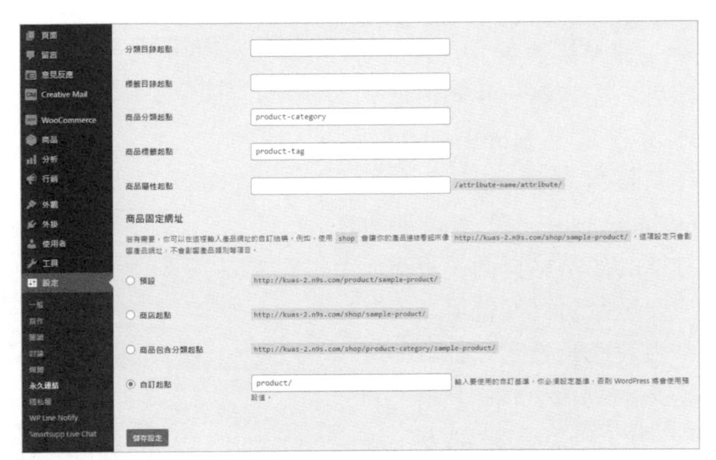

圖 10-4-20 WooCommerce 永久連結的設定

10.5 WooCommerce 訂單處理流程

本節會依照之前的所有設定，實際帶著讀者走一遍訂單的處理流程，讓還沒有親手實作的朋友們可以體會一下 WooCommerce 商店的運作方式。

在此之前，我們還要再設定一下網站。還記得嗎？在本書的第 7 章中，我們有介紹過如何對佈景主題做一些修改設定的操作，其中有一項就是自訂佈景主題。在自訂佈景主題中，可以指定一開始進入網站時要呈現的是部落格文章還是靜態的頁面，現在我們打算讓網友一進入本站之後，立刻進入商店頁面瀏覽商品目錄，因此我們必須先建立一個空白的頁面，讓網友如果想要瀏覽網站的部落格文章時有一個進入的點。首先，建立一個新的空白頁面，如圖 10-5-1 所示。

在選擇「新增頁面」之後，輸入頁面的標題以及設定好永久連結，直接按「發佈」即可。在此例，我們把永久連結設定為 blog，所以日後只要連結到 http://kuas-2.n9s.com/blog，就可以進入標準的部落格頁面（沒錯，只要是空白頁面就可以了，不用其他的設定即會自動顯示文章列表）。接下來，到「外觀 / 自訂」的地方，如圖 10-5-2 所示的位置。於箭頭所指的地方，點選「首頁設定」連結，即可進入設定的編輯處。

圖 10-5-1 建立一個空白的頁面

圖 10-5-2 自訂佈景主題選項所在的位置

如圖 10-5-3 所示，預設的首頁進入頁面是「最新文章」，我們現在要設定為靜態頁面。請點擊「靜態頁面」選項。

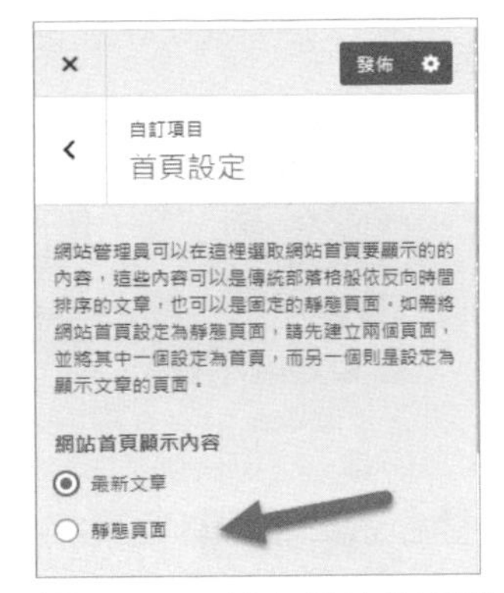

圖 10-5-3 設定網站首頁型式的編輯介面

如圖 10-5-4 所示，在點擊了靜態頁面之後，有兩處可以設定的地方，其一就是首頁頁面，其二則是文章列表頁面，也就是以前首頁的呈現樣式。我們在首頁頁面選定「商店」，而文章列表頁面則是設定為剛剛建立的那個空白頁面「我的網誌」即可。

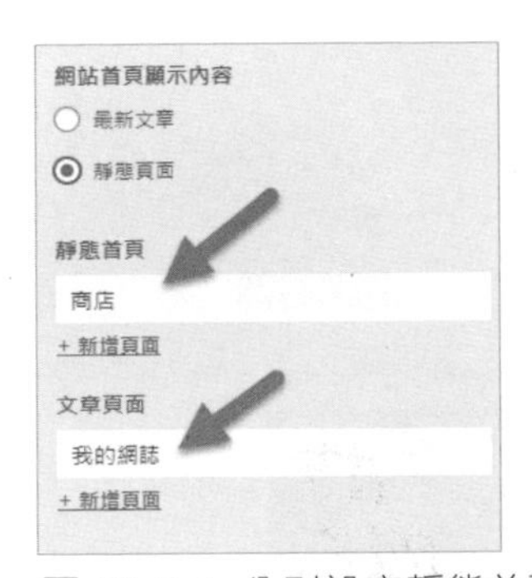

圖 10-5-4 分別設定靜態首頁和文章頁面

以上的設定完成之後，下次以網址 http://kuas-2.n9s.com 進入我們的網站，馬上就可以看到商店的目錄，如圖 10-5-5 所示。那如何回到原來部落格的首頁呢？沒問題，只要在選單的地方加上之前的連結 http://kuas-2.n9s.com/blog 就好了，這個網址是之前我們建立的那個空白頁面的網址。

如果你的網站是以電子商店為主的話，此種方式是一個較好的網站呈現方法，讓網友一進來時就看到展示的商品，如果要進入網誌的話，再利用選單上的連結前往即可。

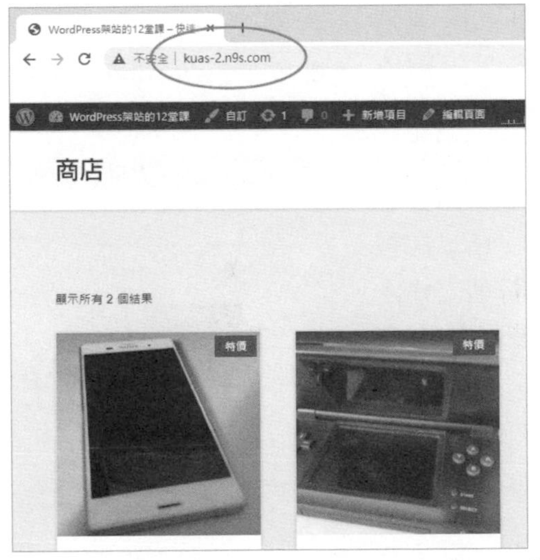

圖 10-5-5 以商店為首頁之後，網站所呈現的內容

現在，我們來模擬一下網友的下單流程。假設網友對於 SONY Z3 有興趣，他可以直接在該產品的下方按下「加入購物車」按鈕，按下去之後，下方就會出一個「查看購物車」的按鈕，同時畫面的最右上角的購物車圖示旁也多了目前的項目數量以及價格，如圖 10-5-6 所示。

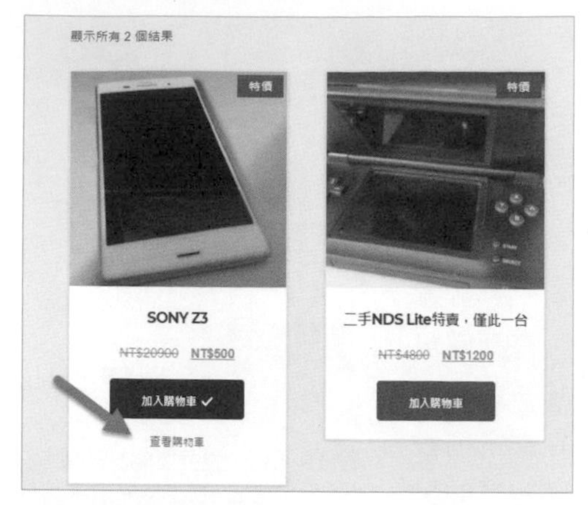

圖 10-5-6 消費者把商品加入購物車所呈現出來的樣子

當消費者按下查看購物車之後，就會呈現出目前的購物車內容以及小計和總計的價格。因為在前面我們設定了單一費率，因此在總計的地方還加上了運費，如圖 10-5-7 所示。

圖 10-5-7 WooCommerce 查看購物車的頁面

此時我們可以選擇套用之前設定的 WOMEN38 優惠代碼，只要把這個字串輸入到「使用折價券」按鈕前的文字框，再按下按鈕即可。由於之前我們設定折價券不適用於特價商品，所以在按下使用折價券的按鈕之後，會在上方出現警示的文字訊息。

圖 10-5-8 無法使用折價券的文字訊息

反之，如果我們移除該折價券的限制，消費者在套用折價券之後，購物車的小計項目就多了折價券的折扣，同時總計的價格也變少了，如圖 10-5-9 所示。

圖 10-5-9 優惠券套用之後的折扣

在消費者按下「前往結帳」按鈕之後，會進入結帳的頁面，如圖 10-5-10 所示。在此頁面中會再一次提醒是否有使用折價券，對於顧客來說，要在此頁輸入足夠詳細的帳單資訊。

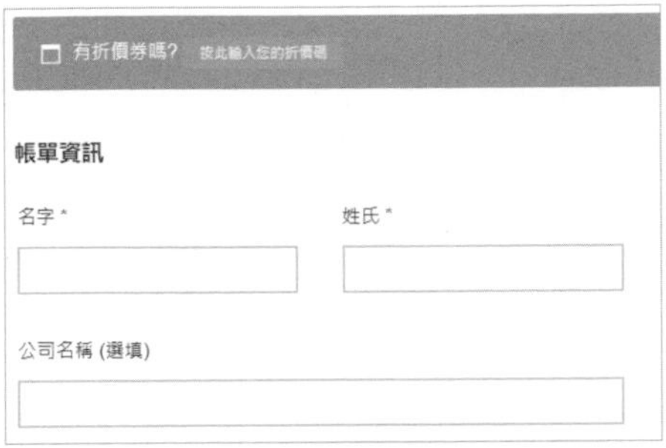

有折價券嗎?

帳單資訊

名字 *　姓氏 *

公司名稱 (選填)

圖 10-5-10 WooCommerce 的結帳頁面

如圖 10-5-11 所示，因為我們之前啟用了貨到付款、歐付寶、以及 PayPal，所以在結帳畫面中可以看到此三種付款選擇，此外，歐付寶的部份，還可以設定許多不同的付款方式。

圖 10-5-11 訂單的結帳種類選擇

為了方便測試，在這裡我們選用最單純的貨到付款，填寫完整的帳單資訊之後，按下「下單購買」按鈕，因為是貨到付款，所以訂單就直接成立了，圖 10-5-12 及圖 10-5-13 是結帳後的畫面內容。

同時，消費者也會在自己的電子郵件信箱中收到訂單的通知信，再一次提醒消費者轉帳的方式和金額，如圖 10-5-14 所示。

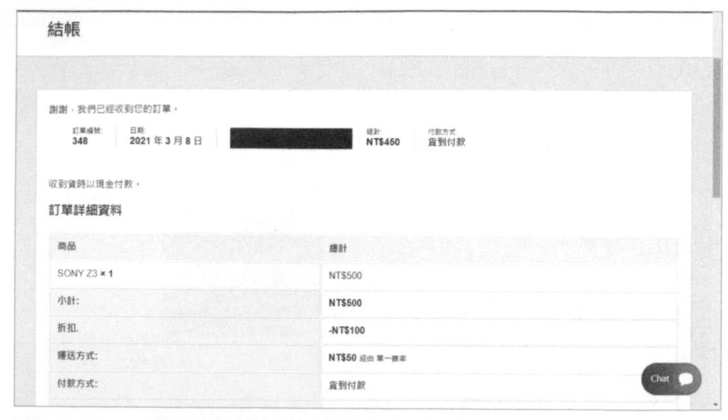

圖 10-5-12 訂單完成的摘要訊息上半部

圖 10-5-13 訂單完成的摘要訊息下半部

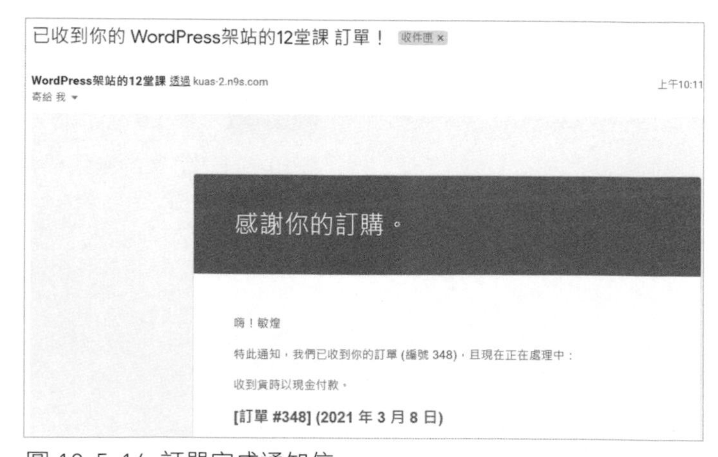

圖 10-5-14 訂單完成通知信

而在此同時，站長（網站管理者）的信箱也會收到一封顧客訂單的通知信，提醒站長檢視訂單的內容以及進行處理，如圖 10-5-15 所示。因為我們之前設定了 LINE Notify，所以接收到訂單時，也會收到如圖 10-5-16 所示的 LINE 訊息。

以管理員的身分回到網站，在控制中的 WooCommerce 狀態會馬上列出剛剛的訂單摘要，如圖 10-5-17 所示。

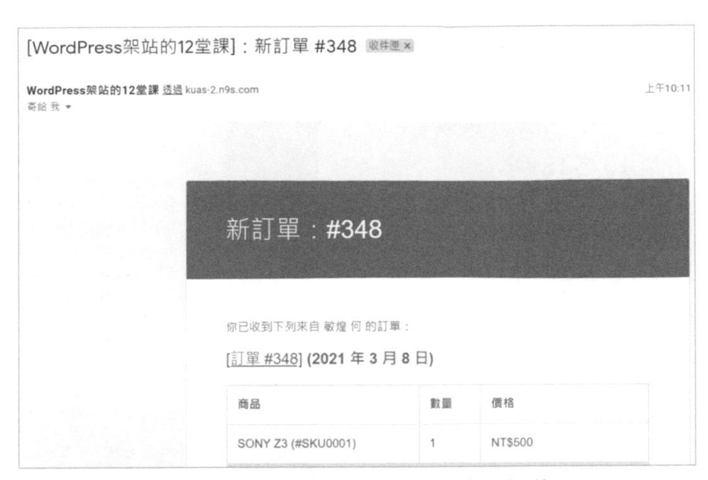

圖 10-5-15 WooCommerce 新顧客訂單的通知信

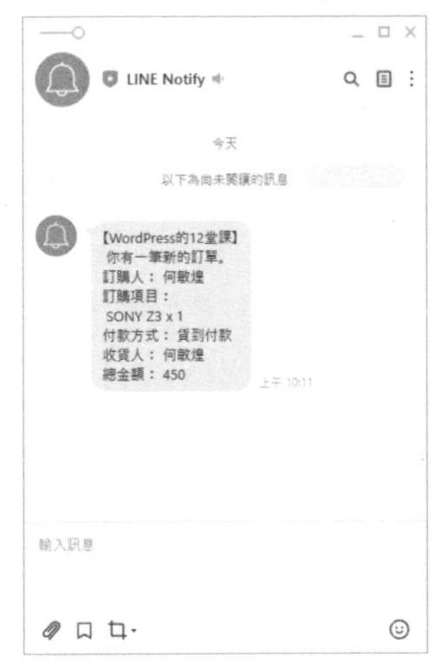

圖 10-5-16 來自 LINE Notify 的新訂單通知訊息

圖 10-5-17 控制台中的 WooCommerce 電子商店的訂單摘要

進入訂單檢視之後，可以看到所有訂單的列表（當然，目前只有一筆訂單資訊），如圖 10-5-18 所示。

圖 10-5-18 訂單摘要檢視介面

請直接在訂單上點擊滑鼠左鍵，即可進入如圖 10-5-19 所示的畫面，檢視並編輯這張訂單的內容。

圖 10-5-19 訂單的編輯畫面

在編輯訂單的介面中，我們可以依照目前的處理狀態訂定訂單的狀態，分別有「等待付款中」、「處理中」、「保留」、「完成」、「取消」、「已退費」、以及「失敗」等狀態可以選用，如圖 10-5-20 所示。

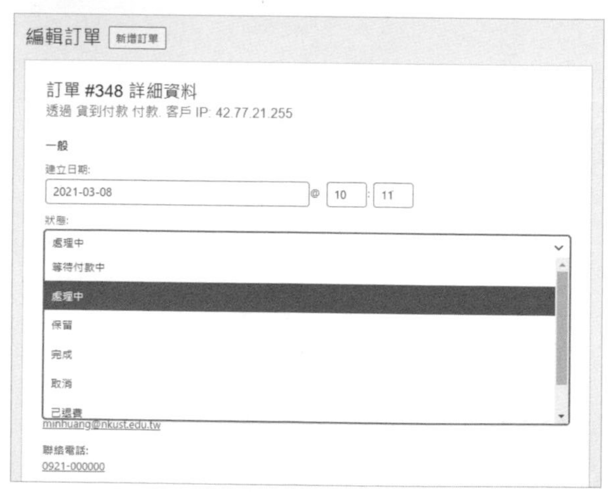

圖 10-5-20 可以設定選用的訂單狀態

右側的訂單動作也可以快速地對此訂單進行操作，如圖 10-5-21 所示。

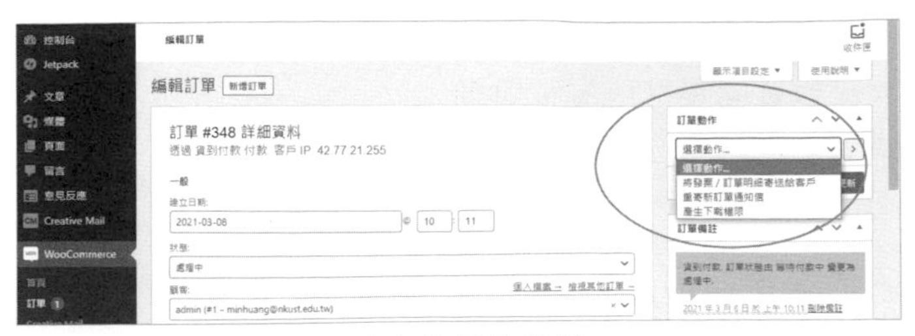

圖 10-5-21 可以對訂單進行的操作選單

每進行一個動作，這些動作所造成的改變都會被寫入到備註，如圖 10-5-21 訂單動作的下方所示的樣子。我們也可以自行建立備註。備註有兩種，分別是「私人備註」和「給顧客的備註」，建立後者的備註之後，系統會順便把備註的內容寄一份給下此訂單的顧客。如圖 10-5-22 所示。

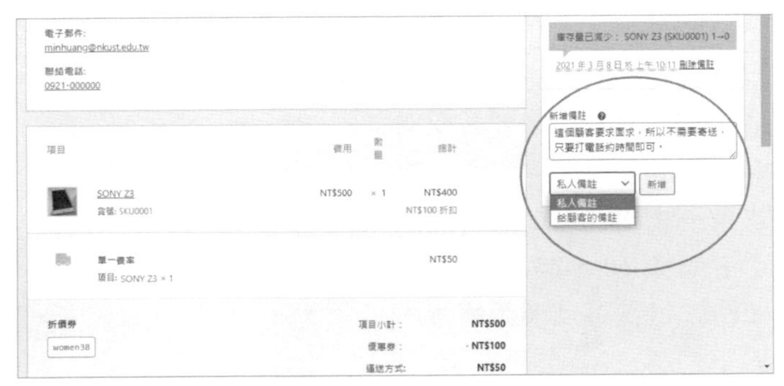

圖 10-5-22 新增對於顧客的備註

剛剛我們把訂單變更為「等待付款」狀態，回到訂單檢視介面，就可以看到此訂單已被歸到「等待付款中」的類別了，如圖 10-5-23 所示。

圖 10-5-23 訂單會因為目前的狀態而被分在不同的檢視類別

在我們針對訂單的狀態做了多次的改變之後，最後把它切換到完成狀態，訂單的摘要看起來會像是圖 10-5-24 所示的樣子。

圖 10-5-24 完成一張訂單之後可能會呈現出來的樣子

每一次訂單的狀態有所改變，也會同時寄送信件到訂購者的信箱中，就像是一般電子商店應有的各種流程。

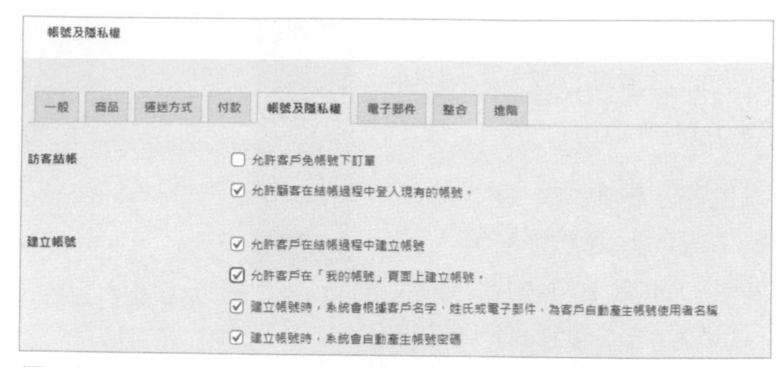

圖 10-5-25 WooCommerce 關於客戶下訂單的設定

我們在前面的示範主要是在管理者的帳號中進行，所以在下訂單時也是預設以管理者的身分完成訂單。如果我們是在未登入狀態的話，能不能下訂單則需要看 WooCommerce 中對於「帳號及隱私權」的設定值而定。如圖 10-5-25 所示，這樣的設定就可以讓新舊客戶都下訂單，但是下訂單之前一定要登入或註冊帳號才行。

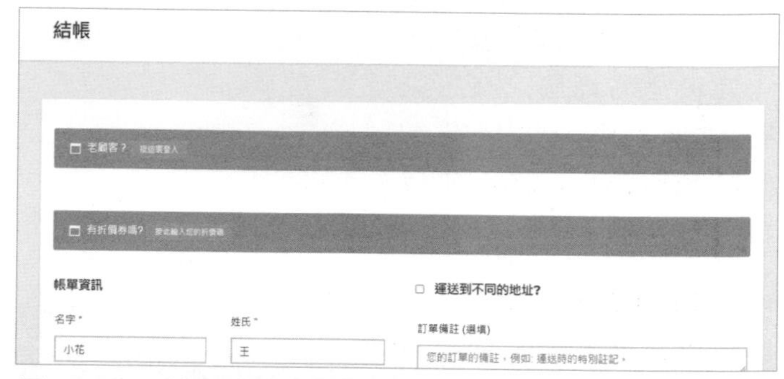

圖 10-5-26 結帳前必須先登入

修改成上述設定之後，因為我們不允許訪客結帳，所以顧客在下單購買之前，會被要求登入，如圖 10-5-26 所示，但是如果顧客填妥了帳號資訊，就會順便建立成為會員。

在使用者的帳號選單中，也多了註冊的選項，如圖 10-5-27 所示。

圖 10-5-27 WooCommerce 提供的帳號登入及註冊畫面

完成訂單之後，在顧客的信箱中，就會直接出現加入會員的歡迎訊息了，如圖 10-5-28 所示。

有了帳號之後，該名顧客就可以登入自己的帳號，在我們的網站上瀏覽它的訂單訊息以及相關處理進度，如圖 10-5-29 所示。

在我們的 WordPress 控制台的帳號管理中，也可以看到這位會員的帳號，其角色被設定為「客戶」，如圖 10-5-30 所示。

從本節的說明中，讀者應該可以看出來 WooCommerce 在電子商店流程的完整性，難怪它會成為 WordPress 電子商店網站的首選外掛。

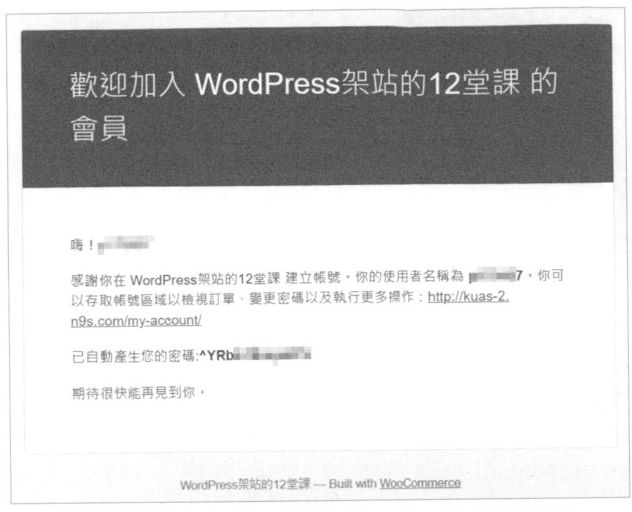

圖 10-5-28 自動加入會員的歡迎訊息以及帳號通知

圖 10-5-29 顧客會員登入網站後所看到的畫面

圖 10-5-30 從 WordPress 控制台的「使用者」介面檢視註冊情況

10.6 打造全功能電子商店

依照本章前面的設定，再加上選定一個好的佈景主題，只要你有產品要在網路上販售，基本上已經可以建立一個全功能的電子商店了。但是，如果你沒有商品怎麼辦？沒問題，也可以用這個網站來販售別人的商品，沒錯，就是聯盟行銷（Affiliation Program）商品。

WooCommerce 的上架商品中，允許你使用外部連結當作是商品的來源，也就是讓你可以把商品的介紹頁寫在你的網站中，但是當消費者有興趣想要購買或者是要看更詳細的內容時，就會被導引到被推薦的商品網站，並在該網站完成購買的流程，藉由此種引導購買的方式，讓你可以賺取轉介紹的佣金。在這一節中，我們就一步步地教大家，如何調整你的網站，讓你的網站更像是全功能，可以為你賺錢的電子商店，就算是沒有自己的商品也沒有關係。

不過，在此之前還是要先聲明一下，實體商品的聯盟行銷在台灣目前並不成熟，透過推廣聯盟行銷能夠賺到的金額十分有限（在台灣，大部份的實體商品聯盟行的佣金往往只有 1%-5% 而已，利潤非常微薄），如果你沒有比較具體有效的行銷推廣方式，千萬不要把這個方式當作是你謀生的主要工具。

要建立一個電子商店網站，如果你不打算投入太多的預算，還是以免費的 WooCommerce 所提供的 Storefront 佈景主題（也就是之前幾節所使用的佈景主題）為主，但是至少我們要設定一下自己的 Logo 圖檔放在網站上質感會比較好一些。

請先準備好你的 logo.png 檔案，不同的佈景主題有不同的要求，Storefront 要求寬高至少要各 512 像素以上。圖片的使用可以自己拍攝或設計，或是到網路上找 CC0 授權的圖片加以編修即可（例如 https://pixabay.com/ 即可下載許多免費的授權圖片）。如果你沒有喜愛的影像編輯軟體，PhotoScape 免費影像處理軟體其實就夠用了。

除了商品圖片之外，你還需要準備網站的 Logo 圖檔、網站 Header（橫幅）、以及背景圖檔，由於事關網站給人的第一印象，所以如果是正式上線的商業網站，這些圖檔還是要花一些心思設計。有了圖形檔案後，就可以到佈景主題的自訂功能中一個一個加以設定。Storefront 主題提供了幾個簡單的設定項目，如果你打算要打造一個高質感的網站，光是這些設定其實不太夠用，你可能還需要使用像是 divi 這一類的高級付費，具有自訂頁面以及各式各樣模組元件庫可以使用的佈景主題。

Storefront 的自訂功能，先是設定 logo，如圖 10-6-1 所示。你可以選擇使用文字做為標頭，但是當你上傳圖檔之後，就只會顯示圖檔，而不會顯示文字，在此例中我們直接使用文字作為網站的標題。

然後是設定背景圖片，同樣的，你可以只設定背景顏色，或是上傳一張背景圖檔。如果上傳了圖檔之後，也會以圖檔為主。在大部份的情形下，背景圖儘量不要太花俏，以免影響到內文的呈現。此外，背景圖有許多額外的設定選項，你也可以自行調整出一個最適合自己的方式。

圖 10-6-1 設定網站的標誌的地方

圖 10-6-2 設定背景圖案的呈現方式

背景圖設定好之後，也要設定 Header 的內容。這就是網站的橫幅，原始圖檔最好是愈寬愈好，以免因為重複顯示圖案造成接縫不平整導致視覺效果變差。不然就是要使用能夠重複的小圖片，網路上有許多免費的資源可用，可以多加利用。

圖 10-6-3 設定網站的橫幅 Header

除此之外，還有頁尾的顏色可以設定，除了背景色之外，也可以指定在其上顯示的文字顏色，如圖 10-6-4 所示。

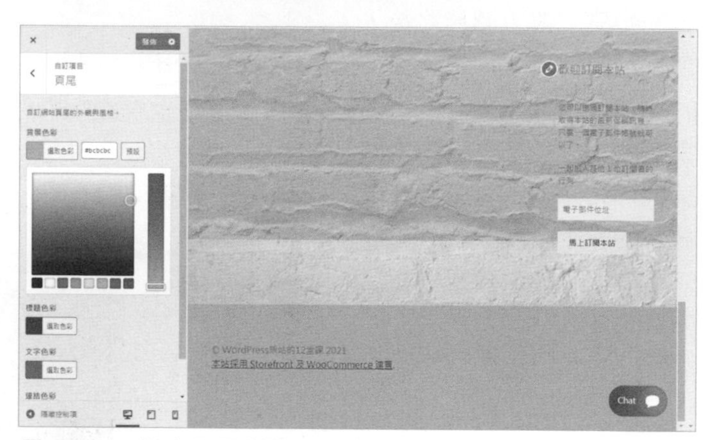

圖 10-6-4 設定頁尾所要使用的顏色

再來是「選單」的部份。不同的主題提供不同數量的選單和呈現方式，Storefront 提供了三個選單（主要選單、次要選單、行動版選單），在此我們只使用「主要選單」。在選單上，除了你想要呈現的內容之外，至少要包含之前網誌的頁面（我的網誌 blog），以及商店的頁面，方便網友在兩者之間切換瀏覽。

圖 10-6-5 設定網站的選單

把購物車頁面放在選單上也是一個好的方式，讓消費者可以隨時去購物車中看看，儘快完成結帳的動作。在我們這邊沒有設定，但是你的商店一定要有的，就是公告事項，包括關於我們、

責任歸屬以及隱私權政策等等。在國外的聯盟行銷規範中，如果你有網站有因為推薦而獲利的行為，就必須要在網站上加以適當的註解和聲明。

最後是小工具的設定。通常小工具都是放在側邊欄或是頁尾欄中，WooCommerce 提供了非常多在側邊欄中可以使用的小工具，如圖 10-6-6 所示，有興趣的讀者可以每個都試試看它們的用途。

要加入這些到側邊欄很簡單，除了用滑鼠拖曳到適當的地點之外，也可以直接點擊想要加入到側邊欄的小工具，然後再選擇位置（每一種佈景主題名稱不一定會一樣，在此例為「資訊欄」），以及按下「新增小工具」按鈕即可，如圖 10-6-7 所示的樣子。

圖 10-6-6 WooCommerce 提供的小工具

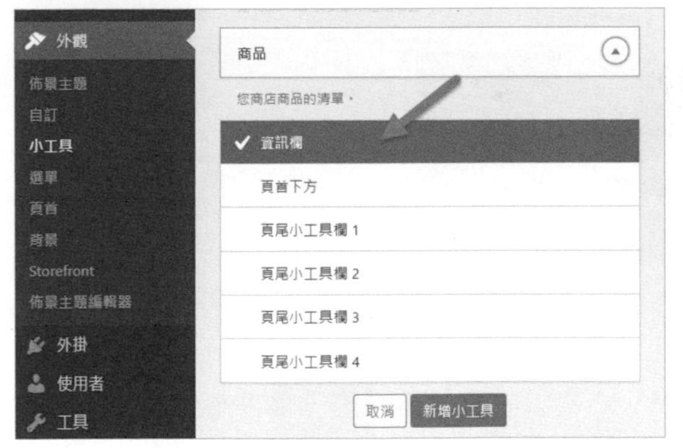

圖 10-6-7 新增 WooCommerce 小工具到側邊欄的方法

在此例子中，我們在側邊欄中加入「商品」和「依價格篩選商品」兩個小工具，如圖 10-6-8 所示。

圖 10-6-8 新增兩個小工具到側邊欄

回到主網頁畫面中，就可以在右側邊看到這兩個小工具出現了。有了這些小工具，會讓你的電子商店網站功能更加地完整，如圖 10-6-9 所示。

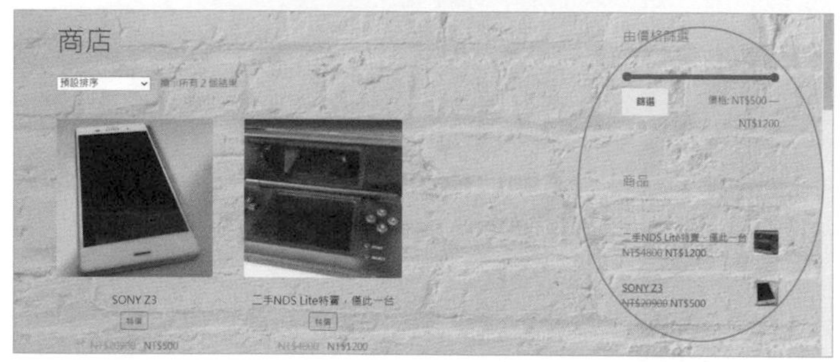

圖 10-6-9 WooCommerce 小工具在側邊欄的樣子

主要的網站外觀都設定好了之後，接下來就是新增你想要的商品。以聯盟行銷商品為例，在國內比較沒有進入門檻的（就是任何人均可申請，沒有什麼資格限制）的，首推博客來書店（https://ap.books.com.tw）和雅虎大聯盟計畫（https://tw.partner.buy.yahoo.com/）。

假設你已經申請了雅虎大聯盟的會員，進入網站之後看起來會是像圖 10-6-10 所示的樣子。

圖 10-6-10 雅虎大聯盟的會員登入後的首頁畫面

對我們來說，第一件事情是到 Yahoo 購物中心（https://tw.buy.yahoo.com/），找出一個你想要放在電子商店中的商品。假設我們找到的是這台 Asus 的筆電，如圖 10-6-11 所示。

圖 10-6-11 要放在電子商店中的推薦商品

請把此商品上方的網址複製下來，然後回到雅虎大聯盟的首頁，把此網址貼在上方的文字輸入框中，按下「查詢」按鈕以轉換成推薦的網址，如圖 10-6-12 所示。

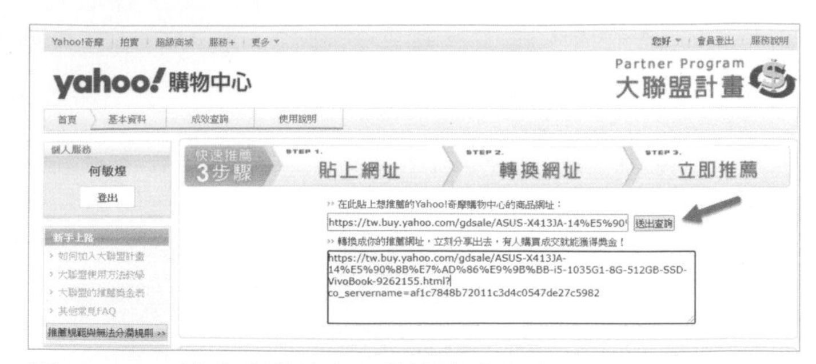

圖 10-6-12 雅虎大聯盟商品轉換連結的畫面

此時我們只要把轉換後的網址放到 WooCommerce 新增商品時的「外部 / 加盟商品」的欄位，把它當作商品上架即可，當然，商品的其他資料也必須在符合規範的情況下加以說明，如圖 10-6-13 所示。

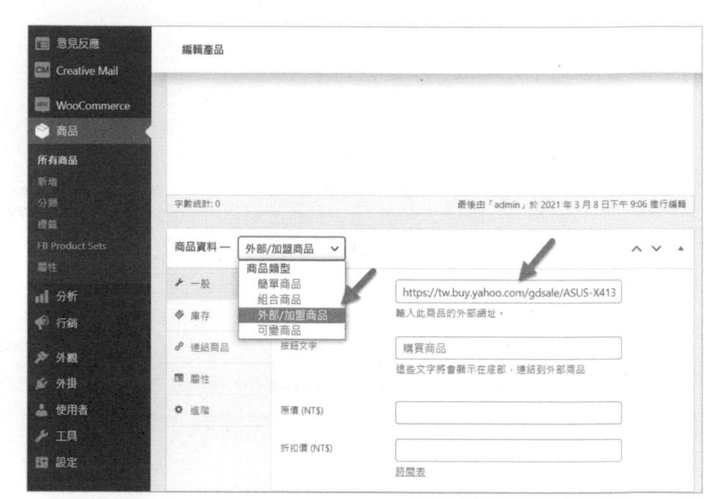

圖 10-6-13 在 WooCommerce 加入加盟商品的方式

最後，回到我們的網站商品頁面，就可以看到剛剛新增的聯盟行銷商品了，看起來就像是自己商店裡的商品一樣。但是不同的是，當網友點擊了該商品的按鈕，並不是到我們網站內的購物車中，而是跑到雅虎大聯盟的網頁去了。

所以，有了自己建立電子商店的技術，不管你有什麼商品要陳列販賣，或是沒有自己的商品而導購聯盟行銷的推薦商品，都非常簡單容易。如果你是以部落格為主，販售商品為輔，那麼進入頁面就依傳統的部落格網頁即可，相反地，如果以電子商店為主的話，就可以像是本節的設定一樣，一開始就進入商店的目錄即可。當然，如果要對於網站有更多的設定和新增更多的功能，使用高級的付費佈景主題以及增加各式各樣功能的外掛，也是可以考慮的下一步規劃。

11 利用網站廣告賺取咖啡基金

基本概論

網域申請

安裝架設

基本管理

外掛佈景

人流金流

社群參與

11.1 申請廣告賺錢

11.2 如何讓人捐獻 / 贊助網站

11.3 在網站中插入廣告

11.1 申請廣告賺錢

廣告推播平台

在看完第九章的 SEO 介紹以及教學後，大家應該都了解 SEO 的重要性以及對網站的影響了吧！經營網站除了個人興趣嗜好，相信有許多人對於如何利用網路賺錢有著極大的興趣。

初期架設的網站，想要透過網路廣告賺錢，不要只想著馬上回本，應該先以充實內容為主，這樣才能更得到廣告主青睞，也能讓自己的網站在申請加入廣告推播平台時更順利，隨著網站人氣提高，通常透過網頁所賺取的零用金會漸入佳境，而管道也會越來越多元化，最大眾化也較簡單將流量具體轉化成利益的方式就是透過「廣告聯播平台」，廣告聯播平台的運作方式就是平台接洽廣告主讓他們在該平台投放廣告，而身為網站站長 / 管理員的我們，則去申請廣告放在自己網站內宣傳廣告，進而獲取利益。

台灣的廣告聯播平台公司常見的有：Google AdSense、通路王 iChannels、BloggerADS、域動行銷 Clickforce、PChome 廣告聯播網等等，每一家的獲益、收益計算方式，甚至是申請方式都有差異。本書會以「Google AdSense」為例進行介紹，其他廣告聯播平台的申請方式以及收益大致上差不多，詳細內容可能還是要參閱該廣告平台官網，在網路上也可以找到許多專業的分析文章可供參考。

哪些網站最容易賺到廣告錢？以及如何賺錢？

在賺錢前也要讓大家知道哪些網站最容易賺到錢，以下內容摘錄自 Google 官方的廣告聯盟。

我應該如何使用 Google AdSense 讓我的網站獲得更多收益呢？很多人常會這樣問。其實我們可以換個角度，想想一般什麼樣的網站更容易在廣告變現上獲得更好的效果。答案顯然是，這個網站既要擁有大量的流量，又要圍繞一個特定主題。在這具體分享幾種高收入網站及其變現技巧。

前提條件：無論你創建的是哪種類型的網站，請確保它符合 Google AdSense 政策。特別是，充分了解 AdSense 不支援的幾種內容類型，更多資訊可以參考 AdSense 網站。

一、部落客網站

與那些內容幾乎一成不變的網站相比，部落客是指你和其他人定期新增新內容的網站類型。對部落客而言，更新頻率可以從實時到一個月之間不等。其中會取決於各種因素，包括貢獻者的數量以及網站審閱或發佈內容的時間長短。

根據 Google Display Planner 的數據，像 Daily Dot 這樣的熱門部落客使用 Google AdSense 來變現，每個月的訪問量大約

有 5 百萬到 1 千萬次。他們將 Google AdSense 橫幅廣告放置在整個網站的各個區域，包括標題、部落客文章頁尾以及每個類別的頂級文章裡。

在這裡針對部落客推薦的廣告投放最佳方法是：不論桌面端還是移動端，初打開網頁的頁面是廣告可見率或收益最高的地方，要多多利用該處放置廣告。

二、論壇網站

如果你對原創內容或管理網站內容的工作感到頭疼的話，那麼也可以嘗試另一種輕鬆實現廣告變現類型的網站——論壇。論壇提供給用戶一個討論特定話題的平台，比如說 catforum.com，主要面向的受眾是世界各地的貓咪愛好者。現在這個網站也在通過 Google AdSense 進行廣告變現。

Catforum 是一個非常活躍的論壇，有超過 100 萬個文章和超過 49,000 名會員。該網站的非付費會員在登錄和參與討論時都會看到 Google AdSense 廣告。

對於論壇網站而言，第一大點是你必須要創建內容。但與編寫長篇內容的部落客不同，運營論壇的主要任務是開展、帶動討論，並鼓勵不同的人在這些討論中進行有效互動。隨著時間的推移，越來越多的人會被吸引一起加入焦點話題的討論，並且這些訪問者也會逐漸開始點擊與該主題相關的廣告。

三、免費線上工具網站

對於開發者或有預算聘請開發人員的伙伴們來說，創建一個有免費的線上工具類的網站是獲取 AdSense 收入的另一種方式。如果你可以找到準確的目標受眾，並透過他們的網路圈宣傳，這類免費的線上工具網站有潛力變得非常受歡迎。

GIFmaker.me 提供了一個免費的線上新增 GIF 的工具，在社交媒體網路上非常受歡迎。在創建免費的 GIF 時，網站訪問者會在網站頂部和側邊欄中看到 Google AdSense 廣告。

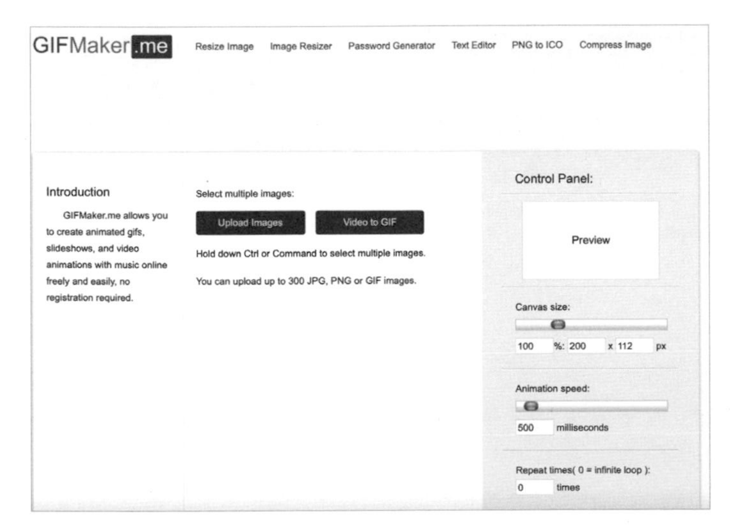

圖 11-1-1
免費在線工具 GIFmaker.me

四、成功的關鍵秘訣

無論你經營的是哪種類型的網站，要想成功變現有以下三個關鍵點：首先，你必須確保你選擇的主題是人們感興趣的內容。你可以使用免費的 AdWords 關鍵字規劃工具，查看你備選的主題在 Google 搜尋用戶中是否受歡迎。例如，根據 SimilarWeb，GIF 製造商每月平均搜尋量為 110,000 次，每月訪問量超過 100 萬次。你需要確保該關鍵字在你網站的適當位置出現。

其次，你必須向用戶提供一些有價值的內容。因為你的最終目標是通過他們的閱讀或互動，帶來廣告的點擊和收入。

第三，推廣你的部落格、論壇或工具網站，來吸引目標訪客瀏覽你的內容，參與討論並使用你的工具。通過推廣你的網站，你將幫助它獲得社交媒體佔有率和有價值的反向鏈接，後者將幫助你的網站在搜尋引擎中提升排名。你可以在 Google 網站管理員指南（Webmaster guidelines）搜尋標題為「讓 Google 更容易檢索你網站的步驟」的部分，詳細了解如何提升你的網站在搜尋引擎中的排名。

圖 11-1-2

瞭解了什麼類型的網站能賺錢後，以下就來帶大家一起申請網站廣告。

申請之前你需要瞭解：

Google AdSense（https://www.google.com/adsense/start/）

圖 11-1-3 Google AdSense

Google AdSense 簡單來說就是由 Google 所提供的廣告播放服務，也是目前全球規模最大的線上廣告聯播網，當有訪客在你的網站、Blogger 或 YouTube 影片上面點擊或看到 AdSense 廣告，Google 就會給你一筆廣告分潤。

基本上很多網站上看到的廣告都出自其平台，但要在這裡提醒讀者們，Google AdSense 的審核標準頗為嚴格，許多人都在申請審核部分卡關許久，以下告訴讀者該如何申請比較容易通過，而大家申請前也請去 AdSense 熟讀他們的政策：https://support.google.com/adsense/。

AdSense 資格（摘自 AdSense 說明）

網站能否運用 AdSense 營利的關鍵，在於網站是否提供訪客感興趣的獨創內容與良好的使用者體驗，因此建議在申請加入 AdSense 前進行檢查，確保網頁品質良好，並且記得申請者的年齡要超過 18 歲。

資格

AdSense 資格規定

< 下一個：擁有用來參加 AdSense 計劃的網站 >

如要參加 AdSense 計畫，您必須符合我們的資格規定。註冊 AdSense 帳戶之前，請您先確認以下事項：

您是否提供吸引人的獨創內容？

您的內容必須是高品質的原創內容，且能吸引目標對象。請參閱我們的秘訣，確保您網站的網頁已為 AdSense 做好準備。

注意：對於提交給 AdSense 的網站，您必須擁有 HTML 原始程式碼的存取權。詳情請參閱「擁有您想用來加入 AdSense 的網站」一文。

您的內容是否符合 AdSense 計畫政策規定？

請先確定您的網站符合我們的計畫政策規定，再開始註冊。請注意，我們可能會不時調整政策內容；根據《條款及細則》的規定，您有責任隨時瞭解最新的政策內容。

您是否年滿 18 歲？

如同《條款及細則》所述，我們只接受年滿 18 歲的成年人提出申請。

圖 11-1-4

你的網頁有哪些特色？

要想在眾多網站中脫穎而出，你得針對目標對象的喜好製作獨特的原創內容，吸引這群人佇足及瀏覽更多網頁。

妥善安排網頁上的各種元素（文字和圖片等等），確保版面有吸引力，訪客也能輕鬆找到所需內容。考慮為訪客增闢留言區，參考曾使用及瀏覽你網站內容的訪客所提出的意見進行改善，讓網站更盡善盡美。

注意事項：你有責任管理留言區，杜絕不當內容並確保一切符合 AdSense 計畫政策。

你的網頁是否提供清楚好用的導覽方式？

要想創造良好的使用者體驗，方便好用的導覽列（或選單列）是一大關鍵。以下是製作導覽列時需要考量的幾件事：

對齊 - 所有元素是否都適當排列？

易讀性 - 文字是否方便閱讀？

運作 - 下拉式清單是否運作正常？

範例

- 以旅遊網站為例，導覽列看起來應該像這樣：
  首頁 <> 目的地 <> 圖庫 <> 評論 <> 關於我們
- 以電腦程式設計網站為例，導覽列看起來應該像這樣：
  首頁 <> C++ <> PhP <> JavaScript <> 新手攻略 <> 關於我們

導覽列的最終目的是協助使用者迅速明白如何與網站互動。

你的網頁是否包含吸引人的獨創內容？

你得提供有價值的原創內容才能培養龐大的忠實客群：喜愛你內容的使用者會與其他人分享經驗，幫你的網站吸引更多訪客。此外，引用外部資源（例如其他網站上的文章或內嵌影片）時請務必謹慎：我們極力鼓勵你提供原創內容（如專門知識、改善建議、評論或你的個人觀點），別忘了「Google 發布商政策」規定，Google 廣告無法刊登在包含剪輯或版權內容的網站上，若觸犯這項規定，可能會導致你的廣告停止放送或帳戶遭到停用。

上述為官方給出的標準，而根據筆者過往的經驗，全新的網站時常包含尚未完成的部分，如不合規定的行動版網站設計，抑或是網站尚無內容，這些都不建議申請廣告，且只要申請一次不過，接下來再次申請會更難通過，建議豐富網站內容後再申請。而豐富內容可以參考網路上舊有流傳之標準，原創內容至少超過 30 篇，且最好網站建立超過半年，穩定的產出文章及內容，這都是審核的重點。

Google 極度重視文章的原創性，因此不要為了衝高文章數量，或是想要趕快賺錢就一直抄襲或是發佈沒意義的文章，這些都是沒有幫助的。

由於 Google 需對廣告商（也就是買廣告的單位）負責，不會把廣告曝光機會放在沒有實質宣傳的網站上，所以不少購物網站很難審核通過，原因之一為新網站沒有內容，又是購物網站，Google 很可能會判定這是一個沒有內容的網站，除非每日流量夠高，否則很難通過審核。

確保網站遵守 AdSense 計畫政策

圖 11-1-5

若要參與 Google AdSense 並保持良好的帳戶信譽，請詳閱並遵守 AdSense 的政策。以下列出幾項重要的政策，但這只是摘要，請務必詳閱完整的「AdSense 計畫政策」。

- 請不要點擊自己的廣告。
- 請不要教唆他人點擊你的廣告。
- 請勿加入任何違反「Google 發布商政策」的內容。
- 請不要修改 AdSense 程式碼。
- 請遵守我們的網站管理員品質規範。
- 為使用者提供良好的體驗。
- 網頁上放置的廣告不得多過網頁內容。
- 在廣告旁邊放置圖片的方式不應誤導使用者，讓他們以為該圖片與廣告有關。

你不需要透過電子郵件詢問 Google 自己是否違反政策，他們會不斷監控 AdSense 程式碼所在的網站，一旦發現問題，就會主動與你聯絡，嚴重可能會被停權，所以請大家愛惜羽毛，不要與錢過不去，確定大家都瞭解這些後，以下再介紹申請程序。

步驟 1：連上上述的（https://www.google.com/adsense/start/）按下「開始使用」。

圖 11-1-6

步驟 2：跳轉到 Google AdSense 帳號申請部分，請依指示填入你的網站網址、你的電子郵件地址，完成後按下「儲存並繼續」。

Google AdSense | 註冊

您的網站

您網站的網址

必須填寫網址

您的電子郵件地址

您的電子郵件

透過該電子郵件地址接收實用的 AdSense 資訊

好，請寄給我個人專屬說明和成效建議

不，請勿寄給我個人專屬說明和成效建議

儲存並繼續

圖 11-1-7

步驟 3：此步驟需選擇你的地區（如果需要選「台灣」的話，在清單偏上面的部分），並閱讀條款後同意，即可建立帳戶。

選取您的國家/地區或領域

國家或地區

台灣

請詳閱並接受我們的《條款及細則》

Google AdSense Online Terms of Service
Google AdSense 線上服務條款

1. Welcome to AdSense!
歡迎使用 AdSense！

Thanks for your interest in our search and advertising services (the "Services")!
感謝您對我們的搜尋和廣告服務 (以下簡稱「本服務」) 表示興趣！
By using our Services, you agree to (1) these Terms of service, (2), the AdSense Program Policies, which include but are not limited to the Content Policies, the Webmaster Quality Guidelines, the Ad Implementation Policies, and the EU User Consent policy (collectively, the "AdSense Terms"), and (3) the Google Branding Guidelines (collectively, the "AdSense Terms"). If ever in conflict, these Terms of Service will take precedence over any other terms in the policies and guidelines enumerated in numbers (2) and (3) above. Please read these Terms of Service and the rest of the AdSense Terms carefully.
當您使用本服務時，即表示同意遵守下列 (1)本服務條款、(2) AdSense 計畫政策，包括但不限於《內容政策》、《網絡管理員質量指引》、《廣告執行政策》和《歐盟用戶同意政策》（以下簡稱「AdSense政策」）與(3) Google 品牌指南 (以下合稱「AdSense條

是的，我已閱讀並接受這份協議。

您謹此聲明您是此帳戶管理員，有權代表帳戶所有人行事，並同意遵守此合約的規定。

建立帳戶

圖 11-1-8

步驟 4：此處要選擇你的帳號是個人還是商業帳號，並且填入你的姓名（或公司行號名稱）及地址。

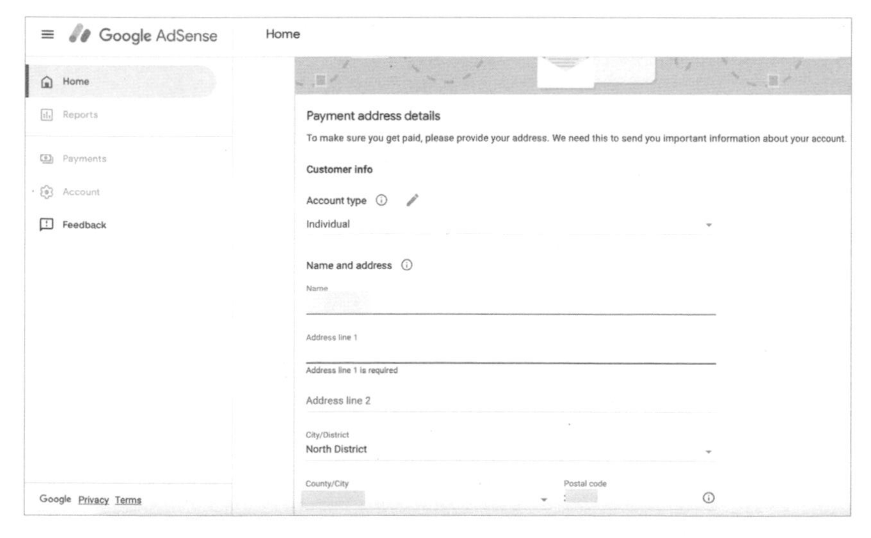

圖 11-1-9

步驟 5：完成後會得到一組 AdSense 代碼，請將這組代碼新增到你的 WordPress 網站中，這樣才能加速審核。

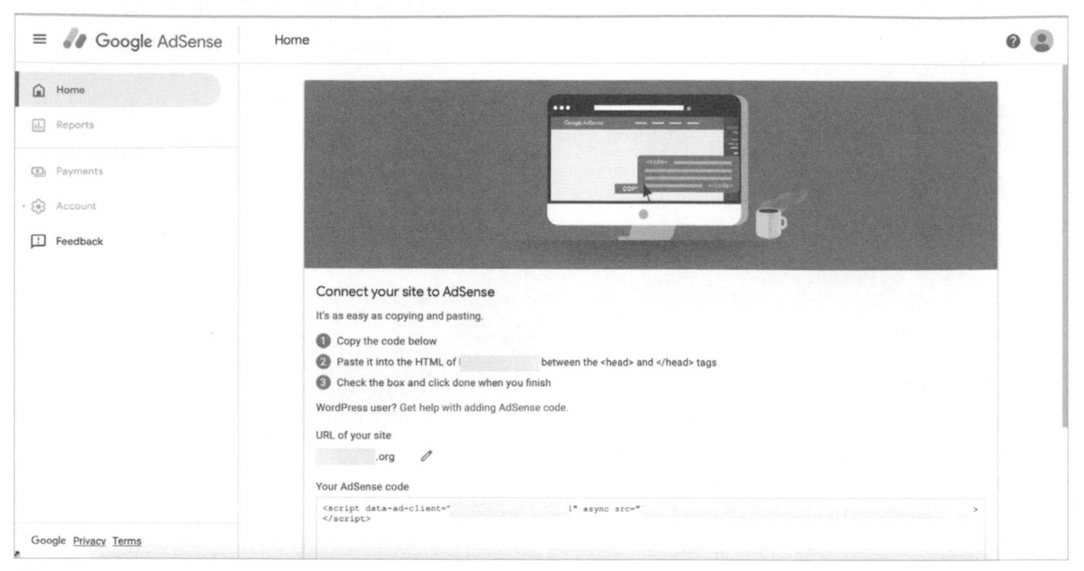

圖 11-1-10

步驟 6：至於加入方式，可以直接使用「Site Kit by Google」外掛，並且在該外掛設定頁面上方的「AdSense」選項按下「Connect Service」。

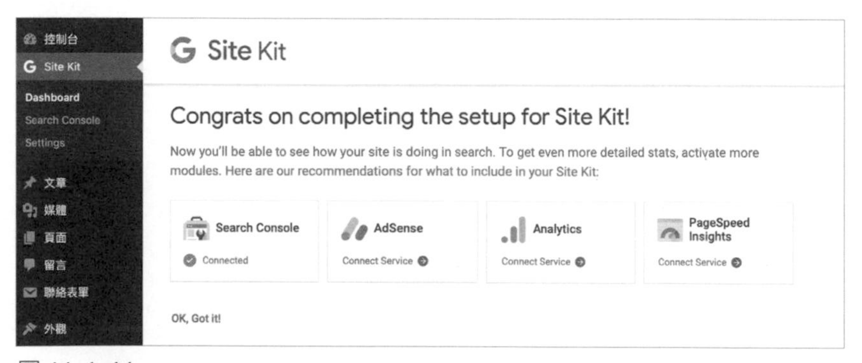

圖 11-1-11

步驟 7：你需要允許該外掛存取資料，確認無誤後，按下「允許」。

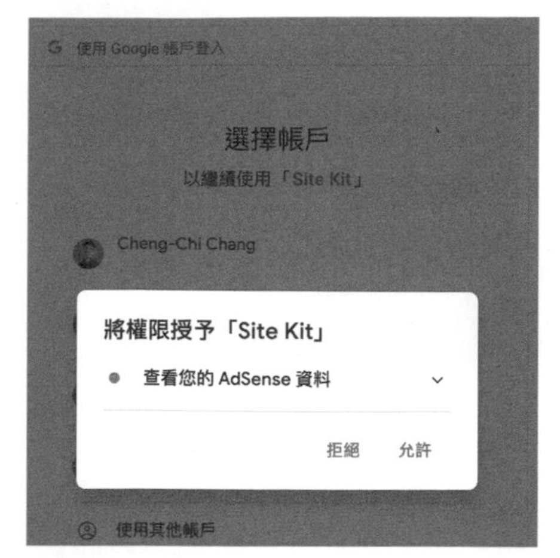

圖 11-1-12

步驟 8：回到剛剛取得 AdSense 代碼處，會提示已經偵測到代碼，並告知啟動帳號程序正在進行中，這通常不到一天即可完成，在某些情況會稍微久一點（最久應該為兩個星期），完成後會收到電子郵件通知。

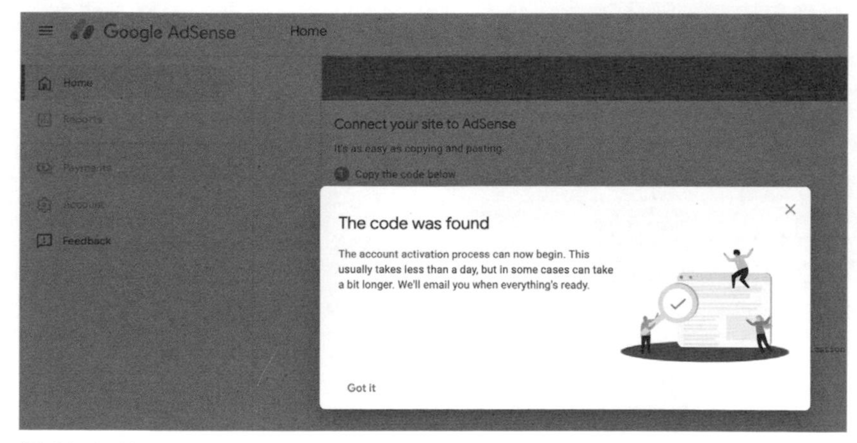

圖 11-1-13

而如果你以前就有 AdSense 帳號，可在登入現有帳號後，於 AdSense 後台新增網址，並且同樣如上述新增代碼至網站中，並等待審核，另外在這邊提醒一下，把 AdSense 代碼放置在網站最高流量和受歡迎的頁面，可以更快讓 Google 知道和審核你的申請。

Google AdSense 總覽
首頁
廣告
網站
總覽
相符內容
封鎖控制項
報表
最佳化
付款
帳戶
篩選或搜尋...
esofthard.com 就緒
kirin.space 正在接受審查...
您的網站尚待審查，還不能放送廣告
請耐心等候！這項程序通常會在幾天內完成，但有時可能最久需時 2 週。網站檢查完畢後，我們會立即通知您。
請勿移除您的網站並重新提交，這樣做會延後處理程序。
在此同時，請在要放送廣告的每個網頁上安插程式碼。在我們完成檢查後，您的網站就可以開始放送廣告。
別忘了前往「廣告」選擇要顯示的廣告格式。
進一步瞭解何時可以開始放送廣告

圖 11-1-14

並且審核時還能新增廣告，這裡建議都用 Google 的自動廣告，這樣就能讓收益最大化。

至於其他廣告投放商，部分則需要讀者們自行與該公司專員進行洽談，賺錢方式百百種，但不要忘記有好的內容才是重點。其實網站廣告賺錢的部分，建議一開始的得失心不要太重，不管是廣告申請審核未過，抑或者是廣告賺的錢非常之少，都不要太在意，只要有心更新、經營網站，不管你的網站是哪一類型網站，用心之後所累積的成果必定會讓各種合作機會找上門，就以科技資訊類網站為例，合作的好處小則為該公司正版軟體序號，大則發布一篇廣告文章也能讓荷包充實許多，也可是 3C 產品搶先評測等等，後面的小節就會教大家如何在自己的 WordPress 網站中，在任意地方隨意加上廣告程式碼，自訂性高也十分簡單！

圖 11-1-15

11.2 如何讓人捐獻 / 贊助網站

因為「電子支付機構管理條例」的影響，PayPal 從 2017 年 3 月起陸續關閉台灣地區之帳號的國內收付交易功能，台灣的讀者粉絲已經無法透過 Paypal 這個管道來「斗內」(donate) 喜歡的網站主或是實況主。不過，其實除了 PayPal 之外，還有其他方便的收款方式，本節要介紹的是台灣本土的第三方金流平台。

由於法令規定「非經主管機關核准，任何人不得有與境外機構合作或協助其於我國境內從事第三條第一項各款業務之相關行為。」所以在國內其實已經有不少家「第三方金流平台」，網站站長們可以快速申請帳號，經過基本的身分認證後就可以開始收款，每個月基本就有 20 萬的額度，而且贊助付款方式不再只有信用卡，甚至也可以透過 WebATM、超商繳費等方式贊助網站，相當方便。

而在使用上，站長們完全不需要具備任何的程式串接能力，只要在後台做簡單的設定，就可以將贊助網址放到自己的網站中上，讓喜歡你的讀者透過專屬的連結進行贊助。以下就以綠界科技的「實況主贊助」功能來示範，同類型還有「歐付寶」、「智付通」等等平台可以參考，每家的手續費及限制也有不同，大家可以找出對自己最有利的平台來使用，而想要尋找類似教學文章，可以搜尋「實況主贊助」等關鍵字，就能看到不少教學文章。

註冊綠界科技 ECPAY 帳號

連上綠界科技的官網註冊頁面，也可以透過 Google 搜尋綠界科技來連上官網註冊，進到註冊頁面首先需要設定會員帳號，記得會員帳號英數都要有才能註冊，然後手機門號要收取驗證碼做驗證，所以大家請確實填寫，填寫完成後按下免費註冊。

圖 11-2-1 綠界官網註冊頁面
https://member.ecpay.com.tw/MemberReg/MemberRegister

接下來就是剛剛說的手機驗證，綠界會傳送驗證碼到你的手機中，驗證碼的有效時間只有 30 分鐘，打完驗證碼之後按下送出。

圖 11-2-2

到了「收款設定」這邊，請輸入商店名稱。這邊我就把網站名稱打上，商品 / 服務類型就依照網站類型作設定。

下一個步驟為信箱驗證，請填入自己的電子信箱，並到信箱收信完成驗證。

圖 11-2-3

驗證結束後，恭喜完成帳號註冊。接下來，還要完成身分驗證才能收款，還沒有領款需求的話，也可以先跳過。但想要把錢領出來，無論如何都還是要驗證的喔！

圖 11-2-4

回到首頁，點擊上方的「我要收款」，然後進到「實況主收款」，因為這個選項最適合拿來網站贊助，這邊會看到一個連結，那個就是專屬於你的贊助連結，然後下方就是可以自訂贊助頁面要長什麼樣子。

圖 11-2-5

來到下方的收款設定，記得要把「收款網址狀態」選擇開啟才能正式收款，不然連上收款網址會有錯誤訊息無法收款。「收款網址形象橫福」就類似封面照片，這邊可以自己製作要給贊助者看到什麼樣的封面，記得依照上面設定的大小做設計。「直播網址設定」就填入自己要被贊助的網址即可。「收款方式」都可以選擇，但如果要開啟讓別人用信用卡付款，記得要先完成實名認證才有辦法喔。「最低贊助金額」則依自己設定即可，這邊最低最低是每次需贊助 10 元，最後一個是否開立發票 / 收據就看自己狀態，這裡只是開一個欄位讓贊助者能選擇，並無法幫你開發票喔。

圖 11-2-6

圖 11-2-7

連上自己的贊助連結，你可以看到剛剛設定的封面照片已經顯示出來了，更多的創意就由各位發揮，以下就是別人點開贊助頁面會顯示什麼頁面的示範。

贊助者填寫完成就能透過自己剛剛的設定付款方式進行付款，能讓贊助者到這個步驟代表正式設定完成，剩下就是自行要去綠界驗證資料才能領到錢喔！

最後是筆者示範放在網站上的效果，而插入方式會在下一節說明。

圖 11-2-8 點選贊助連結之後所出現的頁面

訂單資訊

單位：新台幣 (元)

訂單編號	商店名稱	商品明細	總計
20180902065258445	軟硬e點通	實況主贊助 https://esofthard.com	$ 10
請務必於訂單資訊下方選擇付款方式，以完成交易		本筆訂單需付款金額	$ 10

付款方式

- 網路 ATM
- ATM 櫃員機

圖 11-2-9 能讓贊助者到這個步驟代表正式設定完成

11.3 在網站中插入廣告

無論何時，賺錢幾乎是多數人最在意的事情。前面多次提到了後面章節會教大家怎麼插入廣告代碼，這邊筆者會提供兩種懶人插入廣告代碼的方式，讓大家不用費神去研究佈景主題的代碼分布結構，也不必承擔程式碼改壞讓網站出現錯誤的風險。

第一種方法是透過前面介紹過的 WordPress 外觀功能中的「小工具」選項來達成。只要把廣告代碼貼在小工具欄位內，就能輕鬆將廣告代碼插入側邊欄、頁首頁尾，在某些特定的佈景主題中，甚至還能插入到許多方便好用的地方呢！關於小工具的介紹與使用，大家可以回頭複習 5.4 跟 5.5 節的說明。

第二種方法則是透過一個名叫「Advanced Ads」的外掛來達成將任意程式碼加入網站中的效果。第一種方法簡單易用，第二種方法一樣簡單，功能更多，就看大家如何選擇囉！

使用「小工具」插入廣告代碼

大家如果看過前面第五章關於「小工具」的介紹，應該都對於此功能不會太陌生。可以用來插入代碼或是廣告的小工具有：文字小工具、自訂 HTML 小工具、佈景主題或外掛搭配的小工具。而透過此類小工具插入的廣告代碼，需要注意廣告尺寸，以免造成誤導性廣告標題，因為這一點可是眾多廣告投放商嚴格禁止的大忌諱。以下的教學就直接示範給大家看最重要的部分囉！

首先，進到 WordPress 控制台「外觀」選項中的「小工具」，將「文字」類型小工具拖移到右方的顯示區，如果你的佈景主題比較特別，有時候會有超過兩個以上的區域能顯示你的小工具，這時候可以看區域名稱來辨別該區域會在網站中哪裡呈現，真的看不出來那就動手試試看吧！

圖 11-3-1

把前面兩章取得的廣告或捐獻程式碼找出來並且複製他們，直接貼在「文字」裡的「內容」，並把標題命名為你想呈現的標頭，完成後按下藍色「儲存」。

圖 11-3-2

回到首頁看看顯示的位置區域以及代碼是否正常運作，大家可以嘗試不同位置廣告帶給讀者的不同感覺。

圖 11-3-3

使用外掛「Advanced Ads」插入廣告代碼

外掛名稱：Advanced Ads – Ad Manager & AdSense

外掛網址：https://tw.wordpress.org/plugins/advanced-ads/

外掛官網：https://wpadvancedads.com

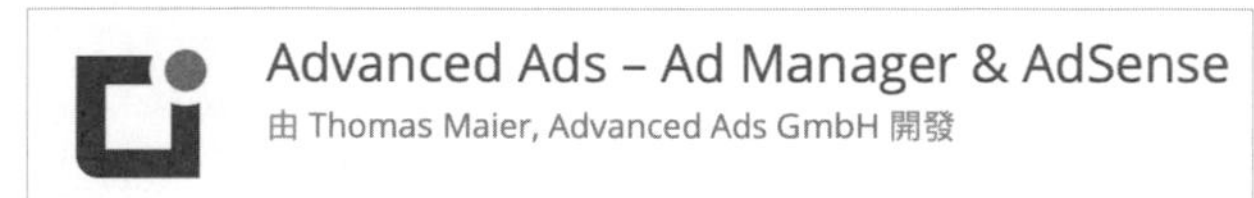

圖 11-3-4 外掛縮圖

這個外掛能讓你任意在網站的許多位置中加入程式碼，提供繁體中文介面，大家應該非常容易上手。當你安裝完成並啟用後，會跳出提示「歡迎使用 Advanced Ads!」，可以直接按下「新增你的第一個廣告」開始。

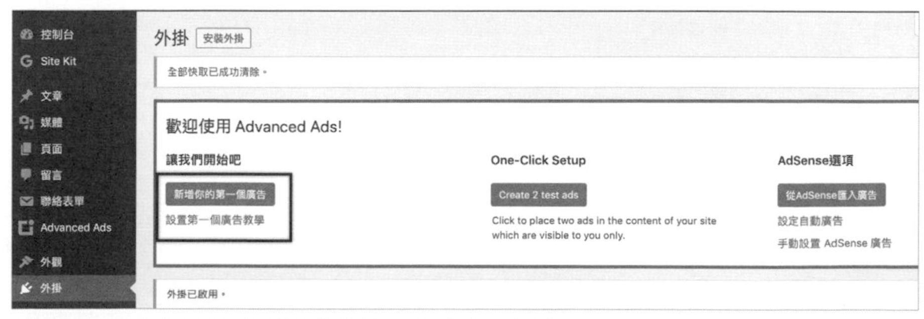

圖 11-3-5 直接按下「新增你的第一個廣告」開始

這裡可以選擇你要插入什麼樣的代碼 / 廣告，像是如果前面所說過的贊助及捐獻代碼就直接選擇純文本以及代碼的選項；而如果有使用 AdSense 的廣告也可以選擇 AdSense 廣告，而本處因為沒有實際插入廣告，只是想進行測試的話，還能選擇「虛設廣告 / 測試廣告」進行純粹的測試。

圖 11-3-6

這裡就可以看到測試廣告樣式，以及測試廣告的網址。

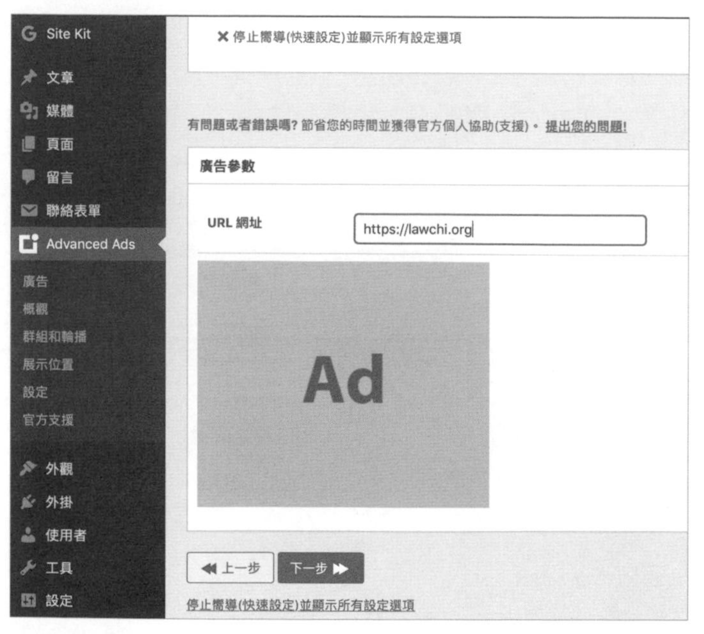

圖 11-3-7

此處可以設定顯示的條件，像是你不想要在某些頁面顯示這個廣告的話，或是不想給某些訪客看到這個代碼，就能在這裡設定。

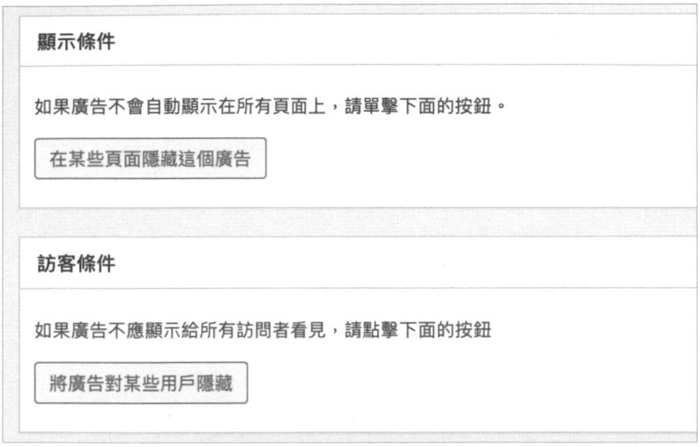

顯示條件

如果廣告不會自動顯示在所有頁面上，請單擊下面的按鈕。

在某些頁面隱藏這個廣告

訪客條件

如果廣告不應顯示給所有訪問者看見，請點擊下面的按鈕

將廣告對某些用戶隱藏

圖 11-3-8

接下來，就是選擇放置廣告的位置，像是有內容之前、內容之中、內容之後，側邊欄等等，而下方也會為這個廣告產生短代碼，以及可以插入至佈景主題的代碼。我這裡選擇插入在內容前。

圖 11-3-9

成功在文章內容前插入了這個廣告！

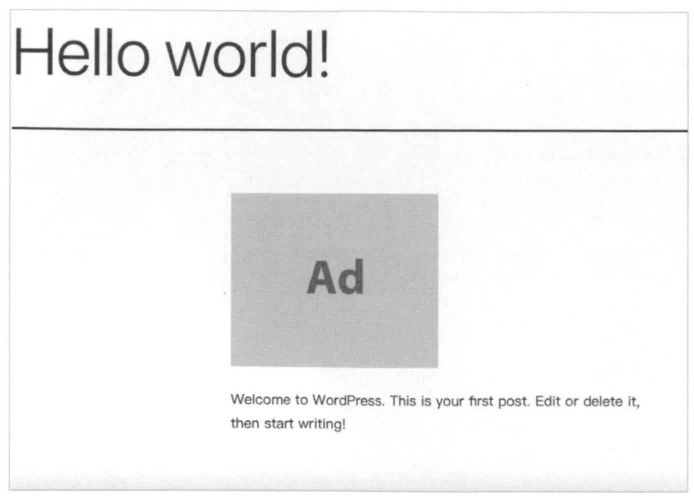

圖 11-3-10

推薦這個外掛的原因還有一點，就是它支援 Google AdSense 帳號的登入，能讓你更便於使用 Google AdSense 的廣告。

圖 11-3-11

12 善用網路資源解決問題

基本概論

網域申請

安裝架設

基本管理

外掛佈景

人流金流

社群參與

12.1 遇到問題如何正確找到解決方法

12.2 WordPress 線上資訊

12.3 WordPress 社群

12.1 遇到問題如何正確找到解決方法

使用 WordPress 的一大好處就是使用群龐大，網路上的教學也十分豐富，而當你遇到自己無法處理的問題時，就可以透過以下的方式來找尋相對應問題的解決辦法。一定要先自己花時間找過方法，不要一遇到問題就急著發問！

先在社團討論區或是 WordPress 教學網站中找問題

在 WordPress 大更新之後，偶爾會遇到一些 WordPress 本身更新後產生的問題，這時候在 Facebook 討論區或者是一些有發表 WordPress 更新文章的網站留言區內，都會看到許多人留言寫自己遇到了什麼問題，像是 WordPress 5.0 各類外掛程式及佈景主題不相容的狀況，所以遇到了 WordPress 的問題，筆者第一個建議就是先看看社團內有沒有相關的災情慘案發生，一般在找尋問題解法的同時，讀者也要想，我會遇到的問題，別人也有可能會遇到，如果一時沒有找到相同問題也能透過 Facebook 社團右上的搜尋功能、每個網站的搜尋功能來找尋相同問題的解決辦法。相信超過四分之一的問題能在這個階段就處理完畢。

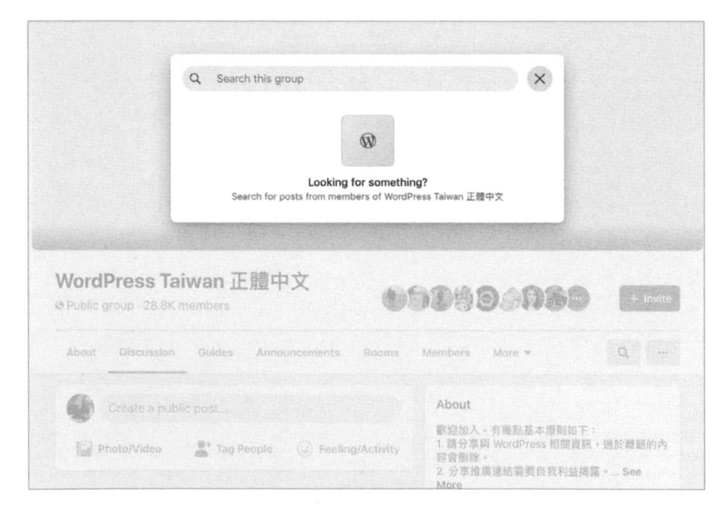

圖 12-1-1

透過搜尋引擎搜尋問題關鍵字

透過搜尋引擎來尋找問題解法已經是非常基礎的基本功。而筆者也建議以 Google 來做為主要的搜尋引擎，有些朋友還是非常習慣於多年的夥伴「Yahoo! 奇摩」或 Bing，但 Yahoo、Bing 所提供的搜尋結果並不完善，想要找到問題解法首選還是「Google」。

而在搜尋引擎找解法時也要注意，盡量使用訊息片段來做為搜尋關鍵字，盡量不要使用「的」「如何」「怎麼辦」這些無關問題的詞彙，就像是以前讀書時畫重點一樣，不要全部囫圇吞棗把問題打在搜尋引擎中，而是取用適當關鍵字才能找到正確的問題解決辦法，這邊舉個例子，當你遇到 WordPress 資料庫錯誤，你就只需要搜尋「WordPress 資料庫錯誤」，而不用打太多其他字詞像是「我的 WordPress 網站資料庫出錯了，該怎麼辦？」

雖然現在正體中文的資源很多，但世界上的資源更多，你也可以試著將自己的問題轉換成英文，看看國外網站的解決方法，有些時候問題能非常快速就得到解法囉！就以剛剛的例子來說，你可以將搜尋關鍵字從「WordPress 資料庫錯誤」轉換成「WordPress database error」類似關鍵字，這樣就能搜尋到許多國外的資源了。

圖 12-1-2

官方線上說明文件以及支援網站十分強大

圖 12-1-3

買東西一般我們都會看說明書後再使用，而 WordPress 也不例外，WordPress Codex 以及 WordPress Support 是 WordPress 的說明書，或者也可以稱它是 WordPress 寶典，在「12.2 線上資源」也有將這個網站收錄在其中，WordPress Codex 及 WordPress Support 包含許多 WordPress 使用上的問題解法、開發指南等等，雖然裡面的資源幾乎都還是以英文呈現，但以一般英文基礎或者是透過線上翻譯工具就能處理許多錯誤問題！

問題依舊，我該如何發問？

相信透過以上的找尋問題解決辦法，超過一半以上甚至是四分之三的問題都能迎刃而解，但還是有剩下四分之一的問題可能是十分刁鑽古怪的問題，你怎麼樣爬文都找不到問題的解決辦法，那麼很遺憾，你只能繼續往下看下去了，下面要告訴大家一些在發問時的觀念釐清以及觀念的建立，良好的發問語氣、態度，都會影響網路上的專家願意幫你解決你問題的意願。

提供詳細問題、足夠資訊，避免無意義字眼

你的問題只有你自己最清楚明白，常常在社團中看到有人問的問題沒頭沒尾，可能只問了他的 WordPress 某個外掛出錯之類的，遇到這樣的問題相信許多能解決問題的人都直接略過不回應，因此請提供詳細的相關資訊：像是使用的 WordPress 版本、啟用的外掛列表、問題的截圖、出問題的網站網址、主機商是哪家，在什麼步驟、或在出錯前做了什麼動作也提供會更好，除此之外，發問時盡量避免對於問題無意義的字眼，像是有些人發問時會加上「救救我」、「怎麼辦」、「完蛋了啦」、「死定了」之類的字眼，這些字眼可能會讓本來想幫助你的人放棄回答你的問題，盡量把問題重點放在問題本身即可。

不是發問了就一定能解決

不知道為什麼，在社團會看到一些人發問了之後，好像全世界都要幫他忙似的，沒有人回應就一直自己回應自己的文章，不是「頂」就是「為什麼沒有人回應」「救救我」，遇到這樣的發問者，大家會更不想幫你的忙，在發問前要先建立好觀念，你有發問的權力，但沒有任何人有回答你的義務，而且一般來說回答問題也都是沒有任何報酬的，提出問題沒有馬上得到解答是正常的，不應該把得到解決辦法視為一件理所當然的事情來看待。

還有一點大家要注意，一般越有能力解決你問題的人，通常也是個大忙人，回答者除了要有能力之外，也還要有時間看完你的詳細問題並幫助你，有些時候回答者會提供你解決問題的方向，請你自行研究，真的認真研究過之後再說，所以能得到正確解決辦法要十分感激回答者的額外付出。

盡量不要求以私訊、站內信來解決問題

之前筆者有過親身經歷，在社團內看到有人提出問題，因此在下方留言詢問一些詳情細節，並且初步提供了一些解決辦法，但之後發問者並未將詳細細節公布在他的問題貼文中，而是持續的透過私訊的方式來詢問我，這邊要建議大家發問時不用私訊特定的人，而應該要大家集思廣益，畢竟以筆者為例，該問題最後也是我請該位發問者將問題交給大家一同討論之後才能得到最後最正確的解決辦法，畢竟一個人的力量、能力很多時候是不足的，而且將問題公開才能促進社群的發展，如果大家都只是私下討論，那麼 WordPress 不會繼續向前進步。如果你遇到的問題是不方便公開或者有機密資料，建議先透過搜尋之後再詢問你可以信任的人即可。

圖 12-1-4

解決問題後，編輯問題內容讓社群進步

不管你是在論壇性質或者是社團內等等的討論區中，如果你所發問的問題已經得到解答或找到正確的解決辦法，別忘了將問題編輯一下，附上該問題的詳細解決步驟，越詳細當然越好，而原本問題也不用刪除，留著原始問題加上後來的解決辦法，這樣的話以後的人遇到相同的問題才能更快速的解決，而 WordPress 也因為有這樣的文化才能如此茁壯。

12.2 WordPress 線上資源

The WordPress Codex（部分中文）

https://codex.wordpress.org/zh-tw:Main_Page

圖 12-2-1

Codex 是 WordPress 的維基百科，裡頭有最豐富的 WordPress 開發、改善、使用、除錯的各種資料，簡單來說就是 WordPress 使用者的葵花寶典。Codex 的教學、程式碼是由世界各地的使用者熱心貢獻而成，你我有能力皆可貢獻（貢獻詳細資訊可自行參考：https://codex.wordpress.org/Codex:Contributing），目前中文資訊相對少了些，且部分資訊並無更新到最新，建議可以搭配待會會介紹到的 WordPress Support 一同進行檢索，如果你有基本英文底子，不懂的地方配上 Google 翻譯，絕對可以讓你對 WordPress 的使用功力更上一層樓。

WordPress Support（英文）

https://wordpress.org/support/

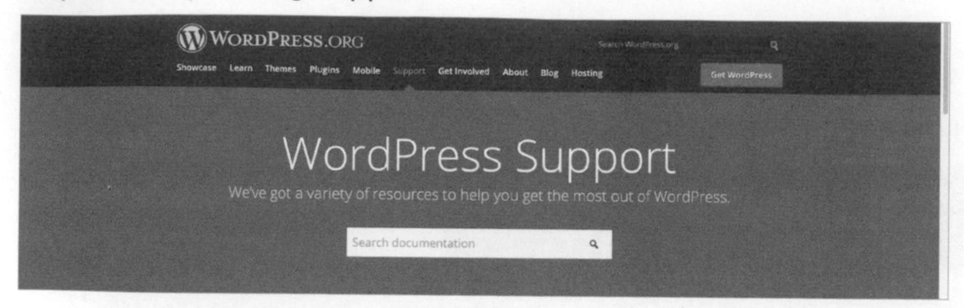

圖 12-2-2

WordPress 官方在此處提供了各種方法幫助使用者完整使用 WordPress 的所有功能，該網站一樣只有英文，但資料整理較新，且已把問題分門別類，所以可以與上述 Codex 進行交互查看。

WordPress News（英文）

https://wordpress.org/news/

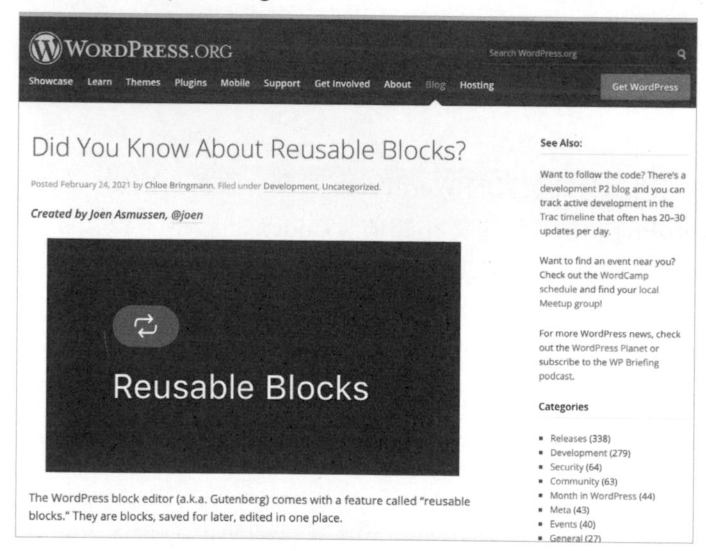

圖 12-2-3

這裡可以找到 WordPress 最新的升級資訊以及相關新聞。最新 WordPress 新聞預設會出現在你的控制台中，也能看到一些人物介紹等等。

WordPress Planet（英文）

https://planet.wordpress.org/

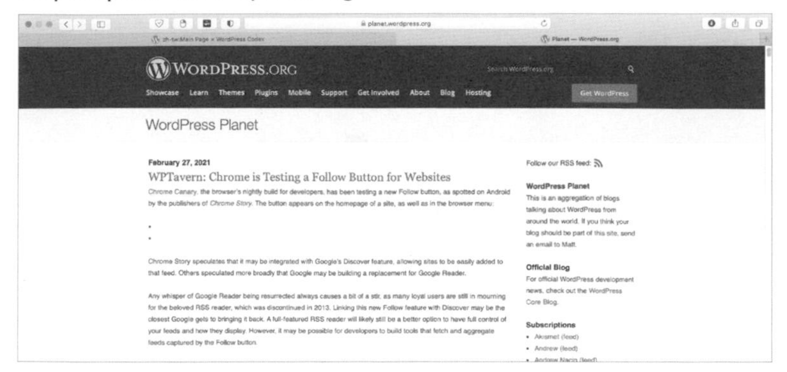

圖 12-2-4

WordPress Planet 匯集了網路上所有跟 WordPress 有關的內容，而右下還能訂閱自己想要關注的主題。如果你認為你的網站也常常討論 WordPress，應該成為其中的一份子的話，可以發送電子郵件給 WordPress 創辦人 Matthew Mullenweg（當然網站內容語言只限定英文），但如果只想知道官方資訊，只要關注前面介紹的 WordPress News 就可以了。

WordPress Taiwan 正體中文 Facebook 社團

https://www.facebook.com/groups/wordpresstw

圖 12-2-5

這是筆者最推薦的資源！WordPress Taiwan 正體中文官方論壇目前使用人數低，且缺乏使用者於上面回答問題，但你以為沒有正體中文使用者的交流區嗎？其實不然，由 WordPress Taiwan 正體中文官方團隊建立的 Facebook 討論社團，到目前為止已經有將近三萬名的成員，人數已經是五年前的三倍之多，討論內容包羅萬象，氣氛十分熱絡。

如果你費盡千辛萬苦仍然無法找到答案，WordPress 支援社團內活躍與熱心的使用者將能夠幫助你，無論是求助或是助人，你應該確保自己的問題及答案皆能盡量詳盡與準確。此外這個社團也能看到各種台灣的 WordPress 小聚公告。

梅問題・教學網

https://www.minwt.com/website

圖 12-2-6

梅問題教學網在架站分類不時會提供十分實用的 WordPress 架站資訊與跟架站相關的實用訊息，該站站長也曾發佈過多支自行優化過的 WordPress 外掛，像是 MWT-Live Search、MWT-Theme switch、MWT-ezCache 等皆出自他手。此外，該站也提供了各式教學，曾經很火紅的星巴克手工皮夾等等也出自該網站。

免費資源網路社群

https://free.com.tw/tag/wordpress/

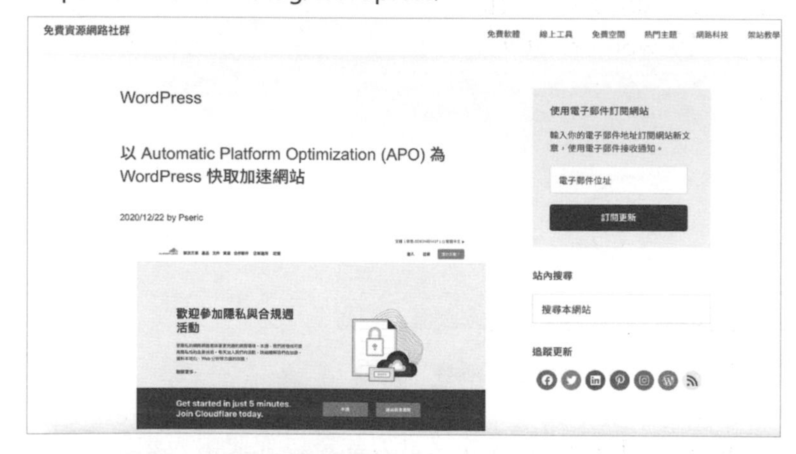

圖 12-2-7

該站是由 Pseric Lin 於 2006 年一手建立起，是一個以免費資源為主題的網站，Pseric 也算是 WordPress 中文社群的開路先鋒，也為 WordCamp 2018 年的講者，同時是多本 WordPress 書籍的作譯者，在這裡再次感謝他的付出，讓 WordPress 在台灣得以如此茁壯。該站也提供了非常多高品質的教學文章，其站內共有七大主題分類、超過五千篇文章，包含個人服務、免費空間、免費軟體、熱門主題、網路科技、線上工具及站長工具等內容，已從免費資源逐漸走向各類科技議題，而使用上述的連結能專注於他所發表的 WordPress 教學。

張阿道

https://daotw.com/wordpress 教學 /

圖 12-2-8

這個網站是由一位名叫「張阿道」的人所創立，其主要文章內容為網路賺錢行銷等等，但無論如何，此篇 WordPress 教學簡單的介紹了 WordPress，且該文章在 Google 搜尋結果頁上也名列前茅，看完本書後可以將其文章輔助閱讀，相信能有所收獲，此外該站站長也十分樂意且迅速回答 WordPress 相關問題。

WebLai - WordPress 網站架設 | 網路賺錢 | 部落格經營教學推薦

https://weblai.co/wordpress-tutorials/

圖 12-2-9

該站的創設理念與我當初會架設網站以及寫這本書的原因類似：認為 WordPress 是最適合新手開始的網站架設工具，原因在於其標榜著「不需要接觸程式碼，也能夠輕鬆架站」的部分。

雖然網路上已經有豐富的 WordPress 教學資訊，但是，當你一步步地照著別人寫好的教學將網站上線後，你一定會遇到許多奇奇怪怪的網站問題，讓你開始懷疑人生。因此，該站站長創立了 WebLai 這個網站，希望能以更白話的方式幫助你解決 WordPress 架站上的問題，讓你的自架網站之路，走得比別人順暢。而其所提供的 WordPress 文章翔實且認真，相信純看他的教學文章也能有不少收獲。

麥克斯與沃普雷司

https://wordpress.blog.tw/

圖 12-2-10

「麥克斯與沃普雷司」取名自該站站長 Max 與 WordPress 結合（Max and WordPress），這個網站正如同他的標題一樣，文章都是實用的 WordPress 技巧、錯誤解決方法或外掛推薦等等。而另外值得一提的是，該站架站時間非常之早，距今已有超過 10 年的歷史，早在 WordPress 剛推出沒多久就有他的出現，很感謝 Max 在 WordPress 上默默持續耕耘，筆者當初接觸 WordPress 也參考了這個網站，而時至今日，該站仍照常更新最新 WordPress 文章，著實不容易，推薦如果讀者是新手架站者的話，可以參考該站「WordPress」教學，讓初接觸 WordPress 的朋友，可以更容易的使用中文 WordPress。

軟硬 e 點通

https://esofthard.com

圖 12-2-11

這裡且容筆者私心介紹一下自己建立的資訊類網站：「軟硬 e 點通」。站內介紹各類網路資源，但內容仍然著重在架站方向發展，只要筆者有時間會發表一些個人使用 WordPress 小心得讓讀者們知道（相關架站文章可以參考分類中的「WordPress」及「網站架設」），雖然說網站更新頻率不定也較緩慢，但文章質與量皆有一定水準，相信關注「軟硬 e 點通」也能讓你在 WordPress 世界更上一層樓。

WordPress 網站帶路姬

https://wpointer.com/

圖 12-2-12

傳統的婚禮習俗，常常會提到「帶路雞」，來帶領新人「幸福起家」。該站站長 Erin 這個「帶路姬」希望藉由「帶路雞」的諧音，來帶著 WordPress 新手在網路的世界幸福起家。網站內容分享實際案例的方式、淺顯易懂的文字、視覺化的資訊圖表，帶領 WordPress 架站新手與創業站長們架站與經營網站。

優易教學網

https://www.yogoeasy.com/

圖 12-2-13

此站以付費課程為主，有不少高品質的 WordPress 及架站相關教學，而且皆提供影片教學，相信有些人更適合影片式教學，所以筆者在此推薦大家可以上此站先觀賞「免費課程」的部分，再根據自己的需求，決定是否要付費購買課程。

網站迷谷

https://wp-valley.com

圖 12-2-14

該網站為一位香港人所創立，非常認真的提供許多免費的 WordPress 文字以及影片教學，可惜影片教學為粵語配音，且無字幕，所以上手可能沒有那麼容易，但還是能從其網站理解 WordPress 的運作。

小犬網站

https://frankknow.com

圖 12-2-15

小犬網站分享多種 WordPress 的學習文章，不論是基礎教學、優質主機、佈景主題、實用外掛，都能在這裡學習的到！網站也分享多篇 WordPress 架站教學，不需會任何程式技術，就能自己建立 Blog、架設形象網站、架設購物網站。

且該網站還有 YouTube 頻道，提供許多實用的影片教學（影片品質十分好，甚至片長達 40 分鐘，十分推薦），相信許多人比起文字更偏好用影片來學習，且設有該站專屬的社團鏈結，如有興趣可以自行加入。

努力讓自己為 WordPress 貢獻吧！

12.3 WordPress 社群

俗話說的好：「受人點滴，當湧泉以報」。前面的章節所有介紹的 WordPress 不管是外掛、佈景主題甚至是 WordPress 本身的開發都是大家無私的奉獻 WordPress 才能有今日豐碩的甜美果實，而本節就是要告訴大家如何參與我們熱愛的 WordPress 社群，相信購買此書的你，一定也對 WordPress 有著相當大的熱情，但社群這種東西，本來就不是強求而來的，參與 WordPress 社群、大家庭，只要你肯幫忙，WordPress 世界永遠歡迎著你，從別人那裡學到什麼，就在其他地方多付出一些，互利共生，這樣大家才能一起進步，一起讓 WordPress 社群更加完善。

我為什麼要參與社群？

其實擁抱社群、參與社群的好處是，你會見識到更多更厲害的人，還有打開你的國際視野，再來就是根據你去跟這些前輩們的合作、帶領，可以更瞭解在這條路上大家是抱持著怎樣的信念堅持下去，透過這樣的經驗，與世界各地的 WordPress 愛好者交流，社群交流能突破藩籬，突破地域上的限制，讓彼此更茁壯。

WordPress 台灣發展歷程
（參考 2018 WordCamp Taipei 說明）

其實從最一開始之初，WordPress 在世界各地就有各式各樣的聚會、討論，像是 WordPress 大型地方會議：WordCamp，在日本已經舉辦了超過 10 年。WordCamp 為號召全球使用 WordPress 的愛好者齊聚集，共同討論、分享熱門開源話題的組織，自 2006 年起，在美國舊金山舉行第一場 WordCamp 活動，有 500 多人參加，其他國家的 WordCamp 也就如雨後春筍般的展開。至今已舉辦超過 898 場的 WordCamp 遍佈六大洲，在全球 71 個城市、65 個國家都留下了足跡，並且在網路上有強大的影響力和號召力！而台灣的腳步稍慢，在 2018 年 10 月 21 號才在台北舉辦了第一場屬於台灣的世界性 WordPress 會議：WordCamp Taipei。

本書在第一版截稿時，台灣是沒有任何實體社群交流的，而到了 2016 年，開始有人看著許多地區遍地開花的舉辦 WordCamp 擁抱國際交流，心想，台灣呢？

2017 年 1 月

抱著萬事起頭難的心態開啟聚會，在摩茲工寮展開了第一次 WordPress 小聚，幸好！來的人不少。

2017 年 12 月

就這樣每月持續辦著 Meetup，一年過去了，正像個無頭蒼蠅想著到底什麼時候能辦 WordCamp Taipei 時，一位來自法國的 Grégoire Noyelle 主動與我們聯絡，希望能夠與我們分享法國 WordCamp 的舉辦經驗。太好了！原來舉辦了整年是能夠被看到的，是能夠往下一步的。

2018 年 2 月

勇敢的跨出去吧！WordCamp Taipei 2018 小組正式啟動！

2018 年 5 月

台中的朋友也組織了 WordPress TaiChung 社群，首次小聚也順利舉辦。

2018 年 10 月 21 號

社群做這些事不是為了自己，也不是為了 WordPress，而是為了你！一直都是因為有你還有妳的參與才是持續不斷對這大環境的所有人給予最大的支持。這天，場地有了，講師有了，食物有了，志工有了！你呢？願開源之力持續為台灣加油。

2019 年

WordCamp Taipei 第二屆也如期圓滿成功，可惜筆者因在北京清華大學交換而無法參與。

哪裡能看到 WordPress 社群聚會消息？

基本上有三個地方能看到台灣地區哪裡有 WordPress 聚會，一個是每個人的 WordPress 控制台、一個是 WordPress Taiwan 臉書討論社團，第三個想要看到世界各地 WordPress 聚會的人則可以上 Meetup 網站關注。

登入 WordPress 控制後台後，可以在右下方看到近期在你所在地附近舉辦的活動，也能手動更改城市設定。

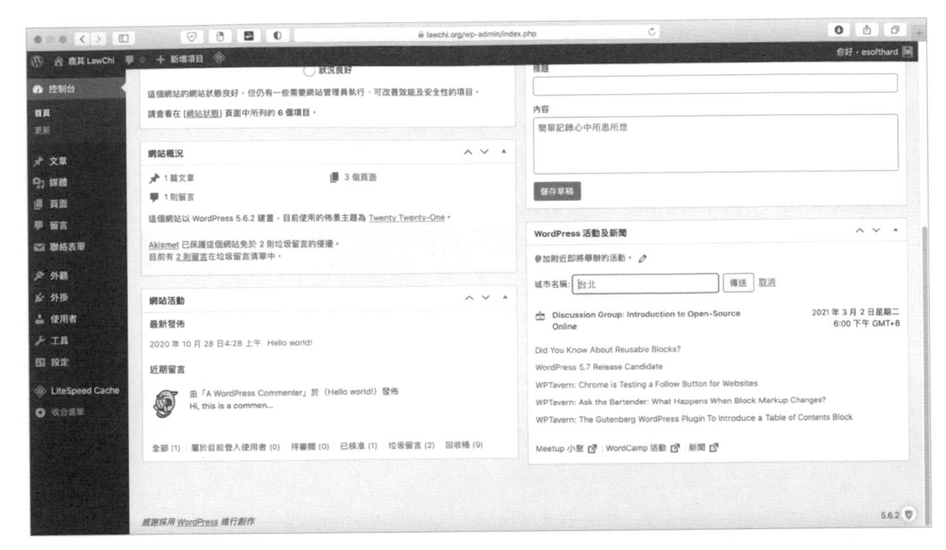

圖 12-3-1

再來就是 WordPress Taiwan 臉書討論社團，我想這個社團應該就是資訊量最豐富的社團了，目前在每個月的小聚資訊都會以置頂文的方式放在該社團中，也會以臉書「活動」形式通知大家，所以現在就馬上加入 WordPress Taiwan 臉書討論社團吧。

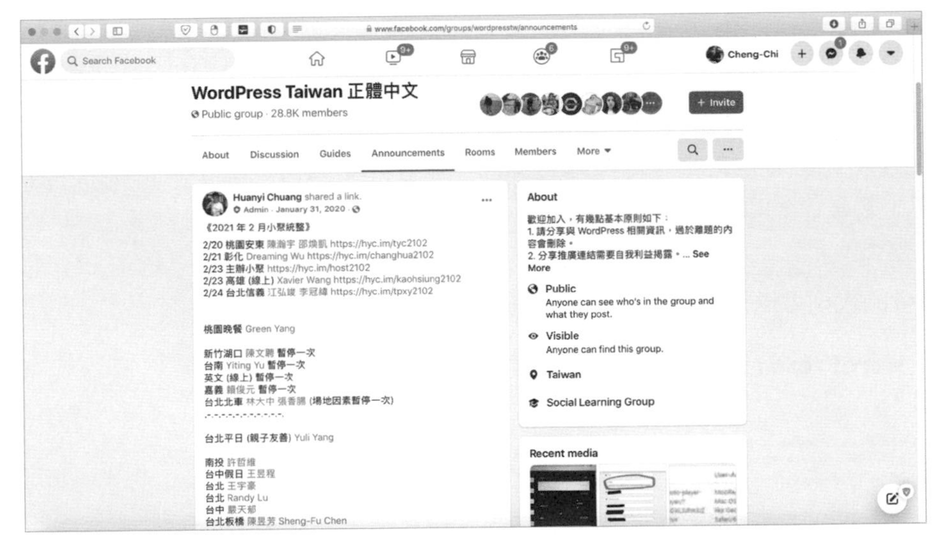

圖 12-3-2

最後就是 Meetup 網站，所有的 WordPress 聚會都是用 Meetup.com 來進行報名，而參與每個地區的 Meetup 社群能讓你更快 Follow 上聚會資訊，這邊提供台灣部分地區 Meetup.com 網址，有興趣的可以訂閱每個社群的消息，但還是建議直接在臉書社團中看最新消息才是上策。

台北、板橋：https://www.meetup.com/Taipei-WordPress/

台中：https://www.meetup.com/Taichung-WordPress-Meetup/

高雄：https://www.meetup.com/Kaohsiung-WordPress-Meetup

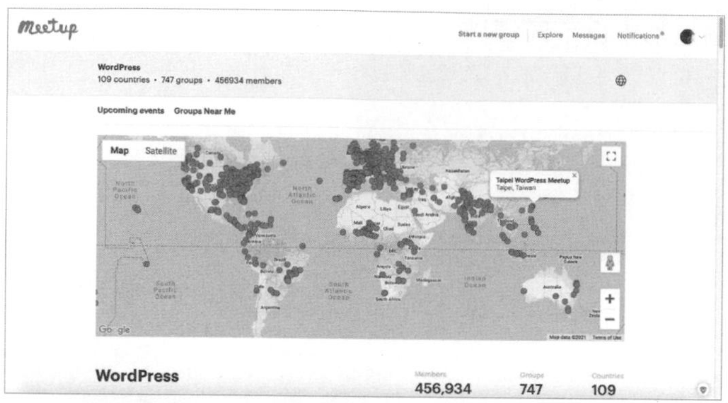

圖 12-3-3 https://www.meetup.com/pro/wordpress/。
透過這個網址可以看到全世界各地 WordPress 是如何的興盛。

WordPress 社群類型：Meetup 小聚會

WordPress 台灣小聚紀錄網站（https://wp-meetups.com）

在開始之前先介紹此網站有對小聚內容進行記錄，並且介紹如何成為小聚主辦人等，如想更加瞭解小聚是什麼的話，非常值得參考。

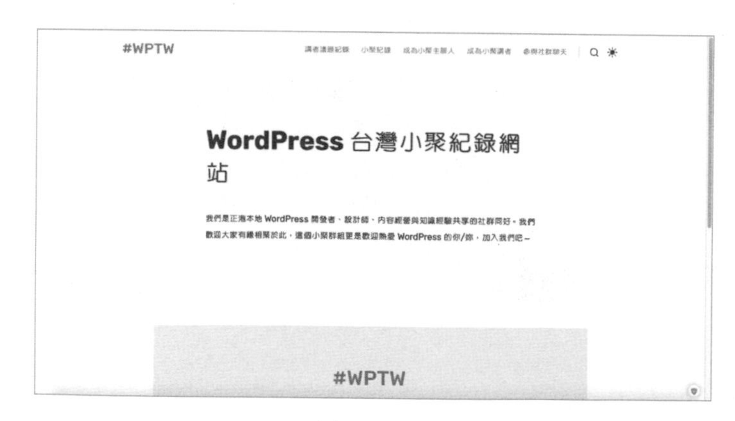

WordPress Meetup 小聚會是免費參加，自由性質，每個月會舉辦一次（但時間上沒有辦法很固定，只能確定每個月至少有一天是小聚），是一個區域型的小型聚會（地區不一定，如果附近沒有小聚的話，也可以嘗試自行舉辦，如何舉辦小聚於上述「WordPress 台灣小聚紀錄網站」有介紹），而且不定期還會有英文或日文的小聚會在台灣舉行。

而討論的主題範圍則是落在與 WordPress、網站生態、經營網站有相關性，所以範圍也沒有說一定是在聚會上講技術性的東西，每次的主題都不一定。

而每一次參加聚會的夥伴們各個也都來自不同領域，有時候可能整群都是設計師或者整群都是部落客，當然更有可能的是來自不同行業領域，這些都是有可能的，所以大家就抱著交流的心態前來，況且這也是免費的活動，只要有時間，就歡迎大家在公告日期當天到指定地點參與小聚。

而小聚流程大概會分三個部分，第一個部分主要是大家聊聊、閒話家常，就是開場的部分，再來則是主題的分享，一般來說主題都會在事前幾天公布，主題的部分也都歡迎大家自由投稿，如果各位有什麼想分享的，也歡迎與小聚主辦人聯繫。而我覺得站上台跟大家分享的優點有很多，比如：提升台風、表達邏輯，甚至是藉此認識更多不同朋友，這些都是站上台分享自己專業的好處，只要自己覺得適合，歡迎各位投稿當小聚的主講者之一。最後一個部分就是所謂的交流時間，主題分享完後，大家可以進行自我介紹，讓參與小聚的其他朋友們知道你的工作性質。交流時間同時也是筆者覺得小聚中最重要的部分，因為這個部分可能能讓人幫你解決自己碰到的網站問題，甚至你在業務上想要突破，尋求業務夥伴。在交流時間大家能表現出自己的希望與期待，而同樣的他人也會與你互動。大家能參加小聚我想都是緣分，所以也請讀者們把握機會。

而前陣子筆者也參與了主辦小聚的相關聚會，舉辦過小聚的前輩分享，提到了舉辦小聚的優點，例如：社交能力上升。而主辦不是重點，而是一種手段，因為現階段很難找到管道學習，透過舉辦小聚可以驗證自己是否有進步等等。期待與讀者們能在小聚上相見。

如何報名 WordPress Meetup？

當你在不論是 WordPress 網站後台，還是 WordPress Taiwan 臉書討論社團看到小聚的消息後，都能連上各地聚會的 Meetup 網站報名（當然還是要以臉書社團公告的為準，因為有些時候時間可能改期），以下就附上報名的教學。

1. 連上當次小聚會的Meetup.com網址，會看到左邊有這次聚會的資訊，右邊則有地點，右下角則有Attend的選項可以勾選。選擇打勾後開始報名。

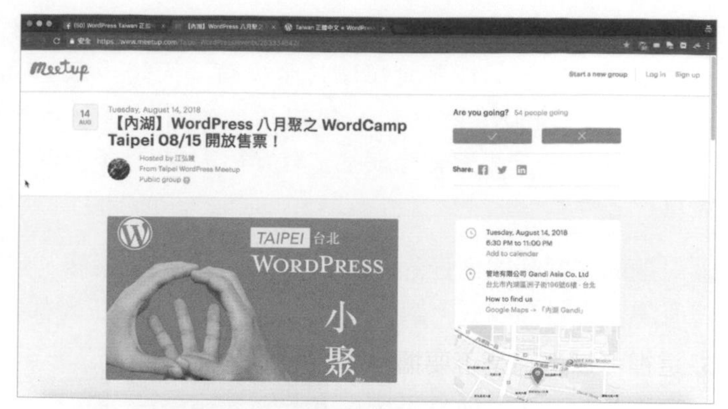

圖 12-3-4

2. 登入Google帳號以繼續。

圖 12-3-5

3. 接下來輸入你的名字及信箱並確認你的所在地無誤後，即可按下「Continue」。

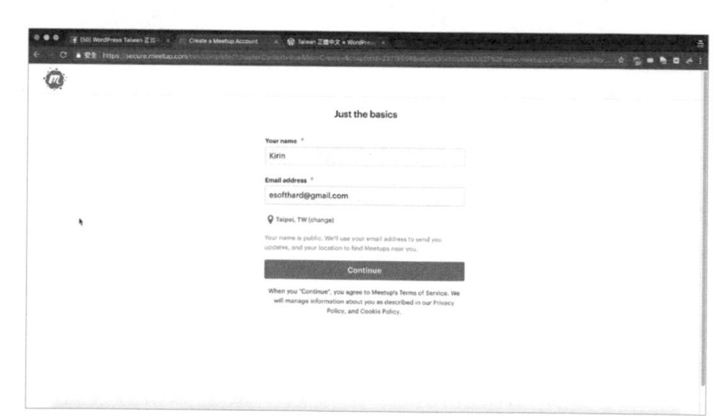

圖 12-3-6

4. 下一個畫面會設定你的大頭貼，用來讓別的與會者能更知道你是誰。

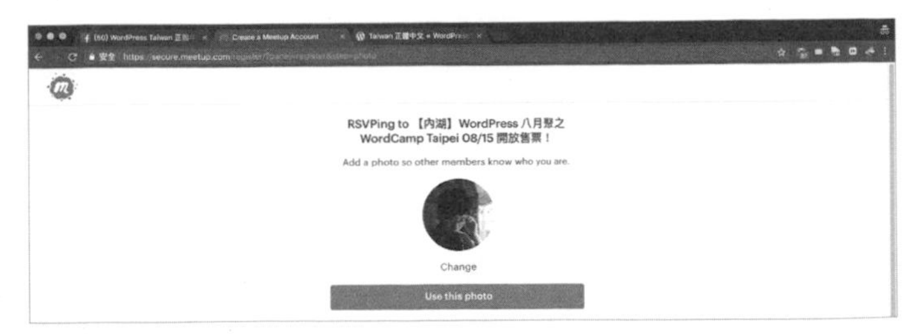

圖 12-3-7

5. 這裡可以選擇是否要攜伴參與小聚，0 人則是不帶朋友一起參加。

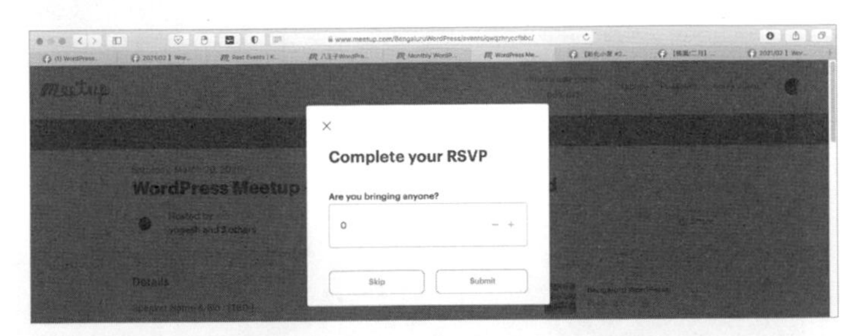

圖 12-3-8

6. 還能將日期加入自己的行事曆，有時候人忙就會忘東忘西，錯過時才會惋惜自己怎麼沒把時間記得，那就把這個日子加入行事曆吧，在安排時間上能更有彈性。

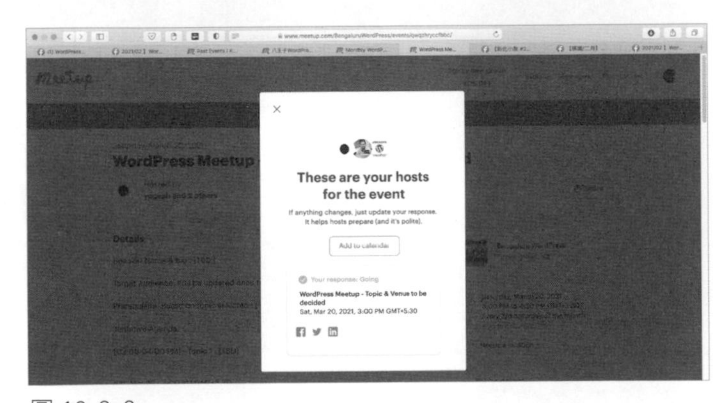

圖 12-3-9

7. 回到小聚畫面，拉到左下還能看到一些「可能」參與這次活動的人，畢竟如同上述，社群參與不能強迫，且每個人都會有自己的事情要忙，所以人數上本來就會有所浮動，基本上這個數字都會比實際來的更多一些。

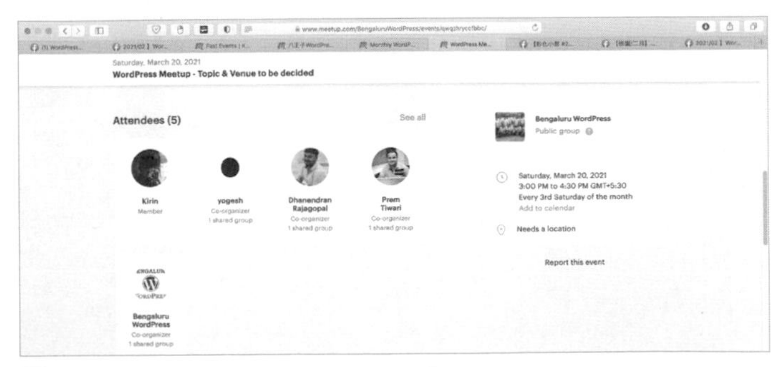

圖 12-3-10

此處附上筆者於 2018 年 8 月參加台北內湖場的小聚所拍攝的照片，依序分別為開場前、主題演講及第三部分的交流。

圖 12-3-11

圖 12-3-12

圖 12-3-13

而後再附上 2021 年 2 月參加台北信義場小聚所拍攝的照片。

圖 12-3-14

WordPress 社群類型：WordCamp

WordCamp 是一個專注於任何有關 WordPress 議題的會議。

WordCamp 是由社區組織的活動，由像各位一樣的 WordPress 用戶組合在一起。從臨時用戶到核心開發人員的每個人都參與其中，分享想法並相互了解。

WordCamp 是休閒性質的區域型會議，規模大於上述的 Meetup 小聚會。官方定義規模需超過 50 人，涵蓋與 WordPress 相關的所有內容，各地會議皆有各種不同的樣貌，一切取決在地文化，但一般來說，WordCamp 包括如何更有效地使用 WordPress 的交流，開發外掛和主題開發、安全性，及網路生態等等。而第一個 WordCamp 會議是由 WordPress 創辦人 Matt Mullenweg 於 2006 年在舊金山組織發起，從那之後，全世界各地已經舉辦了數百場 WordCamp。

從 WordCamp 官方網站的日程表中（https://central.wordcamp.org/schedule/）可以看到所有的 WordCamp 會議，而各地每年的 WordCamp 都會有獨立的官網進行售票及議程等等消息公布。2018 年 10 月 21 日的 WordCamp Taipei 是台灣首度舉辦的 WordCamp 活動，2019 年 12 月 28 日也順利完成了第二屆的 WordCamp Taipei，2020 年則因疫情停辦，希望未來仍能順利舉辦。以下是 2018 及 2019 年的相關議程資訊及照片供讀者參考，而該會議演講內容錄影以及簡報在網站中都能下載觀看。

WordCamp Taipei 2018（https://taipei.wordcamp.org/2018/）

圖 12-3-15 WordCamp Taipei 2018 官方網站

圖 12-3-16 筆者身為該次活動贊助商，參與講者及贊助商晚宴

圖 12-3-17 WordCamp Taipei 2018 合照

WordCamp Taipei 2019（https://taipei.wordcamp.org/2019/）

圖 12-3-18 WordCamp Taipei 2019 合照